See 系列光学仿真应用丛书

基于 SeeFiberLaser 的光纤激光建模与仿真

王小林　张汉伟　史　尘　段　磊　奚小明　编著

科 学 出 版 社

北 京

内 容 简 介

本书对光纤激光器理论模型与仿真算法进行全面归纳总结，并基于SeeFiberLaser软件进行仿真和优化。本书共7章，主要内容包括光纤激光器基本知识、连续光纤激光器理论模型与仿真算法、脉冲光纤激光器理论模型与仿真算法、单频/窄线宽光纤激光器理论模型、特殊光纤激光器理论模型与仿真算法、SeeFiberLaser主要功能与使用技能、基于SeeFiberLaser的光纤激光器仿真与优化。

本书注重基础理论与仿真设计的有机融合，可以作为高等院校光信息科学与技术、光电子技术、光学工程等专业本科生和研究生的教材，也可以作为光纤激光器研发人员的参考书。

图书在版编目（CIP）数据

基于SeeFiberLaser的光纤激光建模与仿真/王小林等编著. —北京：科学出版社，2021.6

（See系列光学仿真应用丛书）

ISBN 978-7-03-069167-5

Ⅰ. ①基… Ⅱ. ①王… Ⅲ. ①光纤器件-激光器-系统建模-计算机仿真-研究 Ⅳ. ①TN248

中国版本图书馆CIP数据核字（2021）第110331号

责任编辑：潘斯斯 张丽花 / 责任校对：王 瑞
责任印制：张 伟 / 封面设计：迷底书装

科学出版社 出版
北京东黄城根北街16号
邮政编码：100717
http://www.sciencep.com
北京九州迅驰传媒文化有限公司 印刷
科学出版社发行 各地新华书店经销
*
2021年6月第 一 版 开本：787×1092 1/16
2022年2月第二次印刷 印张：14
字数：360 000

定价：98.00元

（如有印装质量问题，我社负责调换）

序　言

近年来，我国在光学工程领域取得了卓著的创新发展。为了更好地推动学科交叉融合和软件自主可控，国防科技大学高能激光技术研究所联合中国科学院软件研究所，历时九年，开发了具有自主知识产权的系统级光学仿真软件 Seelight、光纤激光仿真软件 SeeFiberLaser 及其工具集，统称为 See 系列仿真软件，取义“所见即所得”。See 系列仿真软件以波动光学和激光物理为基础，结合计算机仿真学基本原理，涵盖了从激光的产生到光束的传输、变换与控制，再到光场的探测与操控等多个物理过程，可实现光学和激光系统设计的全方位模拟仿真，具有图形化的操作界面、丰富可扩展的模型库、定制化的设计案例、动态的交互管理和云计算服务等特点，为光学工程领域的科学研究提供了便捷的计算工具，已成功应用于我国光学工程领域的多项重大关键技术攻关。

由于光学和激光领域中数学物理基础偏难、实验系统复杂抽象，许多概念和知识点很难在课堂中讲授。结合 See 系列仿真软件，我们实现了众多复杂实验系统的直观图形化建模，将难以分解与复现的实验条件和高成本、高危险及长周期的实验过程，通过仿真的方法展现，使得用户可以脱离复杂烦琐的实验系统搭建，从而更加直观快捷地感受光学和激光实验中的各种物理现象，更加准确深刻地理解实验中所蕴含的物理概念。在推进软件科研应用的同时，我们将 See 系列仿真软件融入本科生、研究生及任职培训多个层次的光学工程系列课程教学中，开创了光学工程领域“科研应用引导仿真设计，仿真平台支撑课程体系”的特色学科建设模式，同时策划了“See 系列光学仿真应用丛书”。

See 系列仿真软件是我国高能激光技术数十年发展的成果积累，在国内光学工程领域的科学研究和高校相关学科人才培养与教学中得到较为广泛的应用。为了提高 See 系列仿真软件的应用水平，国防科技大学联合国内相关单位编撰了这套丛书。该丛书结合 See 系列仿真软件的功能特色，分别从物理光学、应用光学、大气光学、自适应光学和光纤激光等学科应用领域，对专业领域中的物理概念和物理现象、复杂光学系统原理，以可视化的数值模型和仿真系统的形式展现出来。该丛书可以作为大专院校光学工程专业与相关专业学生学习光学相关理论、仿真和实验课程的教材及参考书，也可以作为光学工程和相关领域科研工作者的工具书。

“See 系列光学仿真应用丛书”编委会

前　言

光纤激光器具有体积小、重量轻、效率高、光束质量好、性能稳定、维护简单等优点，可用于多种材料的快速高效打标、切割、焊接、熔覆、清洗、3D 打印，在飞机、汽车、船舶、矿山机械制造等诸多领域已经得到广泛的应用。作为智能制造的一个重要构件，光纤激光器被誉为智能制造的手术刀。国内大部分光纤激光器研究和生产单位都能一定程度地对光纤激光器进行仿真；然而，由于光纤激光器种类繁多，已有的大部分仿真仅限于某一类别的激光器，尚未形成一个覆盖面广、操作简单的光纤激光仿真软件，这使得仿真和设计效率偏低。

国防科技大学高能激光技术研究所是国内较早开展高功率光纤激光器研究的单位之一，为了给初学者和研发人员提供有效的仿真设计手段，本书作者于 2013 年提出开发光纤激光仿真软件的设想，并于 2014 年联合中国科学院软件研究所开发了国内第一款光纤激光仿真软件 SeeFiberLaser。该软件瞄准“界面可视化、器件模块化、参数表格化、结果图形化”的“四化”目标，为用户提供一款界面友好、操作简洁、计算高效、结果可靠的光纤激光仿真工具，填补我国工业激光器仿真设计软件的空白，打破国外同类软件的垄断。SeeFiberLaser 基于相干激光多波耦合方程、非相干速率方程、模式耦合方程，能够对连续、脉冲光纤激光的产生、放大和传输进行仿真；在仿真中，能够根据实际情况分类考虑放大自发辐射、受激拉曼散射、受激布里渊散射等物理效应；在仿真结束后，能够根据不同模型的需求，输出激光功率、时域、光谱、温度、上能级粒子数、横向模式等可视化的结果。SeeFiberLaser 还具有一键存储功能，能够将仿真模型和仿真结果的全部数据、图表一键存储，方便随时打开和查看仿真结果。

目前，已有光纤激光和仿真相关的书籍问世，但是一般的书籍没有对光纤激光器基础理论模型的来源进行介绍，缺乏对理论模型尤其是边界条件和仿真算法的深度分析，大部分仅限于对某一类或简单的一两类光纤激光器的介绍，更难以体现最近十多年来的各种新型光纤激光器的原理、模型和仿真算法。作者撰写本书的目的是，希望对各类光纤激光器的原理、模型和仿真算法进行较为全面的介绍，并结合理论模型通过 SeeFiberLaser 介绍各类主要光纤激光器的仿真和优化，对激光器设计给出原则性的指导。

全书共 7 章，分为三个部分：光纤激光器基本知识、光纤激光器理论模型与仿真算法、基于 SeeFiberLaser 的光纤激光器仿真与优化。第一部分包括第 1 章，重点介绍光纤激光器的发展现状、光纤光学和光纤激光的基本原理，为本书的后续章节提供基础知识参考。第二部分包括第 2～5 章，根据由简到繁、循序渐进的原则，较为全面地介绍连续光纤激光器、脉冲光纤激光器、单频/窄线宽光纤激光器、特殊光纤激光器的理论模型与仿真算法，基本上包括了当前主流光纤激光器的理论模型和仿真算法。第 2 章涉及连续光纤激光器这类基础的光纤激光器，相对详细地介绍了速率方程、边界条件、增益光纤温度与热源模型和仿真算法，后面几章对涉及边界条件、仿真算法等重复的介绍进行了适当的简化。第 3 章介绍调 Q、锁模两类脉冲光纤激光器的理论模型和仿真算法。第 4 章介绍单频/窄线宽光纤激光器的理论模型。第 5 章介绍超荧光光源、拉曼光纤激光器、分布式随机反馈光纤激光器、混合增益光纤激光器、光纤激光器横向模式耦合、超连续谱光源等近十年来新发现或研究较多的特殊光纤激光器。第 4、5 章内容在目前一般的著作中涉及较少。第三部分包括第 6、7 章。第 6 章介绍 SeeFiberLaser 的主要功能与使用技能，包括主要元器件、仿真实例建模原则、仿真结果存储与查看、仿真数据说明、仿真实例搭建示例。第 7 章介绍基于 SeeFiberLaser 的光纤激光器仿真与优化，包括普通光纤激光振荡器、特殊波长光纤激光振荡器、超荧光光源、级联泵浦光纤放大器、拉曼光纤激光器、随机光纤激光器、锁模脉冲光纤激光器、单频光纤放大器等不同结构和体制光纤激光器的仿真与优化。在第 7 章中，重点选择实际应用和科研中关注较多的光纤激光器，根据各个激光器器件和结构参数的选择，对光纤激光器进行仿真和优化，给出优化结论；该部分的仿真结果与结论对于实际光纤激光器的设计有很好的指导意义。

本书在理论模型介绍和仿真优化方面，重点突出基本概念，尤其突出一般著作涉及较少的各种理论模型、边界条件和仿真算法，突出仿真结果指导实际激光器设计和研发。

本书的撰写得到了各级领导和老师的大力支持，他们提出了诸多宝贵的意见，对此深表感谢。其中，特别感谢国防科技大学陈金宝、钟海荣、许晓军、周朴、姜宗福、孙全，中国科学院软件研究所徐帆江、吕品等的支持与鼓励。在软件开发过程中，中国科学院软件研究所谭姝丹、宋云波、吴楚锋，中国科学院自动化研究所徐润亲付出了大量的心血；在本书成稿过程中，国防科技大学研究生曾令筏对本书的图表、参考文献的编辑付出了大量的辛勤劳动，在此一并表示衷心的感谢。最后，感谢科学出版社潘斯斯等同志为本书出版所做的细致的编辑工作。

由于作者水平有限，书中难免存在疏漏和不足，恳请读者批评指正。

作　者

2020 年 12 月 25 日于国防科技大学

目　录

第 1 章　光纤激光器基本知识

1.1　光纤激光器概述

1.1.1　光纤激光器简介

光纤激光器是以波导结构进行光束传输，以掺稀土离子或者非线性效应作为增益的一类激光器。光纤激光器特殊的波导结构和增益特性使得其具有高效率、低热负荷、高光束质量、可柔性传输等优点，在工业加工、材料处理、国防科研等领域具有广泛的应用前景。

与普通激光器类似，光纤激光器具备增益介质、泵浦源、谐振腔三个要素。图 1-1 给出了采用双端泵浦的线性腔掺镱双包层光纤激光振荡器(简称光纤振荡器)结构。该激光器中，增益介质为双包层掺镱光纤(Double Cladding Ytterbium Doped Fiber，DCYDF)，又称增益光纤，为激光产生提供上能级反转粒子；谐振腔由高反射光纤光栅(High Reflectivity Fiber Bragg Grating，HR FBG)、DCYDF、输出耦合光纤光栅(Output Coupler Fiber Bragg Grating，OC FBG)组成；泵浦源则是光纤耦合半导体激光器(Laser Diode，LD)。该激光器中，利用前向泵浦信号合束器(Forward Pump and Signal Combiner，FPSC)和后向泵浦信号合束器(Backward Pump and Signal Combiner，BPSC)将低功率的 LD 合束得到更高功率的泵浦光后，注入光纤激光谐振腔中。泵浦源激发增益光纤产生上能级反转粒子，形成各个波段的自发辐射光子，由输出耦合光纤光栅、DCYDF 和高反射光纤光栅构成的谐振腔仅对它们反射的波长进行反馈，并被增益光纤放大，最终得到由光纤光栅中心波长决定波段的激光输出。在实际激光器中，利用包层光滤除器(Cladding Light Stripper，CLS)滤除激光器中的包层光，最后经光纤端帽(EndCap，EC)扩束输出。为了避免反馈光对激光器的影响，FPSC 的信号输出臂需要切斜 8°角，消除端面反馈导致的激光不稳定。

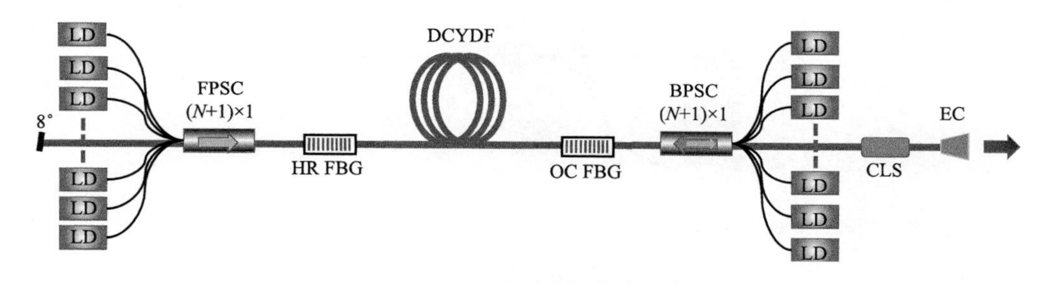

图 1-1　单纤输出的光纤振荡器原理图

除了光纤振荡器，研究人员一直以来把基于主控振荡器的功率放大器(Master Oscillator Power-Amplifier，MOPA)结构的光纤放大器作为实现更高功率单纤激光输出的首要选择。图 1-2 为光纤放大器的原理图。不同于光纤振荡器，光纤放大器中不存在谐振腔，也就是说只具备普通激光器三要素中的两个要素：泵浦源和增益介质。MOPA 结构首先需要一个低功率的种子激光器(Seed)。图 1-2 中，种子激光器输出的激光经过 FPSC 注入增益光纤中。同时，FPSC、BPSC 把 LD 输出的泵浦功率耦合到泵浦信号合束器的泵浦输出臂。FPSC、BPSC 的泵浦输出臂与 DCYDF 熔接，将泵浦光注入 DCYDF。泵浦光激发增益光纤的上能级粒子，在种子激光的作用下，增益光纤中的上能级粒子被诱导产生与种子激光相同频率的光子，使得种子激光得到放大，产生更高功率的激光输出。放大后的激光经过 BPSC 的信号输出臂输出，然后利用 CLS 滤除包层光，最后经 EC 扩束输出。

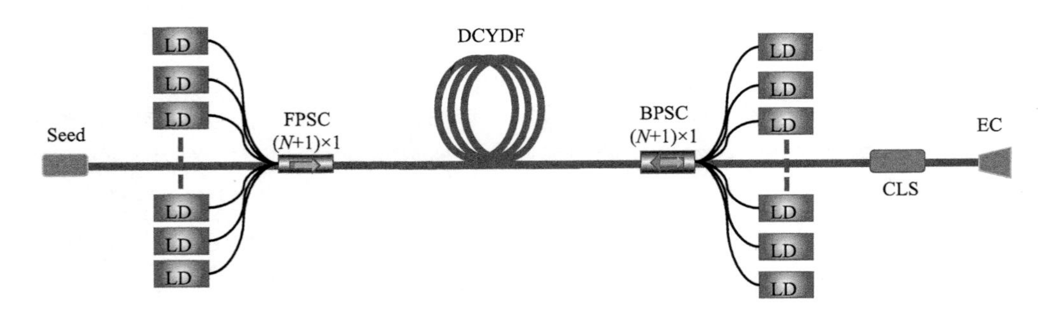

图 1-2　单纤激光输出的光纤放大器原理图

上述两类激光器是目前获得单纤激光输出最基本的两种方案。为了获得更高功率输出，可采用全光纤功率合束的方式对多路光纤激光器进行合成。图 1-3 为基于功率合束的多模光纤激光器的原理，其核心思路就是利用功率合束器(PC)将多个纤芯直径较小的光纤激光器(FL1～FL7)合束到纤芯直径较大的多模光纤输出。功率合束器的基本原理与实现方法可以参考相关文献。目前，基于该功率合束方案，国际上已经实现了输出功率为 100kW 的多模激光。

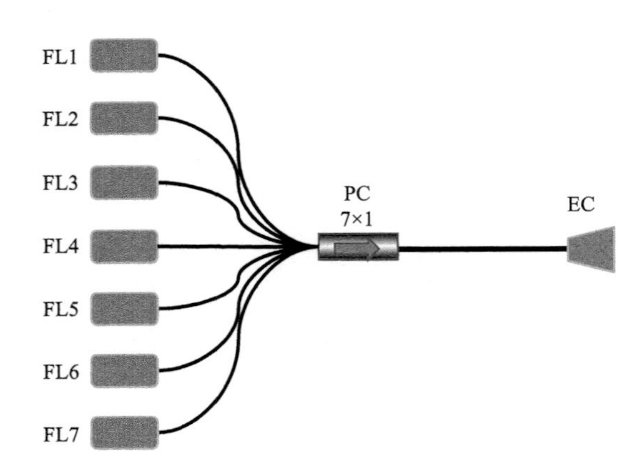

图 1-3　基于功率合束的多模光纤激光器原理图

1.1.2　光纤激光器发展历程与现状

早在 1961 年，Snitzer 提出了光纤激光的概念，并于 1964 年研制出世界上第一台光纤激光器。20 世纪 70 年代，Stone 等也开展了光纤激光的相关研究，然而，受限于光纤损耗和半导体激光器泵浦技术，光纤激光器发展缓慢。20 世纪 80 年代后，随着光纤拉制工艺的不断提升，光纤的损耗得到有效的控制，1985 年，Payne 等研制出低损耗的掺钕光纤，使得光纤激光器功率提升成为可能。然而，此时由于半导体泵浦技术的发展水平限制，光纤激光器仍然缺少大功率泵浦源。1988 年，Snitzer 等提出了双包层光纤，使信号光和包层光分别约束在光纤的纤芯和内包层内，在保证信号光以单模输出的同时，极大地提高了增益介质对泵浦光的耦合能力，使大功率光纤激光器的研制成为可能。20 世纪 90 年代中期，有源材料 GaAs 晶体的生长技术获得了突破，在输出功率显著提升的同时，使用寿命能够超过 10^4h，为光纤激光提供了大功率泵浦源基础。1997 年，Zellmer 等利用掺钕双包层光纤实现了 30W 激光输出。

在光纤激光中，通过在光纤中掺杂稀土元素离子吸收泵浦光并发射相应波段的激光输出。镱离子具有在石英玻璃基质中溶解度高、能级结构简单、吸收和发射谱带较宽等优点，因而掺镱光纤在实现大功率输出方面展示了巨大潜力。1999 年，Dominic 等利用掺镱光纤实现了 110W 的单模连续激光输出，使光纤激光输出功率突破百瓦量级。2004 年，英国南安普顿大学的 Jeong 等基于掺镱双包层光纤实现了 1.36kW 输出功率，首次使光纤激光输出功率突破千瓦量级。2009 年，美国 IPG 公司报道了 10kW 的单模光纤激光器(单模光纤放大器)，将光纤激光输出功率又提升一个量级，并在 2013 年将输出功率提升到 20kW。

下面以单纤输出光纤放大器和光纤振荡器为例，简单介绍连续光纤激光器的发展现状。对于功率合束的多模光纤激光器，由于其原理简单，除了需要考虑输出光纤的功率承受能力，主要需要对功率合束器进行设计，不在本书的讨论范围内。

1. 光纤放大器发展现状

在光纤激光器领域，基于主振荡功率放大结构的光纤放大器最早成为高功率光纤激光器的主流技术方案。

表 1-1 给出了光纤放大器的科研与产业现状。众所周知，早在 2009 年，美国 IPG 公司就实现了输出功率大于 10kW 的单模光纤放大器。此后，在科研领域，全光纤放大器得到了蓬勃的发展，国内外相关研究机构都先后实现了 5～10kW 的光纤放大器。其中，国防科技大学、清华大学、中国工程物理研究院、中国科学院上海光学精密机械研究所等单位都在实验室获得了 10kW 以上输出功率。国内的 10kW 光纤放大器包括三种技术方案：第一种是国防科技大学等单位采用的级联泵浦双包层增益光纤的方案；第二种是中国工程物理研究院等单位采用的 LD 泵浦复合增益光纤的方案；第三种是中国科学院上海光学精密机械研究所等单位采用的 LD 泵浦双包层增益光纤的方案。

表 1-1　光纤放大器科研与产业现状

年份	单位	泵浦方式	光纤类型/参数	功率	光束质量
2009	美国 IPG 公司	同带泵浦	DCF	10kW	$M^2 \approx 1.3$
2015	国防科技大学	LD 泵浦	30/400μm DCF	4.1kW	$M^2 \approx 2.1$
2016	德国耶拿大学		23/460μm DCF	4.3kW	$M^2 \approx 1.27$
	中国科学院西安光学精密机械研究所		30/600μm DCF	4.62kW	$M^2 \approx 1.67$
	华中科技大学		25/400μm DCF	3.5kW	$M^2 \approx 0.28$

续表

年份	单位	泵浦方式	光纤类型/参数	功率	光束质量
2016	国防科技大学	同带泵浦	DCF	10kW	$\beta\approx1.886$
	清华大学	LD 泵浦	DCF	10kW	
	中国工程物理研究院		GT Wave	5kW	$M^2\approx2.2$
2017	天津大学		30/600μm DCF	5.01kW	$M^2<1.8$
	中国工程物理研究院		30μm DCF	6.03kW	$M^2<2.38$
2018	中国工程物理研究院		30/520 PIFL	10.45kW	
	中国工程物理研究院		30/900μm DCF	10.6kW	$\beta<2$
2019	中国科学院上海光学精密机械研究所		30/600μm DCF	10kW	
	武汉锐科光纤激光技术股份有限公司			3kW	
	四川思创优光科技有限公司			3kW	单模
	深圳市杰普特光电股份有限公司			4kW	单模
	深圳市创鑫激光股份有限公司			5kW	BPP = 1.8～3.0mm·mrad
	武汉锐科光纤激光技术股份有限公司			5kW	单模
	大科激光公司			5kW	$M^2\approx1.8$
2020	湖南大科激光有限公司			6kW	$M^2<2$

注：DCF 为双包层光纤， PIFL 为泵浦增益一体光纤。

表 1-1 同时给出了国内部分公司的光纤放大器产品情况。自 2019 年以来，武汉锐科光纤激光技术股份有限公司、深圳市创鑫激光股份有限公司等基于放大器方案，实现了单模块 3～6kW 功率输出。其中，深圳市创鑫激光股份有限公司的光纤放大器为多模输出，其他公司的光纤放大器以单模输出或近单模输出为主。对比科研报道的激光器与工业激光器产品可知，在光纤放大器中，从科研领域首先报道高功率输出到商业公司推出相应的商品，需要 3 年甚至更长的时间。

2. 光纤振荡器发展现状

一直以来，主振荡功率放大结构的光纤放大器被认为是光纤激光器的主流方案。与主振荡功率放大结构的光纤放大器相比，光纤振荡器具有结构紧凑、控制逻辑简单、成本低廉、抗反射回光能力强、稳定性好等优点。随着光纤器件和工艺的发展，掺镱光纤振荡器(简称光纤振荡器)输出功率和光束质量不断提升。

表 1-2 给出了文献公开报道的科研领域光纤振荡器的典型研究结果。早在 2012 年，美国 Alfalight 公司报道了输出功率为 1kW 的全光纤振荡器。此后，光纤振荡器输出功率几乎每年上一个台阶，在最近两年，光纤振荡器输出功率更是得到了极大的提升。2018 年，国防科技大学和日本藤仓公司分别报道了全光纤的 5kW 近单模光纤振荡器。2019 年，日本藤仓公司将该单模 5kW 激光器用于铜片材料处理，得到了比多模激光更好的效果。2019 年，德国 Laserline 公司在 Photonics West 会议上报道了输出功率达 17.5kW 的空间结构多模光纤振荡器，指出基于类似平台的功率为 6kW、光束质量为 4mm·mrad 的光纤激光器已成为标准商业产品。2020 年，日本藤仓公司在 Photonics West 会议上又报道了输出功率突破 8kW 的近单模光纤振荡器。

表 1-2　高功率全光纤振荡器典型研究结果

年份	研究机构	结构	光纤类型/参数	功率	光束质量
2012	美国 Alfalight 公司	全光纤	20μm 0.065NA	1kW	$M^2 \approx 1.2$
2014	美国 Coherent 激光公司	空间	A_{eff} 800μm^2 0.048NA	3kW	$M^2 < 1.15$
	国防科技大学	全光纤	20μm 0.065NA	1.5kW	$M^2 < 1.2$
2015	天津大学		20μm 0.065NA	1.6kW	$M^2 < 1.1$
	日本藤仓公司		A_{eff} 400μm^2 0.07NA	2kW	$M^2 = 1.2$
2016	国防科技大学		20μm 0.065NA	2.5kW	$M^2 \approx 1.2$
2018	天津大学		20μm 0.065NA	2kW	$M^2 \approx 1.5$
2017	国防科技大学		20μm 0.065NA	3kW	$M^2 \approx 1.3$
	南方科技大学		20μm 0.065NA	2kW	$M^2 < 1.2$
	日本藤仓公司		A_{eff} 400μm^2 0.07NA	3kW	$M^2 \approx 1.3$
	国防科技大学		25μm DCF	4kW	$M^2 \approx 2.2$
2018	国防科技大学		25μm GT Wave	3.96kW	$M^2 \approx 2$
	日本藤仓公司		A_{eff} 600μm^2	5kW	$M^2 \approx 1.3$
	国防科技大学		25μm 0.065NA	5.2kW	$M^2 \approx 1.7$
2019	德国耶拿大学		20μm 0.06NA	4.8kW	$M^2 \approx 1.3$
	国防科技大学		A_{eff} 600μm^2	6.06kW	$M^2 \approx 2.6$
	德国 Laserline 公司	空间	50～90μm 0.11NA	17.5kW	BPP=8mm·mrad
2020	德国弗朗禾费研究所		<100μm	8.113kW	
	德国耶拿大学	全光纤	20μm 0.06NA	5kW	$M^2 \approx 1.3$
	日本藤仓公司		A_{eff} 600μm^2	8kW	BPP = 0.5mm·mrad

由于光纤振荡器具有很好的抗反射能力，在工业领域得到了广泛的应用。表 1-3 给出了近年来国内外部分公司的高功率光纤振荡器产品。早在 2010 年，芬兰 CoreLase 公司推出 1kW 全光纤振荡器产品；2015 年，该公司又推出了 2kW 的光纤振荡器产品。2015 年，深圳市创鑫激光股份有限公司与国防科技大学合作，在国内最早推出了 1.5kW 的全光纤振荡器产品。2017 年以后，美国 Lumentum 公司、光惠(上海)激光科技有限公司、北京热刺激光技术有限责任公司、上海飞博激光科技有限公司、湖南大科激光有限公司等都先后推出了各自高功率的光纤振荡器产品。尤其是 2019 年以来，美国 Lumentum 公司、光惠(上海)激光科技有限公司、北京热刺激光技术有限责任公司、上海飞博激光科技有限公司等都实现了输出功率大于等于 4kW 的光纤振荡器。其中，光惠(上海)激光科技有限公司、北京热刺激光技术有限责任公司的 4kW 光纤振荡器为单模输出，具有很好的光束质量；上海飞博激光科技有限公司的 4kW 光纤振荡器输出光斑为环形光斑，在特殊领域有很好的应用。

表 1-3　部分公司光纤振荡器产品

年份	公司	泵浦方式	光纤型号	功率	光束质量
2010	芬兰 CoreLase 公司	976nm LD 泵浦	20μm 纤芯	1kW	$M^2<1.6$
2015	深圳市创鑫激光股份有限公司			1.5kW	$M^2<1.3$
	芬兰 CoreLase 公司	976nm LD 泵浦	20μm 纤芯	2kW	$M^2<1.6$
2018	光惠(上海)激光科技有限公司	976nm LD 泵浦	20μm 纤芯	3kW	$M^2<1.3$
	湖南大科激光有限公司			3kW	$M^2<1.3$
	上海飞博激光科技有限公司	LD 泵浦		3kW	环形光斑
2019	美国 Lumentum 公司	915nm LD 泵浦		4.2kW	1.5mm·mrad
	光惠(上海)激光科技有限公司	LD 泵浦		4kW	单模
	北京热刺激光技术有限责任公司			4kW	单模
	上海飞博激光科技有限公司			4kW	环形光斑

我们发现，从科研领域首先报道高功率光纤振荡器到商业公司推出相应的商品，时间间隔为 1～2 年。对比表 1-1～表 1-3，可以得到以下结论。首先，从发展阶段来看，在光纤激光器发展的前期，光纤放大器发展速度远超光纤振荡器；早在 2009 年，光纤放大器就实现了 10kW 功率输出；2018 年之后，光纤振荡器输出功率才得到较大的提升。其次，在输出功率方面，光纤振荡器与光纤放大器功率水平已经没有明显区别，尤其是日本藤仓公司 8kW 单模光纤振荡器和德国 Laserline 公司 17.5kW 多模光纤振荡器的报道使得光纤振荡器输出功率逐步追赶上了光纤放大器。最后，在工业化应用方面，由于具有抗反射回光能力强、控制逻辑简单等优势，光纤振荡器比光纤放大器具有更好的工业应用前景，光纤振荡器从实验室走向产业市场的时间也短于光纤放大器所用时间。

一直以来，光纤放大器被认为是获得高功率激光输出的有效技术途径。事实上，德国耶拿大学文献报道，在使用相同增益光纤搭建的光纤振荡器和光纤放大器对比研究中，全光纤振荡器具有比光纤放大器更大的功率提升能力。如图 1-4 所示，耶拿大学的实验表明，利用纤芯/内包层直径为 20μm/400μm 的增益光纤搭建的光纤放大器的模式不稳定阈值小于光纤振荡器的模式不稳定阈值。尽管这个结论不一定有普适性，但是可以看出，光纤振荡器的优势还是相当明显的，随着未来光纤振荡器高功率新型器件的研发和市场需求的推动，其输出功率超越光纤放大器是有可能的。此外，从光纤振荡器的发展可以看出，连续光纤振荡器的输出功率越来越高，在科研和工业领域都得到了广泛的关注，并且可能在今后的工业应用中大规模替代传统 MOPA 结构光纤放大器。

图 1-4 彩图

图 1-4　光纤振荡器和光纤放大器中时域归一化均方差与输出功率的关系

1.2　光纤光学基本知识

在光纤激光器设计与仿真中，需要掌握一些光纤光学的基本知识，本节将介绍这些相关的知识。

1.2.1　光纤基本参数

1. 光纤几何形态

本书讨论的光纤主要包括单包层和双包层两类。图 1-5 所示的单包层光纤从内到外由纤芯、包层和涂覆层组成，其中纤芯半径为r_1，包层半径为r_2，涂覆层半径为r_3。图 1-6 所示为大功率光纤激光器常用的双包层光纤，从内到外由纤芯、内包层、外包层和涂覆层组成，其中纤芯半径为r_1，内包层半径为r_2，外包层半径为r_3，涂覆层半径为r_4。需要说明，一般文献中使用a、b、c表示纤芯半径、包层半径和涂覆层半径，本书由于使用c表示光速，为了避免符号混乱，使用r_1、r_2或者r_{core}、r_{clad}表示纤芯半径和包层半径。

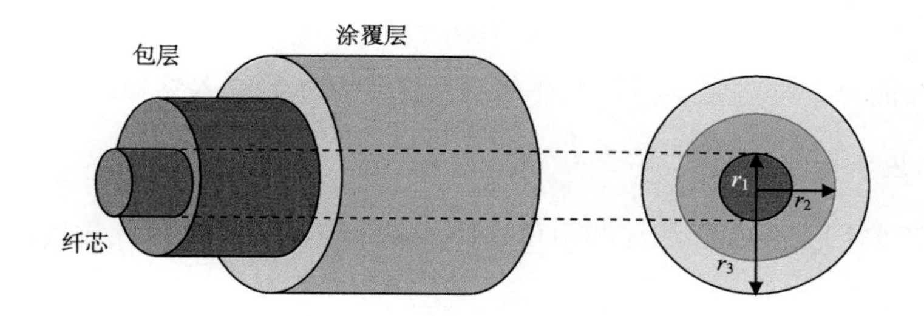

图 1-5　单包层光纤示意图

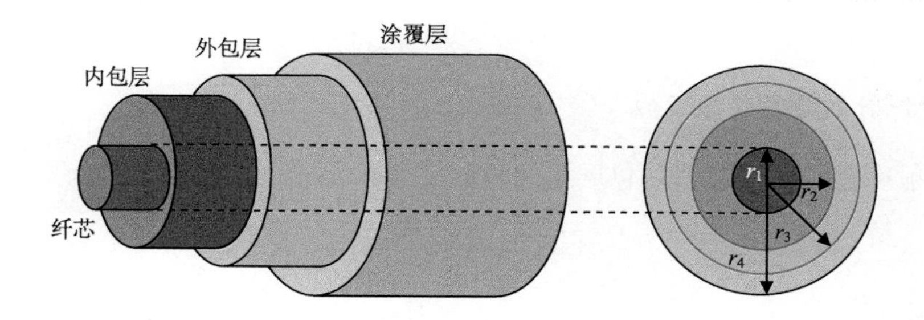

图 1-6　双包层光纤示意图

2. 全反射条件与数值孔径

在阶跃折射率光纤中，只有满足全反射条件的光束才能在光纤中无损耗地传输。如图 1-7 所示，定义入射到光纤中的光束能够满足全反射条件的最大角度为孔径角φ_0，满足关系：

$$n_0 \sin\varphi_0 = n_1 \sin\theta_0 = n_1\sqrt{1-\left(\frac{n_2}{n_1}\right)^2} \tag{1-1}$$

式中，n_0、n_1、n_2 分别为空气、纤芯和包层中的折射率；θ_0 为满足全反射条件时入射光在光纤中的最大角度。

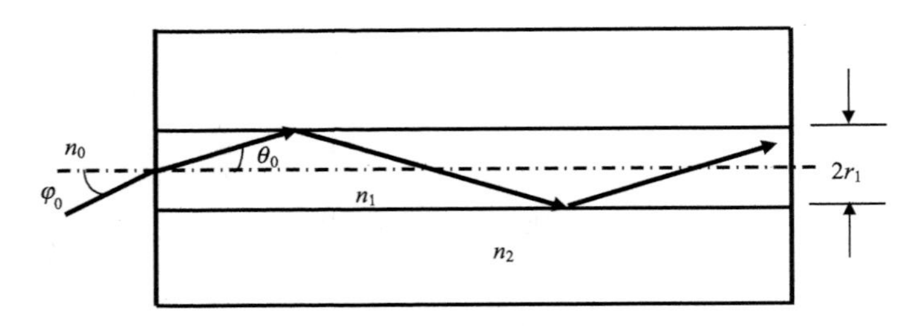

图 1-7　光纤轴向截面图

式(1-1)中，空气中的折射率与孔径角正弦的乘积定义为数值孔径(Numerical Aperture，NA)：

$$\mathrm{NA} = n_0 \sin\varphi_0 = \sqrt{n_1^2 - n_2^2} \tag{1-2}$$

NA 是光纤的一个基本光学参数，在仿真中作为基本的输入参数。

3. 归一化频率

归一化频率常用来表征光纤纤芯中可支持的某一波长激光的模式数量，其定义为

$$V = \frac{2\pi r_1 \mathrm{NA}}{\lambda} \tag{1-3}$$

式中，λ 为激光波长。V 决定了光纤中支持模式的数量，一般为了保证光纤单模运转，V 小于 2.405。

4. 相对折射率差与弱导近似

相对折射率差是表示纤芯和包层之间折射率差异的一个参数，定义为

$$\varDelta = \frac{n_1^2 - n_2^2}{2n_1^2} \approx \frac{n_1 - n_2}{n_1} \tag{1-4}$$

当相对折射率差 $\varDelta$ 小于 0.01 时，认为光纤满足“弱导近似”，此时，数值孔径 NA 与相对折射率差 $\varDelta$ 满足关系：

$$\mathrm{NA} = n_1\sqrt{2\varDelta} \tag{1-5}$$

5. 模式传播常数与等效折射率

在光纤激光器模式仿真中，常常会用到模式传播常数和等效折射率的概念。在阶跃折射率光纤中，线偏振(Linearly Polarized，LP)模式的传播常数 β 定义为

$$\beta = k_0 n_{\mathrm{eff}} \tag{1-6}$$

式中，n_{eff} 为等效折射率，真空中波矢描述为

$$k_0 = \frac{2\pi}{\lambda} \tag{1-7}$$

LP 模式满足如下特征方程：

$$\frac{UJ_{m+1}(U)}{J_m(U)} = \frac{WK_{m+1}(W)}{K_m(W)} \tag{1-8}$$

式中，J_m 表示 m 阶第一类贝塞尔函数；K_m 表示 m 阶第二类修正的贝塞尔函数；m 为正整数，$m=0$ 表示 LP_{0n} 模，$m=1$ 表示 LP_{1n} 模，$m=2$ 表示 LP_{2n} 模，依次类推。大模场光纤中 LP_{mn} 依次为 $\mathrm{LP}_{01}, \mathrm{LP}_{11}, \mathrm{LP}_{21}, \mathrm{LP}_{02}, \mathrm{LP}_{31},\cdots$，随着模式序数的增加，传播常数 β 依次减小。

式(1-8)中，U、W 与 β 相关，要获得各个模式的传播常数和等效折射率，需要对式(1-8)进行求解，具体求解过程较为烦琐。为了简单，可以使用我们开发的光纤工具集软件 SeeFiberTool(以下简称 SFTool)对这两个参数进行求解。(注：本书中介绍的软件请登录官方网站 www.seefiber.net 下载和试用。)

1.2.2　光纤中的损耗

1. 吸收损耗与散射损耗

由于光纤中本身不可避免会存在吸收激光的杂质，这种吸收会导致光束在传输过程中存在吸收损耗。同时，光纤的制作缺陷和本征散射会使得入射的激光被光纤材料散射，存在散射损耗。

在实际激光器设计与仿真中，我们难以区分吸收损耗和散射损耗，统一利用损耗系数 α 来表征光纤对激光的衰减，其常用单位为 dB/m，定义为

$$\alpha = -\frac{10}{L}\lg\frac{P_{\mathrm{out}}}{P_{\mathrm{in}}} \tag{1-9}$$

式中，P_{in} 为输入功率；P_{out} 为输出功率；L 为光纤长度。在一般的光纤中，会给出特定波长时的损耗系数。比如，在掺镱双包层光纤中，会给出在 1200nm 和 1300nm 处的损耗系数。以 Nufern 公司的 LMA-YDF-20/400-M 光纤为例，1200nm 和 1300nm 处的损耗系数分别为≤30dB/km 和≤15dB/km。

2. 弯曲损耗

在光纤激光器设计中，通常需要通过弯曲光纤来增加高阶模式的损耗，以达到滤除高阶模式的目的，因此我们需要了解光纤弯曲对各个模式的损耗特性。根据 D. Marcuse 弯曲损耗模型，光纤纤芯半径为 r_1、弯曲半径为 R 时，光纤各个模式的弯曲损耗系数 α_{bl} 可估算为

$$\alpha_{\mathrm{bl}} = \frac{2}{\sqrt{\pi\gamma R}}\frac{r_1\kappa^2}{V^2}\exp\left(2\gamma r_1 - \frac{2\gamma^3}{3\beta^2}R\right) \tag{1-10}$$

式中

$$\kappa = \sqrt{k_0^2 n_1^2 - \beta^2} \tag{1-11}$$

$$\gamma=\sqrt{\beta^2-k_0^2n_2^2} \tag{1-12}$$

当 β 取值为高阶模式的传播常数时，α_{bl} 就是对应高阶模式的弯曲损耗系数。SFTool 中集成了对各个模式损耗的计算，可以作为本书的参考。

1.2.3　光纤中的色散

色散是指具有不同频率、模式或偏振特性的光波在光纤中传输时，各自的传输速度不同，导致在时间上有的光波先到达目的点、有的光波后到达目的点的现象。光纤中的色散包括材料色散、模式色散、波导色散和偏振模色散。

1. 材料色散

材料色散是由材料的折射率随着入射光频率变化而产生的色散。在石英中，可以利用 Sellmeier 公式计算各个波长折射率：

$$n(\lambda)=\sqrt{1+B_1\frac{\lambda^2}{\lambda^2-\lambda_1^2}+B_2\frac{\lambda^2}{\lambda^2-\lambda_2^2}+B_3\frac{\lambda^2}{\lambda^2-\lambda_3^2}} \tag{1-13}$$

式中

$$\begin{cases}B_1=0.6961663\\B_2=0.4079426\\B_3=0.8974794\end{cases} \tag{1-14}$$

$$\begin{cases}\lambda_1=0.0684043\times10^{-6}\\\lambda_2=0.1162414\times10^{-6}\\\lambda_3=9.896161\times10^{-6}\end{cases} \tag{1-15}$$

那么，不同波长光波在光纤中的传输速度为

$$v(\lambda)=\frac{c}{n(\lambda)} \tag{1-16}$$

式中，c 为光速。可以得出材料色散导致的延时为

$$\tau=\frac{n(\lambda_{\min})-n(\lambda_{\max})}{c} \tag{1-17}$$

材料色散参数的归一化波长色散为

$$\sigma_{\mathrm{m}}=\frac{k}{c}\frac{\mathrm{d}n_{1,\mathrm{g}}}{\mathrm{d}k} \tag{1-18}$$

式中，$n_{1,\mathrm{g}}$ 为群折射率：

$$n_{1,\mathrm{g}}=\frac{\mathrm{d}\beta}{\mathrm{d}k}=\frac{c}{v_{\mathrm{g}}} \tag{1-19}$$

2. 模式色散

模式色散又称为模间色散，是指在多模光纤中传输多模光束时，各个模式的传播常数 β

和等效折射率 n_{eff} 不同，导致群速度 v_{g} 不同，从而产生的色散。由模式色散导致的群速度为

$$v_{\mathrm{g}}=\frac{\mathrm{d}\omega}{\mathrm{d}\beta} \tag{1-20}$$

根据相关文献，可以得出模式色散导致的延时为

$$\tau=\frac{n_1}{c}\varDelta \tag{1-21}$$

式中，n_1 为纤芯折射率；$\varDelta$ 为相对折射率差。

3. 波导色散

波导色散是指对于光纤的某一传输模式，由于光谱较宽，不同光波频率的群速度不同引起的脉冲展宽。它与光纤结构的波导效应有关，因此也称为结构色散。波导色散是模式内部本身的色散，指光纤中某一种波导模式在不同的频率下，相位常数不同、群速度不同而导致的色散。理想状态下，光束只在纤芯中传输，但是由于光纤的几何结构、形状等方面的不完善，光波的一部分在纤芯中传输，另一部分在包层中传输。纤芯和包层的折射率不同，造成脉冲展宽现象。

波导色散在单模和多模光纤中都存在。在模场面积较小的光纤，尤其是某些光子晶体光纤和单模光纤中，波导色散可以通过光纤设计进行调整，从而满足特殊的色散需求。在大模场面积光纤中，波导色散通常可以忽略。

波导色散导致的归一化波长色散描述为

$$\sigma_{\mathrm{gd}}=\frac{n_{1,\mathrm{g}}-n_{2,\mathrm{g}}}{c}V\frac{\mathrm{d}^2(Vr_2)}{\mathrm{d}V^2} \tag{1-22}$$

式中，$n_{1,\mathrm{g}}$ 、 $n_{2,\mathrm{g}}$ 分别为纤芯和包层群折射率；r_2 为包层半径。

4. 偏振模色散

由于一般单模光纤中同时存在两个正交模式(HE_{11x} 和 HE_{11y})，理想光纤为完全的轴对称结构，那么这两个偏振模在光纤中传播速度相同，不存在色散。但是实际光纤的 X、Y 轴不可避免有一定的不对称性，这就会导致两个正交模式有不同的群延时，即产生了偏振模色散。

1.2.4　光纤模式与光束质量特性

1. 阶跃折射率光纤的模式特性

本书中，光纤的主要研究对象是阶跃折射率光纤。常用的阶跃折射率光纤纤芯和包层的折射率差较小，可以认为是“弱导光纤”，所以光纤中的本征模式可以通过弱导近似表示为线偏振模式。线偏振模式满足式(1-8)的特征方程，为了方便阅读，重写为

$$U\frac{J_{m+1}(U)}{J_m(U)}=W\frac{K_{m+1}(W)}{K_m(W)} \tag{1-23}$$

式中， U 和 W 分别为横向归一化频率、横向归一化衰减频率：

$$U=\left(k_0^2 n_1^2-\beta^2\right) r_1^2 \tag{1-24}$$

$$W=\left(\beta^2-k_0^2 n_2^2\right) r_1^2 \tag{1-25}$$

U、W 与光纤归一化频率 V 满足关系：

$$V^2=U^2+W^2 \tag{1-26}$$

式(1-24)和式(1-25)中

$$\beta=k_0 n_{\text{eff}}$$

$$k_0=\frac{2\pi}{\lambda}$$

本征模式 LP_{mn} 的电场可以表达为

$$\Psi_{mn}=R_{mn}(r)\Phi_m(\varphi) \tag{1-27}$$

式中

$$R_{mn}(r)=\begin{cases} k_1 J_m\left(U_{mn}\dfrac{r}{r_1}\right) & (0 \leqslant r \leqslant r_1) \\ k_2 K_m\left(W_{mn}\dfrac{r}{r_1}\right) & (r>r_1) \end{cases} \tag{1-28}$$

式中，k_1 和 k_2 为波矢；J_m 和 K_m 分别表示 m 阶第一类贝塞尔函数和第二类修正贝塞尔函数。

当 m 不为 0 时 Φ_{mn} 表示 LP_{mn} 模的两个简并态，取值为 $\cos(m\varphi)$ 和 $\sin(m\varphi)$ 时分别对应的是 even(缩写为 e)和 odd(缩写为 o)简并态。其中，φ 为极坐标下的角度。

考虑到电场在纤芯边界 $r=r_1$ 处的连续性，有

$$k_1 J_m(U_{mn})=k_2 K_m(W_{mn}) \tag{1-29}$$

因此，光纤本征模 LP_{mn} 的电场分布可表示为 e 模：

$$\Psi_{mn}(r)=\begin{cases} k_1 J_m\left(U_{mn}\dfrac{r}{r_1}\right)\cos(m\varphi) & (0 \leqslant r \leqslant r_1) \\ k_2 K_m\left(W_{mn}\dfrac{r}{r_1}\right)\cos(m\varphi) & (r>r_1) \end{cases} \tag{1-30}$$

或 o 模：

$$\Psi_{mn}(r)=\begin{cases} k_1 J_m\left(U_{mn}\dfrac{r}{r_1}\right)\sin(m\varphi) & (0 \leqslant r \leqslant r_1) \\ k_2 K_m\left(W_{mn}\dfrac{r}{r_1}\right)\sin(m\varphi) & (r>r_1) \end{cases} \tag{1-31}$$

上述给出光纤的本征模式，考虑到模式传输，光场还需要包括频率 ω 和相位 ϕ：

$$E_{mn}=\Psi_{mn}(x,y)\exp\left[\mathrm{j}(\omega t+\phi)\right]=R_{mn}(r)\Phi_m(\varphi)\exp\left[\mathrm{j}(\omega t+\phi)\right] \tag{1-32}$$

根据式(1-30)和式(1-31)，我们可以计算出不同模式的振幅、相位和光强形态。实

际计算编程有些烦琐，可以使用 SFTool 对各个模式进行计算。图 1-8 给出了纤芯直径为 30μm、数值孔径为 0.06 的阶跃折射率光纤所支持的全部 6 个模式的振幅、相位和光强。从图 1-8 可以看出，高阶模式两个相邻模瓣之间的相位差为 π，这是高阶模式的一个重要特征。

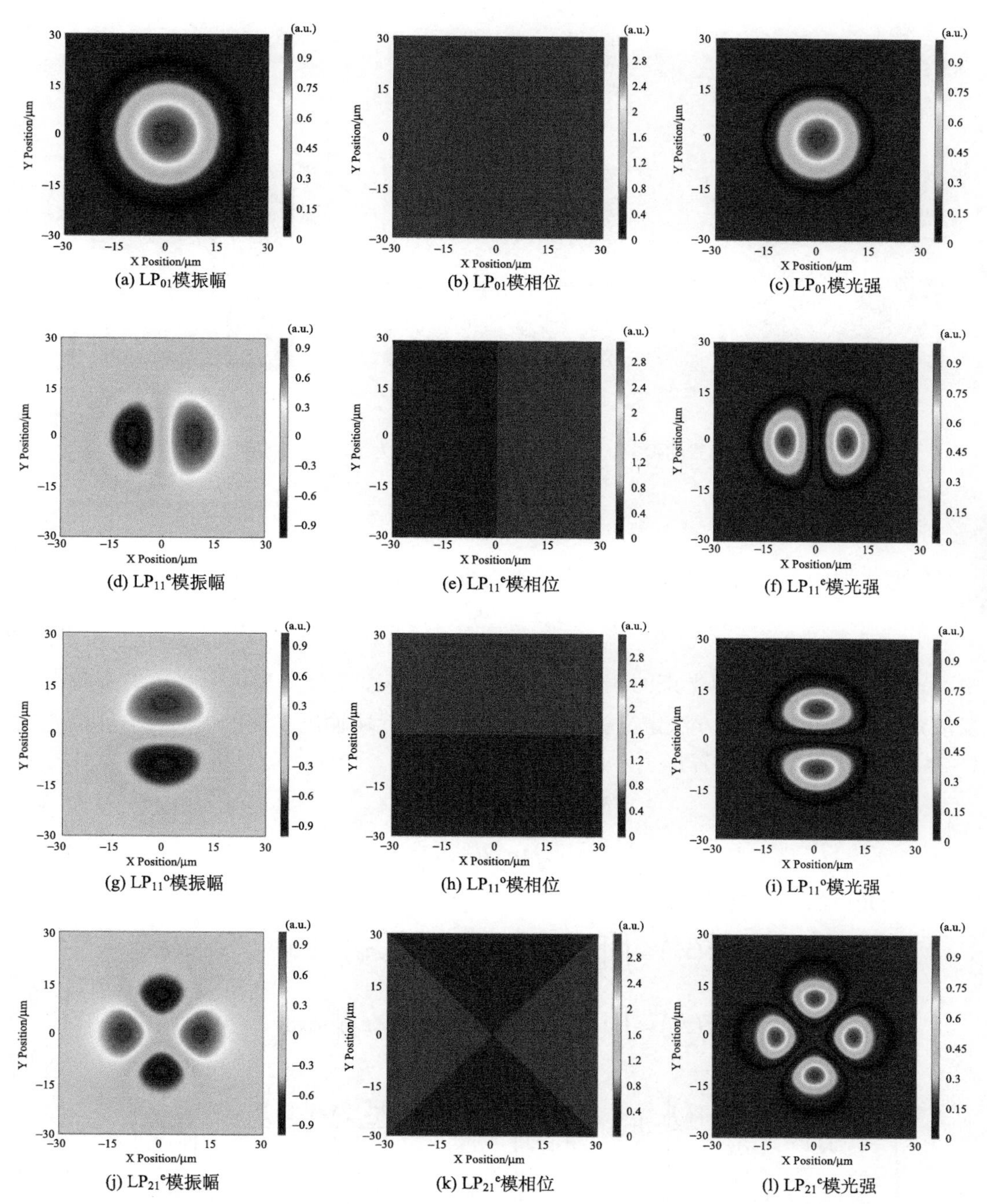

(a) LP_{01}模振幅　(b) LP_{01}模相位　(c) LP_{01}模光强

(d) LP_{11}^{e}模振幅　(e) LP_{11}^{e}模相位　(f) LP_{11}^{e}模光强

(g) LP_{11}^{o}模振幅　(h) LP_{11}^{o}模相位　(i) LP_{11}^{o}模光强

(j) LP_{21}^{e}模振幅　(k) LP_{21}^{e}模相位　(l) LP_{21}^{e}模光强

图 1-8 彩图

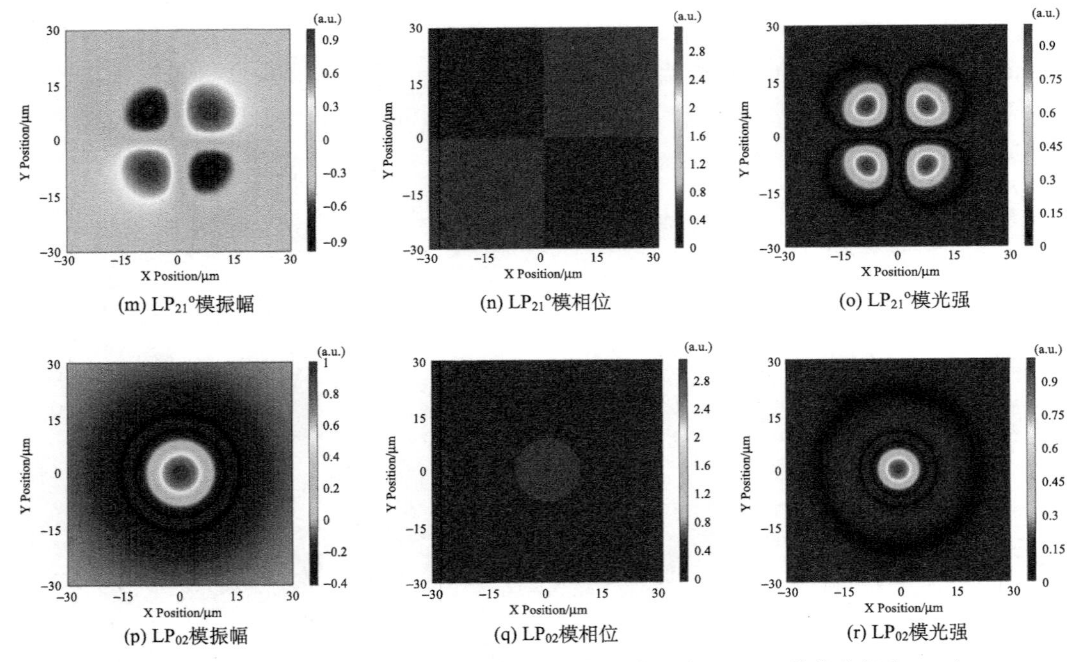

(m) $LP_{21}{}^{o}$模振幅　(n) $LP_{21}{}^{o}$模相位　(o) $LP_{21}{}^{o}$模光强

(p) LP_{02}模振幅　(q) LP_{02}模相位　(r) LP_{02}模光强

图 1-8　光纤支持模式的振幅、相位和光强(纤芯直径为 30μm，数值孔径为 0.06)

2. 光纤激光光束质量

光纤激光器中，一般利用 M^2 因子表述光束质量。M^2 因子定义为

$$M^2 = \frac{\omega\theta}{\omega_0\theta_0} \tag{1-33}$$

式中，ω_0、θ_0 分别为理想光束的束腰半径和发散角；ω、θ 分别为实际光束的束腰半径和发散角。当采用二阶矩方法定义光斑大小时，光纤近场输出光斑的 M^2 因子可以通过式(1-34)和式(1-35)进行计算：

$$M_x^2 = \sqrt{4\sigma_x^2 B_x + C_x^2} \tag{1-34}$$

$$M_y^2 = \sqrt{4\sigma_y^2 B_y + C_y^2} \tag{1-35}$$

式中，σ 为光束的二阶矩半径：

$$\begin{cases} \sigma_x^2(z_0) = \iint \left[x - \langle x\rangle(z_0)\right]^2 \left|E(x,y,z_0)\right|^2 \mathrm{d}x\mathrm{d}y \\ \sigma_y^2(z_0) = \iint \left[y - \langle y\rangle(z_0)\right]^2 \left|E(x,y,z_0)\right|^2 \mathrm{d}x\mathrm{d}y \end{cases} \tag{1-36}$$

$$\begin{cases} B_x = \iint \left|\dfrac{\partial E^*(x,y,z_0)}{\partial x}\right|^2 \mathrm{d}x\mathrm{d}y + \dfrac{1}{4}\left\{\iint \left[E(x,y,z_0)\dfrac{\partial E^*(x,y,z_0)}{\partial x} - \text{c.c.}\right]\mathrm{d}x\mathrm{d}y\right\}^2 \\ B_y = \iint \left|\dfrac{\partial E^*(x,y,z_0)}{\partial y}\right|^2 \mathrm{d}x\mathrm{d}y + \dfrac{1}{4}\left\{\iint \left[E(x,y,z_0)\dfrac{\partial E^*(x,y,z_0)}{\partial y} - \text{c.c.}\right]\mathrm{d}x\mathrm{d}y\right\}^2 \end{cases} \tag{1-37}$$

$$\begin{cases} C_x = \iint \left[x - \langle x \rangle (z_0)\right] \left[E(x,y,z_0) \dfrac{\partial E^*(x,y,z_0)}{\partial x} - \text{c.c.} \right] \mathrm{d}x\mathrm{d}y \\ C_y = \iint \left[y - \langle y \rangle (z_0)\right] \left[E(x,y,z_0) \dfrac{\partial E^*(x,y,z_0)}{\partial y} - \text{c.c.} \right] \mathrm{d}x\mathrm{d}y \end{cases} \tag{1-38}$$

其中，$\langle x \rangle$ 和 $\langle y \rangle$ 为光束在 x 和 y 方向上的重心。

$$\langle x \rangle (z) = \iint x \left| E(x,y,z_0) \right|^2 \mathrm{d}x\mathrm{d}y \tag{1-39}$$

$$\langle y \rangle (z) = \iint y \left| E(x,y,z_0) \right|^2 \mathrm{d}x\mathrm{d}y \tag{1-40}$$

在实际仿真中，我们可以知道各个模式的归一化振幅分布 A_i，那么光场可以描述为

$$E(x,y,z_0) = \sum_i A_i \Psi_i (x,y) \tag{1-41}$$

这里，在计算光束质量 M^2 时，光场 $E(x,y,z)$ 需要满足：

$$\iint \left| E(x,y,z_0) \right|^2 \mathrm{d}x\mathrm{d}y = 1 \tag{1-42}$$

1.3　光纤激光原理与基本知识

1.3.1　能级辐射与能级吸收

1. 能级粒子数分布

激光是电子在不同能级之间跃迁过程中产生的。能级是所有电子都具备的特性。一般情况下，电子只能在特定的、分立的轨道上运动，各个轨道上的电子具有分立的能量，这些能量值称为能级。电子可以在不同的轨道之间发生跃迁，比如，电子吸收能量可以从低能级跃迁到高能级，同时，电子从高能级跃迁到低能级会辐射光子。根据统计力学基本原理，当大量原子处于热平衡时，任何两个能级的相关粒子数与玻尔兹曼比值有关：

$$\frac{N_2}{N_1} = \exp\left(-\frac{E_2 - E_1}{k_\mathrm{B} T} \right) \tag{1-43}$$

式中，k_B 为玻尔兹曼常数；T 为达到热平衡的温度。一般情况，若两个能级的能量差足够大，那么 $E_2 - E_1 = h\nu \gg k_\mathrm{B} T$，$N_2/N_1$ 接近 0。这说明，在热平衡时，高能量的上能级粒子数非常少。因此，要产生激光，必须需要通过特殊手段提高上能级粒子数。

2. 自发辐射

在掺稀土离子光纤中，即使没有外部光子激励，处于上能级的粒子也是不稳定的，它会通过辐射或者无辐射跃迁回到下能级。这种自发的、有一定概率的从高能级回到低能级的辐射过程称为自发辐射。自发辐射会产生一个频率为 ν 的光子，该光子的能量由上能级 E_2 和下能级 E_1 的能量差决定：

$$h\nu = E_2 - E_1 \tag{1-44}$$

式中，h 为普朗克常数。

自发辐射本质上是一个空间与时间的统计函数。对于大量的自发辐射粒子，各个粒子之间的辐射过程中没有相位关系，辐射的光子之间是不相干的。在自发辐射过程中，上能级的粒子自发降落到下能级的速率与上能级的粒子数成正比：

$$\frac{\partial N_2}{\partial t} = -A_{21}N_2 \tag{1-45}$$

式中，N_2 为上能级粒子数；A_{21} 为自发辐射系数，单位为 s^{-1}。式(1-45)的本质是描述上能级粒子由自发辐射所导致的数量减少。求解式(1-45)，可得

$$N_2(t) = N_2(0)\exp(-A_{21}t) = N_2(0)\exp\left(-\frac{t}{\tau_{21}}\right) \tag{1-46}$$

式中，$\tau_{21} = \dfrac{1}{A_{21}}$，称为上能级自发辐射寿命，简称上能级寿命。在光纤激光器中，常用 τ_{21} 来描述上能级的稳定性，它表示上能级粒子数从 0 时刻的 $N_2(0)$ 通过自发辐射减少到 $\dfrac{N_2(0)}{\mathrm{e}}$ 时所需要的时间。在掺镱光纤中，上能级寿命一般取 0.84ms。一般情况下，上能级寿命越长，产生激光的概率越大。

3. 受激辐射

在激光原理中，上能级 E_2 的粒子在频率为 $\nu = (E_2 - E_1)/h$ 的光子激励下，跃迁到低能级 E_1，同时发射一个与入射光子完全相同光子的过程，称为受激辐射。由于受激辐射的光子与入射光子的频率、相位、偏振方向和传播方向都相同，受激辐射的光是相干光。在受激辐射过程中，一个光子在激励下会产生另外一个完全相同的光子，即 1 个光子变成 2 个光子，2 个光子变成 4 个光子，4 个光子变成 8 个光子……这样，受激辐射就使入射的光子得到放大，产生激光。激光的英文名称 Laser 就是受激辐射光放大的英文缩写(Light Amplified Stimulated Emission Radiation)。

受激辐射过程中，受到激发而发射光子，导致上能级粒子数变化描述为

$$\frac{\partial N_2}{\partial t} = -W_{21}N_2 \tag{1-47}$$

式中，W_{21} 为受激辐射系数。

同时考虑自发辐射，上能级粒子数变化描述为

$$\frac{\partial N_2}{\partial t} = -(A_{21} + W_{21})N_2 \tag{1-48}$$

4. 受激吸收

处于低能级 E_1 的粒子，在频率为 $\nu = \dfrac{E_2 - E_1}{h}$ 的光子激励下，吸收一个光子而跃迁到高能级 E_2 的过程，称为受激吸收。在受激吸收过程中，低能级粒子数以辐射密度 $\rho(\nu_{12})$ 和该能级粒子数 N_1 成正比的速率减少：

$$\frac{\partial N_1}{\partial t}=-W_{12}N_1=-B_{12}\rho\left(\nu_{12}\right)N_1 \tag{1-49}$$

式中，W_{12} 为受激吸收系数，$W_{12}=B_{12}\rho\left(\nu_{12}\right)$。

1.3.2　能级结构与吸收发射截面

1. 掺镱光纤能级结构

光纤激光器中，常用的掺杂离子包括镱离子(Yb^{3+})、铒离子(Er^{3+})、铥离子(Tm^{3+})、钬离子(Ho^{3+})等。掺 Yb 光纤激光器是目前实现高功率输出最主要的一类激光器。Yb 原子的外层电子结构为 $4f^{14}6s^2$，Yb^{3+}的外层电子结构为 $4f^{13}$。Yb^{3+}中剩余的 4f 电子受到 5s、5p 形成的满壳层的屏蔽作用，使得 4f-4f 跃迁的光谱特性不易受到宿主玻璃外电场的影响。与其他稀土离子相比，Yb^{3+}能级结构相当简单，与所有吸收发射波长相关的只有两个多重态的能级 $^2F_{7/2}$ 和 $^2F_{5/2}$。在硅基(石英玻璃)光纤中，Yb^{3+}能级结构如图 1-9 所示。当石英玻璃中掺入 Yb^{3+}后，由于基质材料中的电场分布不均匀，会引起声子加宽和 Stark 效应，使得 $^2F_{5/2}$ 展宽成 3 个子能级，对应激发态能级族 a、b、c；$^2F_{7/2}$ 展宽为 4 个子能级，对应基态能级族 i、j、k、l。由于 Yb^{3+}的基态和激发态两个能级之间的能量间隔大($1000cm^{-1}$)，不同能级间难以发生无辐射交叉弛豫。因此，Yb^{3+}不存在浓度猝灭，在泵浦波长和激光波长处也不存在激发态吸收。

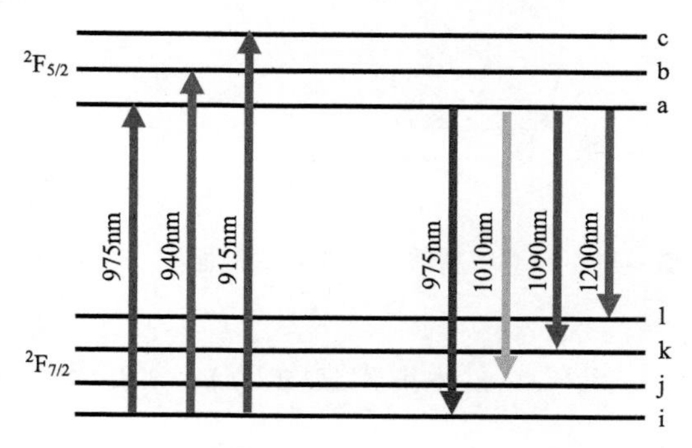

图 1-9　硅基光纤中 Yb^{3+}能级结构图

从子能级 a 到能级 $^2F_{7/2}$，Yb^{3+}可以产生两种类型的跃迁：一种是三能级跃迁，Yb^{3+}首先在基态 i 吸收泵浦光，跃迁到激发态 c-a，然后通过在 a-i 辐射跃迁，产生 975nm 左右波长的光子，如图 1-10 (a)所示；另一种是四能级跃迁，Yb^{3+}首先在基态 i 吸收泵浦光，跃迁到激发态 c-a，然后通过在 a-j、a-k、a-l 之间辐射跃迁，产生 1010～1200nm 波长的光子，如图 1-10 (b)所示。

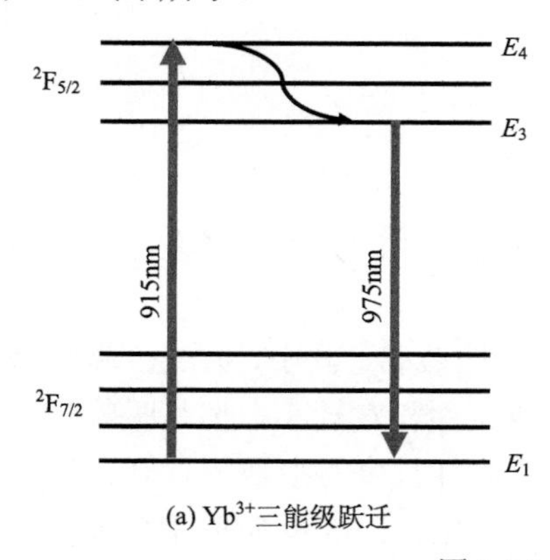

(a) Yb^{3+}三能级跃迁

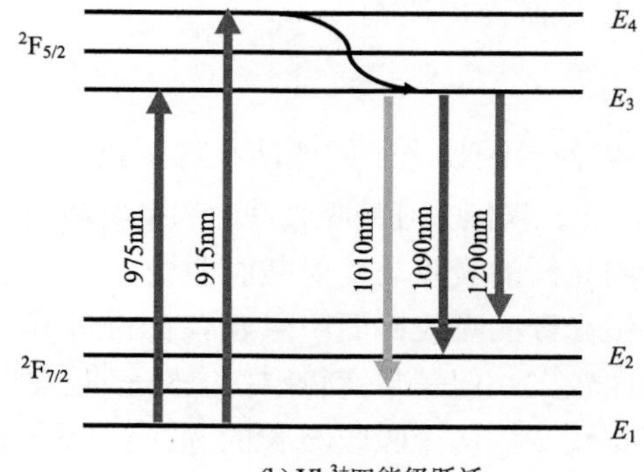

(b) Yb^{3+}四能级跃迁

图 1-10　Yb^{3+}三能级和四能级跃迁

一般情况下，当激光输出波长在 1μm 以下时，可以认为激光器在三能级工作；当激光输出波长在 1μm 以上时，可以认为激光器在四能级工作。

2. 掺镱光纤吸收截面和发射截面

增益介质的吸收截面和发射截面是描述激光介质吸收和发射激光能力而人为定义的一类截面面积。将激光介质中每个发光粒子视为小光源，其所发出光强即该粒子所在处的光强，发射截面就是此光源的横截面积 σ_e。类似地，将激光介质中每个吸收光强的粒子视为一个小光阑，它将入射到介质中的光吸收掉，这个小光阑的横截面积就是此粒子的吸收截面 σ_a。

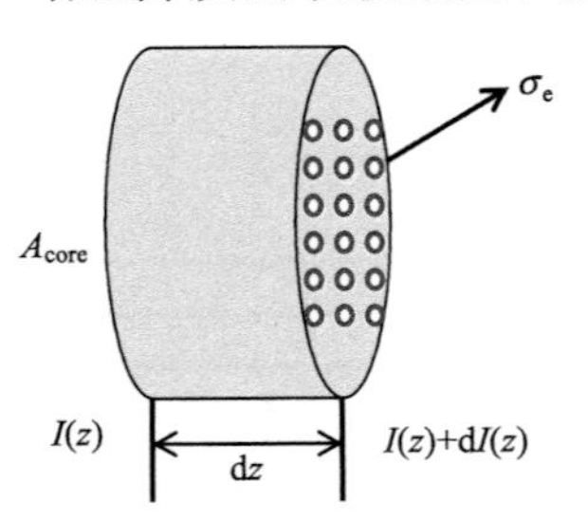

图 1-11　光纤中增益介质的发射截面

已知单位体积可发光的反转粒子数密度为 N_2，考虑长度为 dz 光纤片段中光纤纤芯面积为 A_{core}，如图 1-11 所示。在 dz 长度的光纤内，所有粒子总的横截面积为

$$S_{dz} = N_2\sigma_e A_{core}dz \tag{1-50}$$

设在 dz 处入射光强为 $I(z)$，通过 dz 后增加光强 $dI(z)$ 为

$$dI(z) = \frac{N_2\sigma_e A_{core}dzI(z)}{A_{core}} = N_2\sigma_e dzI(z) \tag{1-51}$$

由于发射导致 dz 处光强变化率为

$$\frac{dI(z)}{dz} = N_2\sigma_e I(z) \tag{1-52}$$

对应的 dz 处激光增益为

$$G(z) = \frac{dI(z)}{I(z)dz} = N_2\sigma_e \tag{1-53}$$

类似地，由于吸收导致 dz 处光强变化率为

$$\frac{dI(z)}{dz} = N_1\sigma_a I(z) \tag{1-54}$$

对应的 dz 处激光损耗为

$$L(z) = N_1\sigma_a \tag{1-55}$$

式中，N_1 为可吸收光子的低能级粒子数。

实际上，掺镱光纤的吸收截面和发射截面都与波长有关。图 1-12 给出了在 800～1100nm 波段掺镱光纤的吸收与发射截面曲线。

掺镱光纤的吸收截面中主要有 915nm 和 976nm 两个吸收带。其中，976nm 吸收带处的吸收截面较大，但是带宽较窄；915nm 吸收带处的吸收截面相对较小，但是吸收带相对平坦、带宽较宽。两个吸收波长的选择会影响激光器增益光纤长度等参数的设计。掺镱光纤的发射截面中主要包括 976nm 和 1030nm 两个发射带。其中，976nm 发射带较窄，而且对应的激光器需要工作在三能级系统；1020～1100nm 发射带较宽，对应的激光器工作在四能级系统，是产生激光较为理想的波段。

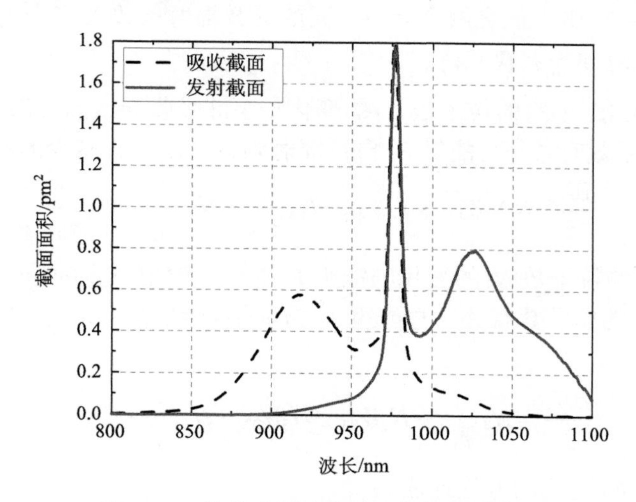

图 1-12　掺镱光纤的典型吸收与发射截面

3. 掺镱光纤的掺杂浓度

掺杂浓度 N 用来描述增益光纤中单位体积内掺杂离子的数量。在光纤的几何参数一定的情况下，掺杂浓度越高，光纤的吸收系数越大。在一般的仿真计算中，掺杂浓度的单位为 m^{-3}。在已知吸收截面 $\sigma_{ap}(\lambda)$ 后，掺杂浓度可由式(1-56)进行估算：

$$N_0 = \frac{\beta_{dB}(\lambda)}{k_0 \Gamma_p \sigma_{ap}(\lambda)} \tag{1-56}$$

式中，$k_0 = 4.343$；$\beta_{dB}(\lambda)$ 为光纤包层吸收系数，单位为 dB/m，一般光纤产品都会给出此参数；Γ_p 为双包层光纤中的泵浦填充因子：

$$\Gamma_p = \left(\frac{r_1}{r_2}\right)^2 \tag{1-57}$$

1.3.3　光纤激光器基本的速率方程

光纤激光器的速率方程是描述激光产生、损耗与泵浦光、能级粒子数之间关系的一组方程，这里以掺镱光纤激光器为例，介绍速率方程及其含义。

1. 基于粒子数的速率方程

当 Yb^{3+} 工作在四能级时，各个能级之间的跃迁如图 1-13 所示。首先，泵浦光将处于基态 E_1 的 Yb^{3+} 激发到激发态 E_4。激发态 E_4 的 Yb^{3+} 通过无辐射跃迁至能级 E_3。然后，激

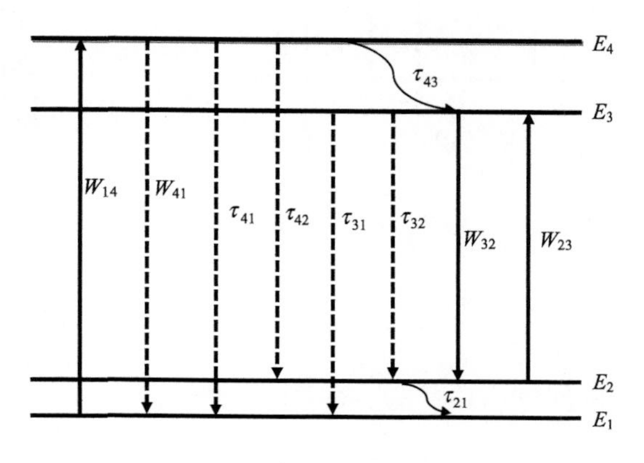

图 1-13　Yb^{3+} 四能级跃迁示意图

发态 E_3 的 Yb^{3+}通过受激辐射到能级 E_2，发射激光。最后，能级 E_2 的 Yb^{3+}通过无辐射跃迁到达基态 E_1。图 1-13 中，任意两个能级之间的受激辐射系数为$W_{ij}(i>j)$，受激吸收系数为$W_{ji}(i>j)$，弛豫时间为$\tau_{ij}(i>j)$。

从图 1-13 可知，能级 E_4 的粒子数 N_4 的变化与泵浦吸收导致的受激吸收产生的粒子数、受激辐射减少的粒子数有关，与能级 E_4 自发辐射到 E_3、E_2、E_1 减少的粒子数相关，那么有

$$\frac{\partial N_4}{\partial t}=N_1W_{14}-N_4W_{41}-N_4\frac{1}{\tau_{41}}-N_4\frac{1}{\tau_{42}}-N_4\frac{1}{\tau_{43}} \tag{1-58}$$

同理，能级 E_3 的粒子数 N_3 的变化与能级 E_3 的受激辐射减少的粒子数有关，与能级 E_2 受激吸收到 E_3 增加的粒子数有关，与能级 E_3 自发辐射到 E_2、E_1 减少的粒子数有关，那么有

$$\frac{\partial N_3}{\partial t}=N_4\frac{1}{\tau_{43}}+N_2W_{23}-N_3W_{32}-N_3\frac{1}{\tau_{32}}-N_3\frac{1}{\tau_{31}} \tag{1-59}$$

类似地，N_2 和 N_1 变化的方程描述为

$$\frac{\partial N_2}{\partial t}=N_4\frac{1}{\tau_{42}}+N_3\frac{1}{\tau_{32}}+N_3W_{32}-N_2W_{23}-N_2\frac{1}{\tau_{21}} \tag{1-60}$$

$$\frac{\partial N_1}{\partial t}=N_4W_{41}+N_4\frac{1}{\tau_{41}}+N_3\frac{1}{\tau_{31}}+N_2\frac{1}{\tau_{21}}-N_1W_{14} \tag{1-61}$$

此外，各个能级粒子数之和为掺杂浓度：

$$N_0=N_1+N_2+N_3+N_4 \tag{1-62}$$

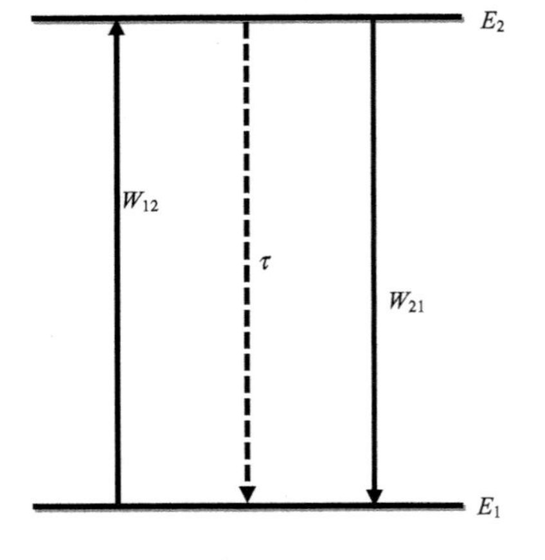

图 1-14　Yb^{3+}二能级跃迁示意图

式(1-58)～式(1-62)即描述掺镱光纤各个能级粒子数变化的速率方程。

事实上，从图 1-13 不难发现，如果 $\tau_{43}\to 0$ 和 $\tau_{21}\to 0$，那么四能级的速率方程可以直接化为目前广泛使用的二能级的速率方程，如图 1-14 所示。因此，二能级速率方程的适用范围主要与这两个能量弛豫时间常数相关，通常认为这两个能量的弛豫时间为亚皮秒量级。在实际应用中，如果掺镱光纤激光器脉宽大于 10ps，那么该激光器可以使用二能级速率方程进行分析。然而，在更短脉冲的情况下，需要使用四能级速率方程来进行理论分析以减少误差。

考虑二能级运转情况下，可得到速率方程为

$$\frac{\partial N_2}{\partial t}=N_1W_{12}-N_2W_{21}-N_2\frac{1}{\tau} \tag{1-63}$$

$$\frac{\partial N_1}{\partial t}=N_2W_{21}+N_2\frac{1}{\tau}-N_1W_{12} \tag{1-64}$$

同样有

$$N_0=N_1+N_2 \tag{1-65}$$

2. 基于功率和吸收发射截面的速率方程

前面的速率方程实际上描述的是在某一位置处、不同时刻时各个能级粒子数变化，但是在实际激光器中，人们关心的不仅是粒子数本身，还包括不同位置处激光的功率。因此，我们需要建立激光功率与时间、空间位置相关的速率方程。在粒子数变化的速率方程中，以粒子数演化为研究对象；在包括功率的速率方程中，以激光器的两种功率即泵浦功率 $P_{\mathrm{p}}(z)$ 和激光功率 $P_{\mathrm{s}}(z)$ 为研究对象。

首先，考虑泵浦功率的变化。根据图 1-14 的能级结构，泵浦功率首先会泵浦基态的粒子到上能级，产生消耗。在单包层光纤中，泵浦光强与功率之间的关系为

$$I(z)=\frac{P_{\mathrm{p}}(z)}{A_{\mathrm{core}}} \tag{1-66}$$

考虑泵浦光沿着 z 轴方向传输，在 z 处，基态粒子吸收泵浦光，导致泵浦功率减少：

$$\frac{\mathrm{d}P_{\mathrm{p}}(z)}{\mathrm{d}z}=-N_1\sigma_{\mathrm{ap}}P_{\mathrm{p}}(z) \tag{1-67}$$

此外，上能级粒子通过辐射会产生泵浦光，导致泵浦功率增加：

$$\frac{\mathrm{d}P_{\mathrm{p}}(z)}{\mathrm{d}z}=N_2\sigma_{\mathrm{ep}}P_{\mathrm{p}}(z) \tag{1-68}$$

那么，在位置 z 处，泵浦功率的变化为

$$\frac{\mathrm{d}P_{\mathrm{p}}(z)}{\mathrm{d}z}=N_2\sigma_{\mathrm{ep}}P_{\mathrm{p}}(z)-N_1\sigma_{\mathrm{ap}}P_{\mathrm{p}}(z) \tag{1-69}$$

式中，σ_{ap} 和 σ_{ep} 为泵浦光的吸收截面和发射截面。

考虑到增益光纤掺杂浓度为 N_0，满足：

$$N_0=N_1+N_2$$

那么，$N_1=N_0-N_2$，式(1-69)写为

$$\frac{\mathrm{d}P_{\mathrm{p}}(z)}{\mathrm{d}z}=-\left[N_0\sigma_{\mathrm{ap}}-N_2\left(\sigma_{\mathrm{ep}}+\sigma_{\mathrm{ap}}\right)\right]P_{\mathrm{p}}(z) \tag{1-70}$$

类似地，信号光在位置 z 处也满足：

$$\frac{\mathrm{d}P_{\mathrm{s}}(z)}{\mathrm{d}z}=N_2\sigma_{\mathrm{es}}P_{\mathrm{s}}(z)-N_1\sigma_{\mathrm{as}}P_{\mathrm{s}}(z) \tag{1-71}$$

$$\frac{\mathrm{d}P_{\mathrm{s}}(z)}{\mathrm{d}z}=-\left[N_0\sigma_{\mathrm{as}}-N_2\left(\sigma_{\mathrm{es}}+\sigma_{\mathrm{as}}\right)\right]P_{\mathrm{s}}(z) \tag{1-72}$$

式中，σ_{as} 和 σ_{es} 为信号光的吸收截面和发射截面。

可以说，式(1-70)和式(1-72)就是考虑激光功率最基础的速率方程。实际上，除了泵浦光和信号光的受激辐射、受激吸收，泵浦光和信号光在传输过程中还存在背景损耗。考虑泵浦光和信号光的背景损耗系数分别为 α_{p} 和 α_{s}，那么上述速率方程修正为

$$\frac{\mathrm{d}P_{\mathrm{p}}(z)}{\mathrm{d}z}=\left(N_2\sigma_{\mathrm{ep}}-N_1\sigma_{\mathrm{ap}}-\alpha_{\mathrm{p}}\right)P_{\mathrm{p}}(z) \tag{1-73}$$

$$\frac{\mathrm{d}P_{\mathrm{s}}(z)}{\mathrm{d}z}=\left(N_2\sigma_{\mathrm{es}}-N_1\sigma_{\mathrm{as}}-\alpha_{\mathrm{s}}\right)P_{\mathrm{s}}(z) \tag{1-74}$$

在光纤振荡器中，泵浦光可以双向注入，信号光也是双向传输。考虑双向传输后，速率方程为

$$\frac{\mathrm{d}P_{\mathrm{p}}^{\pm}(z)}{\mathrm{d}z}=\pm\left(N_2\sigma_{\mathrm{ep}}-N_1\sigma_{\mathrm{ap}}-\alpha_{\mathrm{p}}\right)P_{\mathrm{p}}^{\pm}(z) \tag{1-75}$$

$$\frac{\mathrm{d}P_{\mathrm{s}}^{\pm}(z)}{\mathrm{d}z}=\pm\left(N_2\sigma_{\mathrm{es}}-N_1\sigma_{\mathrm{as}}-\alpha_{\mathrm{s}}\right)P_{\mathrm{s}}^{\pm}(z) \tag{1-76}$$

本质上，上述方程是通过上能级粒子数联系起来的，在位置 z 处，上能级粒子数由该位置处的泵浦光和信号光共同激发。根据式(1-75)，在 z 处，泵浦吸收后可产生泵浦光子的总功率为$\left[P_{\mathrm{p}}^{+}(z)+P_{\mathrm{p}}^{-}(z)\right]\sigma_{\mathrm{ap}}N_1$；考虑泵浦光子能量为$h\nu_{\mathrm{p}}$、传输泵浦光的光纤纤芯面积为 A_{core}，那么在 z 处由泵浦光激发的上能级粒子数为

$$N_2^{\mathrm{p}}(z)=\frac{\left[P_{\mathrm{p}}^{+}(z)+P_{\mathrm{p}}^{-}(z)\right]\sigma_{\mathrm{ap}}N_1}{A_{\mathrm{core}}h\nu_{\mathrm{p}}} \tag{1-77}$$

同理，信号光吸收所激发的上能级粒子数为

$$N_2^{\mathrm{s}}(z)=\frac{\left[P_{\mathrm{s}}^{+}(z)+P_{\mathrm{s}}^{-}(z)\right]\sigma_{\mathrm{as}}N_1}{A_{\mathrm{core}}h\nu_{\mathrm{s}}} \tag{1-78}$$

同样，由泵浦光和信号光发射导致的上能级粒子减少数为

$$N_2^{\mathrm{p}'}(z)=\frac{\left[P_{\mathrm{p}}^{+}(z)+P_{\mathrm{p}}^{-}(z)\right]\sigma_{\mathrm{ep}}N_2}{A_{\mathrm{core}}h\nu_{\mathrm{p}}} \tag{1-79}$$

$$N_2^{\mathrm{s}'}(z)=\frac{\left[P_{\mathrm{s}}^{+}(z)+P_{\mathrm{s}}^{-}(z)\right]\sigma_{\mathrm{es}}N_2}{A_{\mathrm{core}}h\nu_{\mathrm{s}}} \tag{1-80}$$

考虑自发辐射的影响，上能级粒子数随时间变化描述为

$$\begin{aligned}\frac{\partial N_2(z,t)}{\partial t}=&\left\{\frac{\left[P_{\mathrm{p}}^{+}(z)+P_{\mathrm{p}}^{-}(z)\right]\sigma_{\mathrm{ap}}}{A_{\mathrm{core}}h\nu_{\mathrm{p}}}+\frac{\left[P_{\mathrm{s}}^{+}(z)+P_{\mathrm{s}}^{-}(z)\right]\sigma_{\mathrm{as}}}{A_{\mathrm{core}}h\nu_{\mathrm{s}}}\right\}N_1\\&-\left\{\frac{\left[P_{\mathrm{p}}^{+}(z)+P_{\mathrm{p}}^{-}(z)\right]\sigma_{\mathrm{ep}}}{A_{\mathrm{core}}h\nu_{\mathrm{p}}}+\frac{\left[P_{\mathrm{s}}^{+}(z)+P_{\mathrm{s}}^{-}(z)\right]\sigma_{\mathrm{es}}}{A_{\mathrm{core}}h\nu_{\mathrm{s}}}\right\}N_2\\&-N_2\frac{1}{\tau}\end{aligned} \tag{1-81}$$

将式(1-81)与式(1-63)对比，可知

$$W_{12}=\frac{\left[P_{\mathrm{p}}^{+}(z)+P_{\mathrm{p}}^{-}(z)\right]\sigma_{\mathrm{ap}}}{A_{\mathrm{core}}h\nu_{\mathrm{p}}}+\frac{\left[P_{\mathrm{s}}^{+}(z)+P_{\mathrm{s}}^{-}(z)\right]\sigma_{\mathrm{as}}}{A_{\mathrm{core}}h\nu_{\mathrm{s}}} \tag{1-82}$$

$$W_{21}=\frac{\left[P_{\mathrm{p}}^{+}(z)+P_{\mathrm{p}}^{-}(z)\right]\sigma_{\mathrm{ep}}}{A_{\mathrm{core}}h\nu_{\mathrm{p}}}+\frac{\left[P_{\mathrm{s}}^{+}(z)+P_{\mathrm{s}}^{-}(z)\right]\sigma_{\mathrm{es}}}{A_{\mathrm{core}}h\nu_{\mathrm{s}}} \tag{1-83}$$

类似地，基态的粒子数随时间变化为

$$\frac{\partial N_1}{\partial t}=N_2W_{21}+N_2\frac{1}{\tau}-N_1W_{12}$$

考虑到将 $N_1=N_0-N_2$ 代入式(1-63)，有

$$\frac{\partial N_2}{\partial t}=N_0W_{12}-N_2\left(W_{12}+W_{21}+\frac{1}{\tau}\right) \tag{1-84}$$

考虑稳态时，上能级粒子数不随时间变化，$\frac{\partial N_2}{\partial t}=0$，有

$$N_0W_{12}=N_2\left(W_{12}+W_{21}+\frac{1}{\tau}\right) \tag{1-85}$$

写成比例关系，有

$$\frac{N_2}{N_0}=\frac{W_{12}}{W_{12}+W_{21}+\frac{1}{\tau}} \tag{1-86}$$

将式(1-82)和式(1-83)代入式(1-86)，有

$$\frac{N_2}{N_0}=\frac{\frac{\left[P_{\mathrm{p}}^{+}(z)+P_{\mathrm{p}}^{-}(z)\right]\sigma_{\mathrm{ap}}}{A_{\mathrm{core}}h\nu_{\mathrm{p}}}+\frac{\left[P_{\mathrm{s}}^{+}(z)+P_{\mathrm{s}}^{-}(z)\right]\sigma_{\mathrm{as}}}{A_{\mathrm{core}}h\nu_{\mathrm{s}}}}{\frac{\left[P_{\mathrm{p}}^{+}(z)+P_{\mathrm{p}}^{-}(z)\right](\sigma_{\mathrm{ap}}+\sigma_{\mathrm{ep}})}{A_{\mathrm{core}}h\nu_{\mathrm{p}}}+\frac{\left[P_{\mathrm{s}}^{+}(z)+P_{\mathrm{s}}^{-}(z)\right](\sigma_{\mathrm{as}}+\sigma_{\mathrm{es}})}{A_{\mathrm{core}}h\nu_{\mathrm{s}}}+\frac{1}{\tau}} \tag{1-87}$$

需要注意，式(1-87)只有在稳态时才成立，所以一般用于描述连续激光速率方程。

综上，掺镱光纤激光器的速率方程描述如下：

$$\frac{\mathrm{d}P_{\mathrm{p}}^{\pm}(z)}{\mathrm{d}z}=\pm\left[N_0\sigma_{\mathrm{ap}}-N_2(\sigma_{\mathrm{ep}}+\sigma_{\mathrm{ap}})-\alpha_{\mathrm{p}}\right]P_{\mathrm{p}}^{\pm}(z) \tag{1-88}$$

$$\frac{\mathrm{d}P_{\mathrm{s}}^{\pm}(z)}{\mathrm{d}z}=\pm\left[N_0\sigma_{\mathrm{as}}-N_2(\sigma_{\mathrm{es}}+\sigma_{\mathrm{as}})-\alpha_{\mathrm{s}}\right]P_{\mathrm{s}}^{\pm}(z) \tag{1-89}$$

$$\frac{\partial N_2}{\partial t}=N_0W_{12}-N_2\left(W_{12}+W_{21}+\frac{1}{\tau}\right)$$

考虑稳态的连续激光，式(1-84)可以替换为

$$\frac{N_2}{N_0}=\frac{\frac{\left[P_{\mathrm{p}}^{+}(z)+P_{\mathrm{p}}^{-}(z)\right]\sigma_{\mathrm{ap}}}{A_{\mathrm{core}}h\nu_{\mathrm{p}}}+\frac{\left[P_{\mathrm{s}}^{+}(z)+P_{\mathrm{s}}^{-}(z)\right]\sigma_{\mathrm{as}}}{A_{\mathrm{core}}h\nu_{\mathrm{s}}}}{\frac{\left[P_{\mathrm{p}}^{+}(z)+P_{\mathrm{p}}^{-}(z)\right](\sigma_{\mathrm{ap}}+\sigma_{\mathrm{ep}})}{A_{\mathrm{core}}h\nu_{\mathrm{p}}}+\frac{\left[P_{\mathrm{s}}^{+}(z)+P_{\mathrm{s}}^{-}(z)\right](\sigma_{\mathrm{as}}+\sigma_{\mathrm{es}})}{A_{\mathrm{core}}h\nu_{\mathrm{s}}}+\frac{1}{\tau}}$$

上述速率方程中，泵浦光和信号光都在纤芯传输，考虑双包层光纤激光器，需要加入泵浦和信号填充因子 Γ_{p} 和 Γ_{s}，有

$$W_{12}=\frac{\Gamma_{\mathrm{p}}\left[P_{\mathrm{p}}^{+}(z)+P_{\mathrm{p}}^{-}(z)\right]\sigma_{\mathrm{ap}}}{A_{\mathrm{core}}h\nu_{\mathrm{p}}}+\frac{\Gamma_{\mathrm{s}}\left[P_{\mathrm{s}}^{+}(z)+P_{\mathrm{s}}^{-}(z)\right]\sigma_{\mathrm{as}}}{A_{\mathrm{core}}h\nu_{\mathrm{s}}} \tag{1-90}$$

$$W_{21}=\frac{\Gamma_{\mathrm{p}}\left[P_{\mathrm{p}}^{+}(z)+P_{\mathrm{p}}^{-}(z)\right]\sigma_{\mathrm{ep}}}{A_{\mathrm{core}}h\nu_{\mathrm{p}}}+\frac{\Gamma_{\mathrm{s}}\left[P_{\mathrm{s}}^{+}(z)+P_{\mathrm{s}}^{-}(z)\right]\sigma_{\mathrm{es}}}{A_{\mathrm{core}}h\nu_{\mathrm{s}}} \tag{1-91}$$

$$\frac{\mathrm{d}P_{\mathrm{p}}^{\pm}(z)}{\mathrm{d}z}=\pm\left\{\Gamma_{\mathrm{p}}\left[N_0\sigma_{\mathrm{ap}}-N_2\left(\sigma_{\mathrm{ep}}+\sigma_{\mathrm{ap}}\right)\right]P_{\mathrm{p}}^{\pm}(z)-\alpha_{\mathrm{p}}P_{\mathrm{p}}^{\pm}(z)\right\} \tag{1-92}$$

$$\frac{\mathrm{d}P_{\mathrm{s}}^{\pm}(z)}{\mathrm{d}z}=\pm\left\{\Gamma_{\mathrm{s}}\left[N_0\sigma_{\mathrm{as}}-N_2\left(\sigma_{\mathrm{es}}+\sigma_{\mathrm{as}}\right)\right]P_{\mathrm{s}}^{\pm}(z)-\alpha_{\mathrm{s}}P_{\mathrm{s}}^{\pm}(z)\right\} \tag{1-93}$$

$$\frac{\partial N_2}{\partial t}=N_0W_{12}-N_2\left(W_{12}+W_{21}+\frac{1}{\tau}\right)$$

稳态时的上能级粒子数与总掺杂粒子数比例为

$$\frac{N_2}{N_0}=\frac{\dfrac{\Gamma_{\mathrm{p}}\left[P_{\mathrm{p}}^{+}(z)+P_{\mathrm{p}}^{-}(z)\right]\sigma_{\mathrm{ap}}}{A_{\mathrm{core}}h\nu_{\mathrm{p}}}+\dfrac{\Gamma_{\mathrm{s}}\left[P_{\mathrm{s}}^{+}(z)+P_{\mathrm{s}}^{-}(z)\right]\sigma_{\mathrm{as}}}{A_{\mathrm{core}}h\nu_{\mathrm{s}}}}{\dfrac{\Gamma_{\mathrm{p}}\left[P_{\mathrm{p}}^{+}(z)+P_{\mathrm{p}}^{-}(z)\right]\left(\sigma_{\mathrm{ap}}+\sigma_{\mathrm{ep}}\right)}{A_{\mathrm{core}}h\nu_{\mathrm{p}}}+\dfrac{\Gamma_{\mathrm{s}}\left[P_{\mathrm{s}}^{+}(z)+P_{\mathrm{s}}^{-}(z)\right]\left(\sigma_{\mathrm{as}}+\sigma_{\mathrm{es}}\right)}{A_{\mathrm{core}}h\nu_{\mathrm{s}}}+\dfrac{1}{\tau}} \tag{1-94}$$

式中，Γ_{p} 一般可以定义为 $\Gamma_{\mathrm{p}}=A_{\mathrm{core}}/A_{\mathrm{clad}}$ 。

本书中的大部分模型都是基于式(1-84)、式(1-90)～式(1-94)的速率方程，只不过在不同情况下，需要将速率方程进行不同的完善。

1.3.4　光纤激光中的主要物理效应

在不同的光纤激光器中可能会产生不同的物理效应。光纤激光仿真时，需要针对各种效应在研究对象中的实际情况，对模型进行简化。为了方便后面仿真模型的介绍，这里首先介绍光纤激光中的常见物理效应。

光纤中的非线性是由光场与光纤基质材料的电偶极子相互作用产生的。由于光波也是电磁波，满足麦克斯韦方程：

$$\nabla\times\boldsymbol{E}=-\frac{\partial\boldsymbol{B}}{\partial t} \tag{1-95}$$

$$\nabla\times\boldsymbol{H}=\boldsymbol{J}+\frac{\partial\boldsymbol{D}}{\partial t} \tag{1-96}$$

$$\nabla\cdot\boldsymbol{D}=\rho \tag{1-97}$$

$$\nabla\cdot\boldsymbol{B}=0 \tag{1-98}$$

和物质方程：

$$\boldsymbol{D}=\varepsilon_0\boldsymbol{E}+\boldsymbol{P} \tag{1-99}$$

$$\boldsymbol{B}=\mu_0\boldsymbol{H}+\boldsymbol{M} \tag{1-100}$$

式(1-95)～式(1-100)中，$\boldsymbol{E}$ 和 $\boldsymbol{H}$ 分别为电场强度矢量和磁场强度矢量；$\boldsymbol{D}$ 和 $\boldsymbol{B}$ 分别为电位移矢量和磁感应强度矢量；电流密度矢量 $\boldsymbol{J}$ 和电荷密度 ρ 表示磁场和电场的源，由于光纤中不存在自由电荷，$\boldsymbol{J}$=**0**，ρ=0；ε_0 为真空中介电常数，μ_0 为真空中磁导率；$\boldsymbol{P}$、$\boldsymbol{M}$ 分别为感应电极化强度矢量和磁极化强度矢量，由于光纤是非铁磁性介质，其中不存在自由磁荷，

$\boldsymbol{M}$=**0**。电位移矢量 $\boldsymbol{D}$ 与电场强度矢量 $\boldsymbol{E}$、磁感应强度矢量 $\boldsymbol{B}$ 与磁场强度矢量 $\boldsymbol{H}$ 之间通过物质方程联系起来。

将物质方程代入麦克斯韦方程，用 $\boldsymbol{E}$、$\boldsymbol{P}$ 消去 $\boldsymbol{B}$、$\boldsymbol{D}$，可得

$$\nabla\times\nabla\times\boldsymbol{E}=-\frac{1}{c^2}\frac{\partial^2\boldsymbol{E}}{\partial t^2}-\mu_0\frac{\partial^2\boldsymbol{P}}{\partial t^2}\tag{1-101}$$

式中，$\varepsilon_0\mu_0=1/c^2$，c 为真空中的光速。

在光纤中，由于关注的激光频率主要在 0.9～1.2μm 波段，远离光纤基质的共振频率，因此，电极化强度可以写成

$$\boldsymbol{P}(r,t)=\varepsilon_0\left(\chi^{(1)}\boldsymbol{E}+\chi^{(2)}\boldsymbol{EE}+\chi^{(3)}\boldsymbol{EEE}+\cdots\right)=\boldsymbol{P}_{\mathrm{L}}(r,t)+\boldsymbol{P}_{\mathrm{NL}}(r,t)\tag{1-102}$$

式中，$\chi^{(j)}$ 为第 j 阶极化率。一般的介质(包括光纤)中，线性极化率 $\chi^{(1)}$ 对 $\boldsymbol{P}$ 影响最大，主要体现在折射率 n 和损耗系数 α 上。$\chi^{(2)}$ 是二阶极化率，一般只存在于具有非反演对称的介质中，对于硅基光纤，由于 SiO_2 分子是对称结构，$\chi^{(2)}$ 等于零，在光纤中二次谐波和频运转不容易产生，一般只呈现三阶非线性效应。

考虑光纤中损耗很小，$\varepsilon(\omega)$ 的虚部相对于实部可以忽略，因而可以利用 $n^2(\omega)$ 替代 $\varepsilon(\omega)$。此外，在阶跃折射率光纤中的纤芯和包层中，折射率与 $n^2(\omega)$ 方位无关，于是有

$$\nabla\times\nabla\times\boldsymbol{E}=\nabla(\nabla\cdot\boldsymbol{E})-\nabla^2\boldsymbol{E}=-\nabla^2\boldsymbol{E}\tag{1-103}$$

于是波动方程简化为

$$\nabla^2\boldsymbol{E}-\frac{1}{c^2}\frac{\partial^2\boldsymbol{E}}{\partial t^2}=\mu_0\frac{\partial^2\boldsymbol{P}_{\mathrm{L}}}{\partial t^2}+\mu_0\frac{\partial^2\boldsymbol{P}_{\mathrm{NL}}}{\partial t^2}\tag{1-104}$$

式中，$\boldsymbol{P}_{\mathrm{L}}$ 和 $\boldsymbol{P}_{\mathrm{NL}}$ 分别为电极化强度的线性和非线性部分。

1. 放大自发辐射

放大自发辐射(Amplified Spontaneous Emission，ASE)是指在激光器中，上能级粒子自发辐射的光子得到放大，产生与激光波段不同的非相干光输出。ASE 有以下特点。

(1) ASE 光为非相干光，时间相干性差。ASE 来源于自发辐射，各个光子之间没有相位关系，因此是非相干光。

(2) 光纤激光器中 ASE 的空间相干性好。在光纤激光器中，由于波导效应的限制，ASE 光有很好的方向性。

(3) ASE 会影响激光波段激光输出，如果 ASE 较强，会导致增益全部被 ASE 所占据，使得激光波段的光无法输出。

因此，在一般的激光器中，ASE 对激光的产生是有害的，需要通过结构设计、器件优选来避免 ASE 的产生。当然，也可以将 ASE 光源的低相干性特点应用在一些特殊领域。这就需要设计专门的 ASE 光源，在本书后续章节中会对 ASE 的抑制和高效产生进行设计与仿真。

2. 受激布里渊散射

在单频光纤激光器的所有非线性效应中，受激布里渊散射(Stimulated Brillouin Scattering，SBS)阈值最低，且会将前向传输信号激光功率转换为后向斯托克斯光，严重限制输出激光功率，是窄线宽光纤激光器和放大器功率提升的首要限制因素。

SBS 的产生可以描述为泵浦激光(又称泵浦光)和斯托克斯光通过声波场进行的非线性相互作用，如图 1-15 所示。泵浦激光引起的折射率光栅通过布拉格衍射散射泵浦激光，形成后向斯托克斯光；后向斯托克斯光与泵浦激光发生干涉，通过电致伸缩效应产生声波，声波场反过来调制介质折射率并增强对泵浦激光的后散射。由于多普勒位移与以声速 v_A 移动的光栅有关，散射光产生了下频移。从量子力学的观点，SBS 过程可以看成一个泵浦光子湮灭，同时产生一个斯托克斯光子和一个声频声子。

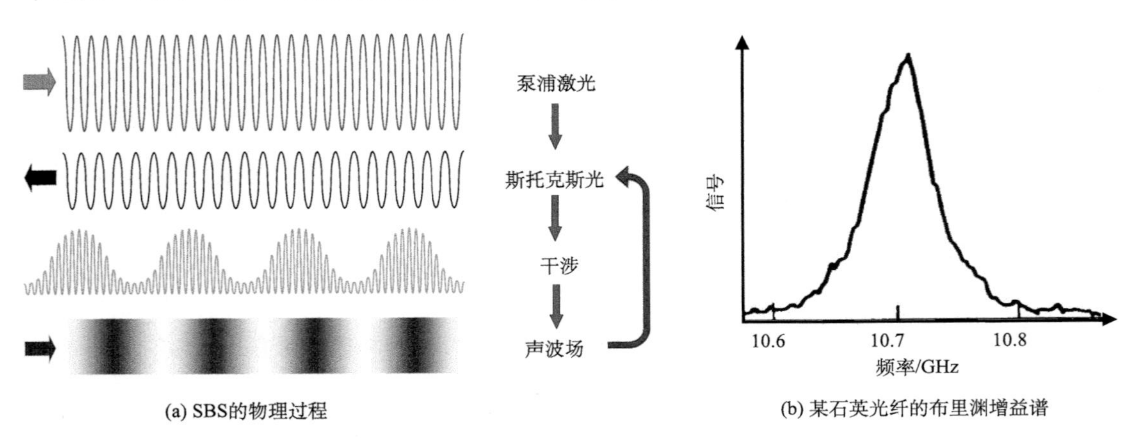

(a) SBS的物理过程　　(b) 某石英光纤的布里渊增益谱

图 1-15　SBS 的物理过程及某石英光纤的布里渊增益谱

根据散射动量守恒的原理，泵浦光、斯托克斯光和声频声子满足动量守恒定律，如图 1-16 所示。

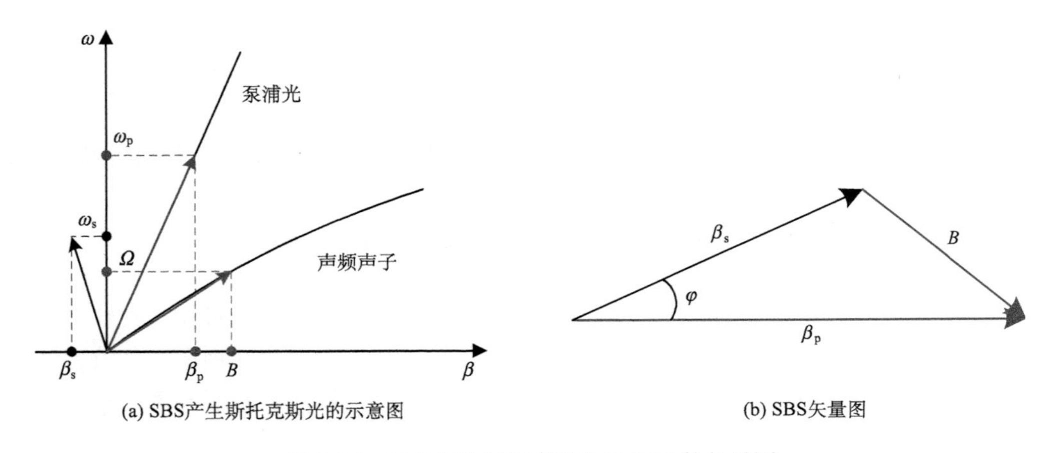

(a) SBS产生斯托克斯光的示意图　　(b) SBS矢量图

图 1-16　SBS 产生斯托克斯光及 SBS 的矢量图

由图 1-16 (a)可知，声频声子的频率为

$$\varOmega_{\mathrm{B}} \approx v_{\mathrm{A}} B \tag{1-105}$$

式中，v_{A} 为声速，在玻璃光纤基质中 $v_{\mathrm{A}} \approx 5.96\mathrm{km/s}$；$B$ 由泵浦光和斯托克斯光之间角度决定。考虑泵浦光和斯托克斯光的波矢近似相当，即 $\beta_{\mathrm{s}} = \beta_{\mathrm{p}} = \omega_{\mathrm{p}} n_{\mathrm{p}}/c$，根据图 1-16（b），$B$ 表示为

$$B \approx 2\frac{\omega_{\mathrm{p}} n_{\mathrm{p}}}{c}\sin\frac{\varphi}{2} \tag{1-106}$$

那么斯托克斯光的频移为

$$\varOmega_{\mathrm{B}} \approx 2v_{\mathrm{A}}\frac{\omega_{\mathrm{p}} n_{\mathrm{p}}}{c}\sin\frac{\varphi}{2} \tag{1-107}$$

根据式(1-107)，当泵浦光与散射光之间角度 φ 为 180° 时，斯托克斯光的频移最大，此时产生后向斯托克斯光：

$$\varOmega_{\mathrm{B}} \approx 2v_{\mathrm{A}}\frac{\omega_{\mathrm{p}} n_{\mathrm{p}}}{c} \tag{1-108}$$

实际上，当 φ 为 0 时，也存在由横向声场与泵浦光相互作用而产生的前向 SBS，但是由于该散射与泵浦光方向相同，不会影响激光器的输出功率，一般不予考虑。

在光纤放大器中，SBS 的产生过程相对复杂，一般可以利用式(1-109)来进行估算：

$$P_{\mathrm{in}}^{\mathrm{SBS}} = \frac{21A_{\mathrm{eff}}}{g_{\mathrm{B}} L_{\mathrm{eff}}} \tag{1-109}$$

式中，有效光纤长度为

$$L_{\mathrm{eff}} = \left[\exp(gL) - 1\right]/g \tag{1-110}$$

式中，g 为放大器在单位长度上的增益系数，G 为总增益，$g = \ln G/L$，L 为光纤实际长度。考虑到放大器增益较大，有 $\mathrm{e}^{gL} - 1 \approx \mathrm{e}^{gL}$，可将增益光纤中的 SBS 输出功率阈值转化为

$$P_{\mathrm{out}}^{\mathrm{SBS}} = \frac{21A_{\mathrm{eff}}}{g_{\mathrm{B}} L}\ln G \tag{1-111}$$

式中，g_{B} 为 SBS 增益谱，可以描述为

$$g_{\mathrm{B}}(\varOmega) = g_{\mathrm{p}}\frac{(\varGamma_{\mathrm{B}}/2)^2}{(\varOmega - \varOmega_{\mathrm{B}})^2 + (\varGamma_{\mathrm{B}}/2)^2} \tag{1-112}$$

式中，$\varOmega$ 为频率；$\varGamma_{\mathrm{B}}$ 为声光衰减系数，$\varGamma_{\mathrm{B}} = 1/T_{\mathrm{B}}$，$T_{\mathrm{B}}$ 为声子寿命，一般小于 10ns；g_{p} 为当 $\varOmega = \varOmega_{\mathrm{B}}$ 时的峰值增益，可以表示为

$$g_{\mathrm{p}} = g_{\mathrm{B}}(\varOmega_{\mathrm{B}}) = \frac{4\pi^2 \gamma_{\mathrm{e}}^2 f_{\mathrm{A}}}{c n_{\mathrm{p}} \lambda_{\mathrm{p}}^2 \rho_0 v_{\mathrm{A}} \varGamma_{\mathrm{B}}} \tag{1-113}$$

式中，γ_{e}、ρ_0 分别为石英的电致伸缩常量和密度，在光纤基质(二氧化硅)中 $\gamma_{\mathrm{e}} \approx 0.902$，$\rho_0 \approx 2210\mathrm{kg/m^3}$，$v_{\mathrm{A}} \approx 5.96\mathrm{km/s}$，$n_{\mathrm{p}} = 1.45$；$f_{\mathrm{A}}$ 为声场模式与光场模式的交叠因子。

综上，可以得到放大器中 SBS 的阈值为

$$P_{\mathrm{th}} = \frac{21A_{\mathrm{eff}}\ln G}{L}\frac{(\varOmega - \varOmega_{\mathrm{B}})^2 + (\varGamma_{\mathrm{B}}/2)^2}{(\varGamma_{\mathrm{B}}/2)^2}\frac{n_{\mathrm{p}}\lambda_{\mathrm{p}}^2 \rho_0 c v_{\mathrm{A}} \varGamma_{\mathrm{B}}}{8\pi^2 \gamma_{\mathrm{e}}^2 f_{\mathrm{A}}} \tag{1-114}$$

在已知放大器增益的情况下，可以利用式(1-114)估算 SBS 阈值。但是对大部分情况，需要利用包含 SBS 的速率方程，才能对光纤激光器中的 SBS 特性进行描述。

3. 受激拉曼散射

受激拉曼散射(Stimulated Raman Scattering，SRS)属于非线性弹性散射，与 SBS 一样具有阈值特征。SRS 与 SBS 的主要区别在于 SBS 中参与的是声学声子，而 SRS 中参与的是光学声子。拉曼散射是指在任何分子介质中，自发拉曼散射将功率由一个光场转移到另一个频率下移的光场中，频率下移量由介质的振动模式决定。图 1-17 (a)为自发拉曼散射的示意图。

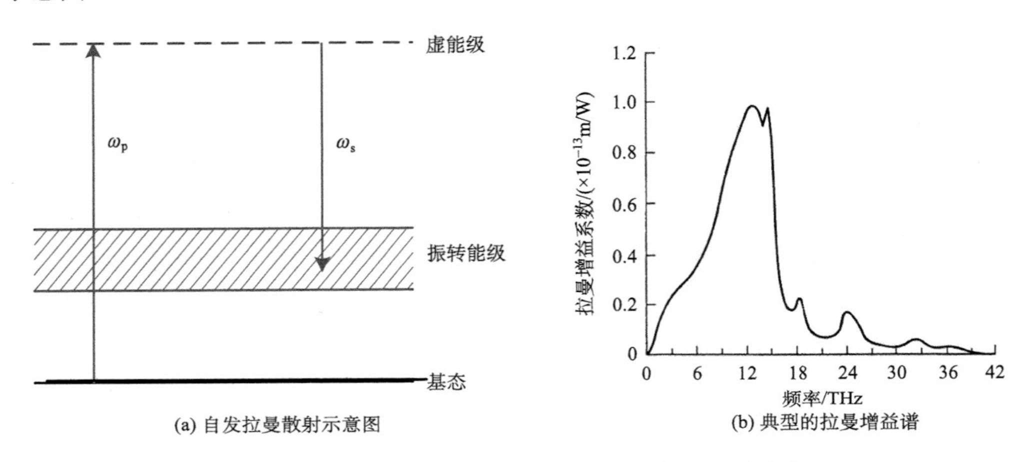

(a) 自发拉曼散射示意图　(b) 典型的拉曼增益谱

图 1-17　自发拉曼散射的示意图及典型的拉曼增益谱

从量子力学角度，拉曼散射可以解释为一个能量为 $\hbar\omega_p$ 的光子被分子散射成另一个能量为 $\hbar\omega_s$ 的低频光子，同时分子完成两个振动态之间的跃迁。从光场角度看，入射光作为泵浦波产生称为斯托克斯波的频移光。自发拉曼散射光发生的是非相干辐射。而入射到非线性介质中的激光足够强时，生成的斯托克斯光发生的是相干辐射，其强度将在传输过程中得到放大；当泵浦功率超过某一阈值时，斯托克斯光近似呈指数增长，这就是 SRS。理论上，SRS 是一个快变的过程，其响应时间短于 100fs。如果脉冲激光的脉宽小于 10fs，那么 SRS 也有可能得到较好的抑制。

在传能光纤中，SRS 阈值功率可以用连续激光的阈值公式近似计算：

$$P_{th}^{SRS}=\frac{16A_{eff}}{g_R L_{eff}} \tag{1-115}$$

类似地，在光纤放大器中，SRS 阈值功率为

$$P_{th}^{SRS}=\frac{16A_{eff}}{g_R L}\ln G \tag{1-116}$$

式中，$g_R(\Omega)$为拉曼增益系数，$\Omega=\omega_p-\omega_s$，它是描述 SRS 最重要的量，典型的石英光纤的归一化拉曼增益与频移 Ω 的变化关系如图 1-17 (b)所示。在石英光纤中，拉曼增益谱宽可达 40THz，峰值在 13THz 左右。在 1μm 处，峰值拉曼增益系数为 $g_R=1\times10^{-13}$m/W。

4. 自相位调制

自相位调制(Self-Phase Modulation，SPM)是指激光在光纤中传输时，由于光波的有效折射率被自身光强调制而引起的相移现象。当光纤中存在非线性效应时，折射率为

$$n(\omega,I)=n(\omega)+n_2I(t) \tag{1-117}$$

式中，n_2 为非线性折射率系数；ω 为激光的角频率；I 为光强。那么非线性折射率系数 n_2 将会产生非线性相位：

$$\phi_{\mathrm{NL}}(t)=\left(\frac{2\pi}{\lambda}\right)n_2I(t) \tag{1-118}$$

这样，当光纤中存在 SPM 时，输出脉冲激光会存在一个式(1-118)所示的相移量，进而引起激光光谱的变化。由于连续激光的峰值功率较低，SPM 主要体现在高峰值功率的脉冲激光中，下面简单介绍脉冲激光中 SPM 导致的相移和光谱展宽特性。

1)SPM 导致的非线性相移

脉宽大于 5ps 的光脉冲在单模光纤内传输时，忽略色散效应，脉冲包络的慢变归一化振幅 $U(z,T)$ 满足传输方程：

$$\frac{\partial U}{\partial z}=\frac{\mathrm{i}\mathrm{e}^{-\alpha z}}{L_{\mathrm{NL}}}|U|^2U \tag{1-119}$$

式中，α 为光纤损耗系数，L_{NL} 为非线性长度：

$$L_{\mathrm{NL}}=\frac{1}{\gamma P_0} \tag{1-120}$$

式中，P_0 为激光峰值功率；γ 为非线性系数：

$$\gamma=\frac{n_2\omega_0}{cA_{\mathrm{eff}}} \tag{1-121}$$

用 $U=V\exp(\mathrm{i}\phi_{\mathrm{NL}})$ 进行代换，令式(1-119)两边实部、虚部相等，变为

$$\begin{gathered}\frac{\partial V}{\partial z}=0\\ \frac{\partial \phi_{\mathrm{NL}}}{\partial z}=\frac{\mathrm{e}^{-\alpha z}}{L_{\mathrm{NL}}}V^2\end{gathered} \tag{1-122}$$

振幅 V 不沿光纤长度 L 变化，因此直接对相位方程进行解析积分，可得通解为

$$U(L,T)=U(0,T)\exp\left[\mathrm{i}\phi_{\mathrm{NL}}(L,T)\right] \tag{1-123}$$

式中，$U(0,T)$ 是 $z=0$ 处的归一化光场振幅，非线性相移为

$$\phi_{\mathrm{NL}}(L,T)=|U(0,T)|^2(L_{\mathrm{eff}}/L_{\mathrm{NL}}) \tag{1-124}$$

其中，L_{eff} 为光纤的有效长度，在被动光纤和增益光纤中，L_{eff} 可以分别表示为

$$L_{\mathrm{eff}}=\left[1-\exp(-\alpha z)\right]/\alpha \tag{1-125}$$

$$L_{\mathrm{eff}}=\left[\exp(gz)-1\right]/g \tag{1-126}$$

式(1-123)表明，SPM 不影响脉冲时域特性，只会产生与光强有关的相移。产生的非线

性相移 ϕ_{NL} 随着光纤长度 L 的增大而增大。SPM 导致的最大相移出现在脉冲的中心 T=0 处。由于 $U(0,T)$ 是归一化的振幅，$|U(0,0)|^2=1$，SPM 导致的最大非线性相移为

$$\phi_{NL}(L,T)=\gamma P_0 L_{eff} \tag{1-127}$$

2) SPM 导致的光谱展宽

SPM 导致的光谱变化是 ϕ_{NL} 的时间相关性的直接结果，可以理解为瞬时变化的相位意味着沿着光脉冲有不同的瞬时光频率，距离中心频率 ω_0 的差值 $\delta\omega$ 为

$$\delta\omega(T)=-\frac{\partial\phi_{NL}}{\partial T}=-\left(\frac{L_{eff}}{L_{NL}}\right)\frac{\partial}{\partial T}|U(0,T)|^2 \tag{1-128}$$

$\delta\omega$ 的时间相关性称为频率啁啾。这种由 SPM 导致的频率啁啾随着传输距离的增大而增大。当光脉冲沿光纤传输时，不断产生新的频谱分量。对于无初始啁啾的脉冲来说，这些 SPM 产生的频率分量展宽了频谱。在连续激光中，振幅不随时间变化，SPM 导致的光谱变化为 0。

频率啁啾的定性特性取决于脉冲的形状。若一个入射场 $U(0,T)$ 为超高斯脉冲，则

$$U(0,T)=\exp\left[-\frac{1+\mathrm{i}C}{2}\left(\frac{T}{T_0}\right)^{2m}\right] \tag{1-129}$$

式中，C 为初始啁啾参量；m 由脉冲边沿的锐度决定。对于这样的脉冲，SPM 导致的频率啁啾 $\delta\omega(T)$ 为

$$\delta\omega(T)=\frac{2m}{T_0}\frac{L_{eff}}{L_{NL}}\left(\frac{T}{T_0}\right)^{2m-1}\exp\left[-\left(\frac{T}{T_0}\right)^{2m}\right] \tag{1-130}$$

式中，m = 1 对应高斯脉冲。对于较大的 m 值，入射脉冲的前后沿变得很陡，脉冲近似为矩形。因此，啁啾沿光脉冲的变化在很大程度上取决于脉冲的确切形状。

此外，输出脉冲的光谱形状可以通过对加入非线性相移的光场进行傅里叶变换获得，即

$$S(\omega)=\left|\int_{-\infty}^{\infty}U(0,T)\exp[\mathrm{i}\phi_{NL}(z,T)+\mathrm{i}(\omega-\omega_0)T]\mathrm{d}T\right|^2 \tag{1-131}$$

在计算得到非线性相移后，对其进行傅里叶变换，就能得到其光谱形态。

5. 交叉相位调制

交叉相位调制(Cross-Phase Modulation，XPM)是指激光在光纤中传输时，由于光波的有效折射率共同被其他光波的强度调制而引起的非线性相移现象。在 XPM 中，光波的有效折射率不仅与此波光强有关，还与另外一些与之同时传输波的强度有关，所以 XPM 中一定伴随着 SPM。

在准单色近似情况下，考虑两束光波传输时，将光场的快变部分分开：

$$E(r,t)=\frac{1}{2}\hat{\boldsymbol{x}}\left(E_1\mathrm{e}^{-\mathrm{i}\omega_1 t}+E_2\mathrm{e}^{-\mathrm{i}\omega_2 t}\right)+\mathrm{c.c.} \tag{1-132}$$

式中，$\hat{\boldsymbol{x}}$ 是偏振方向的单位矢量；ω_1、ω_2 是两个光波的载频。当脉冲宽度大于 0.1ps 时，振幅 E_1、E_2 是时间的慢变函数，由波动方程描述。

根据相关理论，可以得到由 XPM 导致的有效折射率变化为

$$\Delta n_j \approx \frac{\varepsilon_j^{\mathrm{NL}}}{2n_j} \approx n_2\left(\left|E_j\right|^2 + 2\left|E_{3-j}\right|^2\right) \tag{1-133}$$

式中，n_2 同样为非线性折射率系数，j=1,2。式(1-133)表明，光波的折射率不仅与自身的强度有关，而且与共同传输的其他波的强度有关，当光波在光纤中传输时，会获得一个与强度有关的非线性相移：

$$\phi_j^{\mathrm{NL}}(z) = \frac{\omega_j z}{c}\Delta n_j = \frac{\omega_j z n_2}{c}\left(\left|E_j\right|^2 + 2\left|E_{3-j}\right|^2\right) \tag{1-134}$$

式中，第一项与自相位调制相关；第二项与交叉相位调制相关，第二项的系数 2 表示在两个光波幅度相等的情况下，交叉相位调制是自相位调制的 2 倍。

在实际光束传输过程中，由于存在 SPM，激光的光谱会展宽，对式(1-134)进行微分，得到频率变化为

$$\delta\omega(t) = \frac{\partial \phi_j^{\mathrm{NL}}(z)}{\partial t} = \frac{\omega_j z n_2}{c}\left(\frac{\partial\left|E_j\right|^2}{\partial t} + 2\frac{\partial\left|E_{3-j}\right|^2}{\partial t}\right) \tag{1-135}$$

当传输光束为连续光时，由于振幅不随时间变化，频率变化值为 0；只有时域不稳定或者脉冲激光传输时，才会因交叉相位调制导致光谱展宽。

交叉相位调制的耦合方程为

$$\frac{\partial A_j}{\partial z} + \beta_{1j}\frac{\partial A_j}{\partial t} + \frac{\mathrm{i}\beta_{2j}}{2}\frac{\partial^2 A_j}{\partial t^2} + \frac{1}{2}\alpha_j A_j = \mathrm{i}\frac{\mathrm{i}n_2\omega_j}{c}\left(f_{jj}\left|A_j\right|^2 + 2f_{jk}\left|A_{2k}\right|^2\right) \tag{1-136}$$

式中，j=1,2；k=2,1；A_1、A_2 为振幅；$\beta_{11} = \frac{1}{v_{\mathrm{g1}}}$，$\beta_{12} = \frac{1}{v_{\mathrm{g2}}}$；$v_{\mathrm{g1}}$、$v_{\mathrm{g2}}$ 是振幅为 A_1、A_2 光波的群速度；α_1、α_2 是损耗系数；β_{2j} 是群速度色散系数，单位为 $\mathrm{ps^2/km}$，根据实际光纤给出，大于 0 为正常色散，小于 0 为反常色散，一般可以取值 $\left|\beta_{2j}\right| = 20\mathrm{ps^2/km}$；$f_{jk}$ 为交叠积分：

$$f_{jk} = \frac{\iint_{-\infty}^{\infty}\left|F_j(x,y)\right|^2\left|F_k(x,y)\right|^2\mathrm{d}x\mathrm{d}y}{\iint_{-\infty}^{\infty}\left|F_j(x,y)\right|^2\mathrm{d}x\mathrm{d}y\iint_{-\infty}^{\infty}\left|F_j(x,y)\right|^2\mathrm{d}x\mathrm{d}y} \tag{1-137}$$

式中

$$f_{jj} = \frac{\iint_{-\infty}^{\infty}\left|F_j(x,y)\right|^4\mathrm{d}x\mathrm{d}y}{\left(\iint_{-\infty}^{\infty}\left|F_j(x,y)\right|^2\mathrm{d}x\mathrm{d}y\right)^2} = A_{\mathrm{eff}} \tag{1-138}$$

在单模光纤中，可以忽略 f_{11}、f_{12}、f_{22} 之间的差异，得到两束光波交叉相位调制的耦合方程为

$$\frac{\partial A_1}{\partial z} + \frac{1}{v_{\mathrm{g1}}}\frac{\partial A_1}{\partial t} + \frac{\mathrm{i}\beta_{21}}{2}\frac{\partial^2 A_1}{\partial t^2} + \frac{1}{2}\alpha_1 A_1 = \mathrm{i}\gamma_1\left(\left|A_1\right|^2 + 2\left|A_2\right|^2\right)A_1 \tag{1-139}$$

$$\frac{\partial A_2}{\partial z}+\frac{1}{v_{g2}}\frac{\partial A_2}{\partial t}+\frac{i\beta_{22}}{2}\frac{\partial^2 A_2}{\partial t^2}+\frac{1}{2}\alpha_2 A_2=i\gamma_2\left(\left|A_2\right|^2+2\left|A_1\right|^2\right)A_2 \tag{1-140}$$

式中，非线性参量 $\gamma_j=\dfrac{n_2\omega_j}{cA_{eff}}$，对于传统的单模光纤，非线性参量 γ_j 在 1.55μm 波段为 $2W^{-1}\cdot km^{-1}$。

6. 四波混频

在受激拉曼散射和受激布里渊散射过程中，作为非线性介质的光纤通过石英分子振动或密度变化对散射效应起主动作用。在四波混频(Four-Wave Mixing，FWM)和二次谐波等非线性效应中，石英作为几个光波相互作用的媒介，仅起被动作用。三阶参量过程包括三次谐波产生、四波混频和参量放大器等现象。主要特点是考虑三阶非线性极化：

$$\boldsymbol{P}_{NL}=\varepsilon_0\chi^{(3)}\vdots EEE \tag{1-141}$$

式中，ε_0 为真空中介电常数。考虑频率为 ω_1、ω_2、ω_3、ω_4，沿 x 方向偏振的四个光波，总的电场写为

$$\boldsymbol{E}(r,t)=\frac{1}{2}\hat{\boldsymbol{x}}\sum_{j=1}^{4}E_j\exp\left[i\left(k_jz-\omega_jt\right)\right]+c.c. \tag{1-142}$$

式中，$k_j=n_j\omega_j/c$，n_j 为折射率。假定光场都沿 z 方向传输，把式(1-142)代入式(1-141)，可以把非线性极化项描述为

$$\boldsymbol{P}_{NL}=\frac{1}{2}\hat{\boldsymbol{x}}\sum_{j=1}^{4}P_j\exp\left[i\left(k_jz-\omega_jt\right)\right]+c.c. \tag{1-143}$$

式中，P_j 由多个电场乘积项组成，例如，P_4 可以描述为

$$P_4=\frac{3\varepsilon_0}{4}\chi^{(3)}_{xxxx}\begin{bmatrix}\left|E_4\right|^2E_4+2\left(\left|E_1\right|^2+\left|E_2\right|^2+\left|E_3\right|^2\right)E_4\\+2E_1E_2E_3\exp(i\theta_+)+2E_1E_2E_3^*\exp(i\theta_-)+\cdots\end{bmatrix} \tag{1-144}$$

式中

$$\theta_+=\left(k_1+k_2+k_3-k_4\right)z-\left(\omega_1+\omega_2+\omega_3-\omega_4\right)t \tag{1-145}$$

$$\theta_-=\left(k_1+k_2-k_3-k_4\right)z-\left(\omega_1+\omega_2-\omega_3-\omega_4\right)t \tag{1-146}$$

式(1-144)中，正比于 E_4 的项对应着 SPM 和 XPM 项，其余的对应四波混频项。这说明，在四波混频过程中，一定会同时存在 SPM 和 XPM。四波混频项中有多少项在参量耦合中起作用取决于 E_4 与 P_4 之间的相位失配，即 θ_+、θ_- 或其他类似的相位项。只有当相位失配几乎为零时，才会发生显著的四波混频。这就需要频率以及波矢之间的匹配，波矢之间的匹配称为相位匹配。四波混频是一个或几个光子湮灭，同时产生了几个新频率的新光子，在此参量过程中，净动能和净动量守恒。在受激拉曼散射和受激布里渊散射中，相位匹配条件自动满足，非线性介质作为主动介质参与了此散射过程。相反，参量过程则要求选择特定的频率和折射率，以满足相位匹配条件。

在式(1-144)中有两类四波混频。含有 θ_+ 的项对应三个光子合成一个光子的情形，新光子频率为 $\omega_4=\omega_1+\omega_2+\omega_3$，当 $\omega_1=\omega_2=\omega_3$ 时对应三次谐波的产生，当 $\omega_1=\omega_2\neq\omega_3$ 时对应频率

转换。通常，要满足相位匹配条件，在光纤中高效地实现这些过程是比较困难的。含有θ_-的项对应频率为ω_1、ω_2的两个光子湮灭，同时产生两个频率为ω_3、ω_4的新光子的情形，即

$$\omega_3 + \omega_4 = \omega_1 + \omega_2 \tag{1-147}$$

要使此过程进行，需要满足相位匹配条件$\Delta k = 0$，即

$$\Delta k = k_3 + k_4 - k_1 - k_2 = \frac{n_3\omega_3 + n_4\omega_4 - n_1\omega_1 - n_2\omega_2}{c} \tag{1-148}$$

在$\omega_1 = \omega_2$时，称为简并 FWM，在光纤中，大部分 FWM 属于简并 FWM。在物理上，简并 FWM 与 SRS 表示方法类似，频率为ω_1的强泵浦波产生两个对称的边带，频率分别为ω_3和ω_4，其频移为

$$\Omega_\text{s} = \omega_1 - \omega_3 = \omega_4 - \omega_1 \tag{1-149}$$

假定$\omega_3 < \omega_4$，与 SRS 类似，可以把ω_3处的低频边带和ω_4处的高频边带分别称为斯托克斯光和反斯托克斯光，也称为信号光和闲频光。只要满足相位匹配条件，信号光和闲频光可以从噪声中产生。

考虑光束的模式横截面，光场为

$$E_j(r) = F_j(x,y)A(z) \tag{1-150}$$

式中，$F_j(x,y)$为第j个光场在光纤内传输的光纤模的空间分布。在近轴近似下，多模光纤内幅度的演变由一组四波耦合方程决定：

$$\frac{\mathrm{d}A_1}{\mathrm{d}z} = \frac{\mathrm{i}n_2'\omega_1}{c}\left[\left(f_{11}|A_1|^2 + 2\sum_{l\neq 1} f_{1l}|A_l|^2\right)A_1 + 2f_{1234}A_2^* A_3 A_4 \mathrm{e}^{\mathrm{i}\Delta kz}\right] \tag{1-151}$$

$$\frac{\mathrm{d}A_2}{\mathrm{d}z} = \frac{\mathrm{i}n_2'\omega_2}{c}\left[\left(f_{22}|A_2|^2 + 2\sum_{l\neq 1} f_{2l}|A_l|^2\right)A_2 + 2f_{2134}A_1^* A_3 A_4 \mathrm{e}^{\mathrm{i}\Delta kz}\right] \tag{1-152}$$

$$\frac{\mathrm{d}A_3}{\mathrm{d}z} = \frac{\mathrm{i}n_2'\omega_3}{c}\left[\left(f_{33}|A_3|^2 + 2\sum_{l\neq 3} f_{3l}|A_l|^2\right)A_3 + 2f_{3412}A_1 A_2 A_4^* \mathrm{e}^{\mathrm{i}\Delta kz}\right] \tag{1-153}$$

$$\frac{\mathrm{d}A_4}{\mathrm{d}z} = \frac{\mathrm{i}n_2'\omega_4}{c}\left[\left(f_{44}|A_4|^2 + 2\sum_{l\neq 1} f_{4l}|A_l|^2\right)A_4 + 2f_{4312}A_1 A_2 A_3^* \mathrm{e}^{\mathrm{i}\Delta kz}\right] \tag{1-154}$$

式(1-151)～式(1-154)中，波矢失配为

$$\Delta k = \frac{\tilde{n}_3\omega_3 + \tilde{n}_4\omega_4 - \tilde{n}_1\omega_1 - \tilde{n}_2\omega_2}{c} \tag{1-155}$$

式中，$\tilde{n}_1$、$\tilde{n}_2$、$\tilde{n}_3$和$\tilde{n}_4$为各个模式的有效折射率；n_2'为对应有效模场态的非线性折射率系数，上标“′”表示与n_2的区别，n_2'由式(1-156)定义：

$$n_2' = \frac{3}{8n}\mathrm{Re}\left(\chi_{xxxx}^{(3)}\right) \tag{1-156}$$

交叠积分f_{jk}由式(1-137)定义。交叠系数(积分)f_{ijkl}为

$$f_{ijkl} = \frac{\left\langle F_i^* F_j^* F_k F_l \right\rangle}{\left[\left\langle |F_i|^2 \right\rangle \left\langle |F_j|^2 \right\rangle \left\langle |F_k|^2 \right\rangle \left\langle |F_l|^2 \right\rangle\right]^{\frac{1}{2}}} \tag{1-157}$$

式中，$\langle\cdot\rangle$ 表示对 x,y 坐标内的平面进行积分。在多模光纤中，若两束光以不同模式传播，交叠积分差别很大。在单模光纤中，由于各个波长频率差别不大，交叠积分可以近似为

$$f_{ijkl} \approx f_{jk} \approx \frac{1}{A_{\text{eff}}} \tag{1-158}$$

式中，A_{eff} 为有效纤芯面积。相位匹配条件可以写为

$$\kappa = \Delta k_{\text{M}} + \Delta k_{\text{W}} + \Delta k_{\text{NL}} \tag{1-159}$$

式中，Δk_{M}、Δk_{W}、Δk_{NL} 分别为材料散射、波导色散、非线性效应引起的相位失配。在部分简并（$\omega_1 = \omega_2$）情况下，有

$$\Delta k_{\text{M}} = \frac{n_3\omega_3 + n_4\omega_4 - 2n\omega_1}{c} \tag{1-160}$$

$$\Delta k_{\text{W}} = \frac{\Delta n_3\omega_3 + \Delta n_4\omega_4 - \left(\Delta n_1 + \Delta n_2\right)\omega_1}{c} \tag{1-161}$$

$$\Delta k_{\text{NL}} = \gamma\left(P_1 + P_2\right) \tag{1-162}$$

为了实现相位匹配，它们之中至少有一个为负数。

在光纤激光器中，严格的相位匹配比较困难。但是可以满足准相位匹配条件。光纤中相干长度与波矢失配有关，可描述为

$$L_{\text{coh}} = \frac{2\pi}{\Delta\kappa} \tag{1-163}$$

式中，$\Delta\kappa$ 为最大允许的波矢失配。只有在传输距离 $L < L_{\text{coh}}$ 时，才会产生显著的四波混频。在单模光纤中，相干长度一般为 1km 左右，比较容易满足准相位匹配条件。

7. 横向模式不稳定效应

与前面所述的光纤激光器中的各种效应不同，光纤激光器中的横向模式不稳定(Transverse Mode Instability，TMI)效应在 2010 年以后才逐渐走入人们的视野，目前已经成为高功率光纤激光器功率提升最主要的限制因素。

TMI 效应是指当激光泵浦功率达到某一值时，输出激光模式在基模与高阶模之间动态转换的一种效应，如图 1-18 所示。按照产生的机理，主要包括热致 TMI 效应、非线性导致的 TMI 效应等。其中，热致 TMI 效应普遍存在于目前的高功率光纤激光器中，且严重影响光纤激光器功率的提升。

热致 TMI 效应主要是由热导致折射率变化，从而影响模式耦合产生的，其原因可以简单描述如下：在大模场光纤中，会同时存在基模和少量的高阶模，这些基模和高阶模在光纤中干涉，会形成周期性的光强分布。当泵浦功率注入激光器时，增益光纤纤芯掺杂区会形成周期性的增益提取和泵浦吸收，由于光纤中产生的热与量子亏损和泵浦光吸收相关，形成准周期性振荡的热负荷分布；这些热负荷通过热光效应对纤芯折射率进行调制，形成

热致长周期折射率光栅。当热致长周期折射率光栅满足相位匹配条件时，可实现基模和高阶模的能量耦合，产生热致 TMI 效应。

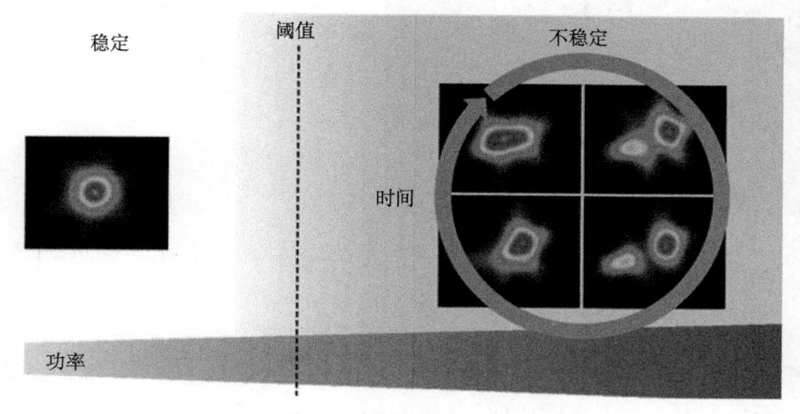

图 1-18　模式不稳定导致的模式演变

TMI 效应会影响激光器输出的特征参数。首先，当 TMI 效应产生后，高阶模的功率占比会随着泵浦功率的增加而增加，这会导致激光光束质量恶化，如图 1-19(a)所示。其次，在全光纤激光器中，一般要使用包层光滤除器滤除高阶模，在这种情况下，TMI 产生的高阶模被滤除，会导致激光器总的输出功率和效率都下降，如图 1-19(b)所示。此外，在 TMI 效应产生后，基模与高阶模之间存在动态耦合，测试激光器输出功率时域和包层光滤除功率的时域，我们会发现二者存在相反的功率起伏，即当输出功率增加时，包层光滤除器处探测到的功率减小，反之亦然。图 1-19(c)描述了在不同的包层光滤除器 CLS1 和 CLS2 处、输出激光处增加小孔和不增加小孔利用探测器测试到的激光功率时域特性，结果表明，当 CLS1 和 CLS2 功率时域变大时，输出激光功率时域减小。另外，最近的研究发现，TMI 效应出现后，激光功率时域不稳定，测得的光谱尤其是在拉曼波段的光谱存在毛刺。如图 1-19(d)所示，当输出功率为 3560W 时，没有出现 TMI 效应，激光器在拉曼波段的光谱比较平滑；当输出功率达到 4343W 时，出现明显 TMI 效应，测试得到激光器的光谱存在明显的毛刺。

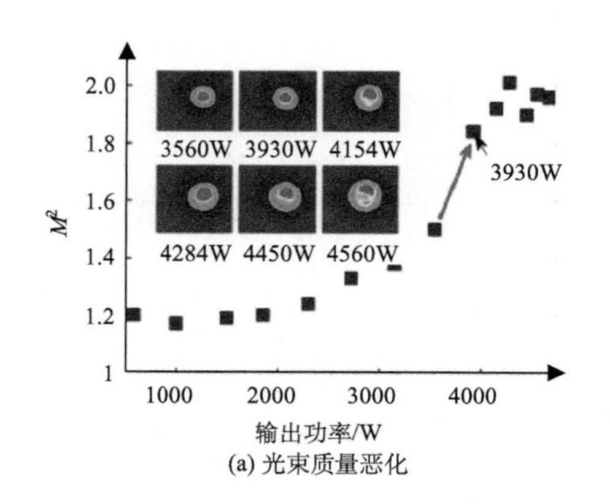

(a) 光束质量恶化

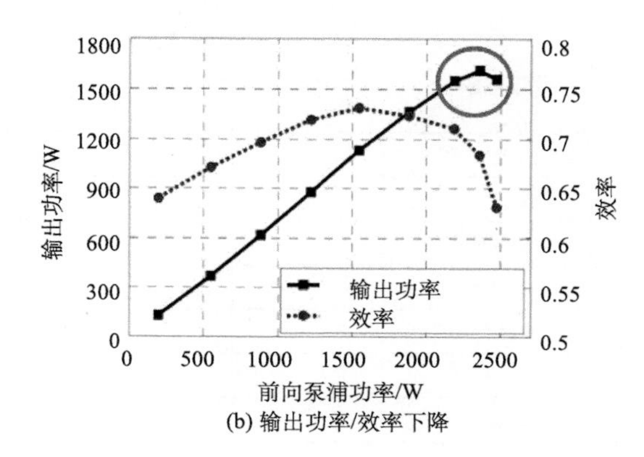

(b) 输出功率/效率下降

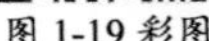
图 1-19 彩图

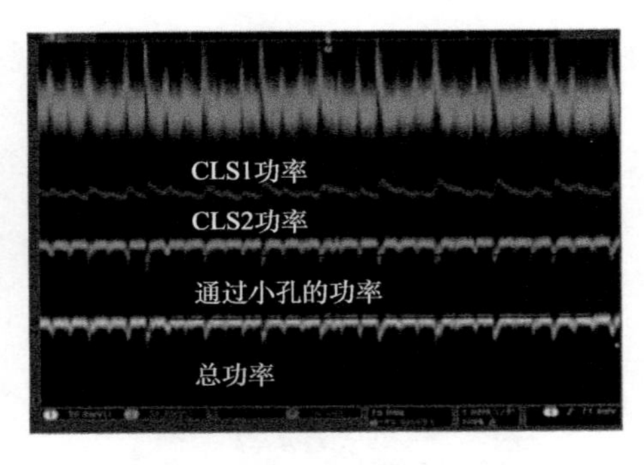

(c) 输出激光功率时域起伏

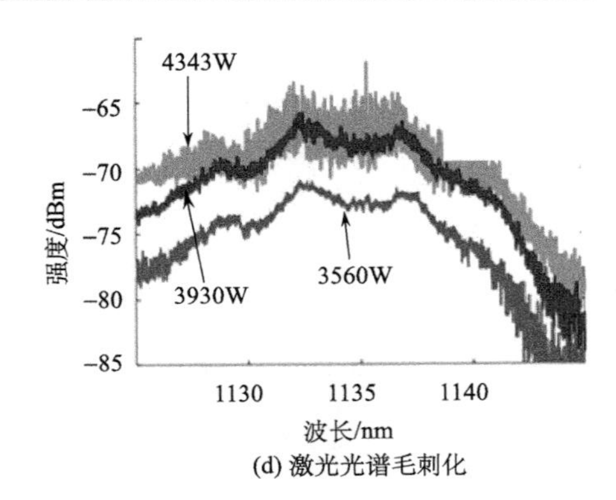

(d) 激光光谱毛刺化

图 1-19　TMI 效应导致的输出参数变化

为了研究 TMI，当前国内外诸多单位建立了相关的模型。其中，陶汝茂博士在国内最早建立的半解析模型是一类比较简单而有效的模型。利用该模型，可以直接推导出 TMI 阈值公式：

$$\xi(L) \approx \xi_0 \exp\left[\int_0^L \mathrm{d}z \iint g(r,\phi,z)(\psi_2\psi_2 - \psi_1\psi_1) r\mathrm{d}r\mathrm{d}\phi\right] + \frac{\xi_0}{4}\sqrt{\frac{2\pi}{\int_0^L P_1(z)\left|\chi''(\Omega_0,z)\right|\mathrm{d}z}}$$
$$\times \exp\left[\int_0^L \mathrm{d}z \iint g(r,\phi,z)(\psi_2\psi_2 - \psi_1\psi_1) r\mathrm{d}r\mathrm{d}\phi\right] R_{\mathrm{N}}(\Omega_0) \exp\left[\int_0^L P_1(z)\chi(\Omega_0,z)\mathrm{d}z\right] \tag{1-164}$$

SFTool 提供了基于式(1-164)的 TMI 阈值计算功能。

8. 各种物理效应对激光特性参数的影响

除了上述的各种物理效应，在光纤激光器中，还可能存在二次谐波和三次谐波效应，但是实际中满足相位匹配条件比较困难，而且两者的产生效率非常低，所以这里不予考虑。上述描述的诸多效应会对光纤激光器输出特征产生各种影响，如表 1-4 所示。

表 1-4　光纤激光器中各种物理效应对激光输出特征参数影响表

物理效应	特征参数				
	输出功率	时域特性	光束质量	光谱特性	存在的激光器类型
ASE	√	√		√	全部光纤激光器
SBS	√	√			单频、窄线宽光纤激光器
SRS	√	√	√	√	全部光纤激光器
SPM				√	全部光纤激光器
XPM				√	非单频光纤激光器
FWM				√	非单频光纤激光器
TMI	√	√	√	√	全部多模光纤激光器

从表 1-4 可知，ASE 存在于全部的光纤激光器中，首先，ASE 产生后会消耗上能级粒子，从而影响激光器在设定波段输出功率的提升；其次，当 ASE 较强时，时域还有可能出现脉冲成分；最后，ASE 也会影响激光输出光谱的形态。SBS 主要存在于单频和窄线宽光纤激光器中，由于 SBS 传输方向与信号激光传输方向相反，当 SBS 产生后，激光输出功率会显著下降，在时域上也会存在明显起伏。由于 SBS 是后向信号，它的产生原则上对激光器光束质量和光谱特性没有直接的影响；当然，如果 SBS 诱导产生了 TMI，则会影响输出光束质量。SRS 存在于全部的光纤激光器中，对激光器输出功率、光谱特性、时域特性、光束质量都存在一定的影响，因此是宽谱光纤激光器需要研究的重要对象。SPM、XPM、FWM 等三种非线性效应一般情况不会影响激光器输出功率、时域特性和光束质量，但是会对脉冲和连续窄线宽光纤激光器的光谱特性产生显著的影响。基于这种影响，一方面在窄线宽光纤激光器中希望严格控制这些非线性效应以消除光谱展宽；另一方面，可以利用这些非线性效应来展宽光谱、产生超连续谱等特殊光源。TMI 效应与 SRS 类似，不仅存在于所有类型的多模光纤激光器中，而且会对激光器输出功率、时域特性、光束质量、光谱特性产生影响，也是光纤激光器重点研究的对象。

在后面各章的仿真介绍的激光器模型中，不同类型的激光器需要考虑的物理效应有所不同。比如，在普通的宽谱光纤激光器中，人们主要关注激光器的输出功率、时域特性和光束质量，由于 SBS 基本不存在，SPM、XPM、FWM 不会影响功率、时域特性和光束质量，一般不考虑这几种物理效应，重点考虑 ASE 和 SRS 等效应。在窄线宽光纤激光器中，人们重点关注激光器功率提升和光谱展宽情况，SBS、SPM、XPM、FWM 等效应都需要考虑，由于窄线宽光纤激光器中 SRS 的阈值远高于 SBS 的阈值，所以一般不考虑 SRS 等效应。

1.4　光纤激光仿真的现状

1.4.1　基于通用编程软件的仿真

关于光纤激光仿真目前应用最广的通用软件是 MATLAB。MATLAB 是 Matrix Laboratory(矩阵实验室)的简称，是 MathWorks 公司推出的一款大型通用数学软件，可以用于数值分析、矩阵计算、数据可视化等，其最大特点是可以进行符号计算，并通过友好的界面对理论公式进行自主编程，达到建模仿真的目的。由于内置了许多数学函数和算法库，在光纤激光器仿真过程中，MATLAB 可以将研究人员从繁复的微分以及非线性耦合方程求解过程中解放出来。但是，正是因为 MATLAB 具有较强的通用性，在光纤激光仿真过程中缺乏针对性，对于求解窄线宽光纤放大器等复杂的光纤激光特性仿真，需要研究人员具有一定的理论基础和编程能力。目前，部分专业书籍介绍了基于 MATLAB 的光纤波导仿真，但是针对形式多样的光纤激光器，通过通用软件编程仍然具有较大的工作量，不便于学生和研究人员高效地开展学习、研究。

1.4.2　基于仿真软件的仿真

除了本书所介绍的光纤激光仿真软件 SeeFiberLaser，目前国际上还有 4 款光纤激光仿真相关的软件，包括美国 Liekki 公司的 Liekki Alication Designer（LAD）、美国 VPI Photonics 公司的 Optical Amplifiers、德国 RP Photonics 公司的 Fiberdesk 和 RP Fiber Power。下面对各个软件的功能进行简单介绍。

美国 Nlight 公司旗下的光纤生产商 Liekki 公司最早研发了图形化界面的光纤激光仿真软件 LAD。该软件将主要器件图形化，器件参数设置表格化；仿真时只需要将不同的器件放置于设计面板上，并通过光纤连接各个器件，即可构成可用的仿真对象。该软件完全不需要进行编程，使用简单、人机接口友好；自 2008 年 Liekki 公司被 Nlight 公司收购后，该软件没有新的版本推出。

Optical Amplifiers 主要用于通信中的掺铒光纤放大器（EDFA）和铒镱共掺光纤放大器（EYDFA）的设计与仿真，可设计掺 Er/Yb 光纤激光器/放大器，还可优化多级泵浦拉曼放大器。

Fiberdesk 是一款用于线性和非线性脉冲传播的仿真软件。它通过分步傅里叶变换方法求解扩展的非线性薛定谔方程，并且能够将其与速率方程模拟相结合。软件的定位是求解脉冲传输问题，如超连续谱的产生、脉冲压缩等。软件自定义了一些常用的非线性传输光纤。对若干结构（掺镱光纤振荡器、非线性环形腔）建立了基本模型，填写参数即可计算结果，但是模型种类有限。另外，该软件对各种类型的光纤振荡器和放大器的仿真能力有限，同时考虑到计算效率等因素，对于光纤较长的高功率掺镱光纤激光器或者拉曼激光器等适应性不足。

RP Fiber Power 是一款功能较为强大的高功率光纤激光仿真软件，用于连续、脉冲光纤激光器仿真；能够计算光纤的模式、光束的传输；其丰富的光纤元器件库中包含 Liekki、Coative、IXFiber 和 NKT 公司的相关光纤，可以对计算结果进行简单的作图等数据处理。此外，RP Photonics 公司还发布了 RP 系列光纤与激光仿真软件，其中 RP Fiber Calculator 用于光纤模式计算、被动光纤光场传输、不同光纤耦合计算；RP ProPulse 用于基于非线性薛定谔方程的超短脉冲传输和超连续谱光源仿真；RP Q-switch 用于调 Q 脉冲的功率增益变化仿真。

第 2 章　连续光纤激光器理论模型与仿真算法

光纤激光器仿真的本质是微分方程组的求解。要求解微分方程组，首先要明确方程组的形式，然后要清楚方程组的初始条件和边界条件，最后利用合适的数值仿真算法进行求解。在光纤激光器中，速率方程本身大同小异，不同的激光器需要考虑不同的物理效应，再对速率方程做适当的修正。初始条件和边界条件则需要通过激光器的结构来明确。本章以最简单的连续光纤激光器为例，从速率方程、边界条件、仿真算法等方面逐步深入，介绍连续光纤激光器的理论模型与仿真算法。

2.1　连续光纤激光器的速率方程

2.1.1　增益光纤中的速率方程

连续输出的光纤激光器工作在稳态条件时，在增益光纤中，泵浦和信号功率可以基于式(1-84)、式(1-90)～式(1-94)的速率方程描述。式(1-84)、式(1-90)～式(1-94)的速率方程本质上只考虑了单一泵浦波长和信号波长。而在实际光纤激光器中，泵浦光和信号光的光谱都具有一定宽度。因此，泵浦光可表示成$[\lambda_p^{\min},\lambda_p^{\max}]$的连续光谱函数$P_p^{\pm}(\lambda_p,z)$，信号光则表示成$[\lambda_s^{\min},\lambda_s^{\max}]$的连续光谱函数$P_s^{\pm}(\lambda_s,z)$，考虑$h\nu_p=h\dfrac{c}{\lambda_p}$，式(1-94)为

$$\frac{N_2}{N_0}=\frac{\left\{\begin{aligned}&\frac{1}{hc}\int_{\lambda_p^{\min}}^{\lambda_p^{\max}}\frac{\Gamma_p(\lambda_p)}{A_{\text{eff}}(\lambda_p)}\left[P_p^+(\lambda_p,z)+P_p^-(\lambda_p,z)\right]\sigma_{ap}(\lambda_p)\lambda_p\mathrm{d}\lambda_p\\&+\frac{1}{hc}\int_{\lambda_s^{\min}}^{\lambda_s^{\max}}\frac{\Gamma_s(\lambda_s)}{A_{\text{eff}}(\lambda_s)}\left[P_s^+(\lambda_s,z)+P_s^-(\lambda_s,z)\right]\sigma_{as}(\lambda_s)\lambda_s\mathrm{d}\lambda_s\end{aligned}\right\}}{\left\{\begin{aligned}&\frac{1}{hc}\int_{\lambda_p^{\min}}^{\lambda_p^{\max}}\frac{\Gamma_p(\lambda_p)}{A_{\text{eff}}(\lambda_p)}\left[P_p^+(\lambda_p,z)+P_p^-(\lambda_p,z)\right]\left[\sigma_{ap}(\lambda_p)+\sigma_{ep}(\lambda_p)\right]\lambda_p\mathrm{d}\lambda_p\\&+\frac{1}{hc}\int_{\lambda_s^{\min}}^{\lambda_s^{\max}}\frac{\Gamma_s(\lambda_s)}{A_{\text{eff}}(\lambda_s)}\left[P_s^+(\lambda_s,z)+P_s^-(\lambda_s,z)\right]\left[\sigma_{as}(\lambda_s)+\sigma_{es}(\lambda_s)\right]\lambda_s\mathrm{d}\lambda_s\\&+\frac{1}{\tau}\end{aligned}\right\}}\tag{2-1}$$

式中，利用纤芯中有效模场面积$A_{\text{eff}}(\lambda)$替代纤芯面积$A_{\text{core}}(\lambda)$。

此外，式(1-84)、式(1-90)～式(1-94)的速率方程中，除了受激辐射、受激吸收和自发辐射，并未考虑光纤激光器中其他物理效应。在一般的线性腔光纤振荡器中，影响激光输出功率的主要效应是 ASE 效应。因此，我们给出谐振腔中考虑 ASE 的信号光传输速率方程：

$$\begin{aligned}\frac{\mathrm{d}P_s^{\pm}(\lambda_s,z)}{\mathrm{d}z}=&\pm\Gamma_s(\lambda_s)\left\{N_0\sigma_{as}(\lambda_s)-N_2\left[\sigma_{es}(\lambda_s)+\sigma_{as}(\lambda_s)\right]-\alpha_s(\lambda_s)\right\}P_s^{\pm}(\lambda_s,z)\\&+\Gamma_s(\lambda_s)\sigma_{es}(\lambda_s)N_2(z,t)P_0(\Delta\lambda)\end{aligned}\tag{2-2}$$

式中，P_0 为增益光谱带宽 $\Delta\lambda$ 内自发辐射对激光功率的贡献：

$$P_0(\Delta\lambda)=2\frac{hc^2}{\lambda_s^3}\Delta\lambda \tag{2-3}$$

式中，$\Delta\lambda$ 为实际增益光谱带宽，一般可以与信号光的光谱宽度相当，即 $\Delta\lambda=\Delta\lambda_s$。

上述速率方程中波长是连续变量，实际上连续模型是不能直接用于数值计算的。在数值计算时，一般需要将式(2-2)进行离散化。假设泵浦光有 M 个波长，信号光有 N 个波长，将功率、吸收发射截面等参数都写成与波长相关的表达式，可以对整个速率方程进行离散化。同时考虑仿真过程中计算的光谱范围比较窄，可以认为各个波长对应的填充因子 Γ_p 和有效模场面积 A_{eff} 相同，那么可以得到离散化的速率方程：

$$\begin{aligned}\pm\frac{dP_m^{p\pm}(\lambda_m^p,z)}{dz}=&\Gamma_p\left[\sigma_m^{ep}(\lambda_m^p)N_2(z)-\sigma_m^{ap}(\lambda_m^p)N_1(z)\right]P_m^{p\pm}(\lambda_m^p,z)\\&-\alpha_m^p(\lambda_m^p)P_m^{p\pm}(\lambda_m^p,z)\end{aligned} \tag{2-4}$$

$$\begin{aligned}\pm\frac{dP_n^{s\pm}(\lambda_n^s,z)}{dz}=&\Gamma_s\left[\sigma_n^{es}(\lambda_n^s)N_2(z)-\sigma_n^{as}(\lambda_n^s)N_1(z)\right]P_n^{s\pm}(\lambda_n^s,z)\\&+2\sigma_n^{es}(\lambda_n^s)N_2(z)\frac{hc^2}{(\lambda_n^s)^3}\Delta\lambda-\alpha_n^s(\lambda_n^s)P_n^{s\pm}(\lambda_n^s,z)\end{aligned} \tag{2-5}$$

$$\frac{N_2}{N_0}=\frac{\left\{\begin{aligned}&\frac{\Gamma_p}{hcA_{eff}}\sum_{m=1}^{M}\lambda_m^p\sigma_m^{ap}(\lambda_m^p)\left[P_m^{p+}(\lambda_m^p,z)+P_m^{p-}(\lambda_m^p,z)\right]\\&+\frac{\Gamma_s}{hcA_{eff}}\sum_{n=1}^{N}\lambda_n^s\sigma_n^{as}(\lambda_n^s)\left[P_n^{s+}(\lambda_n^s,z)+P_n^{s-}(\lambda_n^s,z)\right]\end{aligned}\right\}}{\left\{\begin{aligned}&\frac{\Gamma_p}{hcA_{eff}}\sum_{m=1}^{M}\lambda_m^p\left[\sigma_m^{ap}(\lambda_m^p)+\sigma_m^{ep}(\lambda_m^p)\right]\left[P_m^{p+}(\lambda_m^p,z)+P_m^{p-}(\lambda_m^p,z)\right]\\&+\frac{\Gamma_s}{hcA_{eff}}\sum_{n=1}^{N}\lambda_n^s\left[\sigma_n^{as}(\lambda_n^s)+\sigma_n^{es}(\lambda_n^s)\right]\left[P_n^{s+}(\lambda_n^s,z)+P_n^{s-}(\lambda_n^s,z)\right]\\&+\frac{1}{\tau}\end{aligned}\right\}} \tag{2-6}$$

$$N_0=N_1+N_2 \tag{2-7}$$

在泵浦光和信号光的演化式中，可以利用 N_1、N_2 替代 N_0，以便于更好地体现速率方程的意义。

在高功率光纤激光器中，还需要考虑受激拉曼散射效应，信号光速率方程进一步修改为

$$\begin{aligned}\pm\frac{dP_n^{s\pm}(\lambda_n^s,z)}{dz}=&\Gamma_s\left[\sigma_n^{es}(\lambda_n^s)N_2(z)-\sigma_n^{as}(\lambda_n^s)N_1(z)\right]P_n^{s\pm}(\lambda_n^s,z)\\&+2\sigma_n^{es}(\lambda_n^s)N_2(z)\frac{hc^2}{(\lambda_n^s)^3}\Delta\lambda-\alpha_n^s(\lambda_n^s)P_n^{s\pm}(\lambda_n^s,z)\\&+\Gamma_n^s(\lambda_n^s)P_n^{s\pm}(\lambda_n^s,z)\sum_{i=1}^{N}\frac{1}{A_{eff}^{i,n}}g_R(\omega_i-\omega_n)\left[P_i^{s+}(\lambda_i^s,z)+P_i^{s-}(\lambda_i^s,z)\right]\end{aligned} \tag{2-8}$$

式中，

$$g_R(\omega_i - \omega_n) = \frac{4}{3}\gamma_k f_R \operatorname{Im}\{\tilde{h}_R(\omega_i - \omega_n)\} \tag{2-9}$$

式中，$\tilde{h}_R(\cdot)$ 表示拉曼响应函数 $h_R(t)$ 的傅里叶变换：

$$\tilde{h}_R(\Delta\omega) = \frac{1}{2i}\frac{\tau_1^2+\tau_2^2}{\tau_1\tau_2^2}\left\{\frac{1}{\frac{1}{\tau_2} - i\left(\Delta\omega + \frac{1}{\tau_1}\right)} - \frac{1}{\frac{1}{\tau_2} - i\left(\Delta\omega - \frac{1}{\tau_1}\right)}\right\} \tag{2-10}$$

各个物理量的物理意义描述如表 2-1 所示。

表 2-1　速率方程中的物理量及其物理意义

物理量	物理意义	物理量	物理意义
M	泵浦光波长数目	$\alpha_m^{p}\left(\lambda_m^{p}\right)$	泵浦光损耗系数
N	信号光波长数目	$\alpha_n^{s}\left(\lambda_n^{s}\right)$	信号光损耗系数
m	泵浦光波长序数	Γ_p	泵浦光填充因子
n	信号光波长序数	Γ_s	信号光填充因子
$P_m^{p+}\left(\lambda_m^{p}, z\right)$	正向泵浦功率随光纤长度的分布	N_0	掺杂离子浓度
$P_m^{p-}\left(\lambda_m^{p}, z\right)$	反向泵浦功率随光纤长度的分布	$N_1(z)$	基态粒子数
$P_n^{s+}\left(\lambda_n^{s}, z\right)$	正向信号功率随光纤长度的分布	$N_2(z)$	激发态粒子数
$P_n^{s-}\left(\lambda_n^{s}, z\right)$	反向信号功率随光纤长度的分布	A_{eff}	纤芯有效面积
σ_m^{ap}	第 m 个波长泵浦光吸收截面	τ	上能级寿命
σ_m^{ep}	第 m 个波长泵浦光发射截面	γ_k	非线性参量
σ_n^{as}	第 n 个波长信号光吸收截面	τ_1	$\tau_1=1/\Omega_R$
σ_n^{es}	第 n 个波长信号光发射截面	Ω_R	石英分子振荡频率
f_R	延迟拉曼响应	ω	光波角频率
τ_2	振动阻尼时间		

2.1.2　传能光纤中的功率传输方程

在传能光纤中，不存在增益介质，因此吸收发射截面、上能级粒子数都为零，式(2-4)和式(2-5)可简化为

$$\pm\frac{dP_p^{\pm}\left(\lambda_p, z\right)}{dz} = -\alpha_p\left(\lambda_p\right)P_p^{\pm}\left(\lambda_p, z\right) \tag{2-11}$$

$$\pm\frac{dP_s^{\pm}\left(\lambda_s, z\right)}{dz} = -\alpha_s\left(\lambda_s\right)P_s^{\pm}\left(\lambda_s, z\right) \tag{2-12}$$

式中，$\alpha_p\left(\lambda_p\right)$ 为泵浦光的损耗系数；$\alpha_s\left(\lambda_s\right)$ 为信号光的损耗系数。注意，这两个损耗系数

与增益光纤中的损耗系数可以不同。式(2-11)和式(2-12)描述了在传能光纤中，泵浦光和信号光传输过程由于存在损耗，功率会逐步减少。

同理，考虑 SRS，可将式(2-11)和式(2-12)进行离散化，有

$$\pm\frac{\mathrm{d}P_m^{\mathrm{p}\pm}\left(\lambda_m^{\mathrm{p}},z\right)}{\mathrm{d}z}=-\alpha_m^{\mathrm{p}}\left(\lambda_m^{\mathrm{p}}\right)P_m^{\mathrm{p}\pm}\left(\lambda_m^{\mathrm{p}},z\right) \tag{2-13}$$

$$\begin{aligned}\pm\frac{\mathrm{d}P_n^{\mathrm{s}\pm}\left(\lambda_n^{\mathrm{s}},z\right)}{\mathrm{d}z}=&-\alpha_n^{\mathrm{s}}\left(\lambda_n^{\mathrm{s}}\right)P_n^{\mathrm{s}\pm}\left(\lambda_n^{\mathrm{s}},z\right)\\&+\Gamma_n^{\mathrm{s}}\left(\lambda_n^{\mathrm{s}}\right)P_n^{\mathrm{s}\pm}\left(\lambda_n^{\mathrm{s}},z\right)\sum_{i=1}^{N}\frac{1}{A_{\mathrm{eff}}^{i,n}}g_{\mathrm{R}}\left(\omega_i-\omega_n\right)\left[P_i^{\mathrm{s}+}\left(\lambda_i^{\mathrm{s}},z\right)+P_i^{\mathrm{s}-}\left(\lambda_i^{\mathrm{s}},z\right)\right]\end{aligned} \tag{2-14}$$

至此，我们已经给出了增益光纤中的速率方程和传能光纤中的功率传输方程。光纤激光器仿真的基本理论模型已经建立。

2.2 光纤激光器的边界条件

2.2.1 线性腔光纤振荡器边界条件

1. 线性腔光纤振荡器基本结构

不失一般性，这里给出采用双端泵浦的线性腔掺镱双包层光纤振荡器结构，如图 2-1 所示。与图 1-1 相同，为了便于阅读，这里将激光器结构进行较为详细的描述。LD 为激光器提供泵浦源，利用 FPSC 和 BPSC 将低功率的 LD 合束得到更高功率的泵浦光后，注入光纤激光谐振腔中。光纤激光谐振腔由 HR FBG、DCYDF、OC FBG 组成。谐振腔内产生的激光通过 BPSC 的信号光纤输出，然后利用 CLS 滤除泵浦光和包层光，最后经 EC 扩束输出。在实际实验中，HR FBG 反射率一般大于 99%，OC FBG 反射率在 10%左右。一般情况下，光纤光栅、增益光纤、光纤合束等器件的光纤纤芯和包层尺寸需要匹配。为了避免反馈光对激光器的影响，FPSC 的信号输出臂需要采用切斜 8° 角措施，消除端面反馈导致的激光不稳定。

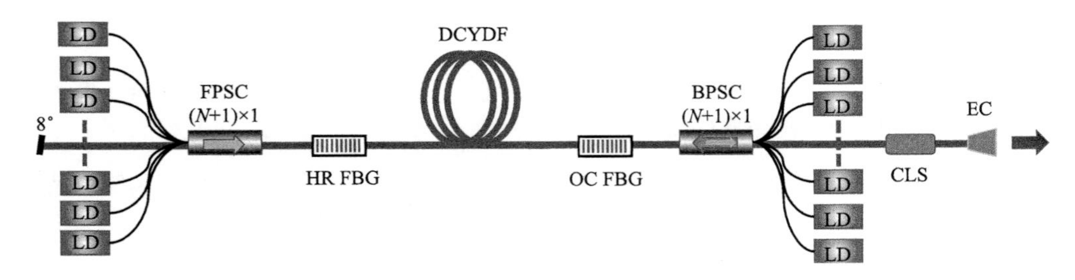

图 2-1 线性腔掺镱双包层光纤振荡器结构图

2. 仅考虑谐振腔内功率传输时边界条件

在光纤激光器设计中，谐振腔的参数是核心参数。为了简化，这里首先考虑谐振腔内功率传输的速率方程模型与边界条件。

首先，为了方便从数学上对线性腔光纤振荡器的谐振腔内光束传输特性和边界条件进行描述，我们根据光纤振荡器的各个器件布局，考虑前后向都有泵浦光和信号光注入，给出如图 2-2 所示的谐振腔内光束传输特性图。图 2-2 中，谐振腔总长度为 L，定义从左 (z=0) 到右 (z=L) 的方向为光束传输的正向(或前向)，从右 (z=L) 到左 (z=0) 的方向为光束传输的反向(或后向)。在该定义下，泵浦光和信号光在谐振腔内的相关表达式描述如表 2-2 所示。

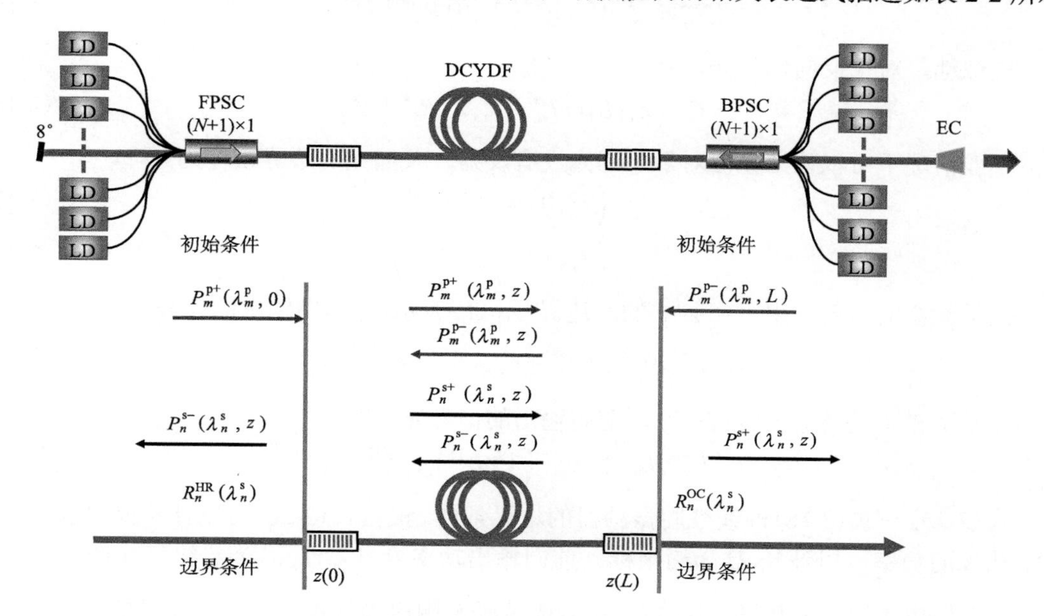

图 2-2　线性腔光纤振荡器结构与光束传输示意图

表 2-2　图 2-2 中的物理量及意义

表达式	物理意义	表达式	物理意义
p	泵浦光	m	泵浦光波长序数
s	信号光	n	信号光波长序数
λ_m^p	第 m 个泵浦光波长	λ_n^s	第 n 个信号光波长
z	光纤长度坐标	L	谐振腔长度
$P_m^{p+}\left(\lambda_m^p, z\right)$	z 处各波长正向泵浦光功率	$P_n^{s+}\left(\lambda_n^s, z\right)$	z 处各波长正向信号光功率
$P_m^{p-}\left(\lambda_m^p, z\right)$	z 处各波长反向泵浦光功率	$P_n^{s-}\left(\lambda_n^s, z\right)$	z 处各波长反向信号光功率
$R_n^{HR}\left(\lambda_n^s\right)$	高反射光栅反射率	$R_n^{OC}\left(\lambda_n^s\right)$	低反射光栅反射率

从图 2-2 可知，在 $z=(0, L)$ 的谐振腔内，有正向泵浦光功率 $P_m^{p+}\left(\lambda_m^p, z\right)$、反向泵浦光功率 $P_m^{p-}\left(\lambda_m^p, z\right)$、正向信号光功率 $P_n^{s+}\left(\lambda_n^s, z\right)$、反向信号光功率 $P_n^{s-}\left(\lambda_n^s, z\right)$ 等 4 个光参量往返传输，它们的传输满足式(2-4)～式(2-7)的速率方程。

谐振腔外，只有单一方向的信号光传输，在 $z<0$ 内，只有反向信号光功率 $P_n^{s-}\left(\lambda_n^s, z\right)$ 传输；在 $z>L$ 内，只有正向信号光功率 $P_n^{s+}\left(\lambda_n^s, z\right)$ 传输。

下面根据谐振腔结构，给出激光器的边界条件。在谐振腔的左边界 $z=0$ 处，注入泵浦光功率为 $P_m^{\mathrm{p}0+}\left(\lambda_m^{\mathrm{p}}\right)$；在谐振腔的右边界 $z=L$ 处，注入泵浦光功率为 $P_m^{\mathrm{p}0-}\left(\lambda_m^{\mathrm{p}}\right)$。考虑到高反射光栅对后向传输信号光的反射，在 $z=0$ 处，正向信号光的功率为反向信号光的功率与高反射光栅对该波长的反射率 $R_n^{\mathrm{HR}}\left(\lambda_n^{\mathrm{s}}\right)$ 的乘积：

$$P_n^{\mathrm{s}+}\left(\lambda_n^{\mathrm{s}},0\right)=P_n^{\mathrm{s}-}\left(\lambda_n^{\mathrm{s}},0\right)R_n^{\mathrm{HR}}\left(\lambda_n^{\mathrm{s}}\right) \tag{2-15}$$

类似地，对于反向信号光，有

$$P_n^{\mathrm{s}-}\left(\lambda_n^{\mathrm{s}},L\right)=P_n^{\mathrm{s}+}\left(\lambda_n^{\mathrm{s}},L\right)R_n^{\mathrm{OC}}\left(\lambda_n^{\mathrm{s}}\right) \tag{2-16}$$

一般情况下可以认为光栅对于泵浦光没有反射，泵浦光的边界条件为

$$P_m^{\mathrm{p}+}\left(\lambda_m^{\mathrm{p}},0\right)=P_m^{\mathrm{p}0+}\left(\lambda_m^{\mathrm{p}}\right) \tag{2-17}$$

$$P_m^{\mathrm{p}-}\left(\lambda_m^{\mathrm{p}},L\right)=P_m^{\mathrm{p}0-}\left(\lambda_m^{\mathrm{p}}\right) \tag{2-18}$$

由于光栅的透射作用，在 $z=0$ 的左边界(用 0_{LT} 表示)，后向输出的信号光功率为

$$P_n^{\mathrm{s}-}\left(\lambda_n^{\mathrm{s}},0_{\mathrm{LT}}\right)=P_n^{\mathrm{s}-}\left(\lambda_n^{\mathrm{s}},L\right)\left[1-R_n^{\mathrm{HR}}\left(\lambda_n^{\mathrm{s}}\right)\right] \tag{2-19}$$

在 $z=L$ 的右边界(用 L_{RT} 表示)，前向输出的信号光功率为

$$P_n^{\mathrm{s}+}\left(\lambda_n^{\mathrm{s}},L_{\mathrm{RT}}\right)=P_n^{\mathrm{s}+}\left(\lambda_n^{\mathrm{s}},L\right)\left[1-R_n^{\mathrm{OC}}\left(\lambda_n^{\mathrm{s}}\right)\right] \tag{2-20}$$

式(2-15)～式(2-18)即线性腔振荡器的边界条件。根据式(2-20)可以计算得到输出激光各个波长的功率，以波长 λ_n^{s} 为横坐标、前向输出功率 $P_n^{\mathrm{s}+}\left(\lambda_n^{\mathrm{s}},L_{\mathrm{RT}}\right)$ 为纵坐标作图，即可得到激光器输出光谱。对 $P_n^{\mathrm{s}+}\left(\lambda_n^{\mathrm{s}},L_{\mathrm{RT}}\right)$ 在信号光波长范围内进行积分，即可得到激光器的前向总输出功率：

$$P_{\mathrm{out}}=\sum_{n=1}^{N}P_n^{\mathrm{s}+}\left(\lambda_n^{\mathrm{s}},L_{\mathrm{RT}}\right) \tag{2-21}$$

3. 考虑谐振腔内外功率传输的双端输出振荡器边界条件

前面描述的边界条件中只考虑了谐振腔的边界，能够满足一般低功率光纤振荡器的设计需求。但是，如果激光器输出功率较高，使得激光在传能光纤中传输产生非线性效应，就必须考虑激光在谐振腔外的各个器件和传能光纤中的传输特性。图 2-3 在给出了线性腔光纤振荡器谐振腔内外光束传输和边界条件示意图。在激光器结构图的基础上，将激光传输分为 5 个部分，其中第 1 部分是增益光纤，泵浦光 $P_m^{\mathrm{p}\pm}\left(\lambda_m^{\mathrm{p}},z\right)$、信号光 $P_n^{\mathrm{s}\pm}\left(\lambda_n^{\mathrm{s}},z\right)$ 在其中双向传输，需要利用速率方程进行描述。第 2、4 部分是谐振腔内的传能光纤，泵浦光 $P_m^{\mathrm{p}\pm}\left(\lambda_m^{\mathrm{p}},z\right)$ 和信号光 $P_n^{\mathrm{s}\pm}\left(\lambda_n^{\mathrm{s}},z\right)$ 可利用传能光纤功率传输方程进行描述。第 3、5 部分为谐振腔外的器件和传能光纤，主要是单向传输的泵浦光 $P_m^{\mathrm{p}+}\left(\lambda_m^{\mathrm{p}},z\right)$、$P_m^{\mathrm{p}-}\left(\lambda_m^{\mathrm{p}},z\right)$ 和信号光 $P_n^{\mathrm{s}+}\left(\lambda_n^{\mathrm{s}},z\right)$、$P_n^{\mathrm{s}-}\left(\lambda_n^{\mathrm{s}},z\right)$，利用传能光纤功率传输方程进行描述。

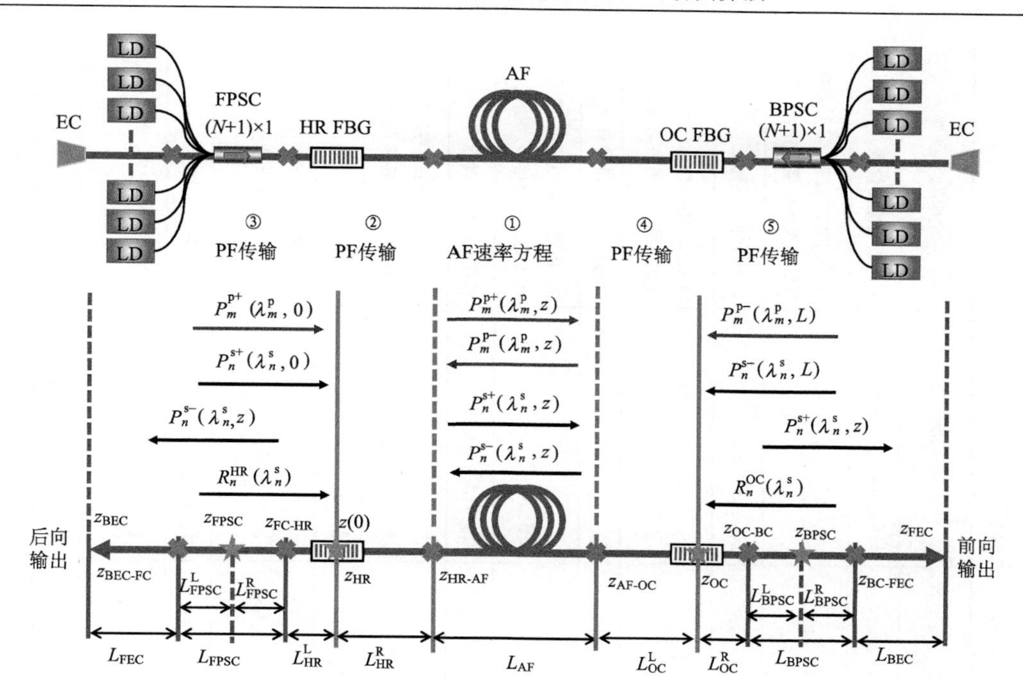

图 2-3　线性腔光纤振荡器谐振腔内外光束传输与边界条件示意图

分析图 2-3 中的泵浦光和信号光的边界条件，主要包括两种。

(1) 损耗型边界：主要是具有损耗特性的器件引入的边界条件，如熔接点损耗、器件本身的插入损耗等。图 2-3 中，利用“✖”表示熔接点损耗边界，利用“★”表示器件损耗边界。对于这类边界，只考虑同一方向传输的损耗。

(2) 反射透射型边界：主要是具有反射特性的器件引入的边界条件，如光纤光栅，需要考虑同方向传输的透过率(反射)和反方向传输的反射率。

为了便于对不同位置的边界条件进行描述，表 2-3 详细给出了光纤振荡器各个器件的坐标、尾纤长度和边界条件的说明。表 2-4 和表 2-5 详细给出了图 2-3 中光纤振荡器的信号光和泵浦光的边界条件。从表 2-4 和表 2-5 可知，如果考虑每个器件本身损耗以及每个熔接点的损耗，那么光纤振荡器中边界条件将变得非常多，这将导致实际仿真中需要设置的参数增多。如果利用普通的编程软件自行编程进行数值仿真，工作量将非常大。SeeFiberLaser 中每个器件的参数可以独立设置，包括器件的输入输出尾纤长度、器件损耗，两个器件连接时还可以设置熔接点损耗，通过软件对光纤振荡器的拓扑结构判断，就能自动给出各个器件内部和各个器件之间的边界条件。因此，利用 SeeFiberLaser 对光纤振荡器进行仿真，可以全方位考虑光纤振荡器各个器件参数对激光器输出的影响，比普通的仿真算法得到的结果更接近实际情况。

对于这里描述的光纤振荡器的边界条件，需要进行如下说明。

(1) 由于这是本书第一次给出边界条件，为了能够全面反映各类边界条件，这里考虑了信号光和泵浦光在各个器件的双向传输、考虑了全部熔接点损耗、考虑了全部器件损耗。但是实际上，部分器件可能不传输泵浦光，如包层光滤除器；部分器件可能不存在内部损耗，如侧边泵浦合束器，其对于信号光的损耗几乎为 0。

表 2-3　图 2-3 中光纤振荡器中各个器件对应坐标与边界坐标值

序号	器件名称	物理位置	尾纤总长/m	输入尾纤长/m	输出尾纤长/m	坐标位置	坐标数值	说明/边界条件
1	后向光纤端帽	后向光纤端帽输出点	L_{BEC}			z_{BEC}	$-\left(L_{\mathrm{BEC}}+L_{\mathrm{FPSC}}+L_{\mathrm{HR}}\right)$	后向激光输出位置
2		后向光纤端帽与前向合束器熔接点				$z_{\mathrm{BEC-FC}}$	$-\left(L_{\mathrm{FPSC}}+L_{\mathrm{HR}}\right)$	EC 与 FPSC 边界，信号光向左传输，考虑熔接点损耗
3	前向合束器	前向合束器与后向光纤端帽熔接点	$L_{\mathrm{FPSC}}=L_{\mathrm{FPSC}}^{\mathrm{L}}+L_{\mathrm{FPSC}}^{\mathrm{R}}$	$L_{\mathrm{FPSC}}^{\mathrm{L}}$				
4		前向合束器内部熔接损耗点				z_{FPSC}	$-\left(L_{\mathrm{FPSC}}^{\mathrm{R}}+L_{\mathrm{HR}}\right)$	合束器插入损耗点
5		前向合束器与高反光栅熔接点			$L_{\mathrm{FPSC}}^{\mathrm{R}}$	$z_{\mathrm{FC-HR}}$	$-L_{\mathrm{HR}}$	FPSC 与 HR FBG 边界，信号光向左传输，考虑熔接点损耗
6	高反光栅	高反光栅与前向合束器熔接点	$L_{\mathrm{HR}}=L_{\mathrm{HR}}^{\mathrm{L}}+L_{\mathrm{HR}}^{\mathrm{R}}$	$L_{\mathrm{HR}}^{\mathrm{L}}$				
7		高反光栅反射点				z_{HR}	0	谐振腔左边界反射点
8		高反光栅与增益光纤熔接点			$L_{\mathrm{HR}}^{\mathrm{R}}$	$z_{\mathrm{HR-AF}}$	$L_{\mathrm{HR}}^{\mathrm{R}}$	HR FBG 与 AF 边界，信号双向传输，考虑熔接点损耗
9	增益光纤	增益光纤与高反光栅熔接点	L_{AF}					
10		增益光纤内部				$z_{\mathrm{AF}}(z)$	$L_{\mathrm{HR}}^{\mathrm{R}}\sim(L_{\mathrm{HR}}^{\mathrm{R}}+L_{\mathrm{AF}})$	增益光纤速率方程
11		增益光纤与低反光栅熔接点				$z_{\mathrm{AF-OC}}$	$L_{\mathrm{HR}}^{\mathrm{R}}+L_{\mathrm{AF}}$	AF 与 OC FBG 边界，信号双向传输，考虑熔接点损耗
12	低反光栅	低反光栅与增益光纤熔接点	$L_{\mathrm{OC}}=L_{\mathrm{OC}}^{\mathrm{L}}+L_{\mathrm{OC}}^{\mathrm{R}}$	$L_{\mathrm{OC}}^{\mathrm{L}}$				
13		低反光栅反射点				z_{OC}	$L_{\mathrm{HR}}^{\mathrm{R}}+L_{\mathrm{AF}}+L_{\mathrm{OC}}^{\mathrm{L}}$	谐振腔右边界反射点
14		低反光栅与后向合束器熔接点			$L_{\mathrm{OC}}^{\mathrm{R}}$	$z_{\mathrm{OC-BC}}$	$L_{\mathrm{HR}}^{\mathrm{R}}+L_{\mathrm{AF}}+L_{\mathrm{OC}}$	OC FBG 与 BPSC 边界，信号向右、泵浦向左传输，考虑熔接点损耗
15	后向合束器	后向合束器与低反光栅熔接点	$L_{\mathrm{BPSC}}=L_{\mathrm{BPSC}}^{\mathrm{L}}+L_{\mathrm{BPSC}}^{\mathrm{R}}$	$L_{\mathrm{BPSC}}^{\mathrm{L}}$				
16		后向合束器内部熔接损耗点				z_{BPSC}	$L_{\mathrm{HR}}^{\mathrm{R}}+L_{\mathrm{AF}}+L_{\mathrm{OC}}+L_{\mathrm{BPSC}}^{\mathrm{L}}$	合束器插入损耗点
17		后向合束器与前向光纤端帽熔接点			$L_{\mathrm{BPSC}}^{\mathrm{R}}$	$z_{\mathrm{BC-FEC}}$	$L_{\mathrm{HR}}^{\mathrm{R}}+L_{\mathrm{AF}}+L_{\mathrm{OC}}+L_{\mathrm{BPSC}}$	BPSC 与 EC 边界，信号向右传输，考虑熔接点损耗
18	前向光纤端帽	前向光纤端帽与后向合束器熔接点	L_{FEC}					
19		前向光纤端帽输出点				z_{FEC}	$L_{\mathrm{HR}}^{\mathrm{R}}+L_{\mathrm{AF}}+L_{\mathrm{OC}}+L_{\mathrm{BPSC}}+L_{\mathrm{FEC}}$	后向激光输出位置

表 2-4　图 2-3 中光纤振荡器中信号的边界条件

序号	器件名称	物理位置	坐标位置	边界条件数学描述	参数说明
1	后向光纤端帽	后向光纤端帽输出点	z_{BEC}	$P_n^{s-}\left(\lambda_n^s,\mathrm{LP}_k,z_{\mathrm{BEC}}^{\mathrm{L}}\right)\Big\|_{\mathrm{out}}=P_n^{s-}\left(\lambda_n^s,\mathrm{LP}_k,z_{\mathrm{BEC}}^{\mathrm{R}}\right)\times\eta_{\mathrm{BEC}}\left(\lambda_n^s,\mathrm{LP}_k\right)$ $P_n^{s+}\left(\lambda_n^s,\mathrm{LP}_k,z_{\mathrm{BEC}}^{\mathrm{R}}\right)=P_n^{s-}\left(\lambda_n^s,\mathrm{LP}_k,z_{\mathrm{BEC}}^{\mathrm{R}}\right)\times R_{\mathrm{BEC}}\left(\lambda_n^s,\mathrm{LP}_k\right)$	$\eta_{\mathrm{BEC}}\left(\lambda_n^s,\mathrm{LP}_k\right)$：后向光纤端帽传输效率 $R_{\mathrm{BEC}}\left(\lambda_n^s,\mathrm{LP}_k\right)$：后向光纤端帽反射率
2		后向光纤端帽与前向合束器熔接点	$z_{\mathrm{BEC\text{-}FC}}$	$P_n^{s-}\left(\lambda_n^s,\mathrm{LP}_k,z_{\mathrm{BEC\text{-}FC}}^{\mathrm{L}}\right)=P_n^{s-}\left(\lambda_n^s,\mathrm{LP}_k,z_{\mathrm{BEC\text{-}FC}}^{\mathrm{R}}\right)\times\eta_{\mathrm{BEC\text{-}FC}}^{-}\left(\lambda_n^s,\mathrm{LP}_k\right)$ $P_n^{s+}\left(\lambda_n^s,\mathrm{LP}_k,z_{\mathrm{BEC\text{-}FC}}^{\mathrm{R}}\right)=P_n^{s+}\left(\lambda_n^s,\mathrm{LP}_k,z_{\mathrm{BEC\text{-}FC}}^{\mathrm{L}}\right)\times\eta_{\mathrm{FC\text{-}BEC}}^{+}\left(\lambda_n^s,\mathrm{LP}_k\right)$	$z_{\mathrm{BEC\text{-}FC}}^{\mathrm{L}}$：上标 L 表示界面左边 $z_{\mathrm{BEC\text{-}FC}}^{\mathrm{R}}$：上标 R 表示界面右边 $\eta_{\mathrm{BEC\text{-}FC}}^{-}$：熔接点反向传输效率 $\eta_{\mathrm{FC\text{-}BEC}}^{+}$：熔接点正向传输效率
3	前向合束器	前向合束器与后向光纤端帽熔接点			
4		前向合束器内部熔接损耗点	z_{FPSC}	$P_n^{s-}\left(\lambda_n^s,\mathrm{LP}_k,z_{\mathrm{FPSC}}^{\mathrm{L}}\right)=P_n^{s-}\left(\lambda_n^s,\mathrm{LP}_k,z_{\mathrm{FPSC}}^{\mathrm{R}}\right)\times\eta_{\mathrm{FPSC}}^{-}\left(\lambda_n^s,\mathrm{LP}_k\right)$ $P_n^{s+}\left(\lambda_n^s,\mathrm{LP}_k,z_{\mathrm{FPSC}}^{\mathrm{R}}\right)=P_n^{s+}\left(\lambda_n^s,\mathrm{LP}_k,z_{\mathrm{FPSC}}^{\mathrm{L}}\right)\times\eta_{\mathrm{FPSC}}^{+}\left(\lambda_n^s,\mathrm{LP}_k\right)$	η_{FPSC}^{-}：前向合束器反向信号传输效率 η_{FPSC}^{+}：前向合束器正向信号传输效率
5		前向合束器与高反光栅熔接点	$z_{\mathrm{FC\text{-}HR}}$	$P_n^{s-}\left(\lambda_n^s,\mathrm{LP}_k,z_{\mathrm{FC\text{-}HR}}^{\mathrm{L}}\right)=P_n^{s-}\left(\lambda_n^s,\mathrm{LP}_k,z_{\mathrm{FC\text{-}HR}}^{\mathrm{R}}\right)\times\eta_{\mathrm{FC\text{-}HR}}^{-}\left(\lambda_n^s,\mathrm{LP}_k\right)$	$\eta_{\mathrm{FC\text{-}HR}}^{-}$：熔接点反向传输效率
6	高反光栅	高反光栅与前向合束器熔接点		$P_n^{s+}\left(\lambda_n^s,\mathrm{LP}_k,z_{\mathrm{FC\text{-}HR}}^{\mathrm{R}}\right)=P_n^{s+}\left(\lambda_n^s,\mathrm{LP}_k,z_{\mathrm{FC\text{-}HR}}^{\mathrm{L}}\right)\times\eta_{\mathrm{FC\text{-}HR}}^{+}\left(\lambda_n^s,\mathrm{LP}_k\right)$	$\eta_{\mathrm{FC\text{-}HR}}^{+}$：熔接点正向传输效率
7		高反光栅反射点	z_{HR}	$P_n^{s-}\left(\lambda_n^s,\mathrm{LP}_k,z_{\mathrm{FC\text{-}HR}}^{\mathrm{L}}\right)=P_n^{s-}\left(\lambda_n^s,\mathrm{LP}_k,z_{\mathrm{FC\text{-}HR}}^{\mathrm{R}}\right)\times\left[1-R_{\mathrm{HR}}\left(\lambda_n^s,\mathrm{LP}_k\right)\right]$ $P_n^{s+}\left(\lambda_n^s,\mathrm{LP}_k,z_{\mathrm{FC\text{-}HR}}^{\mathrm{R}}\right)=P_n^{s-}\left(\lambda_n^s,\mathrm{LP}_k,z_{\mathrm{FC\text{-}HR}}^{\mathrm{R}}\right)\times R_{\mathrm{HR}}\left(\lambda_n^s,\mathrm{LP}_k\right)$	$R_{\mathrm{HR}}\left(\lambda_n^s,\mathrm{LP}_k\right)$：高反光栅反射率
8		高反光栅与增益光纤熔接点	$z_{\mathrm{HR\text{-}AF}}$	$P_n^{s-}\left(\lambda_n^s,\mathrm{LP}_k,z_{\mathrm{HR\text{-}AF}}^{\mathrm{L}}\right)=P_n^{s-}\left(\lambda_n^s,\mathrm{LP}_k,z_{\mathrm{HR\text{-}AF}}^{\mathrm{R}}\right)\times\eta_{\mathrm{HR\text{-}AF}}^{-}\left(\lambda_n^s,\mathrm{LP}_k\right)$	$\eta_{\mathrm{HR\text{-}AF}}^{-}$：熔接点反向传输效率
9	增益光纤	增益光纤与高反光栅熔接点		$P_n^{s+}\left(\lambda_n^s,\mathrm{LP}_k,z_{\mathrm{HR\text{-}AF}}^{\mathrm{R}}\right)=P_n^{s+}\left(\lambda_n^s,\mathrm{LP}_k,z_{\mathrm{HR\text{-}AF}}^{\mathrm{L}}\right)\times\eta_{\mathrm{HR\text{-}AF}}^{+}\left(\lambda_n^s,\mathrm{LP}_k\right)$	$\eta_{\mathrm{HR\text{-}AF}}^{+}$：熔接点正向传输效率
10		增益光纤内部	$z_{\mathrm{AF}}(z)$	增益光纤速率方程	
11		增益光纤与低反光栅熔接点	$z_{\mathrm{AF\text{-}OC}}$	$P_n^{s-}\left(\lambda_n^s,\mathrm{LP}_k,z_{\mathrm{AF\text{-}OC}}^{\mathrm{L}}\right)=P_n^{s-}\left(\lambda_n^s,\mathrm{LP}_k,z_{\mathrm{AF\text{-}OC}}^{\mathrm{R}}\right)\times\eta_{\mathrm{AF\text{-}OC}}^{-}\left(\lambda_n^s,\mathrm{LP}_k\right)$	$\eta_{\mathrm{AF\text{-}OC}}^{-}$：熔接点反向传输效率
12	低反光栅	低反光栅与增益光纤熔接点		$P_n^{s+}\left(\lambda_n^s,\mathrm{LP}_k,z_{\mathrm{AF\text{-}OC}}^{\mathrm{R}}\right)=P_n^{s+}\left(\lambda_n^s,\mathrm{LP}_k,z_{\mathrm{AF\text{-}OC}}^{\mathrm{L}}\right)\times\eta_{\mathrm{AF\text{-}OC}}^{+}\left(\lambda_n^s,\mathrm{LP}_k\right)$	$\eta_{\mathrm{AF\text{-}OC}}^{+}$：熔接点正向传输效率

续表

序号	器件名称	物理位置	坐标位置	边界条件数学描述	参数说明
13	低反光栅	低反光栅反射点	z_{OC}	$P_n^{s-}\left(\lambda_n^{s},\mathrm{LP}_k,z_{\mathrm{OC}}^{\mathrm{L}}\right)=P_n^{s+}\left(\lambda_n^{s},\mathrm{LP}_k,z_{\mathrm{OC}}^{\mathrm{L}}\right)\times R_{\mathrm{OC}}\left(\lambda_n^{s},\mathrm{LP}_k\right)$ $P_n^{s+}\left(\lambda_n^{s},\mathrm{LP}_k,z_{\mathrm{OC}}^{\mathrm{R}}\right)=P_n^{s+}\left(\lambda_n^{s},\mathrm{LP}_k,z_{\mathrm{OC}}^{\mathrm{L}}\right)\times\left[1-R_{\mathrm{OC}}\left(\lambda_n^{s},\mathrm{LP}_k\right)\right]$	$R_{\mathrm{OC}}\left(\lambda_n^{s},\mathrm{LP}_k\right)$：低反光栅反射率
14		低反光栅与后向合束器熔接点	$z_{\mathrm{OC-BC}}$	$P_n^{s-}\left(\lambda_n^{s},\mathrm{LP}_k,z_{\mathrm{OC-BC}}^{\mathrm{L}}\right)=P_n^{s-}\left(\lambda_n^{s},\mathrm{LP}_k,z_{\mathrm{OC-BC}}^{\mathrm{R}}\right)\times\eta_{\mathrm{OC-BC}}^{-}\left(\lambda_n^{s},\mathrm{LP}_k\right)$	$\eta_{\mathrm{OC-BC}}^{-}$：熔接点反向传输效率
15	后向合束器	后向合束器与低反光栅熔接点		$P_n^{s+}\left(\lambda_n^{s},\mathrm{LP}_k,z_{\mathrm{OC-BC}}^{\mathrm{R}}\right)=P_n^{s+}\left(\lambda_n^{s},\mathrm{LP}_k,z_{\mathrm{OC-BC}}^{\mathrm{L}}\right)\times\eta_{\mathrm{OC-BC}}^{+}\left(\lambda_n^{s},\mathrm{LP}_k\right)$	$\eta_{\mathrm{OC-BC}}^{+}$：熔接点正向传输效率
16		后向合束器内部熔接损耗点	z_{BPSC}	$P_n^{s-}\left(\lambda_n^{s},\mathrm{LP}_k,z_{\mathrm{BPSC}}^{\mathrm{L}}\right)=P_n^{s-}\left(\lambda_n^{s},\mathrm{LP}_k,z_{\mathrm{BPSC}}^{\mathrm{R}}\right)\times\eta_{\mathrm{BPSC}}^{-}\left(\lambda_n^{s},\mathrm{LP}_k\right)$ $P_n^{s+}\left(\lambda_n^{s},\mathrm{LP}_k,z_{\mathrm{BPSC}}^{\mathrm{R}}\right)=P_n^{s+}\left(\lambda_n^{s},\mathrm{LP}_k,z_{\mathrm{BPSC}}^{\mathrm{L}}\right)\times\eta_{\mathrm{BPSC}}^{+}\left(\lambda_n^{s},\mathrm{LP}_k\right)$	η_{BPSC}^{-}：后向合束器反向信号传输效率 η_{BPSC}^{+}：后向合束器正向信号传输效率
17		后向合束器与前向光纤端帽熔接点	$z_{\mathrm{BC-FEC}}$	$P_n^{s-}\left(\lambda_n^{s},\mathrm{LP}_k,z_{\mathrm{BC-FEC}}^{\mathrm{L}}\right)=P_n^{s-}\left(\lambda_n^{s},\mathrm{LP}_k,z_{\mathrm{BC-FEC}}^{\mathrm{R}}\right)\times\eta_{\mathrm{BC-FEC}}^{-}\left(\lambda_n^{s},\mathrm{LP}_k\right)$	$\eta_{\mathrm{BC-FEC}}^{-}$：熔接点反向传输效率
18	前向光纤端帽	前向光纤端帽与后向合束器熔接点		$P_n^{s+}\left(\lambda_n^{s},\mathrm{LP}_k,z_{\mathrm{BC-FEC}}^{\mathrm{R}}\right)=P_n^{s+}\left(\lambda_n^{s},\mathrm{LP}_k,z_{\mathrm{BC-FEC}}^{\mathrm{L}}\right)\times\eta_{\mathrm{BC-FEC}}^{+}\left(\lambda_n^{s},\mathrm{LP}_k\right)$	$\eta_{\mathrm{BC-FEC}}^{+}$：熔接点正向传输效率
19		前向光纤端帽输出点	z_{FEC}	$P_n^{s+}\left(\lambda_n^{s},\mathrm{LP}_k\right)\Big\|_{\mathrm{out}}=P_n^{s+}\left(\lambda_n^{s},\mathrm{LP}_k,z_{\mathrm{FEC}}\right)\times\eta_{\mathrm{FEC}}\left(\lambda_n^{s},\mathrm{LP}_k\right)$ $P_n^{s-}\left(\lambda_n^{s},\mathrm{LP}_k,z_{\mathrm{FEC}}^{\mathrm{L}}\right)=P_n^{s+}\left(\lambda_n^{s},\mathrm{LP}_k,z_{\mathrm{FEC}}^{\mathrm{L}}\right)\times R_{\mathrm{FEC}}\left(\lambda_n^{s},\mathrm{LP}_k\right)$	$\eta_{\mathrm{FEC}}\left(\lambda_n^{s},\mathrm{LP}_k\right)$：前向光纤端帽传输效率 $R_{\mathrm{FEC}}\left(\lambda_n^{s},\mathrm{LP}_k\right)$：前向光纤端帽反射率
20	普通传能光纤	普通传能光纤	z	普通传能光纤传输/速率方程	

表 2-5　图 2-3 中光纤振荡器中泵浦的边界条件

序号	器件名称	物理位置	坐标位置	边界条件数学描述	参数说明
1	后向光纤端帽	后向光纤端帽输出点	z_{BEC}	$P_m^{\mathrm{p}-}\left(\lambda_m^{\mathrm{p}}, z_{\mathrm{BEC}}^{\mathrm{L}}\right)\Big\vert_{\mathrm{out}} = P_m^{\mathrm{p}-}\left(\lambda_m^{\mathrm{p}}, z_{\mathrm{BEC}}^{\mathrm{R}}\right)\times\eta_{\mathrm{BEC}}^{\mathrm{p}}\left(\lambda_m^{\mathrm{p}}\right)$ $P_m^{\mathrm{p}+}\left(\lambda_m^{\mathrm{p}}, z_{\mathrm{BEC}}^{\mathrm{R}}\right) = P_m^{\mathrm{p}-}\left(\lambda_m^{\mathrm{p}}, z_{\mathrm{BEC}}^{\mathrm{R}}\right)\times R_{\mathrm{BEC}}^{\mathrm{p}}\left(\lambda_m^{\mathrm{p}}\right)$	$\eta_{\mathrm{BEC}}^{\mathrm{p}}\left(\lambda_m^{\mathrm{p}}\right)$：后向光纤端帽泵浦传输效率 $R_{\mathrm{BEC}}^{\mathrm{p}}\left(\lambda_m^{\mathrm{p}}\right)$：后向光纤端帽泵浦反射率
2		后向光纤端帽与前向合束器熔接点	$z_{\mathrm{BEC-FC}}$	$P_m^{\mathrm{p}-}\left(\lambda_m^{\mathrm{p}}, z_{\mathrm{BEC-FC}}^{\mathrm{L}}\right) = P_m^{\mathrm{p}-}\left(\lambda_m^{\mathrm{p}}, z_{\mathrm{BEC-FC}}^{\mathrm{E}}\right)\times\eta_{\mathrm{BEC-FC}}^{\mathrm{p}-}\left(\lambda_m^{\mathrm{p}}\right)$ $P_m^{\mathrm{p}+}\left(\lambda_m^{\mathrm{p}}, z_{\mathrm{BEC-FC}}^{\mathrm{R}}\right) = P_m^{\mathrm{p}+}\left(\lambda_m^{\mathrm{p}}, z_{\mathrm{BEC-FC}}^{\mathrm{L}}\right)\times\eta_{\mathrm{FC-BEC}}^{\mathrm{p}+}\left(\lambda_m^{\mathrm{p}}\right)$	$z_{\mathrm{BEC-FC}}^{\mathrm{L}}$：上标 L 表示界面左边 $z_{\mathrm{BEC-FC}}^{\mathrm{R}}$：上标 R 表示界面右边 $\eta_{\mathrm{BEC-FC}}^{\mathrm{p}-}$：熔接点反向泵浦传输效率 $\eta_{\mathrm{FC-BEC}}^{\mathrm{p}+}$：熔接点正向泵浦传输效率
3	前向合束器	前向合束器与后向光纤端帽熔接点			
4		前向合束器内部熔接损耗点	z_{FPSC}	$P_m^{\mathrm{p}-}\left(\lambda_m^{\mathrm{p}}, z_{\mathrm{FPSC}}^{\mathrm{L}}\right) = P_m^{\mathrm{p}-}\left(\lambda_m^{\mathrm{p}}, z_{\mathrm{FPSC}}^{\mathrm{R}}\right)\times\eta_{\mathrm{FPSC}}^{\mathrm{p}-}\left(\lambda_m^{\mathrm{p}}\right)$ $P_m^{\mathrm{p}+}\left(\lambda_m^{\mathrm{p}}, z_{\mathrm{FPSC}}^{\mathrm{R}}\right) = \left[P_m^{\mathrm{p}0+}\left(\lambda_m^{\mathrm{p}}\right) + P_m^{\mathrm{p}+}\left(\lambda_m^{\mathrm{p}}, z_{\mathrm{FPSC}}^{\mathrm{L}}\right)\right]\times\eta_{\mathrm{FPSC}}^{\mathrm{p}+}\left(\lambda_m^{\mathrm{p}}\right)$	$\eta_{\mathrm{FPSC}}^{\mathrm{p}-}$：前向合束器反向泵浦传输效率 $\eta_{\mathrm{FPSC}}^{\mathrm{p}+}$：前向合束器正向泵浦传输效率 $P_m^{\mathrm{p}0+}\left(\lambda_m^{\mathrm{p}}\right)$：前向泵浦注入功率
5		前向合束器与高反光栅熔接点	$z_{\mathrm{FC-HR}}$	$P_m^{\mathrm{p}-}\left(\lambda_m^{\mathrm{p}}, z_{\mathrm{FC-HR}}^{\mathrm{L}}\right) = P_m^{\mathrm{p}-}\left(\lambda_m^{\mathrm{p}}, z_{\mathrm{FC-HR}}^{\mathrm{R}}\right)\times\eta_{\mathrm{FC-HR}}^{\mathrm{p}-}\left(\lambda_m^{\mathrm{p}}\right)$	$\eta_{\mathrm{FC-HR}}^{\mathrm{p}-}$：熔接点反向泵浦传输效率
6	高反光栅	高反光栅与前向合束器熔接点		$P_m^{\mathrm{p}+}\left(\lambda_m^{\mathrm{p}}, z_{\mathrm{FC-HR}}^{\mathrm{R}}\right) = P_m^{\mathrm{p}+}\left(\lambda_m^{\mathrm{p}}, z_{\mathrm{FC-HR}}^{\mathrm{L}}\right)\times\eta_{\mathrm{FC-HR}}^{\mathrm{p}+}\left(\lambda_m^{\mathrm{p}}\right)$	$\eta_{\mathrm{FC-HR}}^{\mathrm{p}+}$：熔接点正向泵浦传输效率
7		高反光栅反射点	z_{HR}	$P_m^{\mathrm{p}-}\left(\lambda_m^{\mathrm{p}}, z_{\mathrm{FC-HR}}^{\mathrm{L}}\right) = P_m^{\mathrm{p}-}\left(\lambda_m^{\mathrm{p}}, z_{\mathrm{FC-HR}}^{\mathrm{R}}\right)\times\left[1 - R_{\mathrm{HR}}^{\mathrm{p}}\left(\lambda_m^{\mathrm{p}}\right)\right]$ $P_m^{\mathrm{p}+}\left(\lambda_m^{\mathrm{p}}, z_{\mathrm{FC-HR}}^{\mathrm{R}}\right) = P_m^{\mathrm{p}-}\left(\lambda_m^{\mathrm{p}}, z_{\mathrm{FC-HR}}^{\mathrm{R}}\right)\times R_{\mathrm{HR}}^{\mathrm{p}}\left(\lambda_m^{\mathrm{p}}\right)$	$R_{\mathrm{HR}}^{\mathrm{p}}\left(\lambda_m^{\mathrm{p}}\right)$：高反光栅泵浦反射率
8		高反光栅与增益光纤熔接点	$z_{\mathrm{HR-AF}}$	$P_m^{\mathrm{p}-}\left(\lambda_m^{\mathrm{p}}, z_{\mathrm{HR-AF}}^{\mathrm{L}}\right) = P_m^{\mathrm{p}-}\left(\lambda_m^{\mathrm{p}}, z_{\mathrm{HR-AF}}^{\mathrm{R}}\right)\times\eta_{\mathrm{HR-AF}}^{\mathrm{p}-}\left(\lambda_m^{\mathrm{p}}\right)$	$\eta_{\mathrm{HR-AF}}^{\mathrm{p}-}$：熔接点反向泵浦传输效率
9	增益光纤	增益光纤与高反光栅熔接点		$P_m^{\mathrm{p}+}\left(\lambda_m^{\mathrm{p}}, z_{\mathrm{HR-AF}}^{\mathrm{R}}\right) = P_m^{\mathrm{p}+}\left(\lambda_m^{\mathrm{p}}, z_{\mathrm{HR-AF}}^{\mathrm{L}}\right)\times\eta_{\mathrm{HR-AF}}^{\mathrm{p}+}\left(\lambda_m^{\mathrm{p}}\right)$	$\eta_{\mathrm{HR-AF}}^{\mathrm{p}+}$：熔接点正向泵浦传输效率

续表

序号	器件名称	物理位置	坐标位置	边界条件数学描述	参数说明
10	增益光纤	增益光纤内部	$z_{\mathrm{AF}}(z)$	增益光纤速率方程	
11		增益光纤与低反光栅熔接点	$z_{\mathrm{AF-OC}}$	$P_m^{\mathrm{p}-}\left(\lambda_m^{\mathrm{p}}, z_{\mathrm{AF-OC}}^{\mathrm{L}}\right)=P_m^{\mathrm{p}-}\left(\lambda_m^{\mathrm{p}}, z_{\mathrm{AF-OC}}^{\mathrm{R}}\right)\times\eta_{\mathrm{AF-OC}}^{\mathrm{p}-}\left(\lambda_m^{\mathrm{p}}\right)$	$\eta_{\mathrm{AF-OC}}^{\mathrm{p}-}$：熔接点反向泵浦传输效率
12	低反光栅	低反光栅与增益光纤熔接点		$P_m^{\mathrm{p}+}\left(\lambda_n^{\mathrm{p}}, z_{\mathrm{AF-OC}}^{\mathrm{R}}\right)=P_m^{\mathrm{p}+}\left(\lambda_n^{\mathrm{p}}, z_{\mathrm{AF-OC}}^{\mathrm{L}}\right)\times\eta_{\mathrm{AF-OC}}^{\mathrm{p}+}\left(\lambda_m^{\mathrm{p}}\right)$	$\eta_{\mathrm{AF-OC}}^{\mathrm{p}+}$：熔接点正向泵浦传输效率
13		低反光栅反射点	z_{OC}	$P_m^{\mathrm{p}-}\left(\lambda_m^{\mathrm{p}}, z_{\mathrm{OC}}^{\mathrm{L}}\right)=P_m^{\mathrm{p}-}\left(\lambda_m^{\mathrm{p}}, z_{\mathrm{OC}}^{\mathrm{L}}\right)\times R_{\mathrm{OC}}^{\mathrm{p}}\left(\lambda_m^{\mathrm{p}}\right)$ $P_m^{\mathrm{p}+}\left(\lambda_m^{\mathrm{p}}, z_{\mathrm{OC}}^{\mathrm{R}}\right)=P_m^{\mathrm{p}+}\left(\lambda_m^{\mathrm{p}}, z_{\mathrm{OC}}^{\mathrm{L}}\right)\times\left[1-R_{\mathrm{OC}}^{\mathrm{p}}\left(\lambda_m^{\mathrm{p}}\right)\right]$	$R_{\mathrm{OC}}^{\mathrm{p}}$：低反光栅泵浦反射率
14		低反光栅与后向合束器熔接点	$z_{\mathrm{OC-BC}}$	$P_m^{\mathrm{p}-}\left(\lambda_m^{\mathrm{p}}, z_{\mathrm{OC-BC}}^{\mathrm{L}}\right)=P_m^{\mathrm{p}-}\left(\lambda_m^{\mathrm{p}}, z_{\mathrm{OC-BC}}^{\mathrm{R}}\right)\times\eta_{\mathrm{OC-BC}}^{\mathrm{p}-}\left(\lambda_m^{\mathrm{p}}\right)$	$\eta_{\mathrm{OC-BC}}^{\mathrm{p}-}$：熔接点反向泵浦传输效率
15	后向合束器	后向合束器与低反光栅熔接点		$P_m^{\mathrm{p}+}\left(\lambda_m^{\mathrm{p}}, z_{\mathrm{OC-BC}}^{\mathrm{R}}\right)=P_m^{\mathrm{p}+}\left(\lambda_m^{\mathrm{p}}, z_{\mathrm{OC-BC}}^{\mathrm{L}}\right)\times\eta_{\mathrm{OC-BC}}^{\mathrm{p}+}\left(\lambda_m^{\mathrm{p}}\right)$	$\eta_{\mathrm{OC-BC}}^{\mathrm{p}+}$：熔接点正向泵浦传输效率
16		后向合束器内部熔接损耗点	z_{BPSC}	$P_m^{\mathrm{p}-}\left(\lambda_m^{\mathrm{p}}, z_{\mathrm{BPSC}}^{\mathrm{L}}\right)=\left[P_m^{\mathrm{p}0-}\left(\lambda_m^{\mathrm{p}}\right)+P_m^{\mathrm{p}-}\left(\lambda_m^{\mathrm{p}}, z_{\mathrm{BPSC}}^{\mathrm{R}}\right)\right]\times\eta_{\mathrm{BPSC}}^{\mathrm{p}-}\left(\lambda_m^{\mathrm{p}}\right)$ $P_m^{\mathrm{p}+}\left(\lambda_m^{\mathrm{p}}, z_{\mathrm{BPSC}}^{\mathrm{R}}\right)=P_m^{\mathrm{p}+}\left(\lambda_m^{\mathrm{p}}, z_{\mathrm{BPSC}}^{\mathrm{L}}\right)\times\eta_{\mathrm{BPSC}}^{\mathrm{p}+}\left(\lambda_m^{\mathrm{p}}\right)$	$\eta_{\mathrm{BPSC}}^{\mathrm{p}-}$：后向合束器反向泵浦传输效率 $\eta_{\mathrm{BPSC}}^{\mathrm{p}+}$：后向合束器正向泵浦传输效率 $P_m^{\mathrm{p}0+}\left(\lambda_m^{\mathrm{p}}\right)$：后向泵浦注入功率
17		后向合束器与前向光纤端帽熔接点	$z_{\mathrm{BC-FEC}}$	$P_m^{\mathrm{p}-}\left(\lambda_m^{\mathrm{p}}, z_{\mathrm{BC-FEC}}^{\mathrm{L}}\right)=P_m^{\mathrm{p}-}\left(\lambda_m^{\mathrm{p}}, z_{\mathrm{BC-FEC}}^{\mathrm{R}}\right)\times\eta_{\mathrm{BC-FEC}}^{\mathrm{p}-}\left(\lambda_m^{\mathrm{p}}\right)$	$\eta_{\mathrm{BC-FEC}}^{\mathrm{p}-}$：熔接点反向泵浦传输效率
18	前向光纤端帽	前向光纤端帽与后向合束器熔接点		$P_m^{\mathrm{p}+}\left(\lambda_m^{\mathrm{p}}, z_{\mathrm{BC-FEC}}^{\mathrm{R}}\right)=P_m^{\mathrm{p}+}\left(\lambda_m^{\mathrm{p}}, z_{\mathrm{BC-FEC}}^{\mathrm{L}}\right)\times\eta_{\mathrm{BC-FEC}}^{\mathrm{p}+}\left(\lambda_m^{\mathrm{p}}\right)$	$\eta_{\mathrm{BC-FEC}}^{\mathrm{p}+}$：熔接点正向泵浦传输效率
19		前向光纤端帽输出点	z_{FEC}	$P_m^{\mathrm{p}-}\left(\lambda_m^{\mathrm{p}}, z_{\mathrm{FEC}}^{\mathrm{L}}\right)=P_m^{\mathrm{p}+}\left(\lambda_m^{\mathrm{p}}, z_{\mathrm{FEC}}^{\mathrm{L}}\right)\times R_{\mathrm{FEC}}^{\mathrm{p}}\left(\lambda_m^{\mathrm{p}}\right)$ $P_m^{\mathrm{p}+}\left(\lambda_m^{\mathrm{p}}\right)\Big\|_{\mathrm{out}}=P_m^{\mathrm{p}+}\left(\lambda_m^{\mathrm{p}}, z_{\mathrm{FEC}}\right)\times\eta_{\mathrm{FEC}}^{\mathrm{p}}\left(\lambda_m^{\mathrm{p}}\right)$	$\eta_{\mathrm{FEC}}^{\mathrm{p}}\left(\lambda_m^{\mathrm{p}}\right)$：前向光纤端帽泵浦传输效率 $R_{\mathrm{FEC}}^{\mathrm{p}}\left(\lambda_m^{\mathrm{p}}\right)$：前向光纤端帽泵浦反射率
20	普通传能光纤	普通传能光纤	z	普通传能光纤传输/速率方程	

(2)在描述边界条件时，未考虑包层光滤除器。这是由于包层光滤除器可以是一个器件，也可以直接在传能光纤或者熔接点上涂抹高折射率的材料实现包层光滤除功能。对于其边界条件，本质是对纤芯信号光完全通过，对包层泵浦光和包层高阶模式信号光以较高的损耗通过。

(3)为了拓展，这里的边界条件还需考虑不同模式 LP_k 的情况。

(4)在损耗型边界中，需要描述边界左侧和右侧的功率情况，表 2-4 、表 2-5 中一般利用上标 L 和 R 表示边界的左侧和右侧。

2.2.2　线性腔光纤放大器边界条件

1. 线性腔光纤放大器基本结构

不失一般性，这里给出采用双端泵浦的掺镱双包层光纤放大器结构，如图 2-4 所示。种子激光(Seed)经由 FPSC 的信号臂注入 DCYDF 中。FPSC、BPSC 把 LD 的泵浦光耦合到泵浦合束器的泵浦输出臂。FPSC、BPSC 的泵浦输出臂与 DCYDF 熔接，并将泵浦光注入 DCYDF。放大后的激光经过 BPSC 的信号输出臂输出；然后利用 CLS 滤除包层光，最后经 EC 扩束输出。

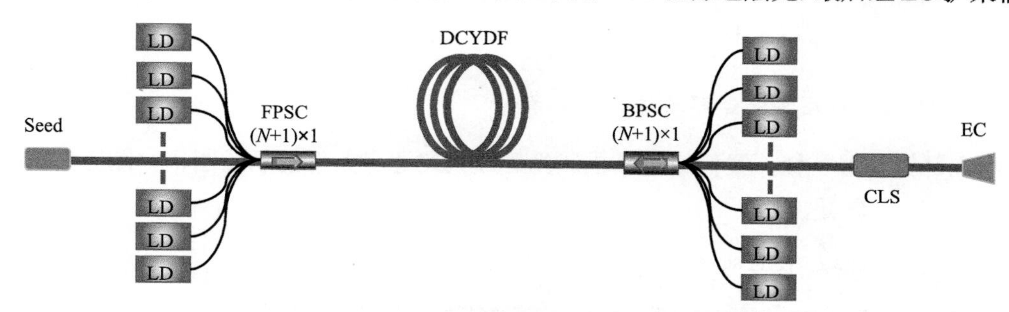

图 2-4　双端泵浦的掺镱双包层光纤放大器结构图

2. 仅考虑增益光纤功率传输的边界条件

与线性腔光纤振荡器类似，不考虑器件损耗、熔接点损耗等边界条件，仅考虑泵浦和信号的边界，光纤放大器的边界条件描述如下。

1)信号光边界条件

$z=0$ 处，不同信号光波长正向注入功率为 $P_n^{\mathrm{sf0}}\left(\lambda_n^{\mathrm{s}}\right)$，边界条件为

$$P_n^{\mathrm{s+}}\left(\lambda_n^{\mathrm{s}},0\right)=P_n^{\mathrm{sf0}}\left(\lambda_n^{\mathrm{s}}\right)\quad(n=1,\cdots,N)\tag{2-22}$$

$z=L$ 处，不同信号光波长反向注入功率为 $P_n^{\mathrm{sb0}}\left(\lambda_n^{\mathrm{s}}\right)$，边界条件为

$$P_n^{\mathrm{s-}}\left(\lambda_n^{\mathrm{s}},L\right)=P_n^{\mathrm{sb0}}\left(\lambda_n^{\mathrm{s}}\right)\quad(n=1,\cdots,N)\tag{2-23}$$

2)泵浦光边界条件

$z=0$ 处，不同泵浦光波长正向注入功率为 $P_m^{\mathrm{pf0}}\left(\lambda_m^{\mathrm{p}}\right)$，边界条件为

$$P_m^{\mathrm{p+}}\left(\lambda_m^{\mathrm{p}},0\right)=P_m^{\mathrm{pf0}}\left(\lambda_m^{\mathrm{p}}\right)\quad(m=1,\cdots,M)\tag{2-24}$$

$z=L$ 处，不同泵浦光波长反向注入功率为 $P_m^{\mathrm{pb0}}\left(\lambda_m^{\mathrm{p}}\right)$，边界条件为

$$P_m^{\mathrm{p}-}\left(\lambda_m^{\mathrm{p}},L\right)=P_m^{\mathrm{pb0}}\left(\lambda_m^{\mathrm{p}}\right)\quad(m=1,\cdots,M)\tag{2-25}$$

实际上，无论是光纤放大器还是光纤振荡器，对于信号光和泵浦光都存在一定反馈，也就是说光纤放大器中对信号光和泵浦光的反馈都是存在的，只是反馈(反射率)较小；在双端泵浦情况下，泵浦光和信号光均可能存在反射，光纤振荡器、光纤放大器的统一边界条件可描述如下：

$$P_n^{\mathrm{s}+}\left(\lambda_n^{\mathrm{s}},0\right)=P_n^{\mathrm{sf0}}\left(\lambda_n^{\mathrm{s}}\right)+P_n^{\mathrm{s}-}\left(\lambda_n^{\mathrm{s}}\right)R_n^{\mathrm{HR}}\left(\lambda_n^{\mathrm{s}}\right)\tag{2-26}$$

$$P_n^{\mathrm{s}-}\left(\lambda_n^{\mathrm{s}},L\right)=P_n^{\mathrm{sb0}}\left(\lambda_n^{\mathrm{s}}\right)+P_n^{\mathrm{s}+}\left(\lambda_n^{\mathrm{s}}\right)R_n^{\mathrm{OC}}\left(\lambda_n^{\mathrm{s}}\right)\tag{2-27}$$

$$P_m^{\mathrm{p}+}\left(\lambda_m^{\mathrm{p}},0\right)=P_m^{\mathrm{pf0}}\left(\lambda_m^{\mathrm{p}}\right)+P_m^{\mathrm{p}-}\left(\lambda_m^{\mathrm{p}}\right)R_m^{\mathrm{HR}}\left(\lambda_m^{\mathrm{p}}\right)\tag{2-28}$$

$$P_m^{\mathrm{p}-}\left(\lambda_m^{\mathrm{p}},L\right)=P_m^{\mathrm{pb0}}\left(\lambda_m^{\mathrm{p}}\right)+P_m^{\mathrm{p}+}\left(\lambda_m^{\mathrm{p}}\right)R_m^{\mathrm{OC}}\left(\lambda_m^{\mathrm{p}}\right)\tag{2-29}$$

式(2-26)～式(2-29)描述了光栅对泵浦光的反射 $R_m^{\mathrm{HR}}\left(\lambda_m^{\mathrm{p}}\right)$ 和 $R_m^{\mathrm{OC}}\left(\lambda_m^{\mathrm{p}}\right)$，一般情况下不需要考虑该反射。此外，在光纤放大器中，不考虑光纤光栅反射率；在光纤振荡器中，不考虑信号光注入功率 $P_n^{\mathrm{sf0}}\left(\lambda_n^{\mathrm{s}}\right)$。

3. 考虑光纤放大器中全部器件的边界条件

与光纤振荡器类似，我们给出了描述光纤放大器边界条件的示意图，如图 2-5 所示。

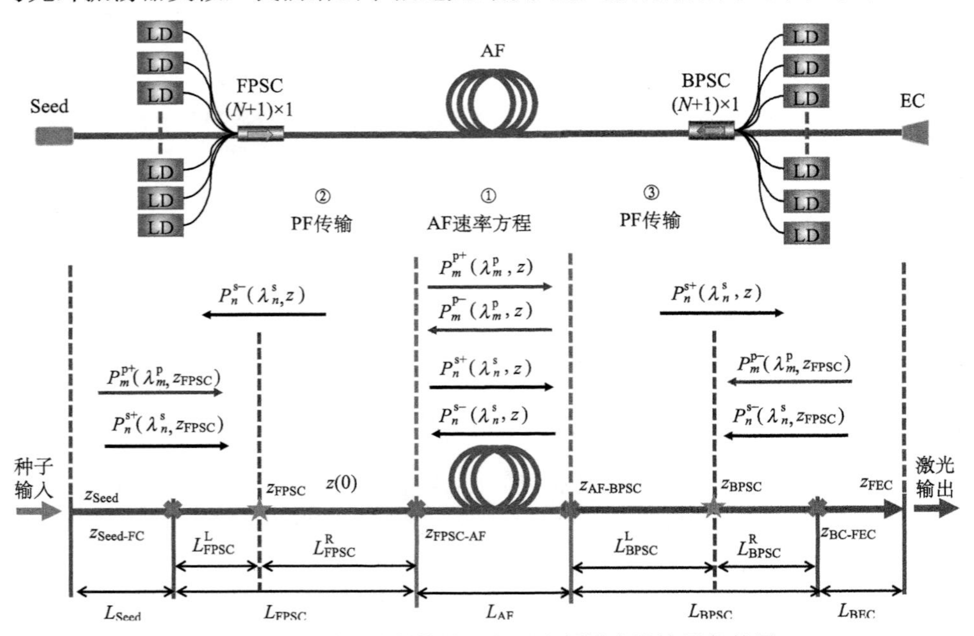

图 2-5 双端泵浦的掺镱双包层光纤放大器边界条件图

泵浦光和信号光的边界条件也主要包括损耗型和反射透射型两种边界。为了便于对不同位置的边界条件进行描述，表 2-6 详细给出了光纤放大器各个器件的坐标、尾纤长度、边界条件等的说明。表 2-7 和表 2-8 详细给出了图 2-5 中光纤放大器中信号光和泵浦光的边界条件，与光纤振荡器不同，光纤放大器中一般只考虑单向的信号光传输。

表 2-6　图 2-5 中光纤放大器中各个器件对应坐标与边界坐标值

序号	器件名称	物理位置	尾纤总长/m	输入尾纤长/m	输出尾纤长/m	坐标位置	坐标数值	说明/边界条件
1	种子激光	种子激光功率输出点	L_{Seed}			z_{Seed}	$-\left(L_{Seed}+L_{FPSC}\right)$	种子激光注入位置
2		种子激光与前向合束器熔接点			L_{Seed}	$z_{Seed-FC}$	$-L_{FPSC}$	Seed 与 FPSC 边界，信号向右传输，考虑熔接点损耗，无泵浦光
3	前向合束器	前向合束器与种子激光熔接点	$L_{FPSC}=L_{FPSC}^{L}+L_{FPSC}^{R}$	L_{FPSC}^{L}				
4		前向合束器内部熔接损耗点				z_{FPSC}	$-L_{FPSC}^{R}$	前向合束器插入损耗点
5		前向合束器与增益光纤熔接点			L_{FPSC}^{R}	z_{FC-AF}	0	FPSC 与 AF 边界，信号向右传输，考虑熔接点损耗
6	增益光纤	增益光纤与前向合束器熔接点	L_{AF}					
7		增益光纤内部				$z_{AF}(z)$	$0\sim L_{AF}$	增益光纤速率方程
8		增益光纤与后向合束器熔接点				z_{AF-BC}	L_{AF}	AF 与 BPSC 边界，信号双向传输，考虑熔接点损耗
9	后向合束器	后向合束器与增益光纤熔接点	$L_{BPSC}=L_{BPSC}^{L}+L_{BPSC}^{R}$	L_{BPSC}^{L}				
10		后向合束器内部熔接损耗点				z_{BPSC}	$L_{AF}+L_{BPSC}^{L}$	后向合束器插入损耗点
11		后向合束器与前向光纤端帽熔接点			L_{BPSC}^{R}	z_{BC-FEC}	$L_{AF}+L_{BPSC}$	BPSC 与 EC 边界，信号向右传输，考虑熔接点损耗
12	前向光纤端帽	前向光纤端帽与后向合束器熔接点	L_{FEC}					
13		前向光纤端帽输出点			L_{FEC}	z_{FEC}	$L_{AF}+L_{BPSC}+L_{FEC}$	激光输出位置

表 2-7　图 2-5 中光纤放大器中信号的边界条件

序号	器件名称	物理位置	坐标位置	边界条件数学描述	参数说明
1	种子激光	种子激光功率输出点	z_{Seed}	$P_n^{s+}\left(\lambda_n^s, z_{\text{Seed}}^{\text{L}}\right)=P_n^{s0+}\left(\lambda_n^s\right)$	$P_n^{s0+}\left(\lambda_n^s\right)$：种子输出功率
2	种子激光	种子激光与前向合束器熔接点	$z_{\text{Seed-FC}}$	$P_n^{s+}\left(\lambda_n^s, z_{\text{Seed-FC}}^{\text{R}}\right)=P_n^{s+}\left(\lambda_n^s, z_{\text{Seed-FC}}^{\text{L}}\right)\times\eta_{\text{Seed-FC}}^{+}\left(\lambda_n^s\right)$	$z_{\text{Seed-FC}}^{\text{L}}$：上标 L 表示界面左边 $z_{\text{Seed-FC}}^{\text{R}}$：上标 R 表示界面右边 $\eta_{\text{Seed-FC}}^{+}$：熔接点正向传输效率
3	前向合束器	前向合束器与种子激光熔接点			
4	前向合束器	前向合束器内部熔接损耗点	z_{FPSC}	$P_n^{s+}\left(\lambda_n^s, z_{\text{FPSC}}^{\text{R}}\right)=P_n^{s+}\left(\lambda_n^s, z_{\text{FPSC}}^{\text{L}}\right)\times\eta_{\text{FPSC}}^{+}\left(\lambda_n^s\right)$	η_{FPSC}^{+}：前向合束器正向信号传输效率
5	前向合束器	前向合束器与增益光纤熔接点	$z_{\text{FC-AF}}$	$P_n^{s+}\left(\lambda_n^s, z_{\text{FC-AF}}^{\text{R}}\right)=P_n^{s+}\left(\lambda_n^s, z_{\text{FC-AF}}^{\text{L}}\right)\times\eta_{\text{FC-AF}}^{+}\left(\lambda_n^s\right)$	$\eta_{\text{FC-AF}}^{+}$：熔接点正向传输效率
6	增益光纤	增益光纤与前向合束器熔接点			
7	增益光纤	增益光纤内部	$z_{\text{AF}}(z)$	增益光纤速率方程	
8	增益光纤	增益光纤与后向合束器熔接点	$z_{\text{AF-BC}}$	$P_n^{s+}\left(\lambda_n^s, z_{\text{AF-BC}}^{\text{R}}\right)=P_n^{s+}\left(\lambda_n^s, z_{\text{AF-BC}}^{\text{L}}\right)\times\eta_{\text{AF-BC}}^{+}\left(\lambda_n^s\right)$	$\eta_{\text{AF-BC}}^{+}$：熔接点正向传输效率
9	后向合束器	后向合束器与增益光纤熔接点			
10	后向合束器	后向合束器内部熔接损耗点	z_{BPSC}	$P_n^{s+}\left(\lambda_n^s, z_{\text{BPSC}}^{\text{R}}\right)=P_n^{s+}\left(\lambda_n^s, z_{\text{BPSC}}^{\text{L}}\right)\times\eta_{\text{BPSC}}^{+}\left(\lambda_n^s\right)$	η_{BPSC}^{-}：后向合束器正向信号传输效率
11	后向合束器	后向合束器与前向光纤端帽熔接点	$z_{\text{BC-FEC}}$	$P_n^{s+}\left(\lambda_n^s, z_{\text{BC-FEC}}^{\text{R}}\right)=P_n^{s+}\left(\lambda_n^s, z_{\text{BC-FEC}}^{\text{L}}\right)\times\eta_{\text{BC-FEC}}^{+}\left(\lambda_n^s\right)$	$\eta_{\text{BC-FEC}}^{+}$：熔接点正向传输效率
12	前向光纤端帽	前向光纤端帽与后向合束器熔接点			
13	前向光纤端帽	前向光纤端帽输出点	z_{FEC}	$P_n^{s+}\left(\lambda_n^s, z_{\text{FEC}}\right)\Big\|_{\text{out}}=P_n^{s+}\left(\lambda_n^s, z_{\text{FEC}}\right)\times\eta_{\text{FEC}}\left(\lambda_n^s\right)$	$\eta_{\text{FEC}}\left(\lambda_n^s, \text{LP}_k\right)$：前向光纤端帽传输效率
14	普通传能光纤	普通传能光纤	z	普通传能光纤传输/速率方程	

表 2-8 图 2-5 中光纤放大器中泵浦的边界条件

序号	器件名称	物理位置	坐标位置	边界条件数学描述	参数说明
1	种子激光	种子功率输出点	z_{Seed}		
2	种子激光	种子激光与前向合束器熔接点	$z_{\text{Seed-FC}}$	$P_m^{p-}\left(\lambda_m^p, z_{\text{Seed-FC}}^{L}\right)=P_m^{p-}\left(\lambda_m^p, z_{\text{Seed-FC}}^{R}\right)\times\eta_{\text{FC-Seed}}^{p-}\left(\lambda_m^p\right)$	$z_{\text{Seed-FC}}^{L}$：上标 L 表示界面左边 $z_{\text{Seed-FC}}^{R}$：上标 R 表示界面右边 $\eta_{\text{FC-Seed}}^{p-}$：熔接点反向泵浦传输效率
3	前向合束器	前向合束器与种子激光熔接点			
4	前向合束器	前向合束器内部熔接损耗点	z_{FPSC}	$P_m^{p-}\left(\lambda_m^p, z_{\text{FPSC}}^{L}\right)=P_m^{p-}\left(\lambda_m^p, z_{\text{FPSC}}^{R}\right)\times\eta_{\text{FPSC}}^{p-}\left(\lambda_m^p\right)$ $P_m^{p+}\left(\lambda_m^p, z_{\text{FPSC}}^{R}\right)=\left[P_m^{p0+}\left(\lambda_m^p\right)+P_m^{p+}\left(\lambda_m^p, z_{\text{FPSC}}^{L}\right)\right]\times\eta_{\text{FPSC}}^{p+}\left(\lambda_m^p\right)$	η_{FPSC}^{p-}：前向合束器反向泵浦传输效率 η_{FPSC}^{p+}：前向合束器正向泵浦传输效率 $P_m^{p0+}\left(\lambda_m^p\right)$：前向泵浦注入功率
5	前向合束器	前向合束器与增益光纤熔接点	$z_{\text{FC-AF}}$	$P_m^{p-}\left(\lambda_m^p, z_{\text{FC-AF}}^{L}\right)=P_m^{p-}\left(\lambda_m^p, z_{\text{FC-AF}}^{R}\right)\times\eta_{\text{FC-AF}}^{p-}\left(\lambda_m^p\right)$	$\eta_{\text{FC-AF}}^{p-}$：熔接点反向泵浦传输效率
6	增益光纤	增益光纤与前向合束器熔接点		$P_m^{p+}\left(\lambda_m^p, z_{\text{FC-AF}}^{R}\right)=P_m^{p+}\left(\lambda_m^p, z_{\text{FC-AF}}^{L}\right)\times\eta_{\text{FC-AF}}^{p+}\left(\lambda_m^p\right)$	$\eta_{\text{FC-AF}}^{p+}$：熔接点正向泵浦传输效率
7	增益光纤	增益光纤内部	$z_{\text{AF}}(z)$	增益光纤速率方程	
8	增益光纤	增益光纤与后向合束器熔接点	$z_{\text{AF-BC}}$	$P_m^{p-}\left(\lambda_m^p, z_{\text{AF-BC}}^{L}\right)=P_m^{p-}\left(\lambda_m^p, z_{\text{AF-BC}}^{R}\right)\times\eta_{\text{AF-BC}}^{p-}\left(\lambda_m^p\right)$	$\eta_{\text{AF-BC}}^{p-}$：熔接点反向泵浦传输效率
9	后向合束器	后向合束器与增益光纤熔接点		$P_m^{p+}\left(\lambda_n^s, z_{\text{AF-BC}}^{R}\right)=P_m^{p+}\left(\lambda_n^s, z_{\text{AF-BC}}^{L}\right)\times\eta_{\text{AF-BC}}^{p+}\left(\lambda_m^p\right)$	$\eta_{\text{AF-BC}}^{p+}$：熔接点正向泵浦传输效率
10	后向合束器	后向合束器内部熔接损耗点	z_{BPSC}	$P_m^{p-}\left(\lambda_m^p, z_{\text{BPSC}}^{L}\right)=\left[P_m^{p0-}\left(\lambda_m^p\right)+P_m^{p-}\left(\lambda_m^p, z_{\text{BPSC}}^{R}\right)\right]\times\eta_{\text{BPSC}}^{p-}\left(\lambda_m^p\right)$ $P_m^{p+}\left(\lambda_m^p, z_{\text{BPSC}}^{R}\right)=P_m^{p+}\left(\lambda_m^p, z_{\text{BPSC}}^{L}\right)\times\eta_{\text{BPSC}}^{p+}\left(\lambda_m^p\right)$	η_{BPSC}^{p-}：后向合束器反向泵浦传输效率 η_{BPSC}^{p+}：后向合束器正向泵浦传输效率 $P_m^{p0+}\left(\lambda_m^p\right)$：后向泵浦注入功率
11	后向合束器	后向合束器与前向光纤端帽熔接点	$z_{\text{BC-FEC}}$	$P_m^{p+}\left(\lambda_m^p, z_{\text{BC-FEC}}^{R}\right)=P_m^{p+}\left(\lambda_m^p, z_{\text{BC-FEC}}^{L}\right)\times\eta_{\text{BC-FEC}}^{p+}\left(\lambda_m^p\right)$	$\eta_{\text{BC-FEC}}^{p+}$：后向合束器与前向光纤端帽熔接点正向泵浦传输效率
12	前向光纤端帽	前向光纤端帽与后向合束器熔接点			
13	前向光纤端帽	前向光纤端帽输出点	z_{FEC}	$P_m^{p+}\left(\lambda_m^p, t\right)\Big\|_{\text{out}}=P_m^{p+}\left(\lambda_m^p, z_{\text{FEC}}\right)\times\eta_{\text{FEC}}^{p}\left(\lambda_m^p\right)$	$\eta_{\text{FEC}}^{p}\left(\lambda_m^p\right)$：前向光纤端帽泵浦传输效率
14	普通传能光纤	普通传能光纤	z	普通传能光纤传输/速率方程	

2.2.3　环形腔光纤激光器边界条件

除了线性腔光纤激光器(又称线性腔激光器)，在实际的光纤激光器中还有一类被称为环形腔的光纤激光器(又称环形腔激光器)，该类激光器的速率方程与线性腔激光器一致，但是边界条件有所不同。

1. 环形腔激光器基本结构

在环向腔激光器中一般只有正向传输的信号激光，而泵浦可以是正向也可以是反向的。不失一般性，图 2-6 给出典型的双向泵浦环形腔激光器结构。LD 分别通过波分复用器(Wavelength Division Multiplexer，WDM)或光纤泵浦信号合束器将泵浦光注入增益光纤(Active Fiber，AF)中，泵浦光在激光器中双向传输。由于隔离器(Isolator，ISO)对激光进行隔离，激光在环形腔内只能沿顺时针方向单向传输。带通滤波器(Band-pass Filter，BPF)用于对环形腔的激光波长进行选择，与线性腔中光栅对的作用类似。输出耦合器(OC)类似线性腔激光器中的输出耦合光栅，把顺时针传输的一部分激光通过 P_1 端口输出，另一部分激光通过 P_2 端口反馈回环形腔内部。

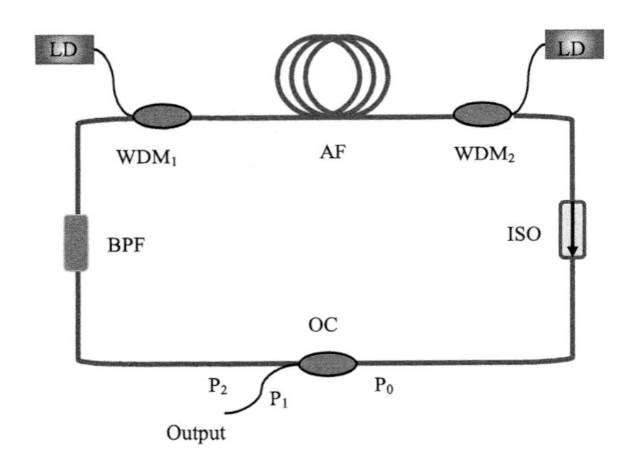

图 2-6　双向泵浦环形腔激光器结构

2. 不考虑器件和熔接点损耗的环形腔激光器边界条件

环形腔激光器的边界条件主要描述在各个器件边界条件作用下的泵浦光和信号光的演变，一般也是简单的算术式，与线性腔激光器中的边界条件没有本质差别。环形腔激光器与线性腔激光器边界条件的主要差异就在于激光输出和反馈的形式不同。与线性腔激光器类似，在不考虑器件损耗、熔接点损耗等边界条件的情况下，仅考虑泵浦光和信号光的边界，环形腔激光器的边界条件描述如下。

1) 泵浦光边界条件

在 $\mathrm{WDM_1}$ 的泵浦输出端，$z = z_{\mathrm{WDM1}}$ 处，不同泵浦光波长的正向注入功率为 $P_m^{\mathrm{pf0}}\left(\lambda_m^{\mathrm{p}}\right)$，边界条件为

$$P_m^{\text{p+}}\left(\lambda_m^{\text{p}}, z_{\text{WDM1}}\right) = P_m^{\text{pf0}}\left(\lambda_m^{\text{p}}\right) \quad (m=1,\cdots,M) \tag{2-30}$$

在 WDM_2 的泵浦输出端，$z = z_{\text{WDM2}}$ 处，不同泵浦波长反向注入功率为 $P_m^{\text{pb0}}\left(\lambda_m^{\text{p}}\right)$，边界条件为

$$P_m^{\text{p-}}\left(\lambda_m^{\text{p}}, z_{\text{WDM2}}\right) = P_m^{\text{pb0}}\left(\lambda_m^{\text{p}}\right) \quad (m=1,\cdots,M) \tag{2-31}$$

2) 信号光边界条件

在输出耦合器位置 z_{CP} 处，通过 P_1 端口输出功率描述为

$$P_n^{\text{Out}}\left(\lambda_n^{\text{s}}, z_{\text{CP}}^{\text{L}}\right) = P_n^{\text{s+}}\left(\lambda_n^{\text{s}}, z_{\text{CP}}^{\text{R}}\right) \times \eta_{\text{CP}}^{\text{P1+}}\left(\lambda_n^{\text{s}}\right) \quad (n=1,\cdots,N) \tag{2-32}$$

通过 P_2 端口反馈回环形腔内部的功率描述为

$$P_n^{\text{s+}}\left(\lambda_n^{\text{s}}, z_{\text{CP}}^{\text{L}}\right) = P_n^{\text{s+}}\left(\lambda_n^{\text{s}}, z_{\text{CP}}^{\text{R}}\right) \times \eta_{\text{CP}}^{\text{P2+}}\left(\lambda_n^{\text{s}}\right) \quad (n=1,\cdots,N) \tag{2-33}$$

式中，$P_n^{\text{s+}}\left(\lambda_n^{\text{s}}, z_{\text{CP}}^{\text{R}}\right)$ 为输出耦合器的输入功率；$\eta_{\text{CP}}^{\text{P1+}}\left(\lambda_n^{\text{s}}\right)$、$\eta_{\text{CP}}^{\text{P2+}}\left(\lambda_n^{\text{s}}\right)$ 分别为输出耦合器从输入端口 P_0 到端口 P_1 和端口 P_2 的功率传输效率。

3. 考虑全部器件功率传输的环形腔激光器边界条件

为了更好地描述边界条件，将环形腔激光器重新作图，同样利用“✖”表示熔接点损耗边界，利用“★”表示器件损耗边界，如图 2-7 所示。

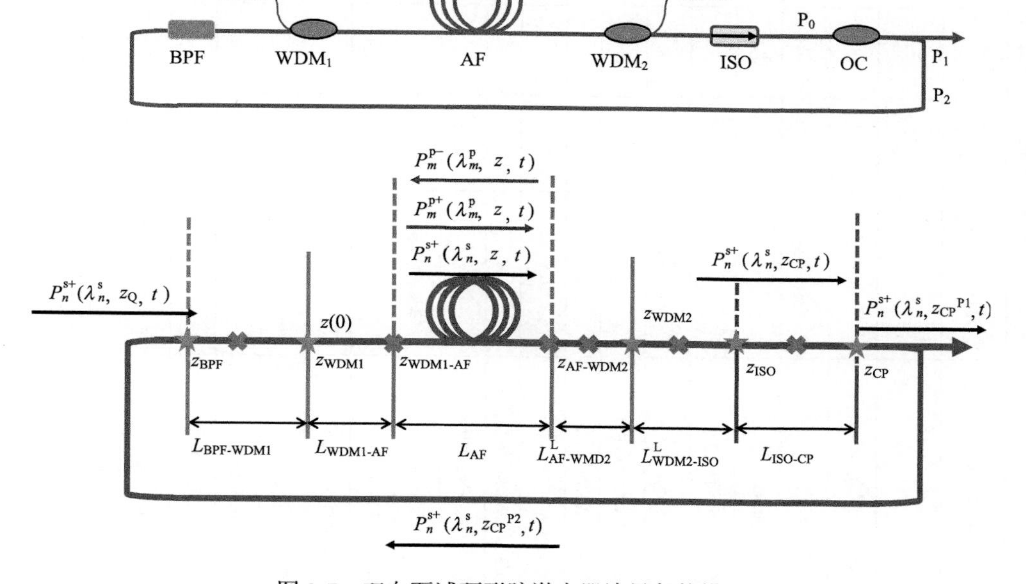

图 2-7　双向泵浦环形腔激光器边界条件描述

这里的边界条件描述与前面的线性腔放大器和振荡器类似。首先，表 2-9 详细给出了环形腔激光器各个器件的坐标、尾纤长度和边界条件的说明。然后，为了简化，这里只给出不考虑熔接点损耗的信号光边界，如表 2-10 所示。

表 2-9　图 2-7 中环形腔激光器各个器件对应坐标与边界坐标值

序号	器件名称	物理位置	尾纤总长/m	输入尾纤长/m	输出尾纤长/m	坐标	坐标值	说明/边界条件
1	LD	LD						不传输信号，作为泵浦功率注入初始条件
2	BPF	BPF 与输出耦合器 P_2 熔接点		L_{BPF}^{L}		z_{CP-BPF}	$-\left(L_{BPF}^{L}+L_{BPF}^{R}+L_{WDM1}^{L}\right)$	熔接点边界
3		BPF 功率损耗点	$L_{BPF}^{L}+L_{BPF}^{R}$			z_{BPF}	$-\left(L_{BPF}^{R}+L_{WDM1}^{L}\right)$	存在信号损耗
4		BPF 与 WDM_1 熔接点			L_{BPF}^{R}	$z_{BPF-WDM1}$	$-L_{WDM1}^{L}$	熔接点边界
5	WDM_1	WDM_1 与 BPF 熔接点		L_{WDM1}^{L}				
6		WDM_1 分束损耗点	$L_{WDM1}^{L}+L_{WDM1}^{R}$			z_{WDM1}	0	WDM_1 损耗边界
7		WDM_1 与增益光纤熔接点			L_{WDM1}^{R}	$z_{WDM1-AF}$	L_{WDM1}^{R}	熔接点边界
8	增益光纤	增益光纤与 WDM_1 熔接点						
9		增益光纤内部	L_{AF}			$z_{AF}(z)$	$L_{WDM1}^{R}\sim(L_{WDM1}^{R}+L_{AF})$	增益光纤
10		增益光纤与 WDM_2 熔接点				$z_{AF-WDM2}$	$L_{WDM1}^{R}+L_{AF}$	熔接点边界
11	WDM_2	WDM_2 与增益光纤熔接点		L_{WDM2}^{L}				
12		WDM_2 分束损耗点	$L_{WDM2}^{L}+L_{WDM2}^{R}$			z_{WDM2}	$L_{WDM1}^{R}+L_{AF}+L_{WDM2}^{L}$	WDM_2 损耗边界
13		WDM_2 与隔离器熔接点			L_{WDM2}^{R}	$z_{WDM2-ISO}$	$L_{WDM1}^{R}+L_{AF}+L_{WDM2}$	熔接点边界
14	隔离器	隔离器与 WDM_2 熔接点		L_{ISO}^{L}				
15		隔离器损耗点	$L_{ISO}^{L}+L_{ISO}^{R}$			z_{ISO}	$L_{WDM1}^{R}+L_{AF}+L_{WDM2}+L_{ISO}^{L}$	隔离器损耗边界
16		隔离器与输出耦合器 P_0 熔接点			L_{ISO}^{R}	z_{ISO-CP}	$L_{WDM1}^{R}+L_{AF}+L_{WDM2}+L_{ISO}$	熔接点边界
17	输出耦合器	输出耦合器 P_0 与隔离器熔接点		L_{CP}^{L}				
18		输出耦合器分束位置	$L_{CP}=L_{CP}^{L}+L_{CP}^{R}$			z_{CP}	$L_{WDM1}^{R}+L_{AF}+L_{WDM2}+L_{ISO}+L_{CP}^{L}$	P_0 分为 P_1 和 P_2 两束边界
19		输出耦合器输出端口 P_1			L_{CP}^{Out}	z_{CP}^{Out}	$L_{WDM1}^{R}+L_{AF}+L_{WDM2}+L_{ISO}+L_{CP}^{L}+L_{CP}^{out}$	激光器输出端口
20		BPF 与输出耦合器 P_2 熔接点			L_{CP}^{R}	z_{CP-Q}	$-\left(L_{BPF}^{L}+L_{BPF}^{R}+L_{WDM1}^{L}\right)$	二者坐标重合为一点
21							$L_{WDM2}^{R}+L_{AF}+L_{WDM2}+L_{ISO}+L_{CP}^{L}+L_{CP}^{R}$	

表 2-10　图 2-7 中反向泵浦环形腔激光器信号的边界条件——不考虑熔接点边界

序号	器件名称	物理位置	坐标值	边界条件数学描述	参数说明
1	BPF	BPF 功率损耗点	z_{BPF}	$P_n^{s+}\left(\lambda_n^s, z_{\text{BPF}}^R\right) = P_n^{s+}\left(\lambda_n^s, z_{\text{BPF}}^L\right) \times \eta_{\text{BPF}}^{s+}\left(\lambda_n^s\right)$	η_{BPF}^{s+}：BPF 信号传输效率
2	WDM_1	WDM_1 分束损耗点	z_{WDM1}	$P_n^{s+}\left(\lambda_n^s, z_{\text{WDM1}}^R\right) = P_n^{s+}\left(\lambda_n^s, z_{\text{WDM1}}^L\right) \times \eta_{\text{WDM1}}^{s+}\left(\lambda_n^s\right)$	η_{WDM1}^{s+}：WDM_1 信号传输效率
3	增益光纤	增益光纤内部	$z_{\text{AF}}(z)$	增益光纤速率方程	
4	WDM_2	WDM_2 分束损耗点	z_{WDM2}	$P_n^{s+}\left(\lambda_n^s, z_{\text{WDM2}}^R\right) = P_n^{s+}\left(\lambda_n^s, z_{\text{WDM2}}^L\right) \times \eta_{\text{WDM2}}^{s+}\left(\lambda_n^s\right)$	η_{WDM2}^{s+}：WDM_2 信号传输效率
5	隔离器	隔离器损耗点	z_{ISO}	$P_n^{s+}\left(\lambda_n^s, z_{\text{ISO}}^R\right) = P_n^{s+}\left(\lambda_n^s, z_{\text{ISO}}^L\right) \times \eta_{\text{ISO}}^{s+}\left(\lambda_n^s\right)$	η_{ISO}^{s+}：隔离器信号传输效率
6	输出耦合器	输出端口 P_1	$z_{\text{CP}}^{\text{Out}}$	$P_n^{\text{Out}}\left(\lambda_n^s, z_{\text{CP}}^{\text{Out}}\right) = P_n^{s+}\left(\lambda_n^s, z_{\text{CP}}^L\right) \times \eta_{\text{CP}}^{\text{P1+}}\left(\lambda_n^s\right)$	$\eta_{\text{CP}}^{\text{P1+}}$：输出耦合器 P_0 到 P_1 信号传输效率
7		反馈端口 P_2	z_{CP}^R	$P_n^{s+}\left(\lambda_n^s, z_{\text{CP}}^R\right) = P_n^{s+}\left(\lambda_n^s, z_{\text{CP}}^L\right) \times \eta_{\text{CP}}^{\text{P2+}}\left(\lambda_n^s\right)$	$\eta_{\text{CP}}^{\text{P2+}}$：输出耦合器 P_0 到 P_2 信号传输效率
8	BPF 与输出耦合器 P_2 熔接点	BPF 左端与输出耦合器 P_2 输出功率	z_{BPF}^L	$P_n^{s+}\left(\lambda_n^s, z_{\text{BPF}}^L\right) = P_n^{s+}\left(\lambda_n^s, z_{\text{CP}}^R\right) \times \eta_{\text{CP-BPF}}^{s+}\left(\lambda_n^s\right)$	$\eta_{\text{CP-BPF}}^{s+}$：输出耦合器与 BPF 的熔接点损耗
9	普通传能光纤	普通传能光纤	z	普通传能光纤传输方程	

2.3　光纤激光器增益光纤温度与热源模型

在光纤激光器设计研发中，热管理是需要考虑的重要因素之一。通过热仿真分析，不仅可以初步判断光纤激光器的可行性，还可以对激光器制冷提出相应的要求，甚至可以根据热负荷情况大致判断是否会出现模式不稳定效应。本节给出光纤激光器中增益光纤温度模型，作为 SeeFiberLaser 中热仿真的理论参考。

2.3.1　光纤激光器双包层增益光纤温度模型

由于普通的双包层光纤外包层由涂覆层替代，一般双包层光纤主要由纤芯(Ⅰ区)、内包层(Ⅱ区)、外包层(或者涂覆层)(Ⅲ区)组成，半径分别为 r_1、r_2 和 r_3，结构如图 2-8 所示。

为了计算增益光纤的温度，需要给出增益光纤的温度模型。一般情况下，介质的热传导方程可以表示为

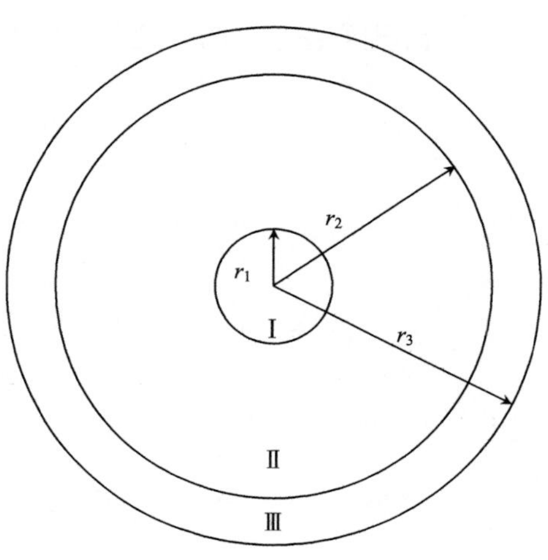

图 2-8　双包层光纤结构图

$$\frac{1}{r}\frac{\partial}{\partial r}\left[r\frac{\partial T(r)}{\partial r}\right]=-\frac{Q}{\kappa} \tag{2-34}$$

在掺杂光纤中，热源 Q 主要来源于纤芯对泵浦光和信号光的吸收，双包层光纤不同区域的热传导方程可分别表示为

$$\frac{1}{r}\frac{\partial}{\partial r}\left[r\frac{\partial T_1(r)}{\partial r}\right]=-\frac{Q_1}{\kappa}\quad (0\leqslant r<r_1) \tag{2-35}$$

$$\frac{1}{r}\frac{\partial}{\partial r}\left[r\frac{\partial T_2(r)}{\partial r}\right]=0\quad (r_1\leqslant r\leqslant r_2) \tag{2-36}$$

$$\frac{1}{r}\frac{\partial}{\partial r}\left[r\frac{\partial T_3(r)}{\partial r}\right]=0\quad (r_2<r\leqslant r_3) \tag{2-37}$$

当环境温度为 T_c 时，根据牛顿冷却定律和连续性条件，热传导方程的边界条件为

$$T_1(r=r_1)=T_2(r=r_1) \tag{2-38}$$

$$T_2(r=r_2)=T_3(r=r_2) \tag{2-39}$$

$$\left.\frac{\partial T_1(r)}{\partial r}\right|_{r=0}=0 \tag{2-40}$$

$$\left.\frac{\partial T_1}{\partial r}\right|_{r=r_1}=\left.\frac{\partial T_2}{\partial r}\right|_{r=r_1} \tag{2-41}$$

$$\left.\frac{\partial T_2}{\partial r}\right|_{r=r_2}=\left.\frac{\partial T_3}{\partial r}\right|_{r=r_2} \tag{2-42}$$

$$\kappa_3\left.\frac{\partial T_3}{\partial r}\right|_{r=r_3}=h\left[T_c-T_3(r=r_3)\right] \tag{2-43}$$

掺 Yb^{3+}双包层光纤的径向温度变化不大，而轴向温度变化明显，因此模型只考虑纤芯温度沿光纤轴向的分布。根据热传导方程和边界条件，得到纤芯区温度 T_1、内包层区温度 T_2、外包层区温度 T_3 的表达式分别为

$$T_1(r,z)=T_0(z)-\frac{Q(z)r^2}{4\kappa_1} \tag{2-44}$$

$$T_2(r,z)=T_0(z)-\frac{Q(z)r_1^2}{4\kappa_1}-\frac{Q(z)r_1^2}{2\kappa_2}\ln\left(\frac{r}{r_1}\right) \tag{2-45}$$

$$T_3(r,z)=T_0(z)-\frac{Q(z)r_1^2}{4\kappa_1}-\frac{Q(z)r_1^2}{2\kappa_2}\ln\left(\frac{r_2}{r_1}\right)-\frac{Q(z)r_1^2}{2\kappa_3}\ln\left(\frac{r}{r_2}\right) \tag{2-46}$$

式中，T_0 为纤芯温度

$$T_0(0,z)=T_c(r_3,z)+\frac{Q(z)r_1^2}{2hr_3}+\frac{Q(z)r_1^2}{4\kappa_1}+\frac{Q(z)r_1^2}{2\kappa_2}\ln\left(\frac{r_2}{r_1}\right)+\frac{Q(z)r_1^2}{2\kappa_3}\ln\left(\frac{r_3}{r_2}\right) \tag{2-47}$$

涂覆层的表面温度为

$$T_{\mathrm{b}}(r_3,z)=T_{\mathrm{c}}(r_3,z)+\frac{Q_1(z)r_1}{2hr_3} \tag{2-48}$$

式(2-34)～式(2-48)中相关符号的物理意义描述如表 2-11 所示。

表 2-11　温度模型中各物理参数描述

符号	物理意义	符号	物理意义
r_1	光纤纤芯半径	r_2	光纤内包层半径
r_3	光纤外包层半径	r	极坐标半径
Q	热功率密度	q_1	纤芯热功率密度
h	光纤表面接触材料的热传递系数	κ_1	纤芯导热系数
κ_2	内包层导热系数	κ_3	外包层导热系数
T	光纤内部温度	T_0	纤芯温度
T_{c}	环境温度		

2.3.2　光纤激光器双包层增益光纤热源模型

求解光纤激光器中增益光纤的温度，核心是求解其中的热源。对于单个泵浦波长和单个信号波长输出的光纤激光器，增益光纤内热源表达式可表示为

$$\begin{aligned}Q(r,z)=&\left(\frac{\lambda_{\mathrm{s}}-\lambda_{\mathrm{p}}}{\lambda_{\mathrm{p}}}\right)\left[\sigma_{\mathrm{ap}}N(z)-\left(\sigma_{\mathrm{ep}}+\sigma_{\mathrm{ap}}\right)N_2(z)\right]\frac{P_{\mathrm{p}}^{+}(r,z)+P_{\mathrm{p}}^{-}(r,z)}{A_{\mathrm{clad}}}\\&+\alpha_{\mathrm{s}}\frac{P_{\mathrm{s}}^{+}(r,z)+P_{\mathrm{s}}^{-}(r,z)}{A_{\mathrm{eff}}}\end{aligned} \tag{2-49}$$

式中，$P_{\mathrm{p}}^{+}(r,z)$ 和 $P_{\mathrm{p}}^{-}(r,z)$ 分别为前后向泵浦光功率；$P_{\mathrm{s}}^{+}(r,z)$ 和 $P_{\mathrm{s}}^{-}(r,z)$ 分别为前后向信号光功率，它们可以通过 2.2 节的速率方程计算得到；A_{clad} 为光纤内包层面积；A_{eff} 为纤芯信号光有效模场面积。

下面考虑激光器中存在多个泵浦波长，而输出激光只有一个波长的情况。假设在泵浦光中存在 K 个设定中心波长的泵浦波段 $P_{\mathrm{p}}^{(i)}(\lambda_{\mathrm{p}})$，$i=1,\cdots,K$。每个波段泵浦光的中心波长为 $\lambda_{\mathrm{p}}^{(i)}$，对应的吸收与发射截面为 $\sigma_{\mathrm{ap}}^{(i)}$、$\sigma_{\mathrm{ep}}^{(i)}$；输出激光的中心波长为 λ_{s}。那么增益光纤中总的热量为

$$\begin{aligned}Q(r,z)=&\sum_{i=1}^{K}\left\{\frac{\lambda_{\mathrm{s}}-\lambda_{\mathrm{p}}^{(i)}}{\lambda_{\mathrm{p}}^{(i)}}\left[\sigma_{\mathrm{ap}}^{(i)}N(z)-\left(\sigma_{\mathrm{ep}}^{(i)}+\sigma_{\mathrm{ap}}^{(i)}\right)N_2(z)\right]\frac{P_{\mathrm{p}}^{(i)+}(r,z)+P_{\mathrm{p}}^{(i)-}(r,z)}{A_{\mathrm{p}}}\right\}\\&+\alpha_{\mathrm{s}}\frac{P_{\mathrm{s}}^{+}(r,z)+P_{\mathrm{s}}^{-}(r,z)}{A_{\mathrm{eff}}}\end{aligned} \tag{2-50}$$

2.3.3　增益光纤热量来源分析

一般认为，光纤激光器内部的热量主要来源于光转换过程中的量子亏损和光纤的背景

吸收。我们通过理论公式推导，指出热量还与增益光纤的泵浦吸收系数有关。

掺杂粒子数与包层泵浦吸收系数 $\beta_{\mathrm{p}}(\lambda)$ 的关系为

$$N=\frac{\beta_{\mathrm{p}}(\lambda)}{k_0\Gamma_{\mathrm{p}}\sigma_{\mathrm{ap}}(\lambda)} \tag{2-51}$$

将式(2-51)代入式(2-50)，有

$$\begin{aligned}Q(r,z)=&\sum_{i=1}^{K}\left\{\frac{\lambda_{\mathrm{s}}-\lambda_{\mathrm{p}}^{(i)}}{\lambda_{\mathrm{p}}^{(i)}}\left[\frac{\beta_{\mathrm{p}}(\lambda)}{k_0\Gamma_{\mathrm{p}}}-\left(\sigma_{\mathrm{ep}}^{(i)}+\sigma_{\mathrm{ap}}^{(i)}\right)N_2(z)\right]\frac{P_{\mathrm{p}}^{(i)+}(r,z)+P_{\mathrm{p}}^{(i)-}(r,z)}{A_{\mathrm{p}}}\right\}\\&+\alpha_{\mathrm{s}}\frac{P_{\mathrm{s}}^{+}(r,z)+P_{\mathrm{s}}^{-}(r,z)}{A_{\mathrm{eff}}}\end{aligned} \tag{2-52}$$

据式(2-52)，在不考虑泵浦功率、激光功率和上能级粒子数这些与激光器结构设计有关的参数时，增益光纤热源主要与以下因素有关。

1. 背景损耗

式(2-52)中，α_{s} 是光纤对信号光的背景吸收损耗系数。信号光吸收之后主要转换为热量，也会导致光纤温度上升。与量子亏损相比，背景损耗一般比较小，在有的仿真中将其忽略。

2. 量子亏损

式(2-52)中，$(\lambda_{\mathrm{s}}-\lambda_{\mathrm{p}}^{(i)})/\lambda_{\mathrm{p}}^{(i)}$ 代表了量子亏损对热源的贡献。为了降低热负荷，可以通过缩短泵浦光波长与信号光波长的间隔的方法减少量子亏损。一个典型的方法就是同带泵浦。该方法将 1018nm 的光纤激光器作为泵浦源，泵浦增益光纤产生 1070nm 左右的信号激光。该方法与 915nm 和 976nm 泵浦的光纤激光器相比，可以极大地提高量子效率，减少光纤的热负荷。2009 年美国 IPG 公司利用该方法研制了输出功率为 10kW 的单模激光。

3. 泵浦吸收系数

式(2-52)中，$\dfrac{\beta_{\mathrm{p}}(\lambda)}{k_0\Gamma_{\mathrm{p}}}$ 项中的 $\beta_{\mathrm{p}}(\lambda)$ 为泵浦光在增益光纤中的包层吸收系数，Γ_{p} 为泵浦填充因子。该式表明，增益光纤产生的热源与包层吸收系数正相关，与泵浦填充因子成反比。

实际上，一直以来人们认为热源主要来自量子亏损。但实验发现，在相同结构的激光器中，915nm 泵浦光纤激光器得到的模式不稳定阈值高于 976nm 泵浦光纤激光器的模式不稳定阈值。如果是量子亏损产热的影响，976nm 泵浦光纤激光器的模式不稳定阈值一定比 915nm 泵浦光纤激光器的模式不稳定阈值高。但是，一般增益光纤在 976nm 处的泵浦吸收系数是其在 915nm 处泵浦吸收系数的 3 倍左右，这使得泵浦吸收产生的热量远大于量子亏损产生的热量。

2.4　连续光纤激光稳态速率方程求解算法

对于光纤激光器的仿真，在给出明确的速率方程和边界条件之后，最主要的工作就是利用一定的求解方法对速率方程进行求解。读者可以利用编程工具软件自行求解，也可以利用 SeeFiberLaser 进行求解。在 MATLAB 中有许多现成的求解微分方程的指令，如基于龙格-库塔法的 ode23()和 ode45()。本节介绍一种比较直观和便于理解的方法——差分迭代法。

2.4.1　差分迭代法求解偏微分方程的基本步骤

首先给出差分迭代法求解偏微分方程的步骤，然后将速率方程的形式代入这里描述的函数，就可以得到实际速率方程的求解方法。

1. 剖分区域——建立差分网格

数值计算的对象必须是离散化的。因此，首先将函数的变量在计算区间划分为 K 等份，即

$$\begin{aligned} &x_i = a + ih \quad (i = 0,1,\cdots,K) \\ &h = (b-a)/K \end{aligned} \tag{2-53}$$

2. 利用差分表示微分方程

用差分代替微分是有限差分法的基本出发点。当自变量的差分趋于零时，差分变成微分，这一点是由微分原理保证的。自变量 x 变化 h，对应的函数变化可表示为

$$\Delta f(x) = f(x+h) - f(x) \tag{2-54}$$

根据微分的定义：

$$f'(x) = \frac{\mathrm{d}f}{\mathrm{d}x} = \lim_{\Delta x \to 0} \frac{\Delta f(x)}{\Delta x} \tag{2-55}$$

利用差分替代微分，则有

$$f'(x) \approx \frac{\Delta f(x)}{\Delta x} = \frac{f(x+h) - f(x)}{h} \tag{2-56}$$

式(2-56)实际上是前向差分，还有后向差分、中心差分等迭代形式。其中，后向差分为

$$\frac{\mathrm{d}f}{\mathrm{d}x} \approx \frac{\Delta f(x)}{\Delta x} = \frac{f(x) - f(x-h)}{h} \tag{2-57}$$

中心差分为

$$\frac{\mathrm{d}f}{\mathrm{d}x} \approx \frac{\Delta f(x)}{\Delta x} = \frac{f(x+h) - f(x-h)}{2h} \tag{2-58}$$

3. 二维情况边界条件的离散化处理

一般地，微分方程有以下三类边界条件：第一类边界条件给出未知函数在边界上的数值；第二类边界条件给出未知函数在边界外法向导数；第三类边界条件给出未知函数在边界上的函数值和外法向导数的线性组合。

由前面的推导可知，光纤激光速率方程中的边界条件实际上都是第一类边界条件。

4. 迭代求解

根据设定的误差精度，在区间内通过差分迭代计算函数值。当迭代计算误差小于设置精度时，迭代结束，此时对应的变量值便是方程的解。

2.4.2 速率方程差分迭代法求解偏微分方程的基本步骤

下面，我们以增益光纤中的稳态速率方程(式(2-4)～式(2-7))为例，说明差分迭代法求解过程。

1. 增加光纤长度网格划分

对于激光器速率方程，按照增益光纤长度区间将网格划分为 K 等份，那么有

$$\Delta z = L / K \tag{2-59}$$

坐标 z 的值为

$$z = k\Delta z \tag{2-60}$$

式中，$k=1,2,3,\cdots,K$。

2. 利用微分表示为差分

首先，将泵浦光的方程表示为差分迭代方程。对于激光器稳态速率方程，泵浦光方程为

$$\pm\frac{\mathrm{d}P_m^{\mathrm{p}\pm}\left(\lambda_m^{\mathrm{p}},z\right)}{\mathrm{d}z}=\Gamma_{\mathrm{p}}\left[\sigma_m^{\mathrm{ep}}\left(\lambda_m^{\mathrm{p}}\right)N_2(z)-\sigma_m^{\mathrm{ap}}\left(\lambda_m^{\mathrm{p}}\right)N_1(z)\right]P_m^{\mathrm{p}\pm}\left(\lambda_m^{\mathrm{p}},z\right)-\alpha_m^{\mathrm{p}}\left(\lambda_m^{\mathrm{p}},z\right)P_m^{\mathrm{p}\pm}\left(\lambda_m^{\mathrm{p}},z\right) \tag{2-61}$$

其变量为 $P_m^{\mathrm{p}\pm}$，提公因式 $P_m^{\mathrm{p}\pm}\left(\lambda_m^{\mathrm{p}},z\right)$，有

$$\pm\frac{\mathrm{d}P_m^{\mathrm{p}\pm}\left(\lambda_m^{\mathrm{p}},z\right)}{\mathrm{d}z}=P_m^{\mathrm{p}\pm}\left(\lambda_m^{\mathrm{p}},z\right)\left\{\Gamma_{\mathrm{p}}\left[\sigma_m^{\mathrm{ep}}\left(\lambda_m^{\mathrm{p}}\right)N_2(z)-\sigma_m^{\mathrm{ap}}\left(\lambda_m^{\mathrm{p}}\right)N_1(z)\right]-\alpha_m^{\mathrm{p}}\left(\lambda_m^{\mathrm{p}},z\right)\right\} \tag{2-62}$$

取 Δz 为步进量，根据前向差分式(2-56)，有

$$\frac{\pm\mathrm{d}P_m^{\mathrm{p}\pm}\left(\lambda_m^{\mathrm{p}},z\right)}{\mathrm{d}z}=\frac{\pm\Delta P_m^{\mathrm{p}\pm}\left(\lambda_m^{\mathrm{p}},z\right)}{\Delta z}=\frac{P_m^{\mathrm{p}\pm}\left(\lambda_m^{\mathrm{p}},z+\Delta z\right)-P_m^{\mathrm{p}\pm}\left(\lambda_m^{\mathrm{p}},z\right)}{\Delta z} \tag{2-63}$$

将式(2-63)代入式(2-62)，可得

$$\pm\frac{P_m^{\mathrm{p}\pm}\left(\lambda_m^{\mathrm{p}},z+\Delta z\right)-P_m^{\mathrm{p}\pm}\left(\lambda_m^{\mathrm{p}},z\right)}{\Delta z}=P_m^{\mathrm{p}\pm}\left(\lambda_m^{\mathrm{p}},z\right)\left\{\Gamma_{\mathrm{p}}\left[\sigma_m^{\mathrm{ep}}\left(\lambda_m^{\mathrm{p}}\right)N_2(z)-\sigma_m^{\mathrm{ap}}\left(\lambda_m^{\mathrm{p}}\right)N_1(z)\right]-\alpha_m^{\mathrm{p}}\left(\lambda_m^{\mathrm{p}},z\right)\right\} \tag{2-64}$$

那么 $z+\Delta z$ 处泵浦功率与上一位置 z 处泵浦功率的关系为

$$\begin{aligned}P_m^{\mathrm{p}\pm}\left(\lambda_m^{\mathrm{p}},z+\Delta z\right)&=P_m^{\mathrm{p}\pm}\left(\lambda_m^{\mathrm{p}},z\right)\\&\pm P_m^{\mathrm{p}\pm}\left(\lambda_m^{\mathrm{p}},z\right)\left\{\Gamma_{\mathrm{p}}\left[\sigma_m^{\mathrm{ep}}\left(\lambda_m^{\mathrm{p}}\right)N_2(z)-\sigma_m^{\mathrm{ap}}\left(\lambda_m^{\mathrm{p}}\right)N_1(z)\right]-\alpha_m^{\mathrm{p}}\left(\lambda_m^{\mathrm{p}},z\right)\right\}\Delta z\end{aligned} \tag{2-65}$$

采用离散化的表示，泵浦光的迭代式为

$$\begin{aligned}P_m^{\mathrm{p}\pm}\left(\lambda_m^{\mathrm{p}},k+1\right)&=P_m^{\mathrm{p}\pm}\left(\lambda_m^{\mathrm{p}},k\right)\pm P_m^{\mathrm{p}\pm}\left(\lambda_m^{\mathrm{p}},k\right)\\&\times\left\{\Gamma_{\mathrm{p}}\left[\sigma_m^{\mathrm{ep}}\left(\lambda_m^{\mathrm{p}}\right)N_2(k)-\sigma_m^{\mathrm{ap}}\left(\lambda_m^{\mathrm{p}}\right)N_1(k)\right]-\alpha_m^{\mathrm{p}}\left(\lambda_m^{\mathrm{p}},z\right)\right\}\Delta z\end{aligned} \tag{2-66}$$

然后，将信号光方程也表示为差分迭代方程。根据后向差分式(2-57)，信号差分表示为

$$\frac{\mathrm{d}P_n^{\mathrm{s}\pm}\left(\lambda_n^{\mathrm{s}},z\right)}{\mathrm{d}z}=\frac{\Delta P_n^{\mathrm{s}\pm}\left(\lambda_n^{\mathrm{s}},z\right)}{\Delta z}=\frac{P_n^{\mathrm{s}\pm}\left(\lambda_n^{\mathrm{s}},z\right)-P_n^{\mathrm{s}\pm}\left(\lambda_n^{\mathrm{s}},z\Delta z\right)}{\Delta z} \tag{2-67}$$

将式(2-67)代入式(2-5)，可以得到信号光离散化的迭代式为

$$\begin{aligned}P_n^{\mathrm{s}\pm}\left(\lambda_n^{\mathrm{s}},k+1\right)&=P_n^{\mathrm{s}\pm}\left(\lambda_n^{\mathrm{s}},k\right)\\&\pm\Gamma_{\mathrm{s}}\left[\sigma_n^{\mathrm{es}}\left(\lambda_n^{\mathrm{s}}\right)N_2(k)-\sigma_n^{\mathrm{as}}\left(\lambda_n^{\mathrm{s}}\right)N_1(k)\right]P_n^{\mathrm{s}\pm}\left(\lambda_n^{\mathrm{s}},k\right)\Delta z\\&\pm2\Gamma_{\mathrm{s}}\sigma_n^{\mathrm{es}}\left(\lambda_n^{\mathrm{s}}\right)N_2(k)\frac{\hbar c^2}{\left(\lambda_n^{s}\right)^3}\Delta\lambda\Delta z-\alpha_n^{\mathrm{s}}\left(\lambda_n^{\mathrm{s}}\right)P_n^{\mathrm{s}\pm}\left(\lambda_n^{\mathrm{s}},k\right)\Delta z\end{aligned} \tag{2-68}$$

式中

$$N_2(k)=\frac{N_0(k)\left\{\begin{aligned}&\frac{\Gamma_{\mathrm{p}}}{hcA_{\mathrm{eff}}}\sum_{m=1}^{M}\lambda_m^{\mathrm{p}}\sigma_m^{\mathrm{ap}}\left(\lambda_m^{\mathrm{p}}\right)\left[P_m^{\mathrm{p}+}\left(\lambda_m^{\mathrm{p}},k\right)+P_m^{\mathrm{p}-}\left(\lambda_m^{\mathrm{p}},k\right)\right]\\&+\frac{\Gamma_{\mathrm{s}}}{hcA_{\mathrm{eff}}}\sum_{n=1}^{N}\lambda_n^{\mathrm{s}}\sigma_n^{\mathrm{as}}\left(\lambda_n^{\mathrm{s}}\right)\left[P_n^{\mathrm{s}+}\left(\lambda_n^{\mathrm{s}},k\right)+P_n^{\mathrm{s}-}\left(\lambda_n^{\mathrm{s}},k\right)\right]\end{aligned}\right\}}{\left\{\begin{aligned}&\frac{\Gamma_{\mathrm{p}}}{hcA_{\mathrm{eff}}}\sum_{m=1}^{M}\lambda_m^{\mathrm{p}}\left[\sigma_m^{\mathrm{ap}}\left(\lambda_m^{\mathrm{p}}\right)+\sigma_m^{\mathrm{ep}}\left(\lambda_m^{\mathrm{p}}\right)\right]\left[P_m^{\mathrm{p}+}\left(\lambda_m^{\mathrm{p}},k\right)+P_m^{\mathrm{p}-}\left(\lambda_m^{\mathrm{p}},k\right)\right]\\&+\frac{\Gamma_{\mathrm{s}}}{hcA_{\mathrm{eff}}}\sum_{n=1}^{N}\lambda_n^{\mathrm{s}}\left[\sigma_n^{\mathrm{as}}\left(\lambda_n^{\mathrm{s}}\right)+\sigma_n^{\mathrm{es}}\left(\lambda_n^{\mathrm{s}}\right)\right]\left[P_n^{\mathrm{s}+}\left(\lambda_n^{\mathrm{s}},k\right)+P_n^{\mathrm{s}-}\left(\lambda_n^{\mathrm{s}},k\right)\right]\\&+\frac{1}{\tau}\end{aligned}\right\}} \tag{2-69}$$

$$N_1(k)=N_0(k)-N_2(k) \tag{2-70}$$

3. 边界条件离散化处理

以光纤放大器为例，对边界条件进行离散化，即利用 K 代替 L 即可。

正向泵浦功率（在 z=0 时注入功率）为 $P_m^{\text{pf0}}\left(\lambda_m^{\text{p}}\right)$，有

$$P_m^{\text{p+}}\left(\lambda_m^{\text{p}},0\right)=P_m^{\text{pf0}}\left(\lambda_m^{\text{p}}\right)\quad (m=1,\cdots,M) \tag{2-71}$$

反向泵浦功率（在 z=L 时注入功率）为 $P_m^{\text{pb0}}\left(\lambda_m^{\text{p}}\right)$，有

$$P_m^{\text{p}-}\left(\lambda_m^{\text{p}},K\right)=P_m^{\text{pb0}}\left(\lambda_m^{\text{p}}\right)\quad (m=1,\cdots,M) \tag{2-72}$$

不同激光波长正向注入信号光功率为 $P_n^{\text{sf0}}\left(\lambda_n^{\text{s}}\right)$，有

$$P_n^{\text{s+}}\left(\lambda_n^{\text{s}},0\right)=P_n^{\text{sf0}}\left(\lambda_n^{\text{s}}\right)\quad (n=1,\cdots,N) \tag{2-73}$$

不同激光波长反向注入信号光功率为 $P_n^{\text{sb0}}\left(\lambda_n^{\text{s}}\right)$，有

$$P_n^{\text{s}-}\left(\lambda_n^{\text{s}},K\right)=P_n^{\text{sb0}}\left(\lambda_n^{\text{s}}\right)\quad (n=1,\cdots,N) \tag{2-74}$$

根据式(2-66)和式(2-68)，在已知边界条件的情况下，可通过迭代得到光纤长度上任意位置 z 处的泵浦光和信号光功率。在仿真中，为了避免离散序号与波矢 k 混淆，序号 k 用 k_i 表示。

第 3 章 脉冲光纤激光器理论模型与仿真算法

脉冲光纤激光器具有峰值功率高、脉宽覆盖范围广等优点，在工业、医疗和科研领域都有着广泛的应用。本章主要介绍调 Q、锁模脉冲光纤激光器的理论模型，以及数值求解方法。本章的脉冲激光速率方程是后续其他相关激光器理论模型的基础。

3.1 调 Q 脉冲光纤激光器理论模型与仿真算法

3.1.1 脉冲光纤激光器速率方程

通常调 Q 脉冲光纤激光器（简称调 Q 激光器）的脉宽大于 10ns，因此，可以利用二能级速率方程描述调 Q 激光器的动力学过程。脉冲光纤激光器在工作时，内部增益粒子、输出功率都随着时间变化，不能利用稳态速率方程描述，而是需要采用含时的速率方程描述。

我们重新从式(1-81)、式(1-84)、式(1-92)和式(1-93)的速率方程出发，给出双包层光纤激光器的速率方程。首先，考虑双包层光纤的泵浦填充因子 Γ_{p} 和信号填充因子 Γ_{s}，将式(1-81)中与泵浦和信号相关的项合并，可以得到上能级粒子数随空间位置 z、时间 t 的变化为

$$\begin{aligned}\frac{\partial N_2(z,t)}{\partial t}=&\frac{\Gamma_{\mathrm{p}}\lambda_{\mathrm{p}}}{hcA_{\mathrm{eff}}}\left[\sigma_{\mathrm{ap}}N_1(z,t)-\sigma_{\mathrm{ep}}N_2(z,t)\right]\left[P_{\mathrm{p}}^{+}(z,t)+P_{\mathrm{p}}^{-}(z,t)\right]\\&+\frac{\Gamma_{\mathrm{s}}\lambda_{\mathrm{s}}}{hcA_{\mathrm{eff}}}\left[\sigma_{\mathrm{as}}N_1(z,t)-\sigma_{\mathrm{es}}N_2(z,t)\right]\left[P_{\mathrm{s}}^{+}(z,t)+P_{\mathrm{s}}^{-}(z,t)\right]\\&-\frac{N_2}{\tau}\end{aligned}\tag{3-1}$$

当泵浦光沿着增益光纤正向传输时，光束所在的坐标为

$$z_{\mathrm{p}}=z+v_{\mathrm{p}}t\tag{3-2}$$

当泵浦光沿着增益光纤反向传输时，光束所在的坐标为

$$z_{\mathrm{p}}=z-v_{\mathrm{p}}t\tag{3-3}$$

即

$$z_{\mathrm{p}}^{\pm}=z\pm v_{\mathrm{p}}t\tag{3-4}$$

将式(3-4)代入式(1-92)，同时考虑双包层光纤的泵浦填充因子 Γ_{p}，可以得到泵浦光随空间 z、时间 t 演化的方程为

$$\begin{aligned}\pm\frac{\mathrm{d}P_{\mathrm{p}}^{\pm}(z,t)}{\mathrm{d}z}&=\pm\frac{\partial P_{\mathrm{p}}^{\pm}(z,t)}{\partial z}+\frac{1}{v_{\mathrm{p}}}\frac{\partial P_{\mathrm{p}}^{\pm}(z,t)}{\partial t}\\&=\Gamma_{\mathrm{p}}\left[\sigma_{\mathrm{ep}}N_2(z,t)-\sigma_{\mathrm{ap}}N_1(z,t)\right]P_{\mathrm{p}}^{\pm}(z,t)-\alpha_{\mathrm{p}}P_{\mathrm{p}}^{\pm}(z,t)\end{aligned}\tag{3-5}$$

同理，信号光随空间 z、时间 t 演化的方程为

$$\begin{aligned}\pm\frac{\mathrm{d}P_{\mathrm{s}}^{\pm}(z,t)}{\mathrm{d}z}&=\pm\frac{\partial P_{\mathrm{s}}^{\pm}(z,t)}{\partial z}+\frac{1}{v_{\mathrm{s}}}\frac{\partial P_{\mathrm{s}}^{\pm}(z,t)}{\partial t}\\&=\varGamma_{\mathrm{s}}\left[\sigma_{\mathrm{es}}N_2(z,t)-\sigma_{\mathrm{as}}N_1(z,t)\right]P_{\mathrm{s}}^{\pm}(z,t)\\&\quad+2\sigma_{\mathrm{e}}N_2(z,t)\frac{hc^2}{\lambda_{\mathrm{s}}^3}\Delta\lambda-\alpha P_{\mathrm{s}}^{\pm}(z,t)\end{aligned}\tag{3-6}$$

式(3-1)、式(3-5)和式(3-6)即光纤激光器含时速率方程。在仿真中，考虑泵浦光和信号光都为宽谱的光源。泵浦光是波长 λ_{p} 的函数，信号光是波长 λ_{s} 的函数，对各个波长的作用进行积分，可得速率方程为

$$\begin{aligned}\frac{\partial N_2(z,t)}{\partial t}&=\frac{1}{hc}\int_{\lambda_{\mathrm{p}}^{\min}}^{\lambda_{\mathrm{p}}^{\max}}\frac{\varGamma_{\mathrm{p}}(\lambda_{\mathrm{p}})}{A_{\mathrm{eff}}(\lambda_{\mathrm{p}})}\left[\sigma_{\mathrm{ap}}(\lambda_{\mathrm{p}})N_1(z,t)-\sigma_{\mathrm{ep}}(\lambda_{\mathrm{p}})N_2(z,t)\right]\begin{bmatrix}P_{\mathrm{p}}^{+}(\lambda_{\mathrm{p}},z,t)\\+P_{\mathrm{p}}^{-}(\lambda_{\mathrm{p}},z,t)\end{bmatrix}\lambda_{\mathrm{p}}\,\mathrm{d}\lambda_{\mathrm{p}}\\&\quad+\frac{1}{hc}\int_{\lambda_{\mathrm{s}}^{\min}}^{\lambda_{\mathrm{s}}^{\max}}\frac{\varGamma_{\mathrm{s}}(\lambda_{s})}{A_{\mathrm{eff}}(\lambda_{s})}\left[\sigma_{\mathrm{as}}(\lambda_{\mathrm{s}})N_1(z,t)-\sigma_{\mathrm{es}}(\lambda_{\mathrm{s}})N_2(z,t)\right]\begin{bmatrix}P_{\mathrm{s}}^{+}(\lambda_{\mathrm{s}},z,t)\\+P_{\mathrm{s}}^{-}(\lambda_{\mathrm{s}},z,t)\end{bmatrix}\lambda_{\mathrm{s}}\,\mathrm{d}\lambda_{\mathrm{s}}\\&\quad-\frac{N_2(z,t)}{\tau}\end{aligned}\tag{3-7}$$

$$\begin{aligned}\pm\frac{\mathrm{d}P_{\mathrm{p}}^{\pm}(\lambda_{\mathrm{p}},z,t)}{\mathrm{d}z}&=\pm\frac{\partial P_{\mathrm{p}}^{\pm}(\lambda_{\mathrm{p}},z,t)}{\partial z}+\frac{1}{v_{\mathrm{p}}}\frac{\partial P_{\mathrm{p}}^{\pm}(\lambda_{\mathrm{p}},z,t)}{\partial t}\\&=\varGamma_{\mathrm{p}}\left[\sigma_{\mathrm{ep}}(\lambda_{\mathrm{p}})N_2(z,t)-\sigma_{\mathrm{ap}}(\lambda_{\mathrm{p}})N_1(z,t)\right]P_{\mathrm{p}}^{\pm}(\lambda_{\mathrm{p}},z,t)\\&\quad-\alpha_{\mathrm{p}}(\lambda_{\mathrm{p}})P_{\mathrm{p}}^{\pm}(\lambda_{\mathrm{p}},z,t)\end{aligned}\tag{3-8}$$

$$\begin{aligned}\pm\frac{\mathrm{d}P_{\mathrm{s}}^{\pm}(\lambda_{\mathrm{s}},z,t)}{\mathrm{d}z}&=\pm\frac{\partial P_{\mathrm{s}}^{\pm}(\lambda_{\mathrm{s}},z,t)}{\partial z}+\frac{1}{v_{\mathrm{s}}}\frac{\partial P_{\mathrm{s}}^{\pm}(\lambda_{\mathrm{s}},z,t)}{\partial t}\\&=\varGamma_{\mathrm{s}}\left[\sigma_{\mathrm{es}}(\lambda_{\mathrm{s}})N_2(z,t)-\sigma_{\mathrm{as}}(\lambda_{\mathrm{s}})N_1(z,t)\right]P_{\mathrm{s}}^{\pm}(\lambda_{\mathrm{s}},z,t)\\&\quad+2\sigma_{\mathrm{e}}(\lambda_{\mathrm{s}})N_2(z,t)\frac{hc^2}{\lambda_{\mathrm{s}}^3}\Delta\lambda-\alpha(\lambda_{\mathrm{s}})P_{\mathrm{s}}^{\pm}(\lambda_{\mathrm{s}},z,t)\end{aligned}\tag{3-9}$$

采用数值方法进行求解，需将式(3-7)～式(3-9)进行离散化。考虑泵浦光有 M 个波长，信号光有 N 个波长，忽略不同波长的填充因子和泵浦有效模场面积的差异，可以得到离散化的速率方程模型：

$$\begin{aligned}\frac{\partial N_2(z,t)}{\partial t}&=\frac{\varGamma_{\mathrm{p}}}{hcA_{\mathrm{eff}}}\sum_{m=1}^{M}\lambda_m^{\mathrm{p}}\left[\sigma_m^{\mathrm{ap}}(\lambda_m^{\mathrm{p}})N_1(z,t)-\sigma_m^{\mathrm{ep}}(\lambda_m^{\mathrm{p}})N_2(z,t)\right]\left[P_m^{\mathrm{p}+}(\lambda_m^{\mathrm{p}},z,t)+P_m^{\mathrm{p}-}(\lambda_m^{\mathrm{p}},z,t)\right]\\&\quad+\frac{\varGamma_{\mathrm{s}}}{hcA_{\mathrm{eff}}}\sum_{n=1}^{N}\lambda_n^{\mathrm{s}}\left[\sigma_n^{\mathrm{as}}(\lambda_n^{\mathrm{s}})N_1(z,t)-\sigma_n^{\mathrm{es}}(\lambda_n^{\mathrm{s}})N_2(z,t)\right]\left[P_n^{\mathrm{s}+}(\lambda_n^{\mathrm{s}},z,t)+P_n^{\mathrm{s}-}(\lambda_n^{\mathrm{s}},z,t)\right]\\&\quad-\frac{N_2(z,t)}{\tau}\end{aligned}\tag{3-10}$$

$$
\begin{aligned}
\pm\frac{\mathrm{d}P_m^{\mathrm{p}\pm}\left(\lambda_m^{\mathrm{p}},z,t\right)}{\mathrm{d}z} &= \pm\frac{\partial P_m^{\mathrm{p}\pm}\left(\lambda_m^{\mathrm{p}},z,t\right)}{\partial z}+\frac{1}{v_{\mathrm{p}}}\frac{\partial P_m^{\mathrm{p}\pm}\left(\lambda_m^{\mathrm{p}},z,t\right)}{\partial t} \\
&= \Gamma_m^{\mathrm{p}}\left(\lambda_m^{\mathrm{p}}\right)\left[\sigma_m^{\mathrm{ep}}\left(\lambda_m^{\mathrm{p}}\right)N_2(z,t)-\sigma_m^{\mathrm{ap}}\left(\lambda_m^{\mathrm{p}}\right)N_1(z,t)\right]P_m^{\mathrm{p}\pm}\left(\lambda_m^{\mathrm{p}},z,t\right) \\
&\quad -\alpha_m^{\mathrm{p}}\left(\lambda_m^{\mathrm{p}}\right)P_m^{\mathrm{p}\pm}\left(\lambda_m^{\mathrm{p}},z,t\right)
\end{aligned}
\tag{3-11}
$$

$$
\begin{aligned}
\pm\frac{\mathrm{d}P_n^{\mathrm{s}\pm}\left(\lambda_n^{\mathrm{s}},z,t\right)}{\mathrm{d}z} &= \pm\frac{\partial P_n^{\mathrm{s}\pm}\left(\lambda_n^{\mathrm{s}},z,t\right)}{\partial z}+\frac{1}{v_{\mathrm{s}}}\frac{\partial P_n^{\mathrm{s}\pm}\left(\lambda_n^{\mathrm{s}},z,t\right)}{\partial t} \\
&= \Gamma_n^{\mathrm{s}}\left(\lambda_n^{\mathrm{s}}\right)\left[\sigma_n^{\mathrm{es}}\left(\lambda_n^{\mathrm{s}}\right)N_2(z,t)-\sigma_n^{\mathrm{as}}\left(\lambda_n^{\mathrm{s}}\right)N_1(z,t)\right]P_n^{\mathrm{s}\pm}\left(\lambda_n^{\mathrm{s}},z,t\right) \\
&\quad +2\sigma_n^{\mathrm{es}}\left(\lambda_n^{\mathrm{s}}\right)N_2(z,t)\frac{hc^2}{\left(\lambda_n^{\mathrm{s}}\right)^3}\Delta\lambda-\alpha_n^{\mathrm{s}}\left(\lambda_n^{\mathrm{s}}\right)P_n^{\mathrm{s}\pm}\left(\lambda_n^{\mathrm{s}},z,t\right)
\end{aligned}
\tag{3-12}
$$

$$
N_0 = N_1(z)+N_2(z) \tag{3-13}
$$

式(3-10)～式(3-13)是宽脉冲光纤激光器的通用速率方程。该方程组既可以用于描述脉冲激光振荡器也可以用于描述脉冲激光放大器，具体由边界条件和初始条件决定。

3.1.2　主动调 Q 脉冲光纤激光器边界条件

与连续激光分析方法类似，这里给出如图 3-1 所示的主动调 Q 激光器及其边界条件。在图 3-1 中，利用“✖”表示熔接点损耗边界，利用“★”表示器件损耗边界。除了多了一个主动调 Q 器件，图 3-1 的结构与连续激光器结构无本质差异。因此，除了主动调 Q 器件，其他器件与熔接点的边界条件与 2.2.1 节连续激光器中描述的边界条件一致。主动调 Q 器件是实现脉冲的关键，其边界条件是实现脉冲的重点。

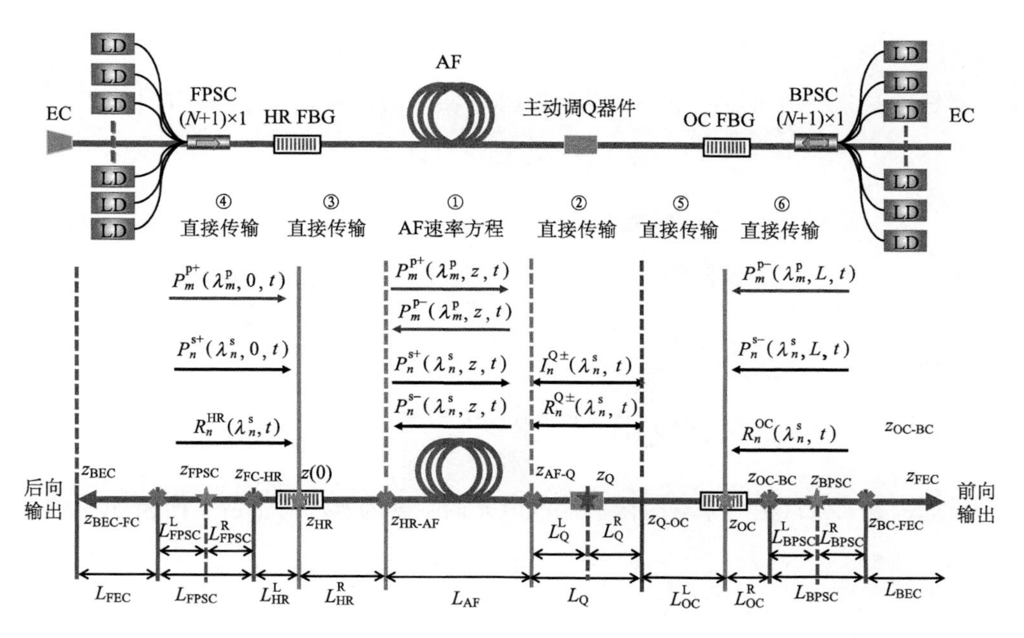

图 3-1　主动调 Q 激光器及边界条件

与 2.2.1 节类似，可以把调 Q 器件当作一个损耗器件，在调 Q 器件处，完善的边界条件为

$$P_m^{\mathrm{p}+}\left(\lambda_m^{\mathrm{p}},z_{\mathrm{Q}}^{\mathrm{R}},t\right)=P_m^{\mathrm{p}+}\left(\lambda_m^{\mathrm{p}},z_{\mathrm{Q}}^{\mathrm{L}},t\right)\eta_m^{\mathrm{Q}+}\left(\lambda_m^{\mathrm{p}},t\right)+P_m^{\mathrm{p}-}\left(\lambda_m^{\mathrm{p}},z_{\mathrm{Q}}^{\mathrm{R}},t\right)R_m^{\mathrm{Q}-}\left(\lambda_m^{\mathrm{p}},t\right) \tag{3-14}$$

$$P_m^{\mathrm{p}-}\left(\lambda_m^{\mathrm{p}},z_{\mathrm{Q}}^{\mathrm{L}},t\right)=P_m^{\mathrm{p}-}\left(\lambda_m^{\mathrm{p}},z_{\mathrm{Q}}^{\mathrm{R}},t\right)\eta_m^{\mathrm{Q}-}\left(\lambda_m^{\mathrm{p}},t\right)+P_m^{\mathrm{p}+}\left(\lambda_m^{\mathrm{p}},z_{\mathrm{Q}}^{\mathrm{L}},t\right)R_m^{\mathrm{Q}+}\left(\lambda_m^{\mathrm{p}},t\right) \tag{3-15}$$

$$P_m^{\mathrm{s}+}\left(\lambda_n^{\mathrm{s}},z_{\mathrm{Q}}^{\mathrm{R}},t\right)=P_n^{\mathrm{s}+}\left(\lambda_n^{\mathrm{p}},z_{\mathrm{Q}}^{\mathrm{L}},t\right)\eta_n^{\mathrm{Q}+}\left(\lambda_n^{\mathrm{s}},t\right)+P_n^{\mathrm{s}-}\left(\lambda_n^{\mathrm{s}},z_{\mathrm{Q}}^{\mathrm{R}},t\right)R_n^{\mathrm{Q}-}\left(\lambda_n^{\mathrm{s}},t\right) \tag{3-16}$$

$$P_m^{\mathrm{s}-}\left(\lambda_n^{\mathrm{s}},z_{\mathrm{Q}}^{\mathrm{L}},t\right)=P_n^{\mathrm{s}-}\left(\lambda_n^{\mathrm{p}},z_{\mathrm{Q}}^{\mathrm{R}},t\right)\eta_n^{\mathrm{Q}-}\left(\lambda_n^{\mathrm{s}},t\right)+P_n^{\mathrm{s}+}\left(\lambda_n^{\mathrm{s}},z_{\mathrm{Q}}^{\mathrm{L}},t\right)R_n^{\mathrm{Q}+}\left(\lambda_n^{\mathrm{s}},t\right) \tag{3-17}$$

式中，$\eta_m^{\mathrm{Q}+}\left(\lambda_m^{\mathrm{p}},t\right)$、$\eta_m^{\mathrm{Q}-}\left(\lambda_m^{\mathrm{p}},t\right)$、$\eta_n^{\mathrm{Q}+}\left(\lambda_n^{\mathrm{s}},t\right)$、$\eta_n^{\mathrm{Q}-}\left(\lambda_n^{\mathrm{s}},t\right)$分别为调 Q 器件的前向泵浦光传输损耗决定的传输效率、后向泵浦光传输损耗决定的传输效率、前向信号光传输损耗决定的传输效率、后向信号光传输损耗决定的传输效率；$R_m^{\mathrm{Q}+}\left(\lambda_m^{\mathrm{p}},t\right)$、$R_m^{\mathrm{Q}-}\left(\lambda_m^{\mathrm{p}},t\right)$、$R_n^{\mathrm{Q}+}\left(\lambda_n^{\mathrm{s}},t\right)$、$R_n^{\mathrm{Q}-}\left(\lambda_n^{\mathrm{s}},t\right)$分别为调 Q 器件的前向泵浦反射率、后向泵浦反射率、前向信号反射率、后向信号反射率。根据实际器件的性能确定上述参数，一般情况可以忽略上述反射率，边界条件为

$$P_m^{\mathrm{p}+}\left(\lambda_m^{\mathrm{p}},z_{Q}^{\mathrm{R}}\right)=P_m^{\mathrm{p}+}\left(\lambda_m^{\mathrm{p}},z_{\mathrm{Q}}^{\mathrm{L}}\right)\eta_m^{\mathrm{Q}+}\left(\lambda_m^{\mathrm{p}}\right) \tag{3-18}$$

$$P_m^{\mathrm{p}-}\left(\lambda_m^{\mathrm{p}},z_{\mathrm{Q}}^{\mathrm{L}}\right)=P_m^{\mathrm{p}-}\left(\lambda_m^{\mathrm{p}},z_{\mathrm{Q}}^{\mathrm{R}}\right)\eta_m^{\mathrm{Q}-}\left(\lambda_m^{\mathrm{p}}\right) \tag{3-19}$$

$$P_n^{\mathrm{s}+}\left(\lambda_n^{\mathrm{s}},z_{\mathrm{Q}}^{\mathrm{R}}\right)=P_n^{\mathrm{s}+}\left(\lambda_n^{\mathrm{s}},z_{\mathrm{Q}}^{\mathrm{L}}\right)\eta_n^{\mathrm{Q}+}\left(\lambda_n^{\mathrm{s}},t\right) \tag{3-20}$$

$$P_n^{\mathrm{s}-}\left(\lambda_n^{\mathrm{s}},z_{\mathrm{Q}}^{\mathrm{L}}\right)=P_n^{\mathrm{s}-}\left(\lambda_n^{\mathrm{s}},z_{\mathrm{Q}}^{\mathrm{R}}\right)\eta_n^{\mathrm{Q}-}\left(\lambda_n^{\mathrm{s}},t\right) \tag{3-21}$$

一般地，正向和反向的效率相等，即$\eta_m^{\mathrm{Q}+}\left(\lambda_m^{\mathrm{p}}\right)=\eta_m^{\mathrm{Q}-}\left(\lambda_m^{\mathrm{p}}\right)=\eta_m^{\mathrm{Q}}\left(\lambda_m^{\mathrm{p}}\right)$、$\eta_n^{\mathrm{Q}+}\left(\lambda_n^{\mathrm{s}},t\right)=\eta_n^{\mathrm{Q}-}\left(\lambda_n^{\mathrm{s}},t\right)=\eta_n^{\mathrm{Q}}\left(\lambda_n^{\mathrm{s}},t\right)$，其中，$\eta_m^{\mathrm{Q}}\left(\lambda_m^{\mathrm{p}}\right)$、$\eta_n^{\mathrm{Q}}\left(\lambda_n^{\mathrm{s}},t\right)$为常数，与时间无关。一般情况下，器件厂家会给出前后向泵浦信号损耗调 Q 器件的损耗$I_m^{\mathrm{Q}}\left(\lambda_m^{\mathrm{p}},t\right)$、$I_n^{\mathrm{Q}}\left(\lambda_n^{\mathrm{s}},t\right)$，有

$$\begin{aligned}\eta_m^{\mathrm{Q}}\left(\lambda_m^{\mathrm{p}},t\right)&=1-I_m^{\mathrm{Q}}\left(\lambda_m^{\mathrm{p}},t\right)\\ \eta_n^{\mathrm{Q}}\left(\lambda_n^{\mathrm{s}},t\right)&=1-I_n^{\mathrm{Q}}\left(\lambda_n^{\mathrm{s}},t\right)\end{aligned} \tag{3-22}$$

特别需注意的是，在实际激光器中，$\eta_n^{\mathrm{Q}+}\left(\lambda_n^{\mathrm{s}},t\right)$、$\eta_n^{\mathrm{Q}-}\left(\lambda_n^{\mathrm{s}},t\right)$一定是随着时间变化的函数。调 Q 激光器中调节的 Q 值就是在时间上调制谐振腔内信号光的损耗，从而产生脉冲激光。根据调 Q 原理，损耗一般描述为

$$I_n^{\mathrm{Q}}\left(\lambda_n^{\mathrm{s}},t\right)=\begin{cases} I_{\mathrm{HQ}} & (t=\text{高}Q)\\ I_{\mathrm{LQ}} & (t=\text{低}Q)\end{cases} \tag{3-23}$$

一般地，$I_n^{\mathrm{Q}}\left(\lambda_n^{\mathrm{s}},t\right)$是一个含时函数，以声光调制器为例，对于占空比为 50%的脉冲可以表示为

$$I_n^{\mathrm{Q}}\left(\lambda_n^{\mathrm{s}},t\right)=\begin{cases} I_{\mathrm{HQ}} & \left((K-1)T\leqslant t\leqslant KT\right)\\ I_{\mathrm{LQ}} & \left(KT<t<(K+1)T\right)\end{cases} \qquad K=0,\pm1,\pm2,\pm3,\pm4,\cdots \tag{3-24}$$

对于可饱和吸收光纤，损耗也可以描述为

$$I_n^{\mathrm{Q}}\left(\lambda_n^{\mathrm{s}},t\right)=L_{\mathrm{SA}}\left[\sigma_{\mathrm{as}}^{\mathrm{sa}}N_1^{\mathrm{sa}}\left(t\right)+\sigma_{\mathrm{es}}^{\mathrm{sa}}N_2^{\mathrm{sa}}\left(t\right)+\alpha_{\mathrm{nsa}}\right] \tag{3-25}$$

式中，α_{nsa} 为可饱和吸收体的线性吸收系数；L_{SA} 为可饱和吸收体长度；$\sigma_{\mathrm{as}}^{\mathrm{sa}}$、$\sigma_{\mathrm{es}}^{\mathrm{sa}}$ 为可饱和吸收体对信号光的吸收和发射截面；N_1^{sa}、N_2^{sa} 为可饱和吸收体的基态和上能级粒子数。在已知 N_1^{sa}、N_2^{sa} 的情况下，也可以不用速率方程，参考主动调 Q 的方法给出损耗。

3.1.3　被动调 Q 脉冲光纤激光器速率方程与边界条件

被动调 Q 激光器可以直接利用可饱和吸收体的损耗参数作为边界条件对速率方程进行求解，必要时还需要对可饱和光纤的速率方程进行求解。图 3-2 给出了基于可饱和吸收光纤的被动调 Q 激光器的原理图，其与主动调 Q 激光器的主要差别在于这里利用可饱和吸收光纤替代主动调 Q 器件。在掺镱光纤被动调 Q 激光器中，可饱和吸收光纤可以是掺钐光纤，也可以是普通的传能光纤。

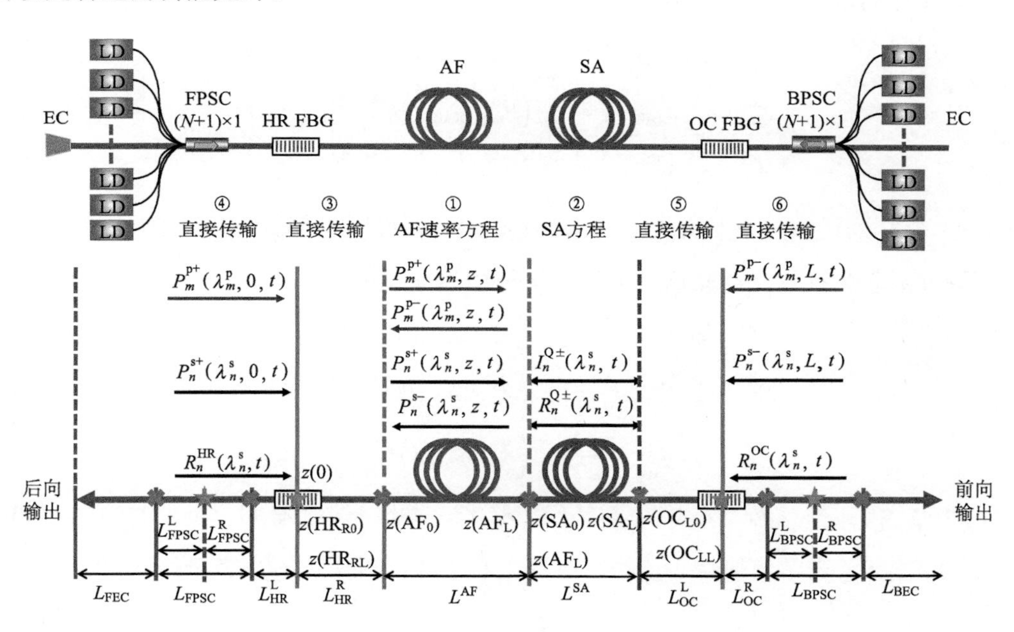

图 3-2　基于可饱和吸收光纤的被动调 Q 激光器及边界条件

1. 被动调 Q 脉冲光纤激光器速率方程

在 3.1.2 节提到，在基于可饱和吸收光纤的被动调 Q 激光器中，调 Q 边界条件与可饱和吸收体的基态和上能级粒子数有关，需要通过可饱和吸收光纤中的速率方程来求解。可饱和吸收光纤对信号激光器没有发射和吸收，因此可饱和吸收光纤中的信号传输可以在式(3-10)～式(3-13)的模型中忽略发射系数和自发辐射项，同时认为泵浦光在其中没有损耗，忽略泵浦光的传输，得到可饱和吸收光纤中的简化速率方程：

$$N_0^{\mathrm{sa}}=N_1^{\mathrm{sa}}\left(z,t\right)+N_2^{\mathrm{sa}}\left(z,t\right) \tag{3-26}$$

$$\frac{\partial N_2^{\text{sa}}(z,t)}{\partial t}=\sum_n\frac{\Gamma_n^{\text{sa}}\lambda_n}{hcA_{co}^{\text{sa}}}\left[\sigma_n^{\text{sa}}N_1^{\text{sa}}(z,t)\right]\left[P_n^{\text{s}+}\left(\lambda_n^{\text{s}},z,t\right)+P_n^{\text{s}-}\left(\lambda_n^{\text{s}},z,t\right)\right]-\frac{N_2^{\text{sa}}(z,t)}{\tau_{\text{sa}}} \tag{3-27}$$

$$\begin{aligned}\pm\frac{\mathrm{d}P_n^{\text{s}\pm}\left(\lambda_n^{\text{s}},z,t\right)}{\mathrm{d}z}&=\pm\frac{\partial P_n^{\text{s}\pm}\left(\lambda_n^{\text{s}},z,t\right)}{\partial z}\pm\frac{1}{v_{\text{s}}^{\text{sa}}}\frac{\partial P_n^{\text{s}\pm}\left(\lambda_n^{\text{s}},z,t\right)}{\partial t}\\&=-\Gamma_n^{\text{sa}}\left[\sigma_{\text{ak}}^{\text{sa}}N_1(z,t)\right]P_n^{\text{s}\pm}\left(\lambda_n^{\text{s}},z,t\right)-\alpha_n^{\text{sa}}\left(\lambda_n^{\text{s}}\right)P_n^{\text{s}\pm}\left(\lambda_n^{\text{s}},z,t\right)\end{aligned} \tag{3-28}$$

式中，上标 sa 表示可饱和吸收体的参数，其他参数的定义与普通增益光纤中定义类似。

2. 被动调 Q 脉冲光纤激光器边界条件

观察图 3-2，同样利用“✖”表示熔接点损耗边界，利用“★”表示器件损耗边界。除了可饱和吸收光纤，其他器件和熔接点的边界条件与 2.2.1 节连续激光器中描述的边界条件一致。这里我们首先描述可饱和吸收光纤左右两个边界。根据图 3-2，增益光纤与可饱和吸收光纤熔接点 z_{SA0} 处的边界描述为

$$P_m^{\text{p}+}\left(\lambda_m^{\text{p}},z_{\text{SA0}}^{\text{R}},t\right)=P_m^{\text{p}+}\left(\lambda_m^{\text{p}},z_{\text{SA0}}^{\text{L}},t\right)\eta_m^{\text{AF\_SA}+}\left(\lambda_m^{\text{p}},t\right) \tag{3-29}$$

$$P_m^{\text{p}-}\left(\lambda_m^{\text{p}},z_{\text{SA0}}^{\text{L}},t\right)=P_m^{\text{p}-}\left(\lambda_m^{\text{p}},z_{\text{SA0}}^{\text{R}},t\right)\eta_m^{\text{AF\_SA}-}\left(\lambda_m^{\text{p}},t\right) \tag{3-30}$$

$$P_n^{\text{s}+}\left(\lambda_n^{\text{s}},z_{\text{SA0}}^{\text{R}},t\right)=P_n^{\text{s}+}\left(\lambda_n^{\text{s}},z_{\text{SA0}}^{\text{L}},t\right)\eta_n^{\text{AF\_SA}+}\left(\lambda_n^{\text{s}},t\right) \tag{3-31}$$

$$P_n^{\text{s}-}\left(\lambda_n^{\text{s}},z_{\text{SA0}}^{\text{L}},t\right)=P_n^{\text{s}-}\left(\lambda_n^{\text{s}},z_{\text{SA0}}^{\text{R}},t\right)\eta_n^{\text{AF\_SA}-}\left(\lambda_n^{\text{s}},t\right) \tag{3-32}$$

可饱和吸收光纤与光纤光栅熔接点 z_{SAL} 处边界描述为

$$P_m^{\text{p}+}\left(\lambda_m^{\text{p}},z_{\text{SAL}}^{\text{R}},t\right)=P_m^{\text{p}+}\left(\lambda_m^{\text{p}},z_{\text{SAL}}^{\text{L}},t\right)\eta_m^{\text{SA\_OC}+}\left(\lambda_m^{\text{p}},t\right) \tag{3-33}$$

$$P_m^{\text{p}-}\left(\lambda_m^{\text{p}},z_{\text{SAL}}^{\text{L}},t\right)=P_m^{\text{p}-}\left(\lambda_m^{\text{p}},z_{\text{SAL}}^{\text{R}},t\right)\eta_m^{\text{SA\_OC}-}\left(\lambda_m^{\text{p}},t\right) \tag{3-34}$$

$$P_n^{\text{s}+}\left(\lambda_n^{\text{s}},z_{\text{SAL}}^{\text{R}},t\right)=P_n^{\text{s}+}\left(\lambda_n^{\text{s}},z_{\text{SAL}}^{\text{L}},t\right)\eta_n^{\text{SA\_OC}+}\left(\lambda_n^{\text{s}},t\right) \tag{3-35}$$

$$P_n^{\text{s}-}\left(\lambda_n^{\text{s}},z_{\text{SAL}}^{\text{L}},t\right)=P_n^{\text{s}-}\left(\lambda_n^{\text{s}},z_{\text{SAL}}^{\text{R}},t\right)\eta_n^{\text{SA\_OC}-}\left(\lambda_n^{\text{s}},t\right) \tag{3-36}$$

式中，$z_{\text{SA0}}^{\text{L}}$、$z_{\text{SA0}}^{\text{R}}$ 表示熔接点 z_{SA0} 的左边界、右边界；$z_{\text{SAL}}^{\text{L}}$、$z_{\text{SAL}}^{\text{R}}$ 表示熔接点 z_{SAL} 的左边界、右边界；$\eta_m^{\text{AF\_SA}+}$ 和 $\eta_n^{\text{AF\_SA}-}$ 分别表示泵浦光和信号光在熔接点 z_{SA0} 处前后传输的效率；$\eta_m^{\text{SA\_OC}+}$ 和 $\eta_n^{\text{SA\_OC}-}$ 分别表示泵浦光和信号光在熔接点 z_{SAL} 处前后向传输的效率。

3. 传能光纤中脉冲激光传输方程

与连续激光类似，由式(3-11)和式(3-12)可得传能光纤中的速率方程为

$$\pm\frac{\partial P_m^{\text{p}\pm}\left(\lambda_m^{\text{p}},z,t\right)}{\partial z}+\frac{1}{v_{\text{p}}}\frac{\partial P_m^{\text{p}\pm}\left(\lambda_m^{\text{p}},z,t\right)}{\partial t}=-\alpha_m^{\text{p}}\left(\lambda_m^{\text{p}}\right)P_m^{\text{p}\pm}\left(\lambda_m^{\text{p}},z,t\right) \tag{3-37}$$

$$\pm\frac{\partial P_n^{\text{s}\pm}\left(\lambda_n^{\text{s}},z,t\right)}{\partial z}+\frac{1}{v_{\text{s}}}\frac{\partial P_n^{\text{s}\pm}\left(\lambda_n^{\text{s}},z,t\right)}{\partial t}=-\alpha_n^{\text{s}}\left(\lambda_n^{\text{s}}\right)P_n^{\text{s}\pm}\left(\lambda_n^{\text{s}},z,t\right) \tag{3-38}$$

式中，$\alpha_m^{\text{p}}\left(\lambda_m^{\text{p}}\right)$、$\alpha_n^{\text{s}}\left(\lambda_n^{\text{s}}\right)$ 分别为传能光纤中的泵浦吸收损耗系数和信号吸收损耗系数。

3.1.4　脉冲光纤激光速率方程求解算法

在主动调 Q 激光器中，联合式(3-10)～式(3-13)的增益光纤速率方程、式(3-37)和式(3-38)的传能光纤的速率方程，结合主动调 Q 激光器的边界条件，可以对主动调 Q 激光器的特性进行仿真。在被动调 Q 激光器中，联合式(3-10)～式(3-13)的增益光纤速率方程、式(3-26)～式(3-28)的可饱和吸收光纤的速率方程、式(3-37)和式(3-38)的传能光纤的速率方程，结合被动调 Q 激光器的边界条件，可以对被动调 Q 激光器的特性进行仿真。

下面介绍脉冲激光速率方程的求解算法：并行双向(Parallelizable Bidirectional，PB)算法。

首先，将式(3-12)左右两边分别乘以 v_{g}，得到简写的双向传输特征方程：

$$\begin{cases}\left(\dfrac{\partial}{\partial t}+v_{\mathrm{g}}\dfrac{\partial}{\partial z}\right)\varepsilon_{\mathrm{R}}=S_{\mathrm{R}}\\[2ex]\left(\dfrac{\partial}{\partial t}-v_{\mathrm{g}}\dfrac{\partial}{\partial z}\right)\varepsilon_{\mathrm{L}}=S_{\mathrm{L}}\end{cases}\tag{3-39}$$

式中，v_{g} 为光场群速率；ε_{R} 和 ε_{L} 分别为光纤中向右(+z)和向左(−z)传输的光场变量，对应式(3-12)中的信号光项 P_{s}^{+} 和 P_{s}^{-}；S_{R} 和 S_{L} 分别为向右和向左传播的源项，对应式(3-12)中的等号最右边项与 v_{g} 的乘积。

然后，在实验室坐标系 (z,t) 的基础上建立新坐标系，使其坐标 $(z_1,t_1),(z_2,t_2)$ 满足如下关系：

$$\begin{cases}t_1=t, & z_1=z-v_{\mathrm{g}}t\\ t_2=t, & z_2=z+v_{\mathrm{g}}t\end{cases}\tag{3-40}$$

式中，z 表示沿光纤的轴向；$\varepsilon_{\mathrm{R}}(z_1,t_1)$、$\varepsilon_{\mathrm{R}}(z_2,t_2)$ 分别表示沿光纤 +z 和 −z 方向传输的光。

根据式(3-40)，可以将双向传输特征方程(3-39)转化到新坐标系下。由于光场变量在实验室坐标系变换到新坐标系的过程中是不变的，即

$$\begin{cases}\overline{\varepsilon}_{\mathrm{R}}(z_1,t_1)=\varepsilon_{\mathrm{R}}(z,t)\\ \overline{\varepsilon}_{\mathrm{L}}(z_2,t_2)=\varepsilon_{\mathrm{L}}(z,t)\end{cases}\tag{3-41}$$

新坐标系下的双向传输特征方程可化为

$$\begin{cases}\dfrac{\partial\overline{\varepsilon}_{\mathrm{R}}}{\partial t_1}(z_1,t_1)=\overline{R}(z_1,t_1)\\[2ex]\dfrac{\partial\overline{\varepsilon}_{\mathrm{L}}}{\partial t_2}(z_2,t_2)=\overline{L}(z_2,t_2)\end{cases}\tag{3-42}$$

令 $z_0=z_1+v_{\mathrm{g}}t_1$，有

$$\overline{\varepsilon}_{\mathrm{R}}(z_1,t_1)=\varepsilon_{\mathrm{R}}(z_1+v_{\mathrm{g}}t_1,t_1)=\varepsilon_{\mathrm{R}}(z_0,t_1)\tag{3-43}$$

根据式(3-43)，利用中心差分法对式(3-42)中第一个方程等号左侧进行预先近似离散，可得

$$\begin{aligned}\frac{\partial\overline{\varepsilon}_{\mathrm{R}}}{\partial t_1}(z_1,t_1)&\approx\frac{\overline{\varepsilon}_{\mathrm{R}}(z_1,t_1+\Delta t)-\overline{\varepsilon}_{\mathrm{R}}(z_1,t_1-\Delta t)}{2\Delta t}\\&\approx\frac{\varepsilon_{\mathrm{R}}(z_0+v_{\mathrm{g}}\Delta t,t_1+\Delta t)-\varepsilon_{\mathrm{R}}(z_0-v_{\mathrm{g}}\Delta t,t_1-\Delta t)}{2\Delta t}\end{aligned}\tag{3-44}$$

为了验证式(3-44)描述的光传输，令式(3-42)中 $\overline{R}(z_1,t_1)=0$（在无源光纤中传输），由式(3-44)可得

$$\varepsilon_{\mathrm{R}}(z_0+v_{\mathrm{g}}\Delta t,t_1+\Delta t)=\varepsilon_{\mathrm{R}}(z_0-v_{\mathrm{g}}\Delta t,t_1-\Delta t)\tag{3-45}$$

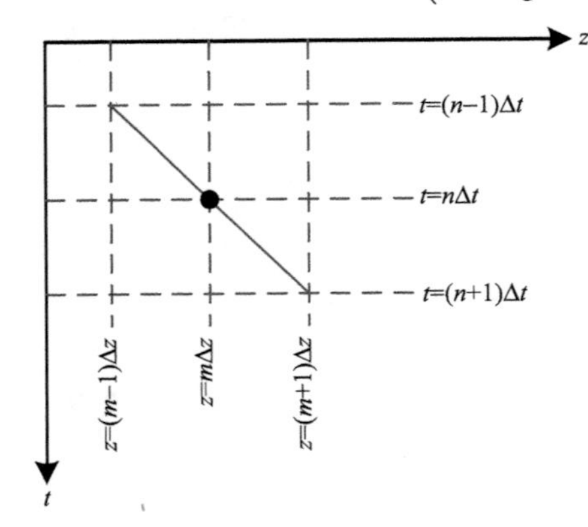

图 3-3　实验室坐标系下的光传输差分计算单元

式(3-45)表明：$t_1-\Delta t$ 时刻位于 $z_0-v_{\mathrm{g}}\Delta t$ 向右传输的光场变量等于 $t_1+\Delta t$ 时刻位于 $z_0+v_{\mathrm{g}}\Delta t$ 向左传输的光场变量，如图 3-3 中的斜线所示。图 3-3 给出了实验室坐标系下向右传输的光场变量在差分计算时的计算单元。

由图 3-3 可知，为了确保准确计算，时间步长 Δt 与空间步长 Δz 应满足：

$$\Delta z=v\Delta t\tag{3-46}$$

进一步，对 ε_{R} 进行离散化处理，可得

$$\begin{cases}\varepsilon_{\mathrm{R};m,n}=\varepsilon_{\mathrm{R}}(z=m\Delta z,t=n\Delta t)\\\overline{\varepsilon}_{\mathrm{R};\mu,\upsilon}=\overline{\varepsilon}_{\mathrm{R}}(z_1=\mu\Delta z,t_1=\upsilon\Delta t)\end{cases}\tag{3-47}$$

式中，m、n、μ、υ 均为整数，且有

$$\begin{aligned}\varepsilon_{\mathrm{R};m,n}&=\varepsilon_{\mathrm{R}}((m-n)\Delta z+n\Delta z,n\Delta t)\\&=\varepsilon_{\mathrm{R}}((m-n)\Delta z+nv_{\mathrm{g}}\Delta t,n\Delta t)=\overline{\varepsilon}_{\mathrm{R};m-n,n}\end{aligned}\tag{3-48}$$

同理，可得向左传输的光场变量满足：

$$\begin{aligned}\varepsilon_{\mathrm{L};m,n}&=\varepsilon_{\mathrm{L}}((m+n)\Delta z-n\Delta z,n\Delta t)\\&=\varepsilon_{\mathrm{L}}((m+n)\Delta z-nv_{\mathrm{g}}\Delta t,n\Delta t)=\overline{\varepsilon}_{\mathrm{L};m+n,n}\end{aligned}\tag{3-49}$$

在新坐标系下，中心差分法预测公式为

$$\begin{cases}\overline{\varepsilon}^{\mathrm{pred}}_{\mathrm{R};m-n-1,n+1}=\overline{\varepsilon}_{\mathrm{R};m-n-1,n-1}+2\Delta t\overline{R}_{m-n-1,n}\\\overline{\varepsilon}^{\mathrm{pred}}_{\mathrm{L};m+n+1,n+1}=\overline{\varepsilon}_{\mathrm{L};m+n+1,n-1}+2\Delta t\overline{L}_{m+n+1,n}\end{cases}\tag{3-50}$$

将式(3-50)转化到实验室坐标系下，有

$$\begin{cases}\varepsilon^{\mathrm{pred}}_{\mathrm{R};m,n+1}=\varepsilon_{\mathrm{R};m-2,n-1}+2\Delta tS_{\mathrm{R};m-1,n}\\\varepsilon^{\mathrm{pred}}_{\mathrm{L};m,n+1}=\varepsilon_{\mathrm{L};m+2,n-1}+2\Delta tS_{\mathrm{L};m+1,n}\end{cases}\tag{3-51}$$

经中心差分法预测后，有必要利用梯形公式对式(3-50)进行校正(快照坐标系下)：

$$\begin{cases}\overline{\varepsilon}_{\mathrm{R};m-n-1,n+1}=\overline{\varepsilon}_{\mathrm{R};m-n-1,n}+0.5\Delta t\left(\overline{R}^{\mathrm{pred}}_{m-n-1,n+1}+\overline{R}_{m-n-1,n}\right)\\\overline{\varepsilon}_{\mathrm{L};m+n+1,n+1}=\overline{\varepsilon}_{\mathrm{L};m+n+1,n}+0.5\Delta t\left(\overline{L}^{\mathrm{pred}}_{m+n+1,n+1}+\overline{L}_{m+n+1,n}\right)\end{cases}\tag{3-52}$$

在实验室坐标系下，式(3-52)为

$$\begin{cases}\varepsilon_{\mathrm{R};m,n+1}=\varepsilon_{\mathrm{R};m-1,n}+0.5\Delta t\left(S_{\mathrm{R};m,n+1}^{\mathrm{pred}}+S_{\mathrm{R};m-1,n}\right)\\ \varepsilon_{\mathrm{L};m,n+1}=\varepsilon_{\mathrm{L};m+1,n}+0.5\Delta t\left(S_{\mathrm{L};m,n+1}^{\mathrm{pred}}+S_{\mathrm{L};m+1,n}\right)\end{cases} \tag{3-53}$$

根据前面对 PB 算法的介绍并结合图 3-3 可知其求解思路。

(1)在正式迭代之前，需要计算最初的状态：初始时刻的泵浦和信号功率分布，并明确迭代步数。

(2)利用上一时刻(或初始条件)的光场值，根据式(3-54)给出 $t=n\Delta t$ 时刻的 $\overline{R}$ 和 $\overline{L}$ 值：

$$\begin{cases}\overline{R}(z_1,t_1)=\dfrac{\partial\overline{\varepsilon}_{\mathrm{R}}}{\partial t_1}(z_1,t_1)\\ \overline{L}(z_2,t_2)=\dfrac{\partial\overline{\varepsilon}_{\mathrm{L}}}{\partial t_2}(z_2,t_2)\end{cases} \tag{3-54}$$

(3)利用中心差分法预测式(3-50)求出 $t=(n+1)\Delta t$ 时刻的沿 $\pm z$ 方向传输的光场变量预测值 $\overline{\varepsilon}_{\mathrm{R};m-n-1,n+1}^{\mathrm{pred}}$ 和 $\overline{\varepsilon}_{\mathrm{L};m+n+1,n+1}^{\mathrm{pred}}$：

$$\begin{cases}\overline{\varepsilon}_{\mathrm{R};m-n-1,n+1}^{\mathrm{pred}}=\overline{\varepsilon}_{\mathrm{R};m-n-1,n-1}+2\Delta t\overline{R}_{m-n-1,n}\\ \overline{\varepsilon}_{\mathrm{L};m+n+1,n+1}^{\mathrm{pred}}=\overline{\varepsilon}_{\mathrm{L};m+n+1,n-1}+2\Delta t\overline{L}_{m+n+1,n}\end{cases}$$

(4)用得到的 $\overline{\varepsilon}_{\mathrm{R};m-n-1,n+1}^{\mathrm{pred}}$ 和 $\overline{\varepsilon}_{\mathrm{L};m+n+1,n+1}^{\mathrm{pred}}$ 进一步计算 $t=(n+1)\Delta t$ 时刻的 $\overline{R}$ 和 $\overline{L}$ 值：

$$\begin{cases}\overline{R}(z_1,t_1)=\dfrac{\partial\overline{\varepsilon}_{\mathrm{R}}}{\partial t_1}(z_1,t_1)\\ \overline{L}(z_2,t_2)=\dfrac{\partial\overline{\varepsilon}_{\mathrm{L}}}{\partial t_2}(z_2,t_2)\end{cases}$$

(5)利用梯形公式(3-52)修正 $t=(n+1)\Delta t$ 时刻的光场变量值：

$$\begin{cases}\overline{\varepsilon}_{\mathrm{R};m-n-1,n+1}=\overline{\varepsilon}_{\mathrm{R};m-n-1,n}+0.5\Delta t\left(\overline{R}_{m-n-1,n+1}^{\mathrm{pred}}+\overline{R}_{m-n-1,n}\right)\\ \overline{\varepsilon}_{\mathrm{L};m+n+1,n+1}=\overline{\varepsilon}_{\mathrm{L};m+n+1,n}+0.5\Delta t\left(\overline{L}_{m+n+1,n+1}^{\mathrm{pred}}+\overline{L}_{m+n+1,n}\right)\end{cases}$$

(6)将其转换到实验室坐标系下可以得到 $\varepsilon_{\mathrm{R};m,n+1}$ 和 $\varepsilon_{\mathrm{L};m,n+1}$：

$$\begin{cases}\varepsilon_{\mathrm{R};m,n+1}=\varepsilon_{\mathrm{R};m-1,n}+0.5\Delta t\left(S_{\mathrm{R};m,n+1}^{\mathrm{pred}}+S_{\mathrm{R};m-1,n}\right)\\ \varepsilon_{\mathrm{L};m,n+1}=\varepsilon_{\mathrm{L};m+1,n}+0.5\Delta t\left(S_{\mathrm{L};m,n+1}^{\mathrm{pred}}+S_{\mathrm{L};m+1,n}\right)\end{cases}$$

如此循环迭代，即可得到下一时刻光纤各个位置的光场变量值。

3.2 锁模脉冲光纤激光器理论模型与仿真算法

3.2.1 锁模脉冲光纤激光器简介

激光器锁模是获得超短光脉冲的主要手段，在科研、工业和国防的多个方面具有重要应用。锁模脉冲光纤激光器(简称锁模激光器)由于具有体积小、耗能低、光束质量高、散热性好、造价低及免维护等优良特性，在近些年来得到了迅速的发展。按照锁模的方式，锁模激光器分为主动锁模激光器和被动锁模激光器，其中被动锁模激光器是当前主流的锁模激光器。被动锁模激光器的锁模启动机制主要有三种，分别为非线性光纤环路反射镜、非线性偏振旋转和可饱和吸收体。本节主要介绍非线性光纤环路反射镜(Nonlinear Optical Loop Mirror，NOLM)和可饱和吸收体锁模激光器的模型。

1. 基于非线性光纤环路反射镜的锁模激光器

图 3-4 为基于非线性光纤环路反射镜的锁模激光器基本结构。如图 3-4 所示，激光器为环形结构。PF(Passive Fiber)为传能光纤，BPF 为带通滤波器，AF(Active Fiber)为增益光纤，ISO 为光隔离器，其功能是保证环形激光器单向运转。环形激光器内插入两个耦合器，其中一个耦合器作为输出耦合器，起到输出锁模脉冲的作用；另外一个耦合器的同侧端口连接在一起构成 NOLM，在腔内等效为可饱和吸收体(Saturable Absorber，SA)来实现被动锁模。在 NOLM 中插入了非互易相移器(Non-Reciprocal Phase Shifter，NRPS)来调节 NOLM 的性能。

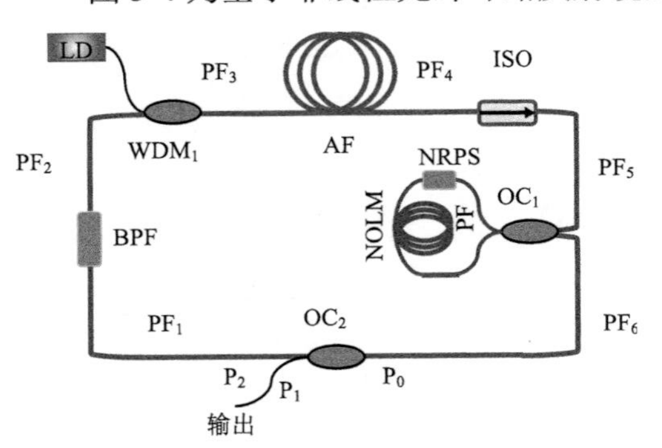

图 3-4　基于 NOLM 的锁模激光器基本结构

2. 基于可饱和吸收体的锁模激光器

图 3-5 是典型的基于可饱和吸收体的锁模激光器的结构示意图。该激光器为双向泵浦结构，主要包括泵浦源(LD)、波分复用器(WDM_1、WDM_2)、增益光纤(AF)、隔离器(ISO)、可饱和吸收体 SA、输出耦合器(OC)、带通滤波器(BPF)和传能光纤(PF)。通过可饱和吸收体实现脉冲锁模功能。

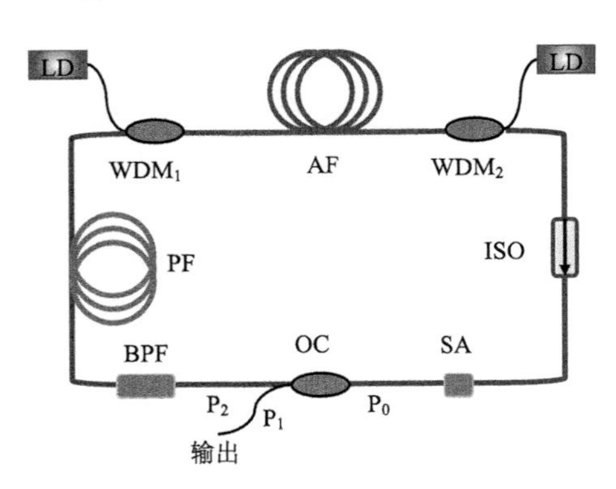

图 3-5　基于可饱和吸收体的锁模激光器结构

3.2.2　被动锁模环形光纤激光器理论模型

被动锁模激光器中所涉及的器件主要分为两大类：第一类是光纤，包括增益光纤和传能光纤，需要利用脉冲传输的非线性薛定谔方程求解；第二类是独立器件，包括隔离器、带通滤波器、NOLM、可饱和吸收体和输出耦合器等。下面分别对两类器件的模型进行描述。

1. 脉冲在光纤中的传输模型

脉冲在光纤中的传输行为可以使用广义非线性薛定谔方程(Generalized Nonlinear Schrödinger Equation，GNLSE)来进行求解，其时域形式如下：

$$
\begin{aligned}
&\frac{\partial A}{\partial z}+\frac{1}{2}\left[\alpha\left(\omega_0\right)+\mathrm{j}\alpha_1\frac{\partial}{\partial t}\right]A+\sum_{k=1}^{\infty}\frac{(\mathrm{j})^{k+1}\beta_k}{k!}\frac{\partial^k A}{\partial t^k} \\
&=\mathrm{j}\left[\gamma\left(\omega_0\right)-\mathrm{j}\gamma_1\frac{\partial}{\partial t}\right]\left[A(z,t)\int_0^{\infty}R(t')\left|A(z,t-t')\right|^2\mathrm{d}t'\right]
\end{aligned}
\tag{3-55}
$$

式中，A 为慢变振幅包络；ω_0 为中心频率；α 为频率相关的吸收系数；β 为传播常数；γ 为频率相关的非线性系数，其中，α_1 和 γ_1 均为泰勒展开式的一阶系数，$\gamma_1=\left(\mathrm{d}\gamma/\mathrm{d}\omega\right)_{\omega=\omega_0}$，比值 γ_1/γ 的表达式为

$$
\frac{\gamma_1\left(\omega_0\right)}{\gamma\left(\omega_0\right)}=\frac{1}{\omega_0}+\frac{1}{n_2}\left(\frac{\mathrm{d}n_2}{\mathrm{d}\omega}\right)_{\omega=\omega_0}-\frac{1}{A_{\mathrm{eff}}}\left(\frac{\mathrm{d}A_{\mathrm{eff}}}{\mathrm{d}\omega}\right)_{\omega=\omega_0}
\tag{3-56}
$$

式中，第一项是主要的，只有当输出光场的光谱宽度达到 100THz 及以上时，后两项才比较重要。若光谱宽度在 20THz 以内，可以近似取 $\gamma_1\approx\gamma/\omega_0$ 。$R(t)$ 为非线性响应函数，其同时包括电子和原子核的贡献。为了简化问题，假设电子贡献几乎是瞬时的，那么 $R(t)$ 可以写为

$$
R(t)=\left(1-f_{\mathrm{R}}\right)\delta\left(t-t_{\mathrm{e}}\right)+f_{\mathrm{R}}h_{\mathrm{R}}(t)
\tag{3-57}
$$

其中，t_{e} 为电子响应的短延迟时间，$t_{\mathrm{e}}<1\mathrm{fs}$，所以实际中通常忽略；$f_{\mathrm{R}}=0.245$，为延迟拉曼响应对非线性效应贡献比例系数，简称延迟拉曼响应。只考虑 α 的零阶项，同时考虑增益，可以将式(3-55)化简为

$$
\begin{aligned}
&\frac{\partial A}{\partial z}+\frac{(\alpha-g)}{2}A+\sum_{k=2}^{\infty}\frac{\mathrm{j}^{k+1}\beta_k}{k!}\frac{\partial^k A}{\partial t^k} \\
&=\mathrm{j}\gamma\left(1-\mathrm{j}\frac{1}{\omega_0}\frac{\partial}{\partial t}\right)\left[\left(1-f_{\mathrm{R}}\right)|A|^2A+f_{\mathrm{R}}A\left(h_{\mathrm{R}}\otimes|A|^2\right)\right]
\end{aligned}
\tag{3-58}
$$

式中，“$\otimes$”表示卷积。将式(3-58)经傅里叶变换转换到频域，使用上标“~”表示对应的傅里叶变换，可以得到

$$
\begin{aligned}
&\frac{\partial\tilde{A}}{\partial z}+\frac{\alpha-g}{2}\tilde{A}-\mathrm{j}\sum_{k=2}^{\infty}\frac{\beta_k\omega^k}{k!}\tilde{A} \\
&=-\mathrm{j}\gamma\left(1+\frac{\omega}{\omega_0}\right)\left(\left(1-f_{\mathrm{R}}\right)\mathcal{F}\left(|A|^2A\right)+f_{\mathrm{R}}\mathcal{F}\left\{A\cdot\mathcal{F}^{-1}\left[\tilde{h}_{\mathrm{R}}\cdot\mathcal{F}\left(|A|^2\right)\right]\right\}\right)
\end{aligned}
\tag{3-59}
$$

式(3-59)为完整的频域 GNLSE 的形式。为了简化问题，将色散考虑到 3 阶，并且忽略自陡峭效应和拉曼效应，那么有最简单的形式：

$$
\frac{\partial\tilde{A}}{\partial z}+\frac{\alpha-g}{2}\tilde{A}-\mathrm{j}\sum_{k=2}^{3}\frac{\beta_k\omega^k}{k!}\tilde{A}=-\mathrm{j}\gamma\mathcal{F}\left(|A|^2A\right)
\tag{3-60}
$$

式(3-60)为仿真所使用的模型。对于光纤模块，求解式(3-60)便可以得到脉冲在其中的演化关系。

对于增益光纤来说，由于锁模激光器光谱较宽，需要对不同的频域分量分别计算增益。为了简单起见，使用增益饱和加洛伦兹线型修正的方法来进行增益计算。放大器的增益饱和可以表述为

$$g\left(P_{\mathrm{avg}}\right)=\frac{g_{\mathrm{ss}}}{1+P_{\mathrm{avg}}/P_{\mathrm{sat}}} \tag{3-61}$$

式中，g_{ss} 和 P_{sat} 分别为小信号增益与饱和功率；P_{avg} 为脉冲的平均功率。脉冲的平均功率由脉冲能量乘以重频得到，重频对应纵模间隔。此时求出的增益为中心波长的增益，在此基础上乘以洛伦兹线型拟合其他波长的增益即可。

如果忽略高阶的色散项和非线性效应项，只保留二阶色散和自相位调制效应，对于腔内功率普遍不高的锁模激光器(振荡器)，还可以利用金茨堡-朗道方程(Ginzburg-Landau Equation，GLE)描述：

$$\frac{\partial A}{\partial z}=-\frac{\mathrm{i}}{2}\beta_2\frac{\partial^2 A}{\partial t^2}+\mathrm{i}\gamma|A|^2 A+\frac{g}{2}A+\frac{g}{2\Omega_{\mathrm{g}}^2}\frac{\partial^2 A}{\partial t^2} \tag{3-62}$$

式中，β_2 为二阶色散系数；g 为增益系数；Ω_g 为增益带宽。若考虑增益饱和效应，增益系数 g 还可以改写为

$$g=g_0\exp\left(-\frac{E}{E_{\mathrm{sat}}}\right) \tag{3-63}$$

式中，g_0 为小信号增益系数，单位为 m^{-1}；E_{sat} 为增益饱和能量，脉冲能量 $E=\int|A|^2\,\mathrm{d}t$。对于无源的传能光纤，$g_0=0$，不考虑增益特性。

2. 脉冲在独立器件中的传输模型

1) WDM

在图 3-4 或图 3-5 中，WDM 会对脉冲产生一个固定的损耗，即输出光场与输入光场满足如下关系：

$$A_{\mathrm{o\_WDM}}=A_{\mathrm{in\_WDM}}\sqrt{\eta_{\mathrm{WDM}}} \tag{3-64}$$

式中，η_{WDM} 为 WDM 的功率传输效率。

2) 隔离器

在图 3-4 或图 3-5 中，隔离器除了确保脉冲激光只能单向传输，对于脉冲光也存在一个固定的损耗，即输出光场与输入光场满足如下关系：

$$A_{\mathrm{o\_ISO}}=A_{\mathrm{in\_ISO}}\sqrt{\eta_{\mathrm{ISO}}} \tag{3-65}$$

式中，η_{ISO} 为隔离器的功率传输效率。

3) 输出耦合器

根据图 3-4 或图 3-5，对于 1×2 输出耦合器，其输出端口 P_1、反馈端口 P_2 光场 A_{o1}、A_{o2} 与输入端口 P_0 光场 A_{in} 有如下关系：

$$\begin{cases}A_{\mathrm{o1}}=A_{\mathrm{in}}\sqrt{1-\eta}\\ A_{\mathrm{o2}}=A_{\mathrm{in}}\sqrt{\eta}\end{cases} \tag{3-66}$$

式中，η 为端口 P_0 到端口 P_1 的功率传输效率。

对于 2×2 输出耦合器，假设同侧端口的耦合系数为 ρ，那么输出端口光场 A_{o1}、A_{o2} 与

输入端口光场 A_{i1}、A_{i2} 有如下关系：

$$\begin{cases} A_{o1} = \sqrt{\rho} A_{i1} + \mathrm{j}\sqrt{1-\rho} A_{i2} \\ A_{o2} = \sqrt{\rho} A_{i2} + \mathrm{j}\sqrt{1-\rho} A_{i1} \end{cases} \tag{3-67}$$

4) 带通滤波器

为了限制脉冲在光谱上的展宽，在激光器中需要插入带通滤波器，这里使用的基本模型是高斯滤波器。为了考虑超高斯形式的滤波器，首先从广义高斯分布进行考虑。广义高斯分布的密度函数是广义伽马分布密度函数的推广形式，其概率密度函数为

$$f(x;\alpha,\beta,\mu) = \frac{\alpha}{2\beta\Gamma(1/\alpha)} \exp\left(-\left|\frac{x-\mu}{\beta}\right|^{\alpha}\right) \tag{3-68}$$

式中

$$\beta=\sigma\sqrt{\frac{\Gamma(1/\alpha)}{\Gamma(3/\alpha)}} = \sigma K(\alpha) \quad (\sigma > 0) \tag{3-69}$$

$$\Gamma(z) = \int_0^{\infty} \mathrm{e}^{-t} t^{z-1} \mathrm{d}t \tag{3-70}$$

式中，μ、σ、α、β 分别称为广义高斯分布的均值、标准差、形状参数、尺度参数。对于滤波器来说，我们主要关注 3dB 带宽，所以假定给定 3dB 带宽 f_{BW}，考虑 $\alpha \geqslant 2$ 的高斯及超高斯情况。根据参数，有

$$\sigma = \frac{f_{\mathrm{BW}}}{2K(\alpha)\sqrt[\alpha]{\ln 2}} \tag{3-71}$$

所以给定形状参数 α、3dB 带宽 f_{BW}、中心波长 f_0 后，滤波器的频域表达式为

$$T(f) = \exp\left(-\ln 2 \cdot \left|\frac{2(f-f_0)}{f_{\mathrm{BW}}}\right|^{\alpha}\right) \tag{3-72}$$

5) 可饱和吸收体

常用的可饱和吸收体有半导体可饱和吸收镜(Semiconductor Saturable Absorber Mirror, SESAM)、石墨烯(Graphene)、氧化石墨烯(Graphene Oxide)、碳纳米管(Carbon Nanotube)、过渡金属硫化物及其他低维材料(Low-dimensional Materials)等。可饱和吸收体对于激光的透过率(反射率)会随着光强的改变而发生变化，其具体表现为：光强越大，可饱和吸收体的透过率(反射率)越大；光强越小，可饱和吸收体的透过率(反射率)越小。仿真中，可饱和吸收体一般描述为

$$T_{\mathrm{SA}} = 1 - \left(\alpha_{\mathrm{ns}} + \frac{\alpha_0}{1+\dfrac{|A|^2}{P_{\mathrm{SA}}}}\right) \tag{3-73}$$

式中，T_{SA} 为可饱和吸收体的透过率；α_{ns} 与 α_0 分别为非饱和损耗和调制深度；P_{SA} 为可饱和吸收体的饱和功率。图 3-6 是一个典型的可饱和吸收体的透过率曲线，其非饱和损耗为

20%，调制深度为 5%，饱和功率为 100W。

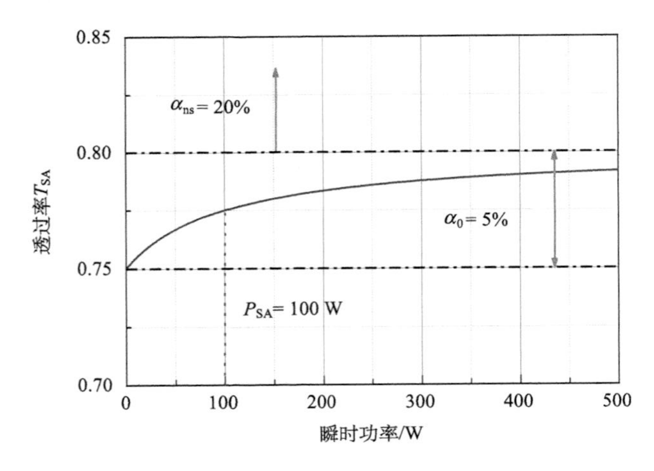

图 3-6　可饱和吸收体透过率曲线

需要注意的是，这里的透过率是相对光强(或功率)而言的，而仿真中计算的则是脉冲电场缓变包络 A，因此透过率需要做开平方处理后才能作用于 A 上，即

$$A_{\text{out}} = A_{\text{in}}\sqrt{T_{\text{SA}}} \tag{3-74}$$

式中，A_{in} 和 A_{out} 分别为可饱和吸收体调制前后的脉冲电场缓变包络。

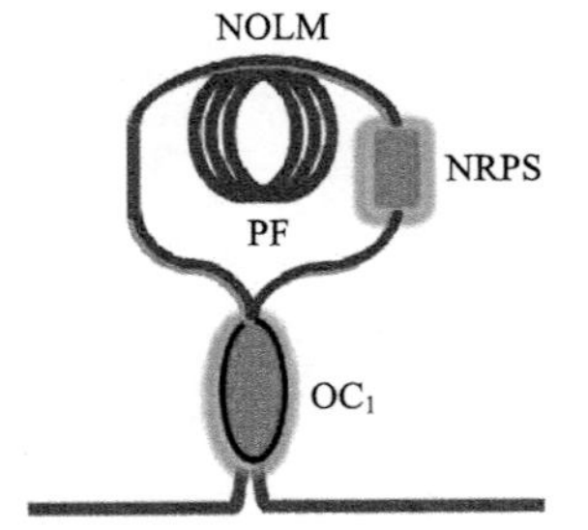

图 3-7　NOLM 的结构

6) NOLM

将图 3-4 中 NOLM 重新作图，如图 3-7 所示。从图 3-4 中可知，事实上 NOLM 由输出耦合器、传能光纤和非互易相移器构成。因此，该部分的建模分为三个部分。

(1) 2×2 输出耦合器(OC_1)模型，利用式(3-67)描述。

(2) 传能光纤(PF)模型，利用式(3-60)或式(3-62)的非线性薛定谔方程或金茨堡-朗道方程描述。

(3) 非互易相移器(NRPS)模型，输出端口与输入端口分别给两个端口的光场分别附加 φ 和 $-\varphi$ 的相移，即

$$\begin{cases} A_{\text{in}-} = A_{\text{in}+}\text{e}^{\text{j}\varphi} \\ A_{\text{out}-} = A_{\text{out}+}\text{e}^{-\text{j}\varphi} \end{cases} \tag{3-75}$$

这里，相移需要根据器件实际情况进行设置。

在实际计算时，需要通过四个步骤完成模型的计算。

(1) 利用 2×2 输出耦合器模型计算进入 NOLM 两个端口的光场。

(2) 利用 GNLSE 求解脉冲在传能光纤中的脉冲演化。

(3) 光场在经过 NRPS 时，两个端口的光场分别附加 φ 和 $-\varphi$ 的相移。

(4) 利用 2×2 输出耦合器模型计算 NOLM 端口输出的光场。

这里描述的 WDM、隔离器、输出耦合器、带通滤波器、可饱和吸收体、NOLM 等各

个的光场传输模型实际上给出了光束在各个器件传输过程的边界条件。因此，不再单独对边界条件进行描述。

3.2.3　锁模脉冲光纤激光器仿真算法

事实上，当脉冲宽度较窄时，普通脉冲激光器的速率方程模型不再适用。因此，模拟锁模激光器的运转一般采用脉冲追踪法(Pulse Tracking Technique)。该方法具体步骤如下。

(1)给定一个初始脉冲和初始脉冲的起始位置。这个初始脉冲可以是任意的弱脉冲，甚至是噪声。该初始脉冲在腔内的起始位置也是任意的，即可以从任意位置或任意器件开始。

(2)传输开始后，脉冲便会按照器件的排列顺序依次经过不同的器件，相应器件对于脉冲的作用通过 3.2.2 节描述的器件模型求解获得。

(3)脉冲会在腔内不停地循环迭代，如果激光器的参数设置合适，那么脉冲的状态会在多次迭代后收敛至一个稳定的状态，并形成锁模。

图 3-8 大致展示了采用脉冲追踪法进行锁模激光器仿真的流程。一般器件的脉冲传输利用器件的模型进行计算，而其中 GLE 可以采用谱方法进行数值求解。

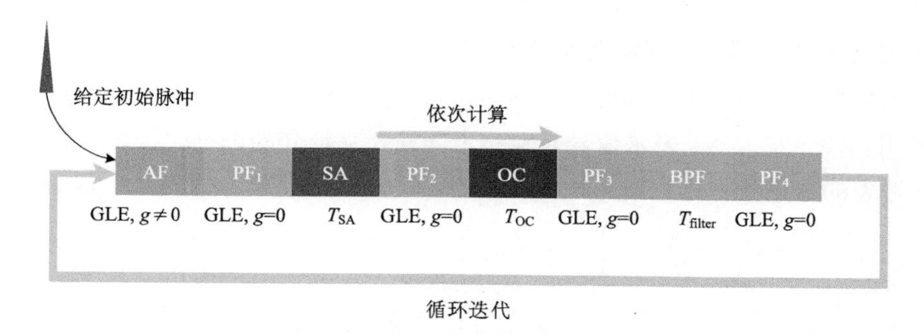

图 3-8　基于脉冲追踪法的锁模激光器仿真的计算流程

第4章　单频/窄线宽光纤激光器理论模型

单频光纤激光器(简称单频激光器)是指激光器输出谱线中只有一个纵模且谱线宽度一般在 1MHz 以下的激光器，单频激光器在传感、引力波探测等领域有着广泛的应用。窄线宽光纤激光器(简称窄线宽激光器)目前没有非常明确的定义，一般认为 3dB 谱线宽度小于 0.3nm 的激光器为窄线宽激光器，窄线宽激光器在光束合成等领域有非常重要的应用。本章从考虑各种非线性效应的统一理论出发，分别给出描述单频光纤放大器(简称单频放大器)、窄线宽连续和脉冲光纤放大器(分别简称窄线宽连续和脉冲放大器)的理论模型。而求解算法则可用第 2、3 章的方法实现，本章不再赘述。

4.1　单频光纤放大器的理论模型

4.1.1　信号光与布里渊斯托克斯光的耦合方程

单频激光器中主要考虑的物理效应是受激布里渊散射(SBS)。SBS 是光场 A_s 与声场 Q 的相互作用。假设 A_s、A_B 表示信号光和布里渊斯托克斯光的归一化振幅，只考虑信号光和信号光激发的布里渊斯托克斯光时，SBS 的三波耦合方程为

$$\frac{\partial A_s}{\partial z}+\frac{1}{v_{gs}}\frac{\partial A_s}{\partial t}=-\frac{1}{2}\alpha_s A_s+\mathrm{i}\gamma_s\left(|A_s|^2+2|A_B|^2\right)A_s+\mathrm{i}\kappa_1 A_B Q \tag{4-1}$$

$$-\frac{\partial A_B}{\partial z}+\frac{1}{v_{gB}}\frac{\partial A_B}{\partial t}=-\frac{1}{2}\alpha_B A_B+\mathrm{i}\gamma_B\left(|A_B|^2+2|A_s|^2\right)A_B+\mathrm{i}\kappa_1 A_s Q \tag{4-2}$$

$$\frac{\partial Q}{\partial t}+v_A\frac{\partial Q}{\partial z}=-\left[\frac{1}{2}\Gamma_B+\mathrm{i}(\Omega_B-\Omega)\right]Q+\mathrm{i}\kappa_2 A_s A_B^* \tag{4-3}$$

式中，$|A_s|^2$、$|A_B|^2$ 分别为信号光和布里渊斯托克斯光的功率；v_{gs}、v_{gB} 分别为信号光和布里渊斯托克斯光的群速度；v_A 为声速；Γ_B 为声阻尼率；Ω_B 为声波频率；$\Omega=\omega_s-\omega_B$，其中，ω_s、ω_B 为信号光和布里渊斯托克斯光的频率；非线性参量 $\gamma_j=\dfrac{n_2\omega_j}{cA_{eff}}$，对于传统的单模光纤，非线性参量 γ_j 在 1.55μm 波段为 $2\mathrm{W}^{-1}\cdot\mathrm{km}^{-1}$；耦合系数 κ_1、κ_2 为

$$\kappa_1=\frac{\omega_p\gamma_e\left\langle F_s^2F_A\right\rangle}{2n_pc\rho_0\left\langle F_s^2\right\rangle},\quad \kappa_2=\frac{\omega_s\gamma_e\left\langle F_s^2F_A\right\rangle}{2c^2v_A\left\langle F_A^2\right\rangle A_{eff}} \tag{4-4}$$

这里忽略了信号光和布里渊斯托克斯光耦合系数的差异，认为 $\kappa_{1s}=\kappa_{1B}=\kappa_1$。式(4-4)中

$$\left\langle F_s^2F_A\right\rangle=\int_{-\infty}^{\infty}\int_{-\infty}^{\infty}F_s^2(x,y)F_A(x,y)\mathrm{d}x\mathrm{d}y \tag{4-5}$$

$$\left\langle F_{\mathrm{s}}^{2}\right\rangle=\int_{-\infty}^{\infty}\int_{-\infty}^{\infty}F_{\mathrm{s}}^{2}(x,y)\mathrm{d}x\mathrm{d}y \tag{4-6}$$

其中，$F_{\mathrm{s}}(x,y)$ 为归一化的模式分布。考虑布里渊斯托克斯光与信号光的频移较小，$F_{\mathrm{s}}(x,y)=F_{\mathrm{R}}(x,y)$，$\omega_{\mathrm{s}}=\omega_{\mathrm{B}}$，$n_{\mathrm{s}}=n_{\mathrm{B}}$，$\alpha_{\mathrm{s}}=\alpha_{\mathrm{B}}$，$\gamma_{\mathrm{s}}=\gamma_{\mathrm{B}}$。

对于连续情况或信号脉宽满足 $T_0 \gg T_{\mathrm{B}}=\Gamma_{\mathrm{B}}^{-1}$ 的情况，由于声波振幅 Q 迅速衰减到其稳态，即 $\dfrac{\partial Q}{\partial t}=0$，$\dfrac{\partial Q}{\partial z}=0$，式(4-3)中的两个导数项可以忽略；同时，若信号光和布里渊斯托克斯光的峰值功率相当低，自相位调制和交叉相位调制可以忽略。定义 $P_j=\left|A_j\right|^2, j=\mathrm{s,B}$，那么 SBS 过程利用功率方程描述为

$$\frac{\partial P_{\mathrm{s}}}{\partial z}+\frac{1}{v_{\mathrm{gs}}}\frac{\partial P_{\mathrm{s}}}{\partial t}=-\frac{g_{\mathrm{B}}(\Omega)}{A_{\mathrm{eff}}}P_{\mathrm{s}}P_{\mathrm{B}}-\alpha_{\mathrm{s}}P_{\mathrm{s}} \tag{4-7}$$

$$\frac{\partial P_{\mathrm{B}}}{\partial z}+\frac{1}{v_{\mathrm{gB}}}\frac{\partial P_{\mathrm{B}}}{\partial t}=\frac{g_{\mathrm{B}}(\Omega)}{A_{\mathrm{eff}}}P_{\mathrm{s}}P_{\mathrm{B}}-\alpha_{\mathrm{B}}P_{\mathrm{B}} \tag{4-8}$$

式中，布里渊增益系数为

$$g_{\mathrm{B}}(\Omega)=g_{\mathrm{p}}\frac{(\Gamma_{\mathrm{B}}/2)^2}{(\Omega-\Omega_{\mathrm{B}})^2+(\Gamma_{\mathrm{B}}/2)^2} \tag{4-9}$$

布里渊峰值增益为

$$g_{\mathrm{p}}=g_{\mathrm{B}}(\Omega_{\mathrm{B}})=\frac{4\pi^2\gamma_{\mathrm{e}}^2 f_{\mathrm{A}}}{cn_{\mathrm{s}}\lambda_{\mathrm{s}}^2\rho_0 v_{\mathrm{A}}\Gamma_{\mathrm{B}}} \tag{4-10}$$

式中，定义声场模式与光场模式的交叠因子 f_{A} 为

$$f_{\mathrm{A}}=\frac{\left(\left\langle F_{\mathrm{s}}^2F_{\mathrm{A}}\right\rangle\right)^2}{\left\langle F_{\mathrm{s}}^2\right\rangle\left\langle F_{\mathrm{A}}^2\right\rangle}=\frac{\left(\int_{-\infty}^{\infty}\int_{-\infty}^{\infty}F_{\mathrm{s}}^2(x,y)F_{\mathrm{A}}(x,y)\mathrm{d}x\mathrm{d}y\right)^2}{\left(\int_{-\infty}^{\infty}\int_{-\infty}^{\infty}F_{\mathrm{s}}^2(x,y)\mathrm{d}x\mathrm{d}y\right)\left(\int_{-\infty}^{\infty}\int_{-\infty}^{\infty}F_{\mathrm{A}}^2(x,y)\mathrm{d}x\mathrm{d}y\right)} \tag{4-11}$$

f_{A} 描述光模和声模的交叠程度，当光纤内光模与声模空间分布占据的面积可以相比拟时，f_{A} 接近 1。

如果仅考虑连续激光中的受激布里渊散射，$\dfrac{\partial P_{\mathrm{s}}}{\partial t}=\dfrac{\partial P_{\mathrm{B}}}{\partial t}=0$，耦合方程为

$$\frac{\mathrm{d}P_{\mathrm{s}}}{\mathrm{d}z}=-\frac{g_{\mathrm{B}}(\Omega)}{A_{\mathrm{eff}}}P_{\mathrm{s}}P_{\mathrm{B}}-\alpha_{\mathrm{s}}P_{\mathrm{s}} \tag{4-12}$$

$$\frac{\mathrm{d}P_{\mathrm{B}}}{\mathrm{d}z}=\frac{g_{\mathrm{B}}(\Omega)}{A_{\mathrm{eff}}}P_{\mathrm{s}}P_{\mathrm{B}}-\alpha_{\mathrm{B}}P_{\mathrm{B}} \tag{4-13}$$

4.1.2　考虑泵浦和增益后的单频光纤放大器耦合方程

4.1.1 节只考虑了信号光与布里渊斯托克斯光的耦合过程，没有考虑实际的光纤激光器中信号光和布里渊斯托克斯光的增益。本节给出考虑激光器的泵浦光、信号光和布里渊斯托克斯

托克斯光的耦合方程。

1. 单频连续放大器速率方程

首先，考虑单频连续激光上能级粒子数的演化。由于光谱中存在布里渊斯托克斯光，需要考虑布里渊斯托克斯光对上能级粒子数的影响。在连续激光中，上能级粒子数与总的掺杂粒子数之比为

$$\frac{N_2}{N}=\frac{\left\{\begin{aligned}&\frac{\Gamma_\mathrm{p}}{hcA_\mathrm{eff}}\sum_{m=1}^{M}\lambda_m^\mathrm{p}\sigma_m^\mathrm{ap}\left(\lambda_m^\mathrm{p}\right)\left[P_m^\mathrm{p+}\left(\lambda_m^\mathrm{p},z\right)+P_m^\mathrm{p-}\left(\lambda_m^\mathrm{p},z\right)\right]\\&+\frac{\Gamma_\mathrm{s}}{hcA_\mathrm{eff}}\sum_{n=\mathrm{s,B}}\lambda_n\sigma_n^\mathrm{as}\left(\lambda_n\right)\left[P_n^{+}\left(\lambda_n,z\right)+P_n^{-}\left(\lambda_n,z\right)\right]\end{aligned}\right\}}{\left\{\begin{aligned}&\frac{\Gamma_\mathrm{p}}{hcA_\mathrm{eff}}\sum_{m=1}^{M}\lambda_m^\mathrm{p}\left[\sigma_m^\mathrm{ap}\left(\lambda_m^\mathrm{p}\right)+\sigma_m^\mathrm{ep}\left(\lambda_m^\mathrm{p}\right)\right]\left[P_m^\mathrm{p+}\left(\lambda_m^\mathrm{p},z\right)+P_m^\mathrm{p-}\left(\lambda_m^\mathrm{p},z\right)\right]\\&+\frac{\Gamma_\mathrm{s}}{hcA_\mathrm{eff}}\sum_{n=\mathrm{s,B}}\lambda_n\left[\sigma_n^\mathrm{as}\left(\lambda_n\right)+\sigma_n^\mathrm{es}\left(\lambda_n\right)\right]\left[P_n^{+}\left(\lambda_n,z\right)+P_n^{-}\left(\lambda_n,z\right)\right]\\&+\frac{1}{\tau}\end{aligned}\right\}}\tag{4-14}$$

式(4-14)利用了 $\Gamma_\mathrm{s}=\Gamma_\mathrm{B}$。这里泵浦光是一个多波长的宽谱激光，信号光和布里渊斯托克斯光都为单频光。

然后，考虑泵浦光的演化。由于泵浦光不存在非线性效应，可以直接利用式(3-5)所描述泵浦光速率方程描述泵浦光的演化。因此，泵浦光、信号光、布里渊斯托克斯光的功率传输方程描述如下：

$$\pm\frac{\mathrm{d}P_\mathrm{p}^{\pm}(z)}{\mathrm{d}z}=\Gamma_\mathrm{p}\left[\sigma_\mathrm{ep}N_2(z)-\sigma_\mathrm{ap}N_1(z)\right]P_\mathrm{p}^{\pm}(z)-\alpha_\mathrm{p}P_\mathrm{p}^{\pm}(z)\tag{4-15}$$

$$\frac{\mathrm{d}P_\mathrm{s}^{+}(z)}{\mathrm{d}z}=\Gamma_\mathrm{s}\left[\sigma_\mathrm{es}N_2(z)-\sigma_\mathrm{as}N_1(z)\right]P_\mathrm{s}^{+}(z)-\frac{g_\mathrm{B}(\Omega)}{A_\mathrm{eff}}P_\mathrm{s}^{+}(z)P_\mathrm{B}(z)-\alpha_\mathrm{s}P_\mathrm{s}^{+}(z)\tag{4-16}$$

$$\frac{\mathrm{d}P_\mathrm{B}^{-}(z)}{\mathrm{d}z}=\Gamma_\mathrm{B}\left[\sigma_\mathrm{eB}N_2(z)-\sigma_\mathrm{aB}N_1(z)\right]P_\mathrm{B}^{-}(z)+\frac{g_\mathrm{B}(\Omega)}{A_\mathrm{eff}}P_\mathrm{s}(z)P_\mathrm{B}^{-}(z)-\alpha_\mathrm{B}P_\mathrm{B}^{-}(z)\tag{4-17}$$

式中，P_s^{+}表示信号光向正向传输；P_B^{-}表示布里渊斯托克斯光向反向传输。式(4-14)～式(4-17)为单频连续放大器的速率方程，本质是不含时的一组速率方程。从式(4-17)可以看出，在单频放大器中，布里渊斯托克斯光产生后会由于增益被放大，这是在实际激光器设计中必须考虑的。

2. 单频脉冲放大器速率方程

还有一类单频放大器，对单频连续种子进行强度调制后，产生单频脉冲激光输出，然后对单频脉冲激光进行放大。这种单频脉冲放大器需要利用含时的速率方程进行描述。

结合脉冲激光器的速率方程(式(3-10)～式(3-13))和信号光与布里渊斯托克斯光的耦合方程(式(4-1)～式(4-3))，可以得到如下的单频脉冲放大器中包括的 SBS 理论模型：

$$\pm\frac{\partial P_p^{\pm}}{\partial z}+\frac{1}{v_{gp}}\frac{\partial P_p^{\pm}}{\partial t}=\Gamma_p\left(\sigma_{ep}N_2-\sigma_{ap}N_1\right)P_p^{\pm}-\alpha_p P_p^{\pm} \tag{4-18}$$

$$\frac{\partial A_s^+}{\partial z}+\frac{1}{v_{gs}}\frac{\partial A_s^+}{\partial t}=\frac{1}{2}\Gamma_s\left(\sigma_{es}N_2-\sigma_{as}N_1\right)A_s^+-\frac{1}{2}\alpha_s A_s^+ +\mathrm{i}\gamma_s\left(\left|A_s^+\right|^2+2\left|A_B^-\right|^2\right)A_s^+ +\mathrm{i}\kappa_1 A_B^- Q \tag{4-19}$$

$$-\frac{\partial A_B^-}{\partial z}+\frac{1}{v_{gB}}\frac{\partial A_B^-}{\partial t}=\frac{1}{2}\Gamma_s\left(\sigma_{es}N_2-\sigma_{as}N_1\right)A_B^- -\frac{1}{2}\alpha_B A_B^- +\mathrm{i}\gamma_B\left(\left|A_B^-\right|^2+2\left|A_s^+\right|^2\right)A_B^- +\mathrm{i}\kappa_1 A_s^+ Q \tag{4-20}$$

$$\frac{\partial Q}{\partial t}+v_A\frac{\partial Q}{\partial z}=-\left[\frac{1}{2}\Gamma_B+\mathrm{i}(\Omega_B-\Omega)\right]Q+\mathrm{i}\kappa_2 A_s^+ A_B^{-*}+f_B \tag{4-21}$$

$$\frac{\partial N_2}{\partial t}=\frac{\Gamma_p\lambda_p}{hcA_{eff}}\left(\sigma_{ap}N_1-\sigma_{ep}N_2\right)\left(P_p^+ + P_p^-\right)+\frac{\Gamma_s\lambda_s}{hcA_{eff}}\left(\sigma_{as}N_1-\sigma_{es}N_2\right)\left(P_s^+ + P_B^-\right)-\frac{N_2}{\tau} \tag{4-22}$$

式中，下标 p、s、B 分别表示泵浦光、信号光和布里渊斯托克斯光。在放大器中，双向泵浦方式中泵浦光可以前后向传输，所以利用 $P_p^{\pm}$ 描述泵浦光功率；信号光只能前向传输，利用 A_s^+ 描述信号光振幅；布里渊斯托克斯光只能后向传输，利用 A_B^- 描述布里渊斯托克斯光振幅。

f_B 为 SBS 的自发热噪声源，f_B 满足以下关系：

$$\left\langle f_B(z,t)\right\rangle=0 \tag{4-23}$$

$$\left\langle f_B(z,t)f^*(z',t')\right\rangle=N_Q\delta(z-z')\delta(t-t') \tag{4-24}$$

$$N_Q=\frac{2k_B T_0\rho_0\Gamma_B}{v_A^2 A_{eff}} \tag{4-25}$$

式中，k_B 为玻尔兹曼常数；T_0 为温度；ρ_0 为光纤密度；A_{eff} 为光纤有效模场面积。

式(4-18)～式(4-22)即单频脉冲放大器的速率方程模型。在该模型中，重点考虑信号光与布里渊斯托克斯光和声波场的耦合，包括 SPM 和 XPM 效应，但未考虑 ASE 和 SRS 等效应。

3. 单频放大器的边界条件

除了传输激光的光谱形态不同，单频放大器与普通放大器的边界条件没有本质的区别。因此，其边界条件可以参考 2.2.2 节中线性腔光纤放大器的边界条件，这里不再赘述。

4.2　窄线宽光纤放大器的理论模型

在窄线宽放大器中需要重点关注的是光谱在放大过程的演化。通过理论仿真弄清不同谱线种子激光在放大前后的光谱演化，能够对放大器的设计起非常好的指导作用。首先，由于窄线宽激光器的线宽在 0.3nm 左右，当线宽较窄时会存在较为明显的 SBS 效应；当线宽较宽时，布里渊斯托克斯光受到抑制后，SRS 又可能成为影响功率的重要因素。其次，要考虑光谱演化，仿真研究的重点是种子激光内部各个谱线之间的相互作用、激光谱线与增益光纤的相互作用所导致的光谱展宽。因此，除了考虑传统激光器中需要考虑的 SBS、SRS 等影响功率提升的非线性效应外，还需要考虑 SPM、XPM、FWM 等各种影响谱线宽度的非线性效应。这几种效应中，SPM、XPM、FWM 产生的新光谱正常情况下处在激光器的光谱包络内，SBS 和 SRS 则会产生独立于激光光谱的新谱段。由于 FWM 需要满足相位匹配条件才能产生，在实际窄线宽放大器中，一般采用相位调制后的单频激光作为种子光，而调制后种子光相邻谱线之间的相位是正交的，这导致 FWM 效应很难发生。因此，在本书的模型中，重点考虑 SBS、SRS、SPM、XPM 等非线性效应。

根据 SBS、SRS、SPM、XPM 非线性效应的产生原理，描述这些非线性效应时，需要利用信号光的含时振幅传输方程。同样，假设信号光的振幅为 A_s^+，布里渊斯托克斯光的振幅为 A_B^-，拉曼斯托克斯光的振幅为 $A_R^\pm$。这里拉曼斯托克斯光存在前后两个方向的传输，信号光只存在前向传输，布里渊斯托克斯光只存在后向传输。需要指出，A_s^+、A_B^-、$A_R^\pm$ 都是含有多个波长并与波长相关的振幅分布，不是 4.1 节描述的单个振幅。4.1 节给出了 SBS 的耦合方程，下面首先考虑 SRS 的耦合方程，然后综合得到窄线宽放大器的速率方程。

4.2.1　信号光与拉曼斯托克斯光的耦合方程

根据非线性光纤光学原理，在放大器中，考虑前向信号光和双向传输的拉曼斯托克斯光的耦合方程为

$$\frac{\partial A_s^+}{\partial z}+\frac{1}{v_{gs}}\frac{\partial A_s^+}{\partial t}+\frac{i\beta_{2s}}{2}\frac{\partial^2 A_s^+}{\partial t^2}+\frac{1}{2}\alpha_s A_s^+=i\gamma_s(1-f_R)\left(\left|A_s^+\right|^2+2\left|A_R^\pm\right|^2\right)A_s^++R_s(z,t) \tag{4-26}$$

$$\frac{\partial A_R^\pm}{\partial z}+\frac{1}{v_{gR}}\frac{\partial A_R^\pm}{\partial t}+\frac{i\beta_{2R}}{2}\frac{\partial^2 A_R^\pm}{\partial t^2}+\frac{1}{2}\alpha_R A_R^\pm=i\gamma_R(1-f_R)\left(\left|A_R^\pm\right|^2+2\left|A_s^+\right|^2\right)A_R^\pm+R_R(z,t) \tag{4-27}$$

拉曼贡献 R_s 和 R_R 为

$$\begin{aligned}R_j(z,t)=&\,i\gamma_j f_R A_j\int_{-\infty}^{t}h_R(t-t')\left[\left|A_j(z,t')\right|^2+\left|A_k(z,t')\right|^2\right]dt'\\&+i\gamma_j f_R A_k\int_{-\infty}^{t}h_R(t-t')A_j(z,t')A_k^*(z,t')\exp\left[\pm i\Omega(t-t')\right]dt'\end{aligned} \tag{4-28}$$

式中，j，k=s、R，$j\neq k$；$\Omega=\omega_R-\omega_s$ 是拉曼斯托克斯频移；h_R 表示延迟拉曼响应对非线性极化 P_{NL} 的贡献，简称小数拉曼贡献。若在式(4-28)中增加噪声项，则可以将自发拉曼散射包括在内。

脉冲宽度超过 1ps 时，由于 A_s 和 A_R 在拉曼响应函数 h_R 变化的时间尺度内几乎没有变化，可以将 A_s 和 A_R 看成常量。对式(4-28)右边进行积分，有

$$R_j(z,t)=i\gamma_j f_R\left[\left(\left|A_j\right|^2+\left|A_k\right|^2\right)A_j+\tilde{h}_R(\pm\Omega)\left|A_k\right|^2A_j\right] \tag{4-29}$$

式中，$\tilde{h}_R$ 是 h_R 的傅里叶变换，当 j=R 时，式(4-29)选择负号，$\tilde{h}_R(\cdot)$ 描述为

$$\tilde{h}_R(\Delta\omega)=\frac{1}{2i}\frac{\tau_1^2+\tau_2^2}{\tau_1\tau_2^2}\left\{\frac{1}{\frac{1}{\tau_2}-i\left(\Delta\omega+\frac{1}{\tau_1}\right)}-\frac{1}{\frac{1}{\tau_2}-i\left(\Delta\omega-\frac{1}{\tau_1}\right)}\right\} \tag{4-30}$$

式中，$\tau_1=\frac{1}{\Omega_R}$；$\Omega_R$ 为石英分子的单个振荡频率；τ_2 为拉曼贡献因子。

$\tilde{h}_R(\Omega)$ 的实部导致拉曼感应的折射率变化，虚部和拉曼增益有关。引入折射率系数和增益系数：

$$\delta_R = f_R \operatorname{Re}\left|\tilde{h}_R(\Omega)\right|, \quad g_j = 2\gamma_j f_R \operatorname{Im}\left|\tilde{h}_R(\Omega)\right| \tag{4-31}$$

则耦合方程变为

$$\frac{\partial A_s}{\partial z} + \frac{1}{v_{gs}}\frac{\partial A_s}{\partial t} + \frac{i\beta_{2s}}{2}\frac{\partial^2 A_s^+}{\partial t^2} + \frac{1}{2}\alpha_s A_s^+ = i\gamma_s\left[\left|A_s^+\right|^2 + \left(2+\delta_R - f_R\right)\left|A_R^\pm\right|^2\right]A_s^+ - \frac{g_p}{2}\left|A_R^\pm\right|^2 A_s^+ \tag{4-32}$$

$$\frac{\partial A_R}{\partial z} + \frac{1}{v_{gR}}\frac{\partial A_R}{\partial t} + \frac{i\beta_{2R}}{2}\frac{\partial^2 A_R^\pm}{\partial t^2} + \frac{1}{2}\alpha_R A_R^\pm = i\gamma_R\left[\left|A_R^\pm\right|^2 + \left(2+\delta_R - f_R\right)\left|A_s^+\right|^2\right]A_R^\pm + \frac{g_R}{2}\left|A_R^\pm\right|^2 A_s^+$$

$$\tag{4-33}$$

直接利用 $\tilde{h}_R(\Omega)$，有

$$R_s(z,t) = i\gamma_s f_R\left[\left(\left|A_s\right|^2 + \left|A_R\right|^2\right)A_s + \tilde{h}_R(\pm\Omega)\left|A_R\right|^2 A_s\right] \tag{4-34}$$

$$R_R(z,t) = i\gamma_R f_R\left[\left(\left|A_R\right|^2 + \left|A_s\right|^2\right)A_R + \tilde{h}_R(\pm\Omega)\left|A_s\right|^2 A_R\right] \tag{4-35}$$

将式(4-34)和式(4-35)代入式(4-26)、式(4-27)，有

$$\begin{aligned} &\frac{\partial A_s^+}{\partial z} + \frac{1}{v_{gs}}\frac{\partial A_s^+}{\partial t} + \frac{i\beta_{2s}}{2}\frac{\partial^2 A_s^+}{\partial t^2} + \frac{1}{2}\alpha_s A_s^+ \\ &= i\gamma_s\left(\left|A_s^+\right|^2 + 2\left|A_R^\pm\right|^2\right)A_s^+ - i\gamma_s f_R\left|A_R^\pm\right|^2 A_s^+ + i\gamma_s f_R \tilde{h}_R(\pm\Omega)\left|A_R^\pm\right|^2 A_s^+ \end{aligned} \tag{4-36}$$

$$\begin{aligned} &\frac{\partial A_R^\pm}{\partial z} + \frac{1}{v_{gR}}\frac{\partial A_R^\pm}{\partial t} + \frac{i\beta_{2R}}{2}\frac{\partial^2 A_R^\pm}{\partial t^2} + \frac{1}{2}\alpha_R A_R^\pm \\ &= i\gamma_R\left(\left|A_R^\pm\right|^2 + 2\left|A_s^+\right|^2\right)A_R^\pm - i\gamma_R f_R\left|A_s^+\right|^2 A_R^\pm + i\gamma_R f_R \tilde{h}_R(\pm\Omega)\left|A_s^+\right|^2 A_R^\pm \end{aligned} \tag{4-37}$$

式(4-36)和式(4-37)即信号光与拉曼斯托克斯光的耦合方程，与连续激光中不同，连续激光中考虑拉曼的响应是一个简化的模型。

4.2.2　窄线宽光纤放大器的速率方程

结合脉冲激光器的速率方程(式(3-10)～式(3-13))，信号光与布里渊斯托克斯光的耦合方程(式(4-1)～式(4-3))，信号光与拉曼斯托克斯光的耦合方程(式(4-36)和式(4-37))，可以得到如下窄线宽放大器的理论模型：

$$\pm\frac{\partial P_p^\pm}{\partial z} + \frac{1}{v_{gp}}\frac{\partial P_p^\pm}{\partial t} = \Gamma_p\left(\sigma_{ep}N_2 - \sigma_{ap}N_1\right)P_p^\pm - \alpha_p P_p^\pm \tag{4-38}$$

$$\begin{aligned}&\frac{\partial A_s^+}{\partial z}+\beta_{1s}\frac{\partial A_s^+}{\partial t}+\frac{i\beta_{2s}}{2}\frac{\partial^2 A_s^+}{\partial t^2}\\&=\frac{1}{2}\varGamma_s\left(\sigma_{es}N_2-\sigma_{as}N_1\right)A_s^+-\frac{1}{2}\alpha A_s^+ +i\kappa_1 A_B Q+i\frac{2}{3}\gamma_s f_R\tilde{h}_R\left(\varOmega_R\right)\left(\left|A_R^+\right|^2+\left|A_R^-\right|^2\right)A_s^+\\&+i\gamma_s\left\{\left(1-\frac{1}{3}f_R\right)\left|A_s^+\right|^2+2\left(1-\frac{2}{3}f_R\right)\left(\left|A_B^-\right|^2+\left|A_R^+\right|^2+\left|A_R^-\right|^2\right)\right\}A_s^++f_{SE}^{\pm}\end{aligned} \tag{4-39}$$

$$\begin{aligned}&-\frac{\partial A_B^-}{\partial z}+\beta_{1B}\frac{\partial A_B^-}{\partial t}+\frac{i\beta_{2B}}{2}\frac{\partial^2 A_B^-}{\partial t^2}\\&=\frac{1}{2}\varGamma_B\left(\sigma_{eB}N_2-\sigma_{aB}N_1\right)A_B^--\frac{1}{2}\alpha A_B^- +i\kappa_1 A_s^+ Q^*+i\frac{2}{3}\gamma_B f_R\tilde{h}_R\left(\varOmega_R-\varOmega_B\right)\left(\left|A_R^+\right|^2+\left|A_R^-\right|^2\right)A_B^-\\&+i\gamma_B\left[\left(1-\frac{1}{3}f_R\right)\left|A_B^-\right|^2+2\left(1-\frac{2}{3}f_R\right)\left(\left|A_s^+\right|^2+\left|A_R^+\right|^2+\left|A_R^-\right|^2\right)\right]A_B^-\end{aligned} \tag{4-40}$$

$$\begin{aligned}&\pm\frac{\partial A_R^{\pm}}{\partial z}+\beta_{1R}\frac{\partial A_R^{\pm}}{\partial t}+\frac{i\beta_{2R}}{2}\frac{\partial^2 A_R^{\pm}}{\partial t^2}\\&=\frac{1}{2}\varGamma_R\left(\sigma_{eR}N_2-\sigma_{aR}N_1\right)A_R^{\pm}-\frac{1}{2}\alpha A_R^{\pm}+i\frac{2}{3}\gamma_R f_R\left[\tilde{h}_R\left(-\varOmega_R\right)\left|A_s^+\right|^2+\tilde{h}_R\left(\varOmega_B-\varOmega_R\right)\left|A_B^-\right|^2\right]A_R^{\pm}\\&+i\gamma_R\left\{\left(1-\frac{1}{3}f_R\right)\left|A_R^{\pm}\right|^2+2\left(1-\frac{2}{3}f_R\right)\left(\left|A_s^+\right|^2+\left|A_B^-\right|^2\right)\right\}A_R^{\pm}\end{aligned} \tag{4-41}$$

$$\frac{\partial Q}{\partial t}+v_A\frac{\partial Q}{\partial z}=-\left[\frac{1}{2}\varGamma_B+i(\varOmega_B-\varOmega)\right]Q+i\kappa_2 A_s^+ A_B^{-*}+f_B \tag{4-42}$$

$$\begin{aligned}\frac{\partial N_2}{\partial t}=&\frac{\varGamma_p}{hcA_{eff}}\int_{\lambda_p^{min}}^{\lambda_p^{max}}\lambda_p\left(\sigma_{ap}N_1-\sigma_{ep}N_2\right)\left(P_p^++P_p^-\right)d\lambda_p\\&+\frac{\varGamma_s}{hcA_{eff}}\int_{\lambda_s^{min}}^{\lambda_s^{max}}\lambda_s\left(\sigma_{as}N_1-\sigma_{es}N_2\right)P_s^+d\lambda_s\\&+\frac{\varGamma_B}{hcA_{eff}}\int_{\lambda_B^{min}}^{\lambda_B^{max}}\lambda_B\left(\sigma_{aB}N_1-\sigma_{eB}N_2\right)P_B^-d\lambda_B\\&+\frac{\varGamma_R}{hcA_{eff}}\int_{\lambda_R^{min}}^{\lambda_R^{max}}\lambda_R\left(\sigma_{aR}N_1-\sigma_{eR}N_2\right)\left(P_n^{R+}+P_n^{R-}\right)d\lambda_R\\&-\frac{N_2(z,t)}{\tau}\end{aligned} \tag{4-43}$$

与前面类似，下标 p、s、B、R 分别表示泵浦光、信号光、布里渊斯托克斯光和拉曼斯托克斯光；拉曼斯托克斯光有前后两个传输方向，信号光只有前向传输光，布里渊斯托克斯光只有后向传输光。式中，$P_k=\frac{n_k}{2Z_0}\left|A_k\right|^2,k=p,s,B,R$；$A_k$ 和 P_k 都是光谱 λ_k、坐标 z 和时间 t 的函数。

自发辐射噪声源 $f_{SE}^{\pm}(z,t)$ 满足零均值的高斯随机分布，即

$$\left\langle f_{\mathrm{SE}}^{\pm}(z,t) f_{\mathrm{SE}}^{\pm *}(z',t')\right\rangle = \Lambda_{\mathrm{SE}}\delta(z-z')\delta(t-t') \tag{4-44}$$

$$\Lambda_{\mathrm{SE}} = h\omega^3 \Big/ \left(2\pi c^2 n \cdot g \cdot n_{\mathrm{sp}}\right) \tag{4-45}$$

式(4-39)～式(4-41)中非线性系数 γ_j 一般可写为

$$\gamma_j = \frac{n_2\omega_j}{c}\frac{\left\langle |F_j|^4\right\rangle}{\left\langle |F_j|^2\right\rangle} = \frac{n_2\omega_j}{cA_{\mathrm{eff}}} \quad (j=\mathrm{s,B,R}) \tag{4-46}$$

信号光和布里渊斯托克斯光的耦合系数为

$$\kappa_{1\mathrm{s}} = \frac{\omega_{\mathrm{s}}\gamma_{\mathrm{e}}}{2n_{\mathrm{s}}c\rho_0}\frac{\left\langle |F_{\mathrm{s}}|^2 F_{\mathrm{A}}\right\rangle}{\left\langle |F_{\mathrm{s}}|^2\right\rangle} \tag{4-47}$$

$$\kappa_{1\mathrm{B}} = \frac{\omega_{\mathrm{B}}\gamma_{\mathrm{e}}}{2n_{\mathrm{B}}c\rho_0}\frac{\left\langle |F_{\mathrm{B}}|^2 F_{\mathrm{A}}\right\rangle}{\left\langle |F_{\mathrm{B}}|^2\right\rangle} \tag{4-48}$$

由于信号光与布里渊斯托克斯光差别较小，故可以认为 $\kappa_{1\mathrm{s}} = \kappa_{1\mathrm{B}}$。其中，$\rho_0$ 为光纤密度；n_{s} 为光纤折射率。

式(4-38)～式(4-43)是波长连续的速率方程，在仿真时也需要进行离散化。该速率方程的求解也利用第 3 章描述的 PB 算法实现。由于窄线宽放大器中光谱计算量巨大，在仿真模型中可以先不考虑 ASE，仅考虑窄线宽放大器的时域和线宽特性。

4.2.3　窄线宽光纤放大器的边界条件

类似地，对于窄线宽放大器，不考虑放大器的端面反射，边界条件描述如下。

1. 信号光边界条件

z=0 处，不同信号波长正向注入功率为 $P_n^{\mathrm{sf0}}\left(\lambda_n^{\mathrm{s}}\right)$，边界条件为

$$P_n^{\mathrm{s+}}\left(\lambda_n^{\mathrm{s}},0\right) = P_n^{\mathrm{sf0}}\left(\lambda_n^{\mathrm{s}}\right) \quad (n=1,\cdots,N) \tag{4-49}$$

2. 泵浦光边界条件

z=0 处，不同泵浦波长正向注入功率为 $P_m^{\mathrm{pf0}}\left(\lambda_m^{\mathrm{p}}\right)$，边界条件为

$$P_m^{\mathrm{p+}}\left(\lambda_m^{\mathrm{p}},0\right) = P_m^{\mathrm{pf0}}\left(\lambda_m^{\mathrm{p}}\right) \quad (m=1,\cdots,M) \tag{4-50}$$

z=L 处，不同泵浦波长反向注入功率为 $P_m^{\mathrm{pb0}}\left(\lambda_m^{\mathrm{p}}\right)$，边界条件为

$$P_m^{\mathrm{p-}}\left(\lambda_m^{\mathrm{p}},L\right) = P_m^{\mathrm{pb0}}\left(\lambda_m^{\mathrm{p}}\right) \quad (m=1,\cdots,M) \tag{4-51}$$

3. SBS 的边界条件

z=L 处，布里渊斯托克斯光为热噪声源，由于该数值比较小，一般可以忽略，边界条

件为

$$A_{\mathrm{B}}\left(\lambda_n^{\mathrm{B}}, L\right)=0 \quad \left(m=1,\cdots,N_{\mathrm{B}}\right) \tag{4-52}$$

式中，N_{B}为布里渊斯托克斯光中离散波长的数量。

4. SRS 的边界条件

z=0 处，前向拉曼斯托克斯光为自发拉曼噪声，对应的功率为

$$P_{\mathrm{sR}}=h\nu_{\mathrm{R}}\Delta\nu_{\mathrm{R}}\left\{1+\frac{1}{\exp\left[\dfrac{h\left(\nu_{\mathrm{s}}-\nu_{\mathrm{R}}\right)}{k_{\mathrm{B}}T}\right]-1}\right\} \tag{4-53}$$

由于该数值比较小，一般可以忽略，边界条件为

$$A_{\mathrm{R}}^{+}\left(\lambda_n^{\mathrm{R}}, 0\right)=0 \quad \left(n=1,\cdots,N_{\mathrm{R}}\right) \tag{4-54}$$

z=L 处，后向拉曼斯托克斯光为拉曼噪声，类似地，由于该功率数值比较小，一般可以忽略，边界条件为

$$A_{\mathrm{R}}^{-}\left(\lambda_n^{\mathrm{R}}, L\right)=0 \quad \left(n=1,\cdots,N_{\mathrm{R}}\right) \tag{4-55}$$

上述边界条件如果考虑时间项，各个时刻的边界取值都相同。

4.2.4　窄线宽光纤放大器理论模型中的参数

前面各式中参数较多，为了方便，这里将窄线宽放大器中使用的主要参数及其在 SeeFiberLaser 中的取值和描述列于表 4-1 中。

表 4-1　窄线宽放大器理论模型中的参数列表

序号	物理量	表示符号	计算表达式/默认值
1	真空中光速	c	2.99797428×10^{8}m/s
2	真空中波阻抗	Z_0	377.3233 Ω
3	玻尔兹曼常数	k_{B}	1.38×10^{-23}J/K
4	真空介电常数	ε	8.85×10^{-12}F/m
5	普朗克常数	h	6.626×10^{-34}J·s
6	光纤电致伸缩常数	r_{e}	0.902
7	非线性折射系数	n_2^{I}	2.6×10^{-20}m^2/W
8	光纤密度	ρ_0	2210kg/m^3
9	纤芯声速	$v_{\mathrm{A\_co}}$	5904.3m/s
10	包层声速	$v_{\mathrm{A\_cl}}$	5944m/s
11	工作温度	T	根据工作温度设置，默认 293K

续表

序号	物理量	表示符号	计算表达式/默认值
12	光纤纤芯半径	r_1	10×10^{-6}m
13	内包层半径	r_2	200×10^{-6}m
14	光纤数值孔径	NA	根据光纤参数设置，默认 0.06
15	泵浦波长	λ_p	根据泵浦源类型设置，默认 976nm
16	信号波长	λ_s	根据种子波长设置，默认 1064nm
17	SBS 波长	λ_B	根据种子波长设置，默认 1064.1nm
18	SRS 波长	λ_R	1120nm
19	泵浦光衰减	α_p	根据光纤参数，默认 2.1dB/km
20	信号光衰减	α_s	根据光纤参数，默认 15dB/km
21	泵浦光吸收截面	σ_{ap}	从增益光纤吸收发射截面数据读取
22	泵浦光发射截面	σ_{ep}	从增益光纤吸收发射截面数据读取
23	信号光吸收截面	σ_{as}	从增益光纤吸收发射截面数据读取
24	信号光发射截面	σ_{es}	从增益光纤吸收发射截面数据读取
25	SRS 光吸收截面	σ_{aR}	从增益光纤吸收发射截面数据读取
26	SRS 光发射截面	σ_{eR}	从增益光纤吸收发射截面数据读取
27	初始信号光功率	P_s	根据实际仿真需求设置
28	前向泵浦功率	P_p^+	根据速率方程仿真计算得到
29	后向泵浦功率	P_p^-	根据速率方程仿真计算得到
30	信号光归一化振幅	A_s	根据速率方程仿真计算得到
31	SBS 光归一化振幅	A_B	根据速率方程仿真计算得到
32	前向 SRS 光归一化振幅	A_R^+	根据速率方程仿真计算得到
33	后向 SRS 光归一化振幅	A_R^-	根据速率方程仿真计算得到
34	声波场归一化振幅	Q	根据速率方程仿真计算得到
35	包层吸收系数	β_{pdB}	根据光纤参数设置，默认 1.26dB/m
36	掺杂粒子浓度	N	$N=\dfrac{\beta_{pdB}}{k\Gamma_p\sigma_{ap}}$
37	基态粒子数	N_1	根据速率方程仿真计算得到
38	上能级粒子数	N_2	根据速率方程仿真计算得到
39	信号光真空中波矢	k_{0s}	$k_{0s}=\dfrac{2\pi}{\lambda_s}$
40	SBS 光真空中波矢	k_{0B}	$k_{0B}=\dfrac{2\pi}{\lambda_B}$
41	SRS 光真空中波矢	k_{0R}	$k_{0R}=\dfrac{2\pi}{\lambda_R}$
42	信号光真空中角频率	ω_s	$\omega_s=\dfrac{2\pi c}{\lambda_s}$
43	SBS 频移	f_{SBS}	11.1×10^9 Hz
44	SRS 频移	f_{SRS}	$\pm1.3\times10^{13}$ Hz

续表

序号	物理量	表示符号	计算表达式/默认值
45	SBS 光真空中角频率	ω_B	$\omega_B = \dfrac{2\pi c}{\lambda_B}$
46	SRS 光真空中角频率	ω_R	$\omega_R = \dfrac{2\pi c}{\lambda_R}$
47	SBS 角频移（声波角频率）	Ω_B	$\Omega_B = \omega_s - \omega_B = 2\pi f_{SBS}$
48	SRS 角频移（石英分子振荡频率）	Ω_R	$\Omega_R = \omega_s - \omega_R = 2\pi f_{SRS}$
49	计算用到的角频移	Ω	根据增益带宽设置
50	泵浦填充因子	Γ_p	$\Gamma_p = \left(\dfrac{r_1}{r_2}\right)^2$
51	信号填充因子	Γ_s	0.8～1
52	SBS 填充因子	Γ_{SBS}	$\Gamma_{SBS}=\Gamma_s$
53	SRS 填充因子	Γ_{SRS}	0.8～1
54	泵浦光折射率	n_p	利用 SiO_2 的 Sellmeier 公式计算 $n(\lambda) = \sqrt{1 + B_1\dfrac{\lambda^2}{\lambda^2-\lambda_1^2} + B_2\dfrac{\lambda^2}{\lambda^2-\lambda_2^2} + B_3\dfrac{\lambda^2}{\lambda^2-\lambda_3^2}}$
55	纤芯中信号中心波长折射率	n_{core}^s	
56	纤芯中 SBS 光折射率	n_{core}^B	
57	纤芯中 SRS 光折射率	n_{core}^R	
58	包层中信号中心波长折射率	n_{clad}^s	$n_{clad}^s = \sqrt{\left(n_{core}^s\right)^2 - NA^2}$
59	包层中 SBS 光折射率	n_{clad}^B	$n_{clad}^B = \sqrt{\left(n_{core}^B\right)^2 - NA^2}$
60	包层中 SRS 光折射率	n_{clad}^R	$n_{clad}^R = \sqrt{\left(n_{core}^R\right)^2 - NA^2}$
61	信号光群速度	v_{gs}	$v_{gs} = \dfrac{c}{n_{core}^s}$
62	SBS 光群速度	v_{gB}	$v_{gB} = \dfrac{c}{n_{core}^B}$
63	SRS 光群速度	v_{gR}	$v_{gR} = \dfrac{c}{n_{core}^R}$
64	信号光传播常数	β_{1s}	$\beta_{1s} = \dfrac{1}{v_{gs}}$
65	SBS 光传播常数	β_{1B}	$\beta_{1B} = \dfrac{1}{v_{gB}}$
66	SRS 光传播常数	β_{1R}	$\beta_{1R} = \dfrac{1}{v_{gR}}$
67	信号光群速度色散	β_{2s}	根据光纤参数设置
68	SBS 光群速度色散	β_{2B}	根据光纤参数设置 $\beta_{2B} = \beta_{2s}$
69	SRS 光群速度色散	β_{2R}	根据光纤参数设置
70	拉曼系数	τ_1	$\tau_1 = \dfrac{1}{\Omega_R}$，默认 12.2×10^{-15}s

续表

序号	物理量	表示符号	计算表达式/默认值
71	振动阻尼时间	τ_2	32×10^{-15}s
72	延迟拉曼响应	f_R	0.245
73	声阻尼率	Γ_B	$2.056\times10^8 \text{s}^{-1}$
74	声子寿命	T_B	$T_B=\dfrac{1}{\Gamma_B}$
75	基模激发的声波场波矢	κ_B	$1.713102451951801\times10^7 \text{m}^{-1}$
76	非线性折射率系数	n_2	$n_2=\dfrac{Z_0 n_{core} n_2^{I}}{2}$
77	信号光的基模径向归一化分布函数	$F_s(x,y)$	LP_{01} 模归一化模式计算式
78	SBS 光基模径向归一化分布函数	$F_B(x,y)$	$F_B(x,y)\approx F_s(x,y)$
79	SRS 光基模径向归一化分布函数	$F_R(x,y)$	
80	声波场的基模径向归一化分布函数	$F_A(x,y)$	
81	信号有效模场面积	A_{eff_s}	$A_{eff\_s}=\dfrac{\left(\iint_{-\infty}^{\infty}\lvert F_s(x,y)\rvert^2 dxdy\right)^2}{\iint_{-\infty}^{\infty}\lvert F_s(x,y)\rvert^4 dxdy}$
82	SBS 光有效模场面积	A_{eff_B}	$A_{eff\_B}=\dfrac{\left(\iint_{-\infty}^{\infty}\lvert F_B(x,y)\rvert^2 dxdy\right)^2}{\iint_{-\infty}^{\infty}\lvert F_B(x,y)\rvert^4 dxdy}$
83	SRS 光有效模场面积	A_{eff_R}	$A_{eff\_R}=\dfrac{\left(\iint_{-\infty}^{\infty}\lvert F_R(x,y)\rvert^2 dxdy\right)^2}{\iint_{-\infty}^{\infty}\lvert F_R(x,y)\rvert^4 dxdy}$
84	拉曼响应函数	$h_R(t)$	$h_R(t)=\begin{cases}\dfrac{\tau_1^2+\tau_2^2}{\tau_1\tau_2^2}e^{-t/\tau_2}\sin\left(\dfrac{t}{\tau_1}\right) & (t\geqslant0)\\ 0 & (t<0)\end{cases}$
85	拉曼响应函数傅里叶变换	$\tilde{h}_R(\Delta\omega)$	$\tilde{h}_R(\Delta\omega)=\dfrac{1}{2i}\dfrac{\tau_1^2+\tau_2^2}{\tau_1\tau_2^2}\left\{\dfrac{1}{\dfrac{1}{\tau_2}-i\left(\Delta\omega+\dfrac{1}{\tau_1}\right)}-\dfrac{1}{\dfrac{1}{\tau_2}-i\left(\Delta\omega-\dfrac{1}{\tau_1}\right)}\right\}$
86	信号光非线性系数	γ_s	$\gamma_s=\dfrac{n_2\omega_s}{c}\dfrac{\left\langle\lvert F_s\rvert^4\right\rangle}{\left\langle\lvert F_s\rvert^2\right\rangle}=\dfrac{\tilde{n}_2\omega_s}{cA_{eff\_s}}$
87	SBS 光非线性系数	γ_B	$\gamma_B=\dfrac{n_2\omega_B}{cA_{eff\_B}}$
88	SRS 光非线性系数	γ_R	$\gamma_R=\dfrac{n_2\omega_R}{cA_{eff\_R}}$
89	声子密度	N_Q	$N_Q=\dfrac{2k_B T_0\rho_0\Gamma_B}{v_{A\_co}^2 A_{eff}}$
90	自发引起 SBS 的热噪声源	f_B	$\langle f_B(z,t)\rangle=0$　$\langle f_B(z,t)f_B^*(z',t')\rangle=N_Q\delta(z-z')\delta(t-t')$

续表

序号	物理量	表示符号	计算表达式/默认值
91	声光有效作用面积	$A_{\text{eff\_ao}}$	$A_{\text{eff\_ao}}=\dfrac{\left\langle \lvert F_s(x,y)\rvert^2\right\rangle\left\langle \lvert F_B(x,y)\rvert^2\right\rangle\left\langle \lvert F_A(x,y)\rvert^2\right\rangle}{\lvert\left\langle F_s(x,y)F_B^*(x,y)F_A(x,y)\right\rangle\rvert^2}$ 声场基模面积较光场基模面积大得多时，可以利用光场有效模场面积替换 $A_{\text{eff\_s}}=\dfrac{(\iint_{-\infty}^{\infty}\lvert F_s(x,y)\rvert^2\,\mathrm{d}x\mathrm{d}y)^2}{\iint_{-\infty}^{\infty}\lvert F_s(x,y)\rvert^4\,\mathrm{d}x\mathrm{d}y}$
92	光场与声场交叠因子	f_A	$f_A=\dfrac{\left(\left\langle F_s^2F_A\right\rangle\right)^2}{\left\langle F_s^2\right\rangle\left\langle F_A^2\right\rangle}$ $=\dfrac{\left(\int_{-\infty}^{\infty}\int_{-\infty}^{\infty}F_s^2(x,y)F_A(x,y)\mathrm{d}x\mathrm{d}y\right)^2}{\left(\int_{-\infty}^{\infty}\int_{-\infty}^{\infty}F_s^2(x,y)\mathrm{d}x\mathrm{d}y\right)\left(\int_{-\infty}^{\infty}\int_{\infty}^{\infty}F_A^2(x,y)\mathrm{d}x\mathrm{d}y\right)}$
93	耦合系数	κ_2	$\kappa_2=\dfrac{\varepsilon_0 n_s\omega_s\gamma_e}{2cv_A}\dfrac{\left\langle\lvert F_s\rvert^2F_A\right\rangle}{\left\langle\lvert F_A\rvert^2\right\rangle A_{\text{eff}}}$
94	信号光耦合系数	κ_{1s}	$\kappa_{1s}=\dfrac{\omega_s\gamma_e}{2n_sc\rho_0}\dfrac{\left\langle\lvert F_s\rvert^2F_A\right\rangle}{\left\langle\lvert F_s\rvert^2\right\rangle}$
95	SBS 光耦合系数	κ_{1B}	$\kappa_{1B}=\dfrac{\omega_B\gamma_e}{2n_Bc\rho_0}\dfrac{\left\langle\lvert F_B\rvert^2F_A\right\rangle}{\left\langle\lvert F_B\rvert^2\right\rangle}$
96	峰值布里渊增益系数	g_p	$g_p=\dfrac{4\pi^2\gamma_e^2f_A}{cn_s\lambda_s^2\rho_0v_A\Gamma_B}$

第 5 章　特殊光纤激光器理论模型与仿真算法

第 2～4 章分别介绍了连续激光器、调 Q 和锁模脉冲激光器、单频和窄线宽放大器等比较常用的光纤激光器。利用前面介绍的理论模型，可以解决大部分光纤激光器的理论仿真问题。除了上述的常用光纤激光器，在实际应用中，还有一类特殊的光纤激光器，包括超荧光光源、拉曼光纤激光器、分布式随机反馈光纤激光器、超连续谱光源等。这些光纤激光器中，有的可以利用前面已经介绍的模型，通过简化速率方程或修改边界条件进行仿真，有的则需要根据激光产生的机理，完善已有的速率方程进行仿真。本章就超荧光光源、拉曼光纤激光器、分布式随机反馈光纤激光器、超连续谱光源等特殊光纤激光器的理论模型和仿真算法进行介绍。

5.1　超荧光光源理论模型

超荧光光源本质上来源于激光产生过程中的 ASE，由于具有时间相干性低、稳定性好、光谱覆盖范围可设计等优点，在光学层析成像、高精度光纤陀螺传感、光纤通信等领域有着较为广泛的应用。典型的双向泵浦、双向输出 ASE 光源结构如图 5-1 所示，结构上是在激光振荡器的基础上去掉构成谐振腔的光纤光栅。LD 通过 FPSC、BPSC 的泵浦臂耦合到合束中，FPSC、BPSC 将泵浦光注入 DCYDF。在泵浦光激励下，增益光纤产生的 ASE 会在前后向传输。在 ASE 光源设计和搭建中，一个重要的问题就是要避免某一波长的反馈导致的自激振荡。自激振荡容易产生新波段的激光，而且可能导致 ASE 光源烧毁。因此，在 ASE 光源的输出端，必须要加入带有隔离功能的隔离器(ISO_1、ISO_2)或者环形器，以避免光纤端面的反馈。

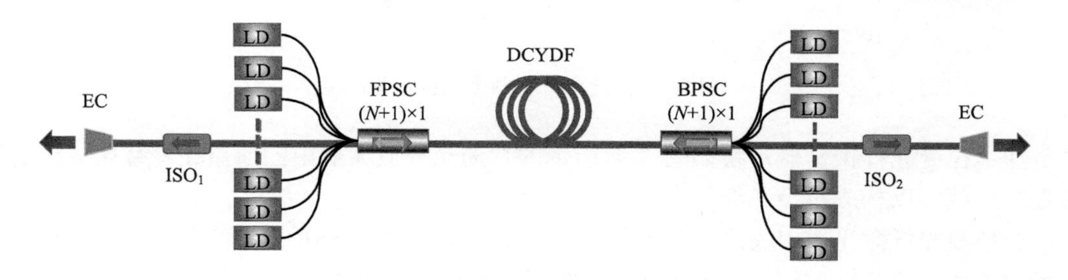

图 5-1　ASE 光源实验结构示意图

由于一般的振荡器结构的 ASE 光源中功率较低、谱线数量较多，SPM、XPM、FWM，以及 SBS、SRS 等非线性效应都比较弱。此时，ASE 光源的速率方程可以简化为考虑 ASE 的激光器速率方程。因此，利用式(2-4)～式(2-7)即可描述 ASE 光源的特性。

理论上，ASE 光源与普通振荡器的区别就是没有特定波长的端面反馈。这种情况下，ASE 光源的边界条件为

$$P_{\mathrm{p}}^{+}(0)=P_{\mathrm{in}}^{+} \tag{5-1}$$

$$P_{\mathrm{p}}^{-}(L)=P_{\mathrm{in}}^{-} \tag{5-2}$$

$$P_{\mathrm{s}}^{+}(0)=0 \tag{5-3}$$

$$P_{\mathrm{s}}^{-}(L)=0 \tag{5-4}$$

式中，P_{in}^{+} 为前向注入的泵浦功率；P_{in}^{-} 为后向注入的泵浦功率；$P_{\mathrm{s}}^{\pm}$ 是包括 ASE 光谱在内的整个光源谱线内的信号功率。

5.2　拉曼光纤激光器理论模型

5.2.1　拉曼光纤激光器原理

拉曼光纤激光器利用非稀土掺杂传能光纤中的 SRS 效应产生拉曼波段激光，包括拉曼光纤振荡器和拉曼光纤放大器。拉曼光纤振荡器的典型结构如图 5-2 所示，短波长（λ_{s}）的激光器 FL_1 从前向直接注入拉曼谐振腔中，FL_2 通过 WDM 从后向注入拉曼谐振腔中。拉曼谐振腔由拉曼增益光纤(Raman Gain Fiber，RGF)、HR FBG 和 OC FBG 组成。拉曼增益光纤吸收波长为 λ_{s} 的激光后，通过 SRS 产生拉曼斯托克斯光；产生的拉曼斯托克斯光受到 HR FBG 和 OC FBG 的反馈后，产生高功率的拉曼激光输出。输出激光经过 CLS 和 EC 输出。这里，短波长（λ_{s}）的激光也可称为泵浦光。本书中，为了与增益光纤放大器中的泵浦光区别，将短波长（λ_{s}）的激光称为波长为 λ_{s} 的信号光。需要注意的是，由于非线性效应的产生与波长为 λ_{s} 的激光功率密度有关，一般拉曼光纤激光器采用纤芯泵浦方式注入泵浦功率。

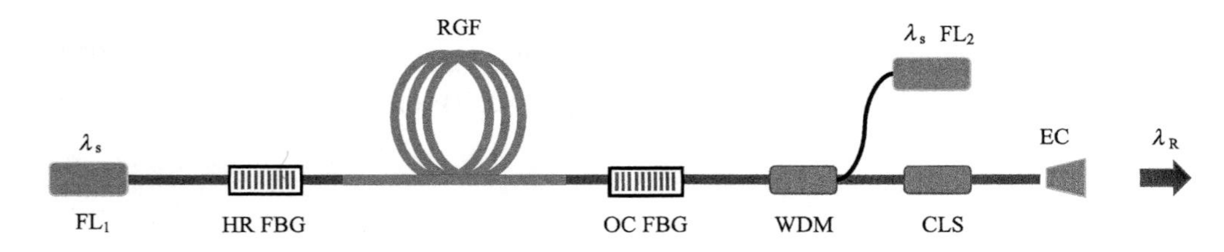

图 5-2　拉曼光纤振荡器结构示意图

除了拉曼光纤振荡器，将如图 2-4 所示的普通光纤放大器中的增益光纤替换成拉曼增益光纤，就可以构成拉曼光纤放大器。

在拉曼光纤激光器中关注的对象是各级拉曼散射的功率，所以我们重点考虑 SRS，而不考虑其他的非线性效应。在连续波中，激发拉曼的激光与拉曼光光强之间的耦合方程为

$$\frac{\mathrm{d}I_{\mathrm{s}}}{\mathrm{d}z}=-\frac{\omega_{\mathrm{s}}}{\omega_{\mathrm{R}}}g_{\mathrm{R}}I_{\mathrm{s}}I_{\mathrm{R}}-\alpha_{\mathrm{s}}I_{\mathrm{s}} \tag{5-5}$$

$$\frac{\mathrm{d}I_{\mathrm{R}}}{\mathrm{d}z}=g_{\mathrm{R}}I_{\mathrm{s}}I_{\mathrm{R}}-\alpha_{\mathrm{R}}I_{\mathrm{R}} \tag{5-6}$$

式中，I_{s}、I_{R} 分别为信号光和拉曼光的光强；ω_{s}、ω_{R} 分别为信号光和拉曼光的角频率；

g_R 为拉曼增益；α_s、α_R 分别为信号光和拉曼光的损耗系数。根据 $I=\dfrac{P}{A_{eff}}$，考虑 $z=z+vt$，$\dfrac{\omega_s}{\omega_R}=\dfrac{\lambda_R}{\lambda_s}$，式(5-5)和式(5-6)转化为

$$\frac{\partial P_s}{\partial z}+\frac{1}{v_{gs}}\frac{\partial P_s}{\partial t}=-\frac{\lambda_R}{\lambda_s}\frac{g_R}{A_{eff\_R}}P_sP_R-\alpha_sP_s \tag{5-7}$$

$$\frac{\partial P_R}{\partial z}+\frac{1}{v_{gR}}\frac{\partial P_R}{\partial t}=\frac{g_R}{A_{eff\_s}}P_sP_R-\alpha_RP_R \tag{5-8}$$

1. 纤芯泵浦拉曼光纤激光器理论模型

在实际的拉曼光纤激光器中，还需要考虑二阶拉曼散射的影响，同时考虑信号光、一阶拉曼光、二阶拉曼光在谐振腔中双向传输，对于图 5-2 所示的振荡器结构，其理论模型可以描述为

$$\pm\frac{\partial P_s^{\pm}}{\partial z}+\frac{1}{v_{gs}}\frac{\partial P_s^{\pm}}{\partial t}=-\frac{\lambda_{R1}}{\lambda_s}\frac{g_{R1}}{A_{eff\_R1}}\left(P_{R1}^{+}+P_{R1}^{-}+4h\nu_{R1}\Delta\nu_{R1}B_{R1}\right)P_s^{\pm}-\alpha_sP_s^{\pm} \tag{5-9}$$

$$\begin{aligned}\pm\frac{\partial P_{R1}^{\pm}}{\partial z}+\frac{1}{v_{gR1}}\frac{\partial P_{R1}^{\pm}}{\partial t}=&\frac{g_{R1}}{A_{eff\_s}}\left(P_s^{+}+P_s^{-}\right)\left(P_{R1}^{\pm}+2h\nu_{R1}\Delta\nu_{R1}B_{R1}\right)-\alpha_{R1}P_{R1}^{\pm}\\&-\frac{\lambda_{R2}}{\lambda_{R1}}\frac{g_{R2}}{A_{eff\_R2}}\left(P_{R2}^{+}+P_{R2}^{-}+4h\nu_{R2}\Delta\nu_{R2}B_{R2}\right)P_{R1}^{\pm}\end{aligned} \tag{5-10}$$

$$\pm\frac{\partial P_{R2}^{\pm}}{\partial z}+\frac{1}{v_{gR2}}\frac{\partial P_{R2}^{\pm}}{\partial t}=\frac{g_{R2}}{A_{eff\_R1}}\left(P_{R1}^{+}+P_{R1}^{-}\right)\left(P_{R2}^{\pm}+2h\nu_{R2}\Delta\nu_{R2}B_{R2}\right)-\alpha_{R2}P_{R2}^{\pm} \tag{5-11}$$

式中，B_{R1}、B_{R2} 为玻尔兹曼系数：

$$B_{Rj}=1+\frac{1}{\exp\left[\dfrac{h\left(\nu_{Rj}-\nu_{Rj-1}\right)}{k_BT}\right]-1}\quad(j=1,2) \tag{5-12}$$

式中，下标 s、R1、R2 分别代表泵浦光、一阶拉曼光和二阶拉曼光；上标“+”“－”分别代表前向和后向传输；P 为功率；λ 为波长；A 为纤芯面积；g_R 为拉曼增益系数；α 为光纤损耗系数；$2h\nu\Delta\nu B$ 为拉曼热噪声项，数值 2 表示两个偏振态，h 为普朗克常数，ν 为光频率，$\Delta\nu$ 为激光谱宽度，B 为玻尔兹曼系数，由式(5-12)表示，其中，k_B 为玻尔兹曼常数，T 为温度，通常 B_{Rj} 约等于 1。振荡器内的功率密度通常较高，而拉曼热噪声项的数值通常在 10^{-7}W 量级，对输出功率的影响十分微弱，因此，很多模型中忽略了拉曼热噪声项。拉曼光纤激光器速率方程中各个物理量详细描述如表 5-1 所示。

2. 包层泵浦拉曼光纤激光器理论模型

前面介绍的是纤芯泵浦拉曼光纤激光器的理论模型，最近几年，包层泵浦拉曼光纤激光器也得到了广泛的研究。考虑包层泵浦时，需要在拉曼光纤激光器的速率方程中给出信号光和拉曼光的填充因子 Γ_s、Γ_{R1} 和 Γ_{R2}，包层泵浦拉曼光纤激光器理论模型可以描述为

表 5-1　拉曼光纤激光器模型中物理量

物理量	表示符号	物理量	表示符号
普朗克常数	h	信号光有效模场面积	$A_{\text{eff\_s}}$
玻尔兹曼常数	k_{B}	一阶拉曼光有效模场面积	$A_{\text{eff\_R1}}$
温度	T	二阶拉曼光有效模场面积	$A_{\text{eff\_R2}}$
前向泵浦功率	$P_{\text{s}}^{+}(z,t)$	泵浦光损耗系数	α_{s}
后向泵浦功率	$P_{\text{s}}^{-}(z,t)$	一阶斯托克斯光损耗系数	α_{R1}
前向一阶斯托克斯光分布	$P_{\text{R1}}^{+}(z,t)$	二阶斯托克斯光损耗系数	α_{R2}
后向一阶斯托克斯光分布	$P_{\text{R1}}^{-}(z,t)$	一阶斯托克斯光线宽	$\Delta\nu_{\text{R1}}$
前向二阶斯托克斯光分布	$P_{\text{R2}}^{+}(z,t)$	二阶斯托克斯光线宽	$\Delta\nu_{\text{R2}}$
后向二阶斯托克斯光分布	$P_{\text{R2}}^{-}(z,t)$	一阶斯托克斯光左端面反射率	R_{L1}
泵浦光群速度	v_{gs}	二阶斯托克斯光左端面反射率	R_{L2}
一阶斯托克斯光群速度	v_{gR1}	一阶斯托克斯光右端面反射率	R_{R1}
二阶斯托克斯光群速度	v_{gR2}	二阶斯托克斯光右端面反射率	R_{R2}
泵浦光波长	λ_{s}	一阶拉曼增益系数	g_{R1}
一阶斯托克斯光波长	λ_{R1}	二阶拉曼增益系数	g_{R2}
二阶斯托克斯光波长	λ_{R2}	一阶斯托克斯光频率	ν_{R1}
二阶斯托克斯光频率	ν_{R2}		

$$\pm\frac{\partial P_{\text{s}}^{\pm}}{\partial z}+\frac{1}{v_{\text{gs}}}\frac{\partial P_{\text{s}}^{\pm}}{\partial t}=-\frac{\lambda_{\text{R1}}}{\lambda_{\text{s}}}\frac{g_{\text{R1}}}{A_{\text{eff\_R1}}}\Gamma_{\text{s}}\left(P_{\text{R1}}^{+}+P_{\text{R1}}^{-}+4h\nu_{\text{R1}}\Delta\nu_{\text{R1}}B_{\text{R1}}\right)P_{\text{s}}^{\pm}-\alpha_{\text{s}}P_{\text{s}}^{\pm} \tag{5-13}$$

$$\begin{aligned}\pm\frac{\partial P_{\text{R1}}^{\pm}}{\partial z}+\frac{1}{v_{\text{gR1}}}\frac{\partial P_{\text{R1}}^{\pm}}{\partial t}=&\frac{g_{\text{R1}}\Gamma_{\text{R1}}}{A_{\text{eff\_s}}}\left(P_{\text{s}}^{+}+P_{\text{s}}^{-}\right)\left(P_{\text{R1}}^{\pm}+2h\nu_{\text{R1}}\Delta\nu_{\text{R1}}B_{\text{R1}}\right)-\alpha_{\text{R1}}P_{\text{R1}}^{\pm}\\&-\frac{\lambda_{\text{R2}}}{\lambda_{\text{R1}}}\frac{g_{\text{R2}}\Gamma_{\text{R1}}}{A_{\text{eff\_R2}}}\left(P_{\text{R2}}^{+}+P_{\text{R2}}^{-}+4h\nu_{\text{R2}}\Delta\nu_{\text{R2}}B_{\text{R2}}\right)P_{\text{R1}}^{\pm}\end{aligned} \tag{5-14}$$

$$\pm\frac{\partial P_{\text{R2}}^{\pm}}{\partial z}+\frac{1}{v_{\text{gR2}}}\frac{\partial P_{\text{R2}}^{\pm}}{\partial t}=\frac{g_{\text{R2}}\Gamma_{\text{R2}}}{A_{\text{eff\_R1}}}\left(P_{\text{R1}}^{+}+P_{\text{R1}}^{-}\right)\left(P_{\text{R2}}^{\pm}+2h\nu_{\text{R2}}\Delta\nu_{\text{R2}}B_{\text{R2}}\right)-\alpha_{\text{R2}}P_{\text{R2}}^{\pm} \tag{5-15}$$

5.2.2　拉曼光纤振荡器边界条件

与普通光纤振荡器类似，拉曼光纤振荡器简化的边界条件描述如图 5-3 所示。

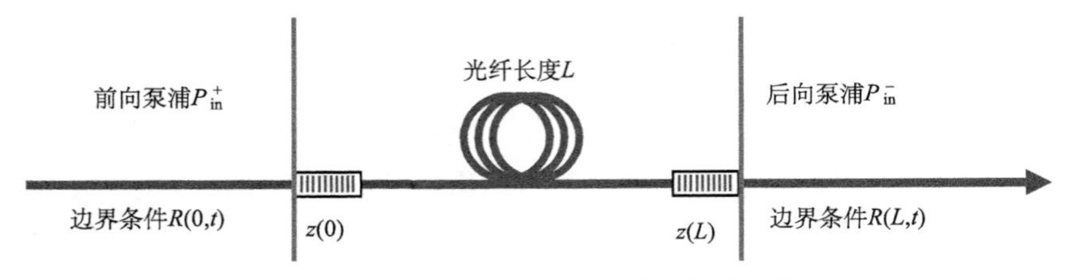

图 5-3　拉曼光纤振荡器简化边界条件示意图

根据图 5-3，正反向注入信号激光功率为 $P_{\text{in}}^{+}(t)$、$P_{\text{in}}^{-}(t)$，光纤长度 0 和 L 位置处对一阶斯托克斯光的反射率为 R_{L1}、R_{R1}，光纤长度 0 和 L 位置处对二阶斯托克斯光的反射率为 R_{L2}、R_{R2}，那么信号光和拉曼光的边界条件为

$$P_{\text{s}}^{+}(0,t)=P_{\text{in}}^{+}(t) \tag{5-16}$$

$$P_{\text{s}}^{-}(L,t)=P_{\text{in}}^{-}(t) \tag{5-17}$$

$$P_{\text{R1,R2}}^{+}(0,t)=R_{\text{L1,2}}P_{\text{R1,R2}}^{-}(0,t) \tag{5-18}$$

$$P_{\text{R1,R2}}^{-}(L,t)=R_{\text{R1,2}}P_{\text{R1,R2}}^{+}(L,t) \tag{5-19}$$

这里给出的是最简单的边界条件。在自行编程计算时，为了简化，利用上述的边界条件即可。但是，考虑实际实验中各个器件、熔接点的损耗，就需要利用第 2 章中描述的边界条件进行仿真，这在 SeeFiberLaser 中是比较容易实现的。

实际上，式(5-13)～式(5-15)的理论模型也可以用于仿真拉曼光纤放大器，只是边界条件不同。

5.3　分布式随机反馈光纤激光器理论模型

5.3.1　分布式随机反馈光纤激光器简介

分布式随机反馈光纤激光器(简称随机光纤激光器)是指在具有增益的介质中，利用随机反馈获得激光输出的一类激光器。随机光纤激光器按照增益来源不同通常分为基于拉曼增益的随机光纤激光器和基于布里渊增益的随机光纤激光器，按照结构不同通常可分为开放腔随机光纤激光器和半开放腔随机光纤激光器。本书将重点介绍基于拉曼增益的随机光纤激光器，因此后面的随机光纤激光器无特殊说明均指基于拉曼增益的随机光纤激光器。

基于拉曼增益的随机光纤激光器利用光纤中瑞利散射的分布式随机反馈替代传统激光谐振腔中光栅的反馈。随机光纤激光器近几年得到了广泛的研究，随机光纤激光器的诸多优点使其在传感等领域得到了较为广泛的应用。随机光纤激光器的反馈原理如图 5-4 所示。

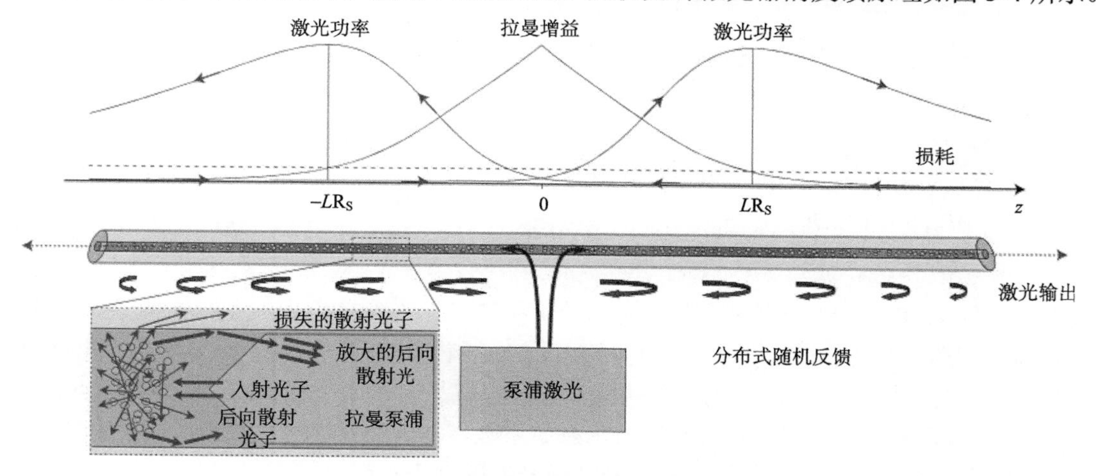

图 5-4　随机光纤激光器原理示意图

其基本结构由泵浦源和一段较长的被动光纤组成。泵浦光在纤芯内传输并逐渐放大光纤中的拉曼热噪声，与泵浦光同向传输，由于瑞利散射，会有部分拉曼光被散射回后向，虽然很弱，但是这部分光作为反馈也会被拉曼增益放大，最终实现激光的两端输出。另外，由于瑞利散射具有随机性，反馈光之间不存在特定的相位关系，导致输出激光无纵模结构。通信光纤中的后向瑞利散射通常只有总散射损耗的 1/600，在 10^{-5}～10^{-4}km^{-1} 量级，但是若增益足够强，仍能提供足够的反馈。

典型的双端泵浦随机光纤激光器如图 5-5 所示。信号光激光器 FL_1 和 FL_2 分别通过 WDM_1 和 WDM_2 将泵浦光注入传能光纤中。在传能光纤中，通过分布式拉曼增益，将泵浦光的功率转化到拉曼光波段，为了提供较强的增益，传能光纤一般较长。与拉曼光纤激光器相比，随机光纤激光器没有光纤光栅作为反馈，因此可以从前向和后向都输出激光。为了避免端面反馈，一种方法是对输出端面切 8°角，另一种方法是熔接具有很低反射率的光纤端帽。

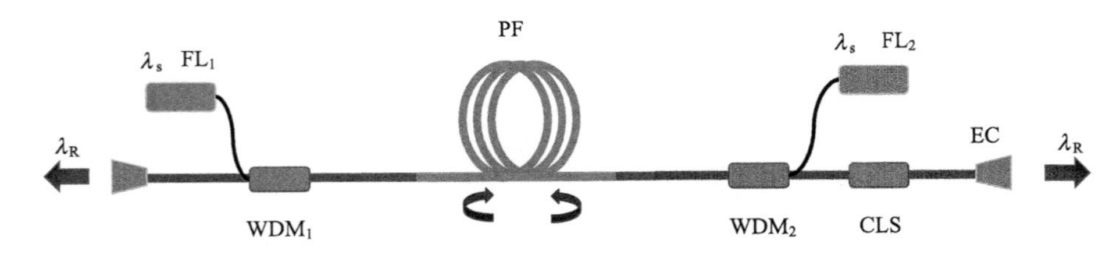

图 5-5　双端泵浦随机光纤激光器结构图

5.3.2　分布式随机反馈光纤激光器的速率方程理论

基于拉曼增益的分布式随机反馈光纤激光器的理论模型与纤芯泵浦拉曼光纤激光器的模型基本一致，主要区别是要考虑分布式的反馈对信号光和拉曼光的影响。在考虑随时间变化的情况下，模型表示为

$$\pm\frac{\partial P_s^{\pm}}{\partial z}+\frac{1}{v_{gs}}\frac{\partial P_s^{\pm}}{\partial t}=-\frac{\lambda_{R1}}{\lambda_0}\frac{g_{R1}}{A_{eff\_R1}}\left(P_{R1}^{+}+P_{R1}^{-}+4h\nu_{R1}\Delta\nu_{R1}B_{R1}\right)P_s^{\pm}-\alpha_s P_s^{\pm}+\varepsilon_s P_s^{\mp} \tag{5-20}$$

$$\begin{aligned}\pm\frac{\partial P_{R1}^{\pm}}{\partial z}+\frac{1}{v_{gR1}}\frac{\partial P_{R1}^{\pm}}{\partial t}=&\frac{g_{R1}}{A_{eff\_s}}\left(P_s^{+}+P_s^{-}\right)\left(P_{R1}^{\pm}+2h\nu_{R1}\Delta\nu_{R1}B_{R1}\right)+\varepsilon_{R1}P_{R1}^{\mp}\\&-\frac{\lambda_{R2}}{\lambda_{R1}}\frac{g_{R2}}{A_{eff\_R2}}\left(P_{R2}^{+}+P_{R2}^{-}+4h\nu_{R2}\Delta\nu_{R2}B_{R2}\right)P_{R1}^{\pm}-\alpha_{R1}P_{R1}^{\pm}\end{aligned} \tag{5-21}$$

$$\pm\frac{\partial P_{R2}^{\pm}}{\partial z}+\frac{1}{v_{gR2}}\frac{\partial P_{R2}^{\pm}}{\partial t}=\frac{g_{R2}}{A_{eff\_R1}}\left(P_{R1}^{+}+P_{R1}^{-}\right)\left(P_{R2}^{\pm}+2h\nu_{R2}\Delta\nu_{R2}B_{R2}\right)+\varepsilon_{R2}P_{R2}^{\mp}-\alpha_{R2}P_{R2}^{\pm} \tag{5-22}$$

式中，下标 s、R1、R2 分别对应泵浦光、一阶拉曼光、二阶拉曼光；上标“+”“－”分别代表前向和后向传输；P 为功率；λ 为波长；A_{eff} 为纤芯有效模场面积；g_R 为拉曼增益系数；α 为光纤损耗系数；$2h\nu\Delta\nu B$ 为拉曼热噪声项，数值 2 表示两个偏振态，h 为普朗克常数，ν 为光频率，$\Delta\nu$ 为激光谱宽度，B 为玻尔兹曼系数，与式(5-12)相同，通常该项约等于 1；ε 为瑞利后向散射系数，该参数是随机光纤激光器区别于拉曼光纤激光器的根源。

随机光纤激光器的边界条件与前面的拉曼光纤激光器的边界条件基本一致：

$$P_s^+(0,t)=P_{in}^+(t)$$

$$P_s^-(L,t)=P_{in}^-(t)$$

$$P_{R1,R2}^+(0,t)=R_{L1,2}P_{R1,R2}^-(0,t)$$

$$P_{R1,R2}^-(L,t)=R_{R1,2}P_{R1,R2}^+(L,t)$$

需要注意的是，随机光纤激光器的端面反馈通常很低，有些仿真中甚至可以设置为零，但是在实际系统中可能存在微弱的端面反馈，此时边界条件中的 $R_{L1,2}$、$R_{R1,2}$ 即表示端面的微弱反馈，或者半开放腔的反射率。

根据式(5-20)～式(5-22)的速率方程和式(5-16)～式(5-19)的边界条件，以及第 3 章介绍的 PB 算法，可以仿真分析随机/拉曼光纤激光器的阈值特性、功率分布及高功率输出潜力与效率。

5.4　混合增益光纤激光器理论模型

5.4.1　混合增益光纤激光器原理

混合增益就是在激光器中同时存在掺杂粒子发射的实能级激光增益和 SRS 的虚能级拉曼增益，典型的就是稀土离子增益与拉曼增益的混合。利用 Yb^{3+}增益和拉曼增益这种混合增益的方式，可以在尽可能短的光纤中利用尽可能多的增益，获得所需波长的高功率拉曼激光。此外，在系统中注入一定比例的拉曼波长有利于引导产生的受激拉曼光向前向传输。因此，采用混合增益，可以增强前向拉曼、减弱后向拉曼，避免后向拉曼散射对前级激光器件的影响。

根据泵浦波长和信号波长注入的情况，混合增益光纤激光器主要包括两类：一类是泵浦波长 λ_p 与种子波长 λ_s 差正好是拉曼频移对应波长，与包层泵浦拉曼光纤放大器相比，就是将其中的传能光纤替换为增益光纤，如图 5-6 所示；另一类是种子激光由两个波长间隔为拉曼频移波长的激光器组成，通过 WDM 耦合后共同注入普通的光纤放大器中，如图 5-7 所示。

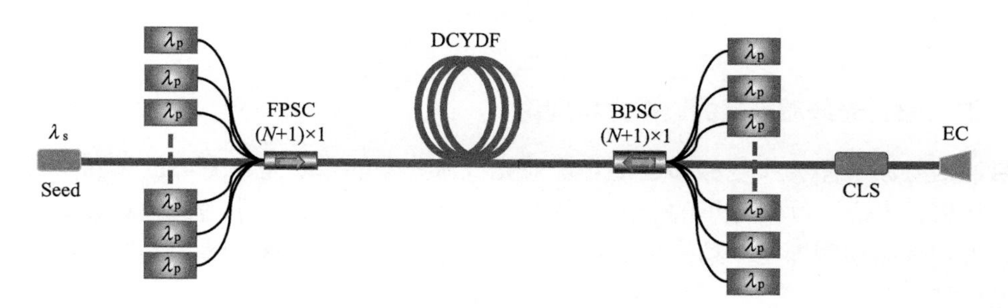

图 5-6　基于包层泵浦拉曼结构的混合增益光纤激光器结构图

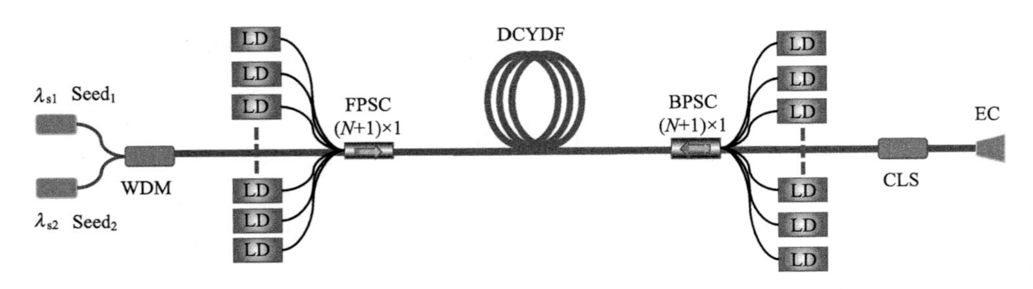

图 5-7　基于双种子注入的混合增益光纤激光器结构图

典型的，在图 5-6 所示的混合增益光纤激光器中，若泵浦光为 1018nm，信号光(Seed)为 1070nm，对应混合增益过程的能级结构如图 5-8(a)所示。Yb^{3+}存在 1018nm 和 1070nm 的吸收和发射能级，因此可以通过电子在 Yb^{3+}能级间的跃迁吸收 1018nm 泵浦光而辐射出 1070nm 激光；对于受激拉曼过程，当 1018nm 光足够强时，SiO_2 分子会从振动态的基态跃迁到虚能级，然后受激辐射回 SiO_2 振动态的上能级，1070nm 激光通过两种增益的共同作用经历了混合放大过程。

若泵浦光为 976nm，信号光(Seed$_1$, Seed$_2$)为 1070nm 和 1120nm，对应混合增益过程的能级结构如图 5-8 (b)所示。与单一信号波长的过程类似，Yb^{3+}吸收了 976nm 泵浦光后能发射 1070nm 和 1120nm 两个波长的激光，而拉曼过程只能吸收 1070nm 激光转换为 1120nm 激光，所以此时对于 1070nm 激光只被 Yb^{3+}增益放大，而 1120nm 激光同时获得了 Yb^{3+}和拉曼的增益。

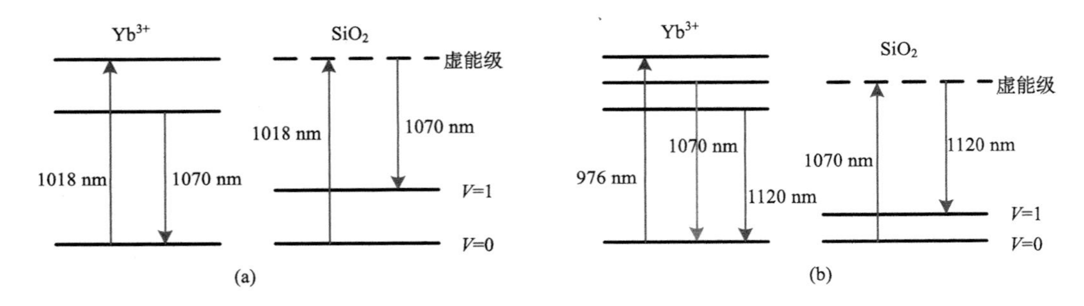

图 5-8　Yb^{3+}、拉曼混合增益能级示意图

5.4.2　混合增益光纤激光器的速率方程理论

泵浦信号波长差为拉曼频移的混合增益光纤激光器的本质是在光纤放大器中考虑拉曼效应，如果只考虑连续情况下的一阶拉曼效应，直接利用 2.1 节中考虑拉曼效应的掺镱光纤速率方程理论模型即可。这里重点描述两个信号波长差为拉曼频移的混合增益光纤激光器理论模型。

结合光纤激光器中理论模型(式(2-4)～式(2-7))和包层泵浦拉曼光纤激光器的理论模型(式(5-13)～式(5-15))，可以得到双种子注入的混合增益光纤激光器的速率方程为

$$
\begin{aligned}
\frac{\partial N_2}{\partial t} = & \frac{1}{hc}\int_{\lambda_\mathrm{p}^\mathrm{min}}^{\lambda_\mathrm{p}^\mathrm{max}} \frac{\Gamma_\mathrm{p}\left(\lambda_\mathrm{p}\right)}{A_\mathrm{eff}\left(\lambda_\mathrm{p}\right)}\left[\sigma_\mathrm{ap}\left(\lambda_\mathrm{p}\right)N_1-\sigma_\mathrm{ep}\left(\lambda_\mathrm{p}\right)N_2\right]\left(P_\mathrm{p}^+ + P_\mathrm{p}^-\right)\lambda_\mathrm{p}\,\mathrm{d}\lambda_\mathrm{p} \\
& + \frac{1}{hc}\int_{\lambda_\mathrm{s}^\mathrm{min}}^{\lambda_\mathrm{s}^\mathrm{max}} \frac{\Gamma_\mathrm{s}\left(\lambda_\mathrm{s}\right)}{A_\mathrm{eff}\left(\lambda_\mathrm{s}\right)}\left[\sigma_\mathrm{as}\left(\lambda_\mathrm{s}\right)N_1-\sigma_\mathrm{es}\left(\lambda_\mathrm{s}\right)N_2\right]\left(P_\mathrm{s}^+ + P_\mathrm{s}^-\right)\lambda_\mathrm{s}\,\mathrm{d}\lambda_\mathrm{s} \\
& + \frac{1}{hc}\int_{\lambda_\mathrm{R1}^\mathrm{min}}^{\lambda_\mathrm{R1}^\mathrm{max}} \frac{\Gamma_\mathrm{R1}\left(\lambda_\mathrm{R1}\right)}{A_\mathrm{eff}\left(\lambda_\mathrm{R1}\right)}\left[\sigma_\mathrm{as}\left(\lambda_\mathrm{R1}\right)N_1-\sigma_\mathrm{es}\left(\lambda_\mathrm{R1}\right)N_2\right]\left(P_\mathrm{R1}^+ + P_\mathrm{R1}^-\right)\lambda_\mathrm{R1}\mathrm{d}\lambda_\mathrm{R1} \\
& + \frac{1}{hc}\int_{\lambda_\mathrm{R2}^\mathrm{min}}^{\lambda_\mathrm{R2}^\mathrm{max}} \frac{\Gamma_\mathrm{R2}\left(\lambda_\mathrm{R2}\right)}{A_\mathrm{eff}\left(\lambda_\mathrm{R2}\right)}\left[\sigma_\mathrm{as}\left(\lambda_\mathrm{R2}\right)N_1-\sigma_\mathrm{es}\left(\lambda_\mathrm{R2}\right)N_2\right]\left(P_\mathrm{R2}^+ + P_\mathrm{R2}^-\right)\lambda_\mathrm{R2}\mathrm{d}\lambda_\mathrm{R2} \\
& - \frac{N_2(z,t)}{\tau}
\end{aligned}
\tag{5-23}
$$

$$
\pm\frac{\mathrm{d}P_\mathrm{p}^\pm}{\mathrm{d}z} = \pm\frac{\partial P_\mathrm{p}^\pm}{\partial z}+\frac{1}{v_\mathrm{p}}\frac{\partial P_\mathrm{p}^\pm}{\partial t} = \Gamma_\mathrm{p}\left[\sigma_\mathrm{ep}\left(\lambda_\mathrm{p}\right)N_2-\sigma_\mathrm{ap}\left(\lambda_\mathrm{p}\right)N_1\right]P_\mathrm{p}^\pm - \alpha_\mathrm{p}\left(\lambda_\mathrm{p}\right)P_\mathrm{p}^\pm \tag{5-24}
$$

$$
\begin{aligned}
\pm\frac{\partial P_\mathrm{s}^\pm}{\partial z}+\frac{1}{v_\mathrm{gs}}\frac{\partial P_\mathrm{s}^\pm}{\partial t} = & \Gamma_\mathrm{s}\left[\sigma_\mathrm{es}\left(\lambda_\mathrm{s}\right)N_2-\sigma_\mathrm{as}\left(\lambda_\mathrm{s}\right)N_1\right]P_\mathrm{s}^\pm + 2\sigma_\mathrm{e}\left(\lambda_\mathrm{s}\right)N_2\frac{hc^2}{\lambda_\mathrm{s}^3}\Delta\lambda \\
& -\alpha_\mathrm{s}P_\mathrm{s}^\pm - \frac{\lambda_\mathrm{R1}}{\lambda_\mathrm{s}}\frac{g_\mathrm{R1}}{A_\mathrm{eff\_R1}}\Gamma_\mathrm{s}\left(P_\mathrm{R1}^+ + P_\mathrm{R1}^-\right)P_\mathrm{s}^\pm
\end{aligned}
\tag{5-25}
$$

$$
\begin{aligned}
\pm\frac{\partial P_\mathrm{R1}^\pm}{\partial z}+\frac{1}{v_\mathrm{gR1}}\frac{\partial P_\mathrm{R1}^\pm}{\partial t} = & \Gamma_\mathrm{R1}\left[\sigma_\mathrm{es}\left(\lambda_\mathrm{R1}\right)N_2-\sigma_\mathrm{as}\left(\lambda_\mathrm{R1}\right)N_1\right]P_\mathrm{R1}^\pm + 2\sigma_\mathrm{es}\left(\lambda_\mathrm{R1}\right)N_2\frac{hc^2}{\lambda_\mathrm{R1}^3}\Delta\lambda \\
& -\alpha_\mathrm{R1}P_\mathrm{R1}^\pm + \frac{g_\mathrm{R1}\Gamma_\mathrm{R1}}{A_\mathrm{eff\_s}}\left(P_\mathrm{s}^+ + P_\mathrm{s}^-\right)P_\mathrm{R1}^\pm - \frac{\lambda_\mathrm{R2}}{\lambda_\mathrm{R1}}\frac{g_\mathrm{R2}\Gamma_\mathrm{R1}}{A_\mathrm{eff\_R2}}\left(P_\mathrm{R2}^+ + P_\mathrm{R2}^-\right)P_\mathrm{R1}^\pm
\end{aligned}
\tag{5-26}
$$

$$
\begin{aligned}
\pm\frac{\partial P_\mathrm{R2}^\pm}{\partial z}+\frac{1}{v_\mathrm{gR2}}\frac{\partial P_\mathrm{R2}^\pm}{\partial t} = & \Gamma_\mathrm{R2}\left[\sigma_\mathrm{es}\left(\lambda_\mathrm{R2}\right)N_2-\sigma_\mathrm{as}\left(\lambda_\mathrm{R2}\right)N_1\right]P_\mathrm{R2}^\pm - \alpha_\mathrm{R2}P_\mathrm{R2}^\pm \\
& + 2\sigma_\mathrm{es}\left(\lambda_\mathrm{R2}\right)N_2\frac{hc^2}{\lambda_\mathrm{R2}^3}\Delta\lambda + \frac{g_\mathrm{R2}\Gamma_\mathrm{R2}}{A_\mathrm{eff\_R1}}\left(P_\mathrm{R1}^+ + P_\mathrm{R1}^-\right)P_\mathrm{R2}^\pm
\end{aligned}
\tag{5-27}
$$

式中，下标 p、s、R1、R2 分别表示泵浦光、第一个种子光、第二个种子光和第一个种子的二阶拉曼光，其中，R1 既代表第二个种子光，也代表第一个种子的一阶拉曼光。式(5-26)和式(5-27)中，由于相对于 $P_\mathrm{R1}^\pm$ 和 $P_\mathrm{R2}^\pm$，自发拉曼项 $4h\nu_\mathrm{R2}\Delta\nu_\mathrm{R2}B_\mathrm{R2}$、$2h\nu_\mathrm{R1,R2}\Delta\nu$ 等较小，这里将其忽略。

考虑端面对于各个波长没有反馈，在光纤两端的拉曼信号来自拉曼噪声项 $2h\nu\Delta\nu$，那么混合增益激光器的基本边界条件为

$$P_\mathrm{s}^+\left(0,t\right) = P_\mathrm{s}^\mathrm{in+}\left(t\right) \tag{5-28}$$

$$P_\mathrm{s}^-\left(L,t\right) = 0 \tag{5-29}$$

$$P_\mathrm{R1}^+\left(0,t\right) = P_\mathrm{R1}^\mathrm{in+}\left(t\right) \tag{5-30}$$

$$P_\mathrm{R2}^+\left(0,t\right) = 2h\nu_\mathrm{R2}\Delta\nu \tag{5-31}$$

$$P_{\mathrm{R1,R2}}^{-}(L,t)=2h\nu_{\mathrm{R1,R2}}\Delta\nu \tag{5-32}$$

式中，$P_{\mathrm{s}}^{\mathrm{in+}}(t)$、$P_{\mathrm{R1}}^{\mathrm{in+}}(t)$ 为第一个和第二个信号光的注入功率；$\Delta\nu$ 为激光的线宽。

5.5　光纤激光器横向模式耦合的理论模型

在前面的光纤激光器理论中，我们考虑的主要是单模激光输出。实际上，如果光纤支持多个模式，原则上还需要考虑存在多个模式的情况。对于存在多个模式的情况，当泵浦功率较低时，各个模式会存在一定的耦合，但是输出光束形态不随时间变化；当泵浦功率较高时，可能会发生热致的动态模式耦合，即模式不稳定现象。本节介绍存在固定耦合和反馈的多模光纤激光器的速率方程。由于模式不稳定，动态模型的计算量太大，通常在个人计算机上无法完成，因此，这里只介绍静态模式耦合的模型，不介绍模式不稳定相关的模型。

5.5.1　仅考虑横向模式功率耦合的理论模型

为了减少计算量，首先只考虑各个横向模式功率的计算模型。假设信号光中有 K 个模式，表达式为 $P_{\mathrm{s}}^{\pm}(\lambda_{\mathrm{s}},\mathrm{LP}_k,z,t)$，其中，$\mathrm{LP}_k$ 表示第 k 个线偏振模式。考虑高阶模式后，由于实际光纤激光的增益光器纤是弯曲的，基模在一般模式下的弯曲损耗可以忽略；但是，当存在多个模式时，高阶模式的弯曲损耗就必须要考虑。那么，考虑光纤中存在 K 个模式，各个模式之间的耦合系数为 d_{ij}，式(3-7)～式(3-9)的速率方程可以写成

$$\begin{aligned}\frac{\partial N_2(z,t)}{\partial t}=&\frac{1}{hc}\int_{\lambda_{\mathrm{p}}^{\min}}^{\lambda_{\mathrm{p}}^{\max}}\frac{\Gamma_{\mathrm{p}}(\lambda_{\mathrm{p}})}{A_{\mathrm{eff}}(\lambda_{\mathrm{p}})}\left[\sigma_{\mathrm{ap}}(\lambda_{\mathrm{p}})N_1(z,t)-\sigma_{\mathrm{ep}}(\lambda_{\mathrm{p}})N_2(z,t)\right]\begin{bmatrix}P_{\mathrm{p}}^{+}(\lambda_{\mathrm{p}},z,t)\\+P_{\mathrm{p}}^{-}(\lambda_{\mathrm{p}},z,t)\end{bmatrix}\lambda_{\mathrm{p}}\,\mathrm{d}\lambda_{\mathrm{p}}\\&+\frac{1}{hc}\int_{\lambda_{\mathrm{s}}^{\min}}^{\lambda_{\mathrm{s}}^{\max}}\frac{\Gamma_{\mathrm{s}}(\lambda_{\mathrm{s}})}{A_{\mathrm{eff}}(\lambda_{\mathrm{s}})}\left[\sigma_{\mathrm{as}}(\lambda_{\mathrm{s}})N_1(z,t)-\sigma_{\mathrm{es}}(\lambda_{\mathrm{s}})N_2(z,t)\right]\begin{bmatrix}\sum_k P_{\mathrm{s}}^{+}(\lambda_{\mathrm{s}},\mathrm{LP}_k,z,t)\\+\sum_k P_{\mathrm{s}}^{-}(\lambda_{\mathrm{s}},\mathrm{LP}_k,z,t)\end{bmatrix}\lambda_{\mathrm{s}}\,\mathrm{d}\lambda_{\mathrm{s}}\\&-\frac{N_2(z,t)}{\tau}\end{aligned} \tag{5-33}$$

$$\begin{aligned}\pm\frac{\mathrm{d}P_{\mathrm{p}}^{\pm}(\lambda_{\mathrm{p}},z,t)}{\mathrm{d}z}&=\pm\frac{\partial P_{\mathrm{p}}^{\pm}(\lambda_{\mathrm{p}},z,t)}{\partial z}+\frac{1}{v_{\mathrm{p}}}\frac{\partial P_{\mathrm{p}}^{\pm}(\lambda_{\mathrm{p}},z,t)}{\partial t}\\&=\Gamma_{\mathrm{p}}\left[\sigma_{\mathrm{ep}}(\lambda_{\mathrm{p}})N_2(z,t)-\sigma_{\mathrm{ap}}(\lambda_{\mathrm{p}})N_1(z,t)\right]P_{\mathrm{p}}^{\pm}(\lambda_{\mathrm{p}},z,t)\\&\quad-\alpha_{\mathrm{p}}(\lambda_{\mathrm{p}})P_{\mathrm{p}}^{\pm}(\lambda_{\mathrm{p}},z,t)\end{aligned} \tag{5-34}$$

$$
\begin{aligned}
\pm\frac{\mathrm{d}P_{\mathrm{s}}^{\pm}\left(\lambda_{\mathrm{s}},\mathrm{LP}_{k},z,t\right)}{\mathrm{d}z}&=\pm\frac{\partial P_{\mathrm{s}}^{\pm}\left(\lambda_{\mathrm{s}},\mathrm{LP}_{k},z,t\right)}{\partial z}+\frac{1}{v_{\mathrm{s}}}\frac{\partial P_{\mathrm{s}}^{\pm}\left(\lambda_{\mathrm{s}},\mathrm{LP}_{k},z,t\right)}{\partial t}\\
&=\Gamma_{\mathrm{s}}\left[\sigma_{\mathrm{es}}\left(\lambda_{\mathrm{s}}\right)N_{2}\left(z,t\right)-\sigma_{\mathrm{as}}\left(\lambda_{\mathrm{s}}\right)N_{1}\left(z,t\right)\right]P_{\mathrm{s}}^{\pm}\left(\lambda_{\mathrm{s}},\mathrm{LP}_{k},z,t\right)\\
&\quad-\alpha\left(\lambda_{\mathrm{s}}\right)P_{\mathrm{s}}^{\pm}\left(\lambda_{\mathrm{s}},\mathrm{LP}_{k},z,t\right)\\
&\quad-\alpha_{\mathrm{s},k}^{\mathrm{bl}}\left(\lambda_{\mathrm{s}},\mathrm{LP}_{k},z\right)P_{\mathrm{s},k}^{\pm}\left(\lambda_{\mathrm{s}},\mathrm{LP}_{k},z,t\right)\\
&\quad-\sum_{j\neq k}^{K}d_{kj}\left[P_{\mathrm{s},k}^{\pm}\left(\lambda_{\mathrm{s}},\mathrm{LP}_{k},z,t\right)-P_{\mathrm{s},j}^{\pm}\left(\lambda_{\mathrm{s}},\mathrm{LP}_{j},z,t\right)\right]
\end{aligned}
\tag{5-35}
$$

式中，$\sum_{j\neq k}^{K}d_{kj}\left[P_{\mathrm{s},k}^{\pm}\left(\lambda_{\mathrm{s}},\mathrm{LP}_{k},z,t\right)-P_{\mathrm{s},j}^{\pm}\left(\lambda_{\mathrm{s}},\mathrm{LP}_{j},z,t\right)\right]$代表模式耦合项，$d_{ij}$ 是由实际光纤和激光器决定的参数；$\alpha_{\mathrm{s},k}^{\mathrm{bl}}\left(\lambda_{\mathrm{s}},\mathrm{LP}_{k},z\right)P_{\mathrm{s},k}^{\mathrm{s}\pm}\left(\lambda_{\mathrm{s}},\mathrm{LP}_{k},z,t\right)$代表第 k 个模式的弯曲损耗，弯曲损耗利用式(1-10)计算。注意到，式(5-35)实际上是包括 K 个模式的 $2K$ 个方程。

对于多个模式，边界条件中需要考虑多个模式的信号边界：

$$
P_{\mathrm{s}}^{+}\left(\lambda_{\mathrm{s}},\mathrm{LP}_{k},0,t\right)=P_{\mathrm{in}}^{+}\left(\lambda_{\mathrm{s}},\mathrm{LP}_{k},0,t\right)+R_{\mathrm{HR}}\left(\lambda_{\mathrm{s}},\mathrm{LP}_{k}\right)P_{\mathrm{s}}^{-}\left(\lambda_{\mathrm{s}},\mathrm{LP}_{k},0,t\right)\tag{5-36}
$$

$$
P_{\mathrm{s}}^{-}\left(\lambda_{\mathrm{s}},\mathrm{LP}_{k},L,t\right)=P_{\mathrm{in}}^{-}\left(\lambda_{\mathrm{s}},\mathrm{LP}_{k},L,t\right)+R_{\mathrm{OC}}\left(\lambda_{\mathrm{s}},\mathrm{LP}_{k}\right)P_{\mathrm{s}}^{+}\left(\lambda_{\mathrm{s}},\mathrm{LP}_{k},L,t\right)\tag{5-37}
$$

上述边界条件对于放大器和振荡器都是适用的。在放大器中，不需要考虑光栅的反射率，只需要明确各个模式在种子功率中的比例；在振荡器中，不需要考虑注入信号功率，但是需要考虑光栅对各个模式的反射率。

根据式(5-33)～式(5-35)，对包含多个模式的光纤激光器进行仿真，可以得到各个模式的输出功率特性。

5.5.2　考虑模式分布与模式耦合的理论模型

前面的模型只能分析激光各个模式的功率，但是在某些情况下，还需要计算出激光器的实际模式分布，特别是要考虑光纤中的空间烧孔效应时，就必须建立考虑模式分布的理论模型。这里，在忽略其他非线性效应的情况下，只考虑各个模式的传输和耦合。在式(5-33)～式(5-35)中，重点关注信号光的传输方程(式(5-35))，由于光束传播常数 $\beta_{\mathrm{s}}^{\pm}(\lambda_{\mathrm{s}},\mathrm{LP}_{k})$ 与信号波长和模式序数有关，那么利用光场的振幅可将式(5-35)描述为

$$
\begin{aligned}
&\pm\frac{\partial A_{\mathrm{s}}^{\pm}\left(\lambda_{\mathrm{s}},\mathrm{LP}_{k},z,t\right)}{\partial z}+\frac{1}{v_{\mathrm{s}}}\frac{\partial A_{\mathrm{s}}^{\pm}\left(\lambda_{\mathrm{s}},\mathrm{LP}_{k},z,t\right)}{\partial t}\\
&=\frac{1}{2}\int_{A_{\mathrm{s}}}\left[\sigma_{\mathrm{es}}\left(\lambda_{\mathrm{s}}\right)N_{2}\left(A,z,t\right)-\sigma_{\mathrm{as}}\left(\lambda_{\mathrm{s}}\right)N_{1}\left(A,z,t\right)\right]I_{0}\left(\mathrm{LP}_{k},A\right)\mathrm{d}A\cdot A_{\mathrm{s}}^{\pm}\left(\lambda_{\mathrm{s}},\mathrm{LP}_{k},z,t\right)\\
&\quad+\mathrm{e}^{\mathrm{j}\beta_{\mathrm{s}}^{\pm}\left(\lambda_{\mathrm{s}},\mathrm{LP}_{k}\right)}A_{\mathrm{s}}^{\pm}\left(\lambda_{\mathrm{s}},\mathrm{LP}_{k},z,t\right)-\frac{1}{2}\alpha\left(\lambda_{\mathrm{s}}\right)A_{\mathrm{s}}^{\pm}\left(\lambda_{\mathrm{s}},\mathrm{LP}_{k},z,t\right)\\
&\quad-\frac{1}{2}\alpha_{\mathrm{s},k}^{\mathrm{bl}}\left(\lambda_{\mathrm{s}},\mathrm{LP}_{k},z\right)A_{\mathrm{s},k}^{\pm}\left(\lambda_{\mathrm{s}},\mathrm{LP}_{k},z,t\right)\\
&\quad-\frac{1}{2}\sum_{j\neq k}^{K}d_{kj}\left[A_{\mathrm{s},k}^{\pm}\left(\lambda_{\mathrm{s}},\mathrm{LP}_{k},z,t\right)-A_{\mathrm{s},j}^{\pm}\left(\lambda_{\mathrm{s}},\mathrm{LP}_{j},z,t\right)\right]
\end{aligned}
\tag{5-38}
$$

式中，A_{s} 是信号光的模式振幅；$I_{0}\left(\mathrm{LP}_{k},A\right)$ 是 LP_{k} 模式的归一化光强分布。在已知各个模式

振幅情况下，根据各个模式的形态，可以得到各个模式的功率和模式分布，最终得到输出激光的模式分布。

对于多个模式的振幅耦合方程，边界条件为

$$A_s^+(\lambda_s, LP_k, 0, t) = A_{in}^+(\lambda_s, LP_k, 0, t) + \sqrt{R_{HR}(\lambda_s, LP_k)}A_s^-(\lambda_s, LP_k, 0, t) \tag{5-39}$$

$$A_s^-(\lambda_s, LP_k, L, t) = A_{in}^-(\lambda_s, LP_k, L, t) + \sqrt{R_{OC}(\lambda_s, LP_k)}A_s^+(\lambda_s, LP_k, L, t) \tag{5-40}$$

可以看到，当考虑模式分布以后，在每一个纵向位置上必须要保存若干横向分布才能够完成计算，上能级粒子数也会变成一个横向分布。而功率模型中的填充因子本身就是对基模的近似，这使得数据量和计算量都会大大增加。

5.6　超连续谱光源理论模型与仿真算法

5.6.1　超连续谱光源基本原理与理论模型

1. 超连续谱光源的基本原理

典型的超连续谱光源结构如图 5-9 所示，脉冲激光器(Pulsed Laser，PL)产生高峰值功率的脉冲激光注入高非线性光纤(Nonlinear Fiber，NF)中。光脉冲在光纤中传输时，受到 SPM、XPM、FWM 和 SRS 等多种非线性效应的作用，产生新波长成分，使得频谱(光谱)展宽。若非线性效应足够强，脉冲的频谱范围可超过 100THz，这种现象称为超连续[光]发生(Supercontinuum Generation，SG)。

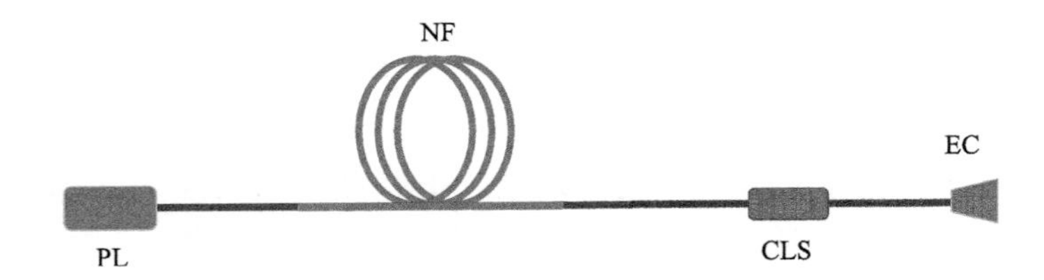

图 5-9　超连续谱光源结构

在实际的实验中，常见的高非线性光纤有光子晶体光纤、特殊结构设计的双包层光纤等。利用光子晶体光纤，可以得到图 5-10 所示的超连续谱输出。

2. 超连续谱光源的基本理论

与锁模激光器一样，超连续谱的产生过程可以用 GNLSE 描述。考虑缓变包络近似，在随脉冲以群速度移动的参考系中，GNLSE 的数学表达式如下：

$$\begin{aligned}&\frac{\partial A}{\partial z} + \frac{1}{2}\left(\alpha(\omega_0) + \mathrm{i}\alpha_1\frac{\partial}{\partial t}\right)A + \sum_{m=2}^{M}\mathrm{i}^{m-1}\frac{\beta_m}{m!}\frac{\partial^m A}{\partial t^m}\\ &= \mathrm{i}\left(\gamma(\omega_0) + \mathrm{i}\gamma_1\frac{\partial}{\partial t}\right)\left(A(z,t)\int_0^{\infty}R(t')\left|A(z,t-t')\right|^2 \mathrm{d}t'\right)\end{aligned} \tag{5-41}$$

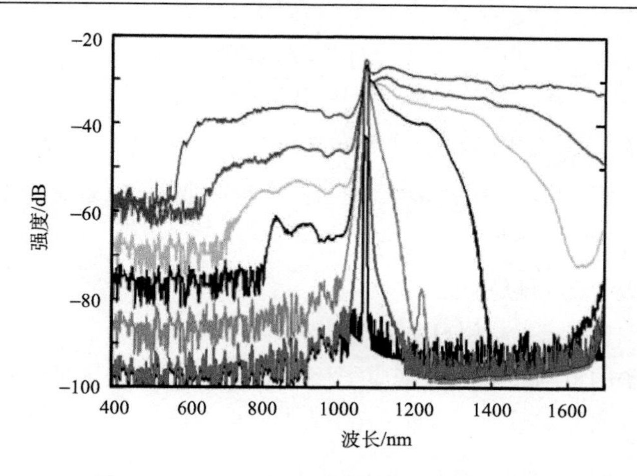

图 5-10　不同功率超连续谱光源的输出光谱

式中，A 为脉冲的电场包络；ω 为角频率；β_m 为各阶色散系数；$R(t)$ 为非线性响应函数；参量 $\alpha(\omega_0)$、α_1 是不同频率对应的损耗系数 $\alpha(\omega)$ 泰勒展开的前两项；$\gamma(\omega_0)$、γ_1 分别是不同频率对应的非线性系数 $\gamma(\omega)$ 泰勒展开的前两项，即

$$\alpha(\omega)=\alpha(\omega_0)+\alpha_1(\omega-\omega_0)+\frac{1}{2}\alpha_2(\omega-\omega_0)^2+\cdots \tag{5-42}$$

$$\gamma(\omega)=\gamma(\omega_0)+\gamma_1(\omega-\omega_0)+\frac{1}{2}\gamma_2(\omega-\omega_0)^2+\cdots \tag{5-43}$$

不同频率对应的各阶损耗系数 α_m 和非线性系数 γ_m 表示为

$$\alpha_m=\left(\frac{\mathrm{d}^m\alpha}{\mathrm{d}\omega^m}\right)_{\omega=\omega_0} \tag{5-44}$$

$$\gamma_m=\left(\frac{\mathrm{d}^m\gamma}{\mathrm{d}\omega^m}\right)_{\omega=\omega_0} \tag{5-45}$$

式中，ω_0 为脉冲的中心频率。在大多数情况下，保留上述展开的前两项即可满足仿真需求。若光纤损耗较小也可只保留第一项甚至忽略光纤损耗。此外，常会用到 $\gamma_1\approx\gamma/\omega_0$ 。

类似地，光纤的各阶色散系数 β_m 也是通过在脉冲的中心频率 ω_0 附近将模传播常数 β 展开成泰勒级数而求得的：

$$\beta(\omega)=\beta_0+\beta_1(\omega-\omega_0)+\frac{1}{2}\beta_2(\omega-\omega_0)^2+\cdots+\frac{1}{m!}\beta_m(\omega-\omega_0)^m \tag{5-46}$$

式中，β_m 为

$$\beta_m=\left(\frac{\mathrm{d}^m\beta}{\mathrm{d}\omega^m}\right)_{\omega=\omega_0} \tag{5-47}$$

式中，β_1 为群速度相关项，参考系以群速度移动，因此不体现在式(5-46)中；模传播常数 β 由本征值方程决定。在弱波导条件下，基模的本征方程可以写为

$$\frac{J_0(U)}{UJ_1(U)}=\frac{K_0(W)}{WK_1(W)} \tag{5-48}$$

式中，J_0、J_1 和 K_0、K_1 分别为第一类贝塞尔函数和第二类修正的贝塞尔函数；$U=\left(k_0^2n_1^2-\beta^2\right)a^2$，$W=\left(\beta^2-k_0^2n_2^2\right)a^2$。通常，模拟时取 m=6(若有需要，也可考虑更多阶数的色散)。

非线性响应函数 $R(t)$ 可以写成

$$R(t)=(1-f_R)\delta(t)+f_Rh_R(t) \tag{5-49}$$

式中，第一项是电子的贡献；第二项是原子核的贡献；$h_R(t)$ 表示延迟拉曼响应对非线性极化的贡献，其值一般为 0.2 左右。目前 $h_R(t)$ 常用的近似解析形式有以下三种：

$$h_R(t)=\left(\tau_1^{-2}+\tau_2^{-2}\right)\tau_1\exp\left(-\frac{t}{\tau_2}\right)\sin\left(\frac{t}{\tau_1}\right) \tag{5-50}$$

$$h_R(t)=(1-f_b)\left(\tau_1^{-2}+\tau_2^{-2}\right)\tau_1\exp\left(-\frac{t}{\tau_2}\right)\sin\left(\frac{t}{\tau_1}\right)+f_b\left(\frac{2\tau_b-t}{\tau_b^2}\right)\exp\left(-\frac{t}{\tau_b}\right) \tag{5-51}$$

$$h_R(t)=\sum_{j=1}^{13}\frac{A_j'}{\omega_{v,j}}\exp(-\gamma_jt)\exp\left(-\frac{\Gamma_j^2t^2}{4}\right)\sin(\omega_{v,j}t)\theta(t) \tag{5-52}$$

式中，$\tau_1=1/\Omega_R$，Ω_R 是石英分子的振荡频率；τ_2 是振动阻尼时间，通常情况下二者取值分别为 12.2fs 和 32fs;f_b=0.21，$\tau_b\approx96$ fs；$\theta(t)$ 为阶跃函数，$t\geqslant0$ 时 $\theta(t)=1$，$t<0$ 时 $\theta(t)=0$；其他各个参数描述为

$$\begin{cases}\omega_{v,j}=2\pi c\times\text{component position}\\ A_j=A_j'/\omega_{v,j}\\ \Gamma_j=\pi c\times\text{Gaussian FWHM}\\ \gamma_j=\pi c\times\text{Lorentzian FWHM}\end{cases} \tag{5-53}$$

式中，$\omega_{v,j}$ 为振动模式 j 的中心振动角频率，数值上是 $2\pi c$ 乘以中心振动波数；A_j 为峰值强度，A_j' 为第 j 个振动模式的振幅；Γ_j 为振动模式 j 的高斯线宽；γ_j 为振动模式 j 的洛伦兹线宽，不同阶参量的相关值由表 5-2 给出。

表 5-2　式(5-53)中各阶参量的值

模式 j	中心振动波数/cm^{-1}	峰值强度 FWHM/cm^{-1}	高斯 FWHM/cm^{-1}	洛伦兹 FWHM/cm^{-1}
1	56.25	1.00	52.10	17.37
2	100.00	11.40	110.42	38.81
3	231.25	36.67	175.00	58.33
4	362.50	67.67	162.50	54.17
5	463.00	74.00	135.33	45.11
6	497.00	4.50	24.50	8.17

续表

模式 j	中心振动波数/cm^{-1}	峰值强度 FWHM/cm^{-1}	高斯 FWHM/cm^{-1}	洛伦兹 FWHM/cm^{-1}
7	611.50	6.80	41.50	13.83
8	691.67	4.60	155.00	51.67
9	793.67	4.20	59.50	19.83
10	835.50	4.50	64.30	21.43
11	930.00	2.70	150.00	50.00
12	1080.00	3.10	91.00	30.33
13	1215.00	3.00	160.00	53.33

图 5-11 是上述三种拉曼响应函数傅里叶变换后的实部和虚部，虚部的曲线就是拉曼增益谱的形状，三种表达式反映出的拉曼响应函数的细节丰富程度依次增加。在超连续谱仿真中，采取第二种表达式，对于要求更高的仿真可以使用第三种表达式。

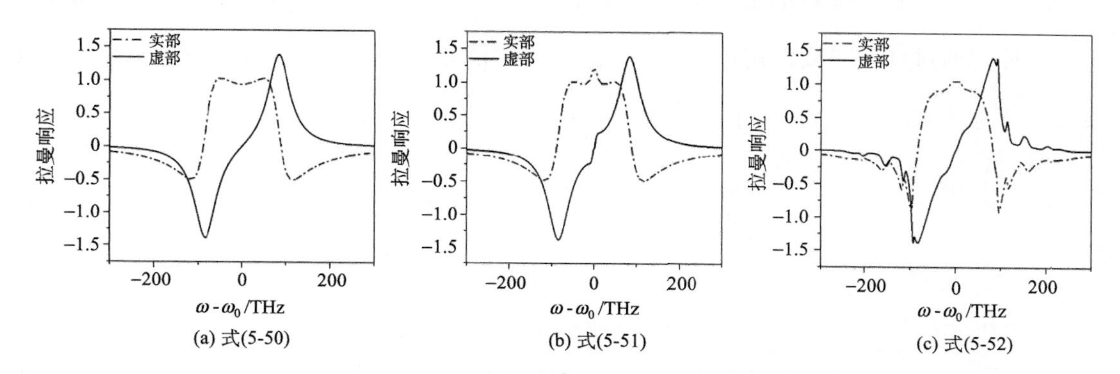

(a) 式(5-50)　(b) 式(5-51)　(c) 式(5-52)

图 5-11　三种拉曼响应函数傅里叶变换后的实部和虚部

综上，最终可得

$$\begin{aligned}&\frac{\partial A}{\partial z}+\frac{\alpha(\omega_0)}{2}A+\sum_{m=2}^{M}\mathrm{i}^{m-1}\frac{\beta_m}{m!}\frac{\partial^m A}{\partial t^m}\\&=\mathrm{i}\gamma(\omega_0)\left(1+\frac{\mathrm{i}}{\omega_0}\frac{\partial}{\partial t}\right)\left[\left(1-f_\mathrm{R}\right)|A|^2A+f_\mathrm{R}A(z,t)\int_0^{\infty}h_\mathrm{R}(t)\left|A(z,t-t')\right|^2\mathrm{d}t'\right]\end{aligned}\tag{5-54}$$

超连续谱产生的数值仿真可基于数值求解上述方程实现。

5.6.2　谱方法求解非线性薛定谔方程

如第 3 章介绍，基于谱方法的非线性薛定谔方程的求解大致分为三步。

(1) 通过傅里叶变换将非线性薛定谔方程变换到频域，并用 $-\mathrm{i}(\omega-\omega_0)$ 代替 $\partial/\partial t$，将关于时间的偏微分项消去。

(2) 将整个方程当作关于传输距离 z 的一阶常微分方程处理，利用龙格-库塔法等数值方法求解，例如，在 MATLAB 中可以直接调用 ode 系列函数求解。

(3) 将频域里计算得到的中间值和最终结果通过傅里叶逆变换，变换回时域得到脉冲的时域演化。

下面对该方法求解过程分别进行说明。

1. 非线性薛定谔方程的傅里叶变换

将式(5-54)进行傅里叶变换至频域并移项，可以得到

$$\frac{\partial \tilde{A}}{\partial z}=-\frac{\alpha(\omega_0)}{2}\tilde{A}+\sum_{m=2}^{M}\mathrm{i}\frac{\beta_m}{m!}(\omega-\omega_0)^m\tilde{A}+\mathrm{i}\gamma(\omega_0)\left(1+\frac{\omega-\omega_0}{\omega_0}\right)\mathcal{F}\Big[(1-f_\mathrm{R})|A|^2A \\ +f_\mathrm{R}A(z,t)\int_0^\infty h_\mathrm{R}(t)\left|A(z,t-t')\right|^2\mathrm{d}t'\Big] \tag{5-55}$$

式中，$\mathcal{F}$ 表示傅里叶变换；$\mathcal{F}^{-1}$ 表示傅里叶逆变换。

$$\mathcal{F}\left[(1-f_\mathrm{R})|A|^2A+f_\mathrm{R}A(z,t)\int_0^\infty h_\mathrm{R}(t)\left|A(z,t-t')\right|^2\mathrm{d}t'\right] \tag{5-56}$$

可以进一步表示为

$$(1-f_\mathrm{R})\mathcal{F}\left[|A|^2A\right]+f_\mathrm{R}\mathcal{F}\left\{A(z,t)\mathcal{F}^{-1}\left[\mathcal{F}\left(h_\mathrm{R}(t)\right)\times\mathcal{F}\left(|A|^2\right)\right]\right\} \tag{5-57}$$

此外，通过变量代换，可以将式(5-56)中的线性效应(损耗和色散)以一种更直接方式引入：令 $\tilde{A}'=\tilde{A}\exp(-\hat{L}z)$，其中，$\hat{L}=-\dfrac{\alpha(\omega_0)}{2}+\sum\limits_{m=2}^{M}\mathrm{i}\dfrac{\beta_m}{m!}(\omega-\omega_0)^m$，对于 $\tilde{A}'$，有如下关系：

$$\frac{\partial \tilde{A}'}{\partial z}=\frac{\partial \tilde{A}}{\partial z}\exp(-\hat{L}z)-\hat{L}\tilde{A}\exp(-\hat{L}z) \tag{5-58}$$

即

$$\frac{\partial \tilde{A}'}{\partial z}=\mathrm{i}\gamma(\omega_0)\exp\left(-\hat{L}z\right)\left(1+\frac{\omega-\omega_0}{\omega_0}\right)\times\mathcal{F}\begin{bmatrix}(1-f_\mathrm{R})|A|^2A\\ +f_\mathrm{R}A(z,t)\int_0^\infty h_\mathrm{R}(t)\left|A(z,t-t')\right|^2\mathrm{d}t'\end{bmatrix} \tag{5-59}$$

式(5-59)可以避免色散带来的刚性问题，使得数值求解更方便。刚性(Stiff)问题是指在用微分方程(组)描述一个变化的过程时，若方程(组)中包含多个相互作用但变化速度悬殊的物理量(或子过程)，则该问题具有刚性。

2. 利用 ode 系列函数求解变换后的非线性薛定谔方程

MATLAB 中的 ode 系列函数可用于求解常微分方程的初值问题，表 5-3 是这一系列函数的简介。在超连续谱的数值仿真中，一般使用 ode45 函数。

表 5-3　ode 系列函数简介

函数	处理问题类型	精度	描述
ode45	非刚性	中	大多数情况下的首选
ode23	非刚性	低	处理精度要求不高或中等刚性的问题
ode113	非刚性	低中高	处理某些问题比 ode45 更精确更高效
ode15s	刚性	低中	ode45 失效的时候优先尝试
ode23s	刚性	低	处理精度要求不高的刚性问题
ode23t	中等刚性	低	处理中等刚性问题
ode23tb	刚性	低	处理精度要求不高的刚性问题

数值计算涉及时域和频域，因此需要建立时间轴和频率轴(波长轴可通过频率轴实现)。对于时间轴，有两个限制：①时间轴的宽度应大于脉冲的时域宽度；②时间轴的最小分度值应足够小，使得频谱窗口足够容纳脉冲的所有频谱成分(根据奈奎斯特采样定律可知，对一个时域信号的采样频率应大于该信号频谱成分中最高频率的两倍)。据此可得

$$\lambda_{\min} = \frac{1}{\dfrac{1}{\lambda_0} + \dfrac{1}{2c\Delta t}} \tag{5-60}$$

$$\lambda_{\max} = \frac{1}{\dfrac{1}{\lambda_0} - \dfrac{1}{2c\Delta t}} \tag{5-61}$$

或

$$\omega_{\max} = \frac{2\pi c}{\lambda_{\min}} \tag{5-62}$$

$$\omega_{\min} = \frac{2\pi c}{\lambda_{\max}} \tag{5-63}$$

式中，$\lambda_{\max}$ 和 $\lambda_{\min}$ 是波长的上下限；$\omega_{\max}$ 和 $\omega_{\min}$ 则是角频率的上下限；Δt 是时域采样间隔；λ_0 是参照波长。需要注意的是 Δt 需要满足条件 $\Delta t > \lambda_0 / (2c)$，以避免出现负频率。

根据上述函数对频域的 GNLSE 进行求解，然后将频域里计算得到的中间值和最终结果通过傅里叶逆变换，变换回时域，即可得到脉冲的时域演化。

第 6 章　SeeFiberLaser 主要功能与使用技能

6.1　SeeFiberLaser 主要功能简介

SeeFiberLaser 是国防科技大学和中国科学院软件研究所合作开发的一款针对光纤激光系统的图像化数值仿真软件。该软件旨在对不同时域特性(连续、脉冲)光纤激光的产生、放大和传输进行仿真；仿真过程中，可以根据仿真选项，分别或部分考虑光纤激光器中的 ASE、SRS、SBS、TMI 等效应；仿真结果中，可以根据要求输出光纤激光的功率、光谱、光斑形态、时域、温度等数据，并可以对相关数据进行保存。

为了能够快速入门，软件设计采用界面图形化、器件模块化、参数表格化、结果可视化的“四化”设计理念，极大地提高了软件的使用效率，能够为光纤激光理论学习、工程设计以及科学研究提供帮助。图 6-1 是 SeeFiberLaser 的界面图，包含菜单栏、工具栏、基础元件库、系统编辑区和系统属性设置栏等部分，具体使用将在本章详细介绍。

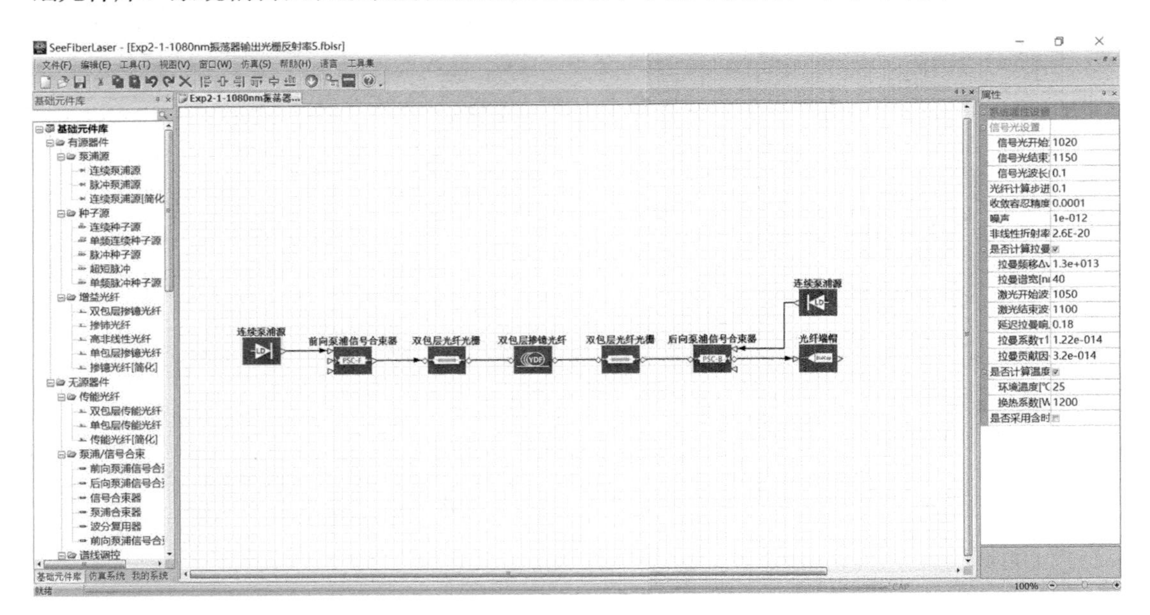

图 6-1　SeeFiberLaser 界面

目前，SeeFiberLaser 包含免费版和专业版两个版本，专业版在计算功能上更为强大，保持迭代和更新，本书使用专业版软件 v2.0.2 版进行仿真和截图。免费版可以在 www.seefiber.net 网站下载后直接使用，专业版需要采购。二者具备的计算模型和主要功能差异对比如表 6-1 和表 6-2 所示。

表 6-1 SeeFiberLaser 的专业版与免费版计算模型与结果参数对比

序号	激光器类别	计算结果与输出参数	专业版	免费版
1	单频放大器	激光功率、时域	√	×
2	连续激光振荡器	激光功率、光谱、温度、拉曼、上能级粒子数	√	√
3	连续激光放大器	激光功率、光谱、温度、拉曼、上能级粒子数	√	√
4	考虑横模的激光振荡器	激光功率、光谱、温度、拉曼、光斑、上能级粒子数	√	×
5	考虑横模的激光放大器	激光功率、光谱、温度、拉曼、光斑、上能级粒子数	√	×
6	主动调 Q 激光器	激光功率、光谱、时域脉冲、上能级粒子数	√	×
7	被动锁模激光器	激光功率、光谱、时域脉冲	√	×
8	脉冲光纤放大器	由种子设置参数决定，时域脉冲、光谱等	√	×
9	窄线宽连续光纤放大器	信号光、SRS 光、SBS 光的功率、谱线分布	√	×
10	窄线宽脉冲光纤放大器	信号光、SRS 光、SBS 光的功率、时域脉冲、谱线分布	√	×

表 6-2 SeeFiberLaser 的专业版与免费版软件功能对比

序号	对象	功能	说明	专业版	免费版
1	传能光纤	损耗、拉曼模型	计算功率参数	√	×
2	数据手动存储	图片、mat 格式数据	手动保存计算结果图片、全部数据	√	√
3	数据自动存储	全部数据存储为 SeeFiberLaser 默认格式	以软件默认格式自动保存全部计算结果数据	√	×
4	仿真结果查看	读取与查看	读取并查看仿真结果	√	×

6.2 SeeFiberLaser 主要元器件

元器件是 SeeFiberLaser 搭建仿真系统的基本组件，包括通用元器件和专用元器件。

通用元器件(免费版)如图 6-2 所示，内建模块的树形列表位于软件窗体的左侧，所有元器件将在其中显示，使用工具栏中的搜索栏可以方便地对所需要的元器件进行搜索。另外，SeeFiberLaser 软件还将根据需要不断增加新的功能和器件，表 6-3 列出了软件常用的元器件和功能说明。

通用元器件是指能够根据一定规则通过端口互联搭建激光器的元器件。免费版软件总共开放了包括有源器件和无源器件在内的 2 大类共 8 种元器件：连续泵浦源、连续种子源、双包层掺镱光纤、双包层光纤光栅、前向泵浦信号合束器、后向泵浦信号合束器、双包层传能光纤和光纤端帽。下面将对元器件的功能和参数设置逐一进行简要介绍。

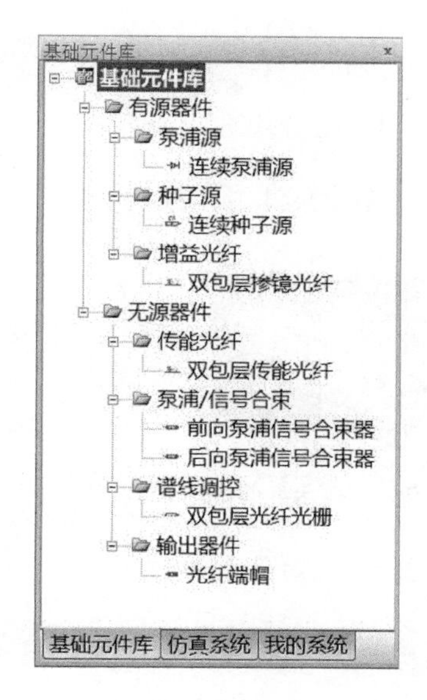

图 6-2 树形元器件栏示意图(免费版)

表 6-3 SeeFiberLaser 的元器件

序号	名称	用途	备注	专业版	免费版
1	连续泵浦源	激光器泵浦源	用于连续与脉冲激光器	√	√
2	连续种子源	放大器种子光	用于连续放大器	√	√
3	脉冲种子源	放大器种子光	用于脉冲放大器	√	×
4	单频连续种子源	放大器种子光	用于单频放大器	√	×
5	双包层掺镱光纤	激光器增益介质	用于连续与脉冲激光器	√	√
6	双包层传能光纤	激光传输光纤	用于连续与脉冲激光器	√	√
7	前向泵浦信号合束器	泵浦+信号合束	用于前向泵浦振荡器/放大器	√	√
8	后向泵浦信号合束器	泵浦+信号合束	用于后向泵浦振荡器/放大器	√	√
9	双包层光纤光栅	谐振腔搭建	用于光纤振荡器	√	√
10	滤波器	光谱滤波	用于输出激光光谱滤波	√	×
11	超高斯滤波器	光谱滤波	仅用于被动锁模激光器	√	×
12	光纤端帽	激光扩束输出	用于各类激光器	√	√
13	隔离器	激光隔离	用于各类激光器	√	×
14	衰减器	功率衰减	用于激光光路	√	×
15	耦合器	功率耦合	仅用于被动锁模激光器	√	×
16	余弦信号发生器	电信号源	用于脉冲激光器中驱动调制器	√	×
17	调 Q 开关	激光器	用于脉冲激光调制	√	×
18	非互易相移器	产生相移	仅用于被动锁模激光器	√	×

6.2.1 连续泵浦源

本元器件对应连续运转的泵浦 LD 器件，市场上绝大多数泵浦源都是连续泵浦源。

1. 元器件名称

连续泵浦源，缩写为 LD。

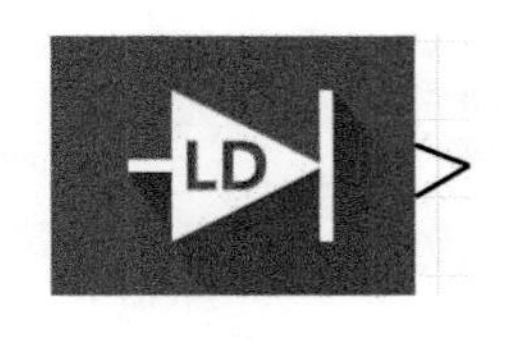

图 6-3 连续泵浦源图标

2. 元器件图标

连续泵浦源图标见图 6-3。

3. 元器件端口

一个端口，端口类型为输出端口。

4. 元器件数据流

包括功率、光谱、时域等数据流，不考虑模式和光束质量的影响。

5. 元器件参数设置

参数设置对话框可通过双击元器件图标弹出，如图 6-4 所示。

元器件参数类型包括光谱参数和光纤参数两大类，对应两个选项卡。“光谱参数”选项卡中包含功率参数设置。

元器件参数设置方法包括以下三种：恢复默认参数、导入参数、直接在对话框中输入参数。

首先介绍前面两种设置方法，然后根据参数类型详细介绍直接在对话框中输入参数的方法。

1) 恢复默认参数

单击图 6-4 中“恢复默认参数”按钮，可以将“光谱参数”和“光纤参数”两个选项卡的全部参数恢复为软件默认参数。

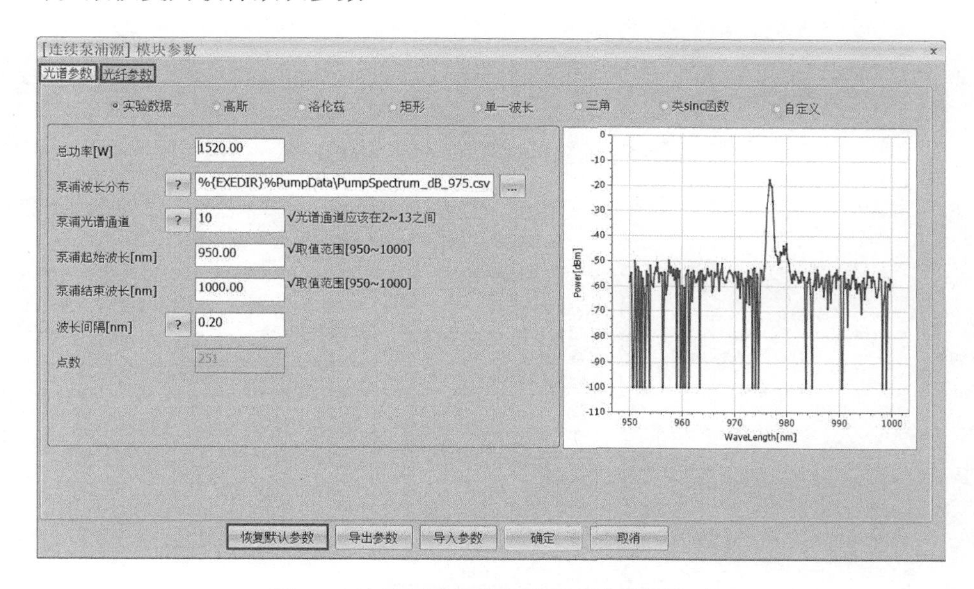

图 6-4　连续泵浦源恢复默认参数设置方法

2) 导入参数

(1) 单击图 6-4 中“导入参数”按钮。

(2) 选择之前存储的参数设置文件，对于连续泵浦源，文件名后缀为 pump_cw。

(3) 选择相应文件，单击“打开”按钮。

如图 6-5 所示，完成上述操作后，即可利用之前存储的参数覆盖当前“光谱参数”和“光纤参数”两个选项卡的全部参数。

需要说明的是，一般需要先将导出参数存储后，才能有可导入的参数，如图 6-6 所示。单击“导出参数”按钮，可以将“光谱参数”和“光纤参数”两个选项卡的全部参数存储在自己命名的文件中。

下面对直接在对话框中输入参数的“光谱参数”和“光纤参数”两个选项卡的参数设置方法进行说明。

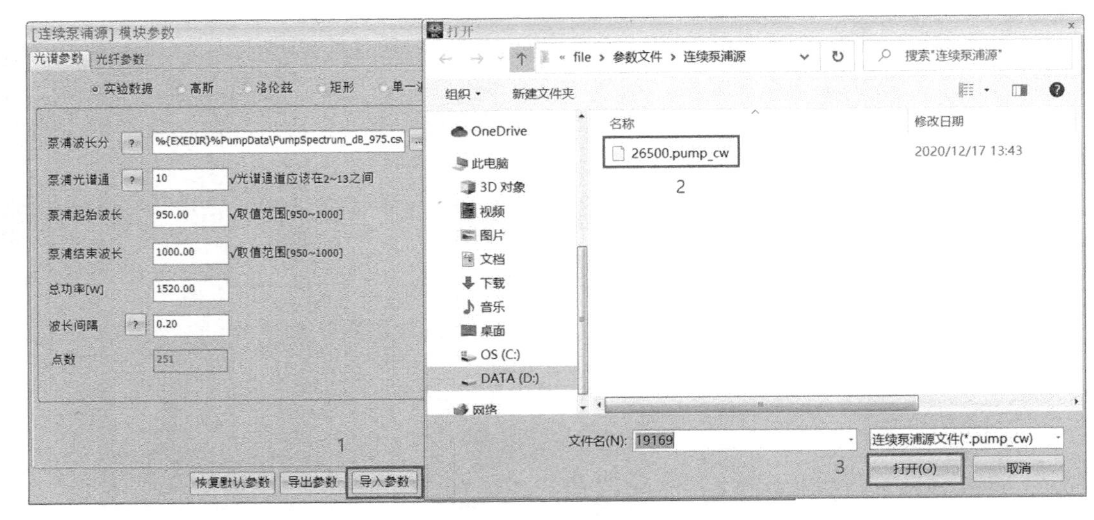

图 6-5　连续泵浦源导入参数设置方法

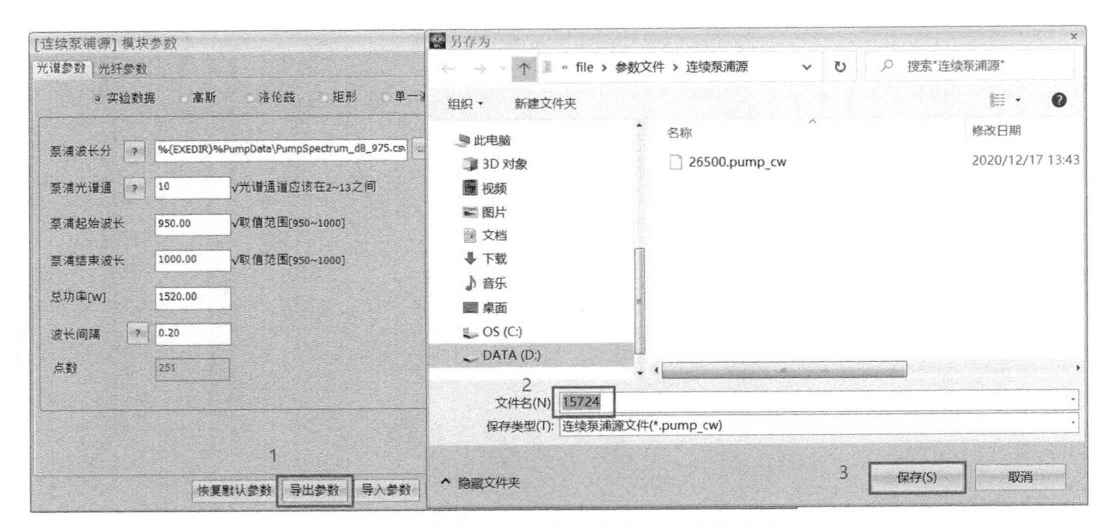

图 6-6　连续泵浦源存储导出参数设置方法

3) 光谱参数设置

光谱参数设置有实验数据、内置函数、自定义等 3 大类、8 种设置方式，其中内置函数包括高斯函数、洛伦兹函数、矩形函数、单一波长函数、三角函数和类 sinc 函数。对于高斯函数、洛伦兹函数、类 sinc 函数，只要给定中心波长和谱线的半高全宽(Full Width at Half Maximum，FWHM)就可以指定光谱形态；对于矩形函数，需要指定矩形部分的起始与结束波长；对于单一波长函数，需要指定一个波长作为泵浦输入；对于三角函数，需要指定中心波长与三角底边宽度。设置完参数后，右侧窗口可自动显示设置的光谱形态。

(1) 实验数据光谱参数设置。

SeeFiberLaser 支持使用实际测试所得到的泵浦光谱作为泵浦源的输入(csv 或者 xls(x) 文件)，实现真正意义上的闭环仿真，主要参数设置如下。

① 泵浦波长分布：导入 EXCEL 文件中的泵浦波长与光谱数据。

② 泵浦光谱通道：EXCEL 中光谱通道位置的第一列为泵浦波长，之后为光谱，不同通道一般可以考虑不同功率的光谱，默认参数为 10。

③ 泵浦起始波长：泵浦光的起始波长，可以自动从导入 EXCEL 中的泵浦波长获取数据，也可以手动输入。

④ 泵浦结束波长：泵浦光的结束波长，可以自动从导入 EXCEL 中的泵浦波长获取数据，也可以手动输入。

⑤ 总功率：泵浦总功率，仿真中会将总功率根据光谱形态分布到各个谱线上。

⑥ 波长间隔：仿真设置的波长间隔。为了提高仿真速度，波长间隔越大越好；为了提高仿真精度，波长间隔越小越好，需要根据实际需求权衡，默认参数为 0.2nm。

注意：设置的波长间隔必须是导入文件的波长间隔的整数倍。

⑦ 点数：仿真中总的波长数目，由起始波长、结束波长和波长间隔决定，不用输入。

参数设置完毕后，软件会在如图 6-7 所示右侧区域显示设定的光谱图像，可以直观参考、判断正确与否。

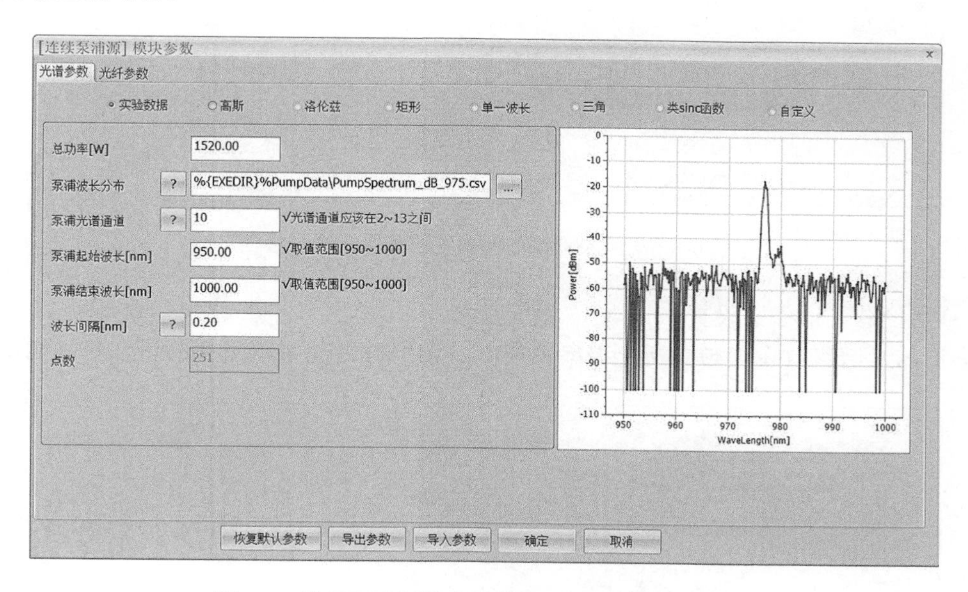

图 6-7　连续泵浦源的实验数据光谱参数设置对话框

(2) 高斯光谱参数设置。

高斯光谱参数设置对话框如图 6-8 所示，各参数介绍如下。

① 中心波长：泵浦光谱的中心波长，直接填写参数。

② 半高全宽：光谱的半高全宽，直接填写参数。

③ 阶数：高斯函数的阶数，1 为高斯分布，大于 1 为超高斯分布。

④ 总功率：泵浦总功率，仿真中会将总功率根据光谱形态分布到各个谱线上。

⑤ 起始波长：泵浦光的起始波长，直接填写参数。

⑥ 结束波长：泵浦光的结束波长，直接填写参数。

注意：中心波长必须在起始波长与结束波长之间。

⑦ 波长间隔：仿真设置的波长间隔。为了提高仿真速度，波长间隔越大越好；为了提

高仿真精度，波长间隔越小越好，需要根据实际需求权衡，默认参数为 0.2nm。

注意：设置的波长间隔必须是导入文件的波长间隔的整数倍。

⑧ 点数：仿真中总的波长数目，由起始波长、结束波长和波长间隔决定，用户不用输入。

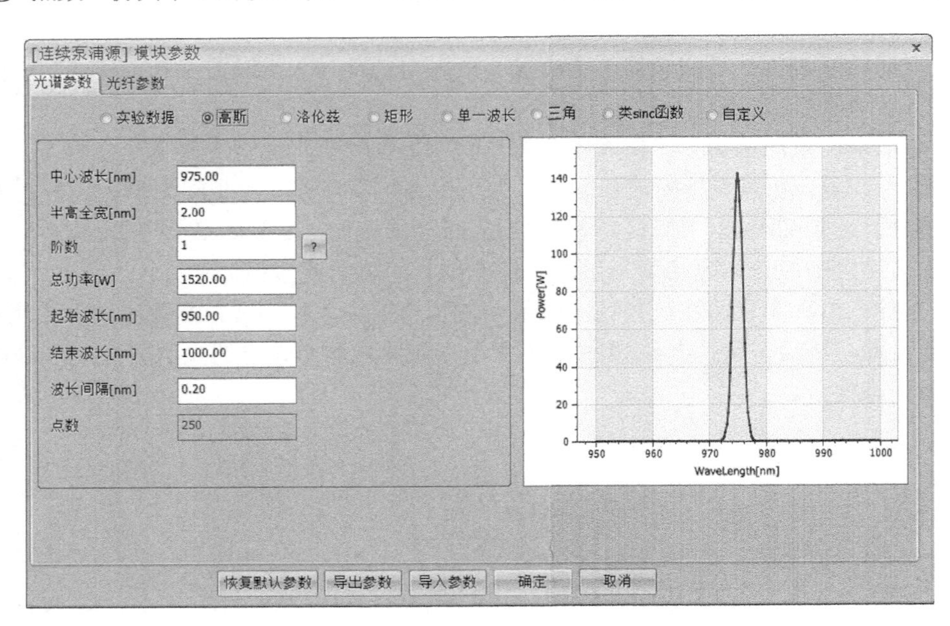

图 6-8　连续泵浦源的高斯光谱参数设置对话框

(3) 洛伦兹光谱参数设置。

洛伦兹光谱参数设置与高斯光谱参数类似，设置对话框如图 6-9 所示，具体如下。

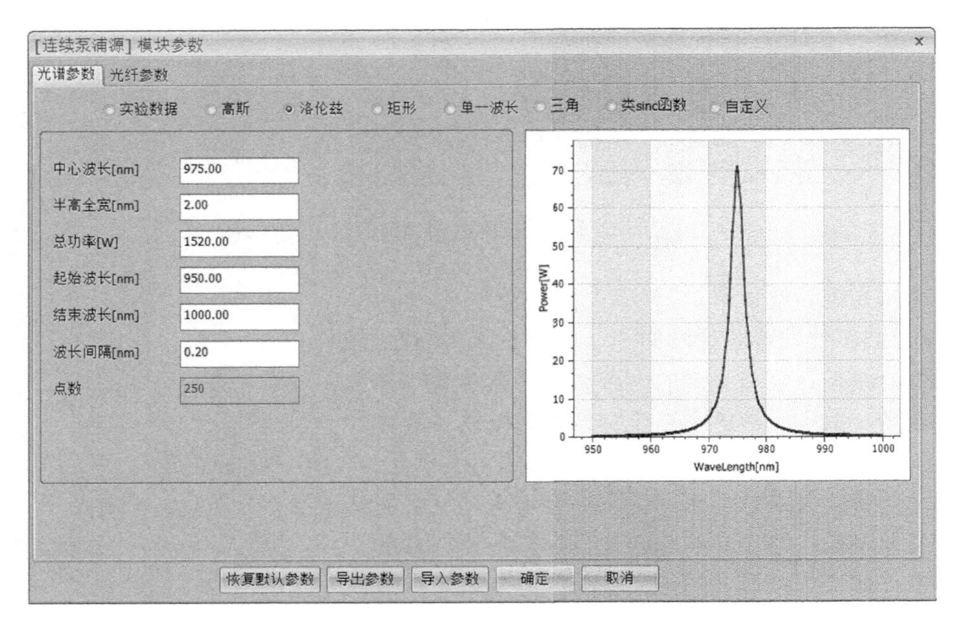

图 6-9　连续泵浦源的洛伦兹光谱参数设置对话框

① 中心波长：泵浦光谱的中心波长，直接填写参数。

② 半高全宽：光谱的半高全宽，直接填写参数。

③ 总功率：泵浦总功率，仿真中会将总功率根据光谱形态分布到各个谱线上。

④ 起始波长：泵浦光的起始波长，直接填写参数。

⑤ 结束波长：泵浦光的结束波长，直接填写参数。

注意：中心波长必须在起始波长与结束波长之间。

⑥ 波长间隔：仿真设置的波长间隔。为了提高仿真速度，波长间隔越大越好；为了提高仿真精度，波长间隔越小越好，需要根据实际需求权衡，默认参数为 0.2nm。

注意：设置的波长间隔必须是导入文件的波长间隔的整数倍。

⑦ 点数：仿真中总的波长数目，由起始波长、结束波长和波长间隔决定，用户不用输入。

(4)矩形光谱参数设置。

矩形光谱参数设置与高斯光谱参数类似，设置对话框如图 6-10 所示，具体如下。

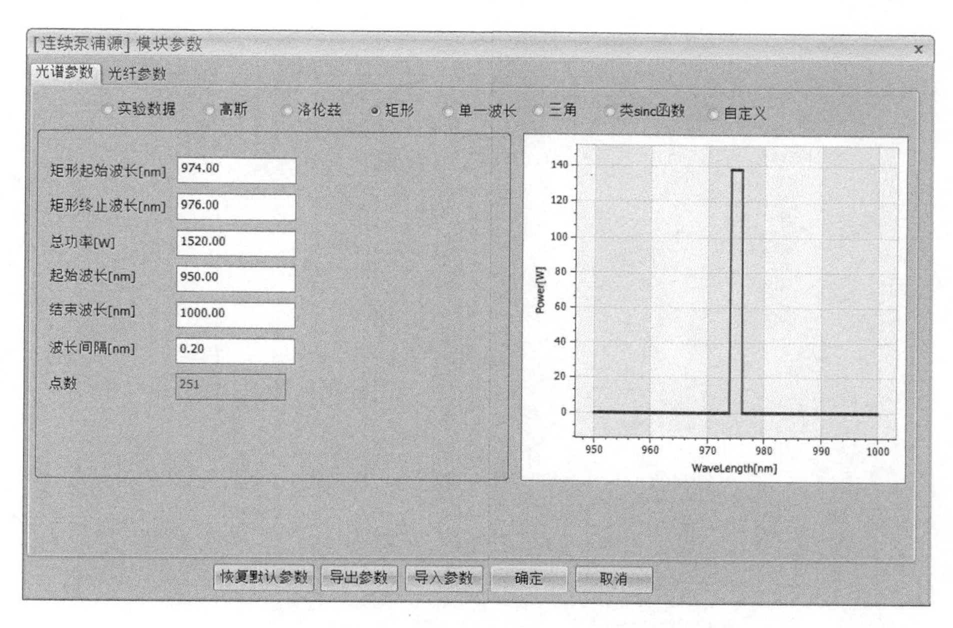

图 6-10　连续泵浦源的矩形光谱参数设置对话框

① 矩形起始波长：光谱中矩形的起始波长，直接填写参数。

② 矩形终止波长：光谱中矩形的终止波长，直接填写参数。

③ 总功率：泵浦总功率，仿真中会将总功率根据光谱形态分布到各个谱线上。

④ 起始波长：泵浦光谱的起始波长，一般比矩形起始波长要小，直接填写参数。

⑤ 结束波长：泵浦光谱的结束波长，一般比矩形终止波长要大，直接填写参数。

注意：矩形起始波长和矩形终止波长必须在起始波长和结束波长之间。

⑥ 波长间隔：仿真设置的波长间隔。为了提高仿真速度，波长间隔越大越好；为了提高仿真精度，波长间隔越小越好，需要根据实际需求权衡，默认参数为 0.2nm。

注意：设置的波长间隔必须是导入文件的波长间隔的整数倍。

⑦ 点数：仿真中总的波长数目，由起始波长、结束波长和波长间隔决定，用户不

用输入。

(5) 单一波长光谱参数设置。

单一波长本质就是只有一个中心波的单谱线。单一波长光谱参数设置对话框如图 6-11 所示，具体参数介绍如下。

① 中心波长：泵浦光谱的中心波长，直接填写参数。

② 总功率：泵浦总功率，此处为单一波长的泵浦功率。

③ 起始波长：泵浦光谱的起始波长，一般比设置的单一波长要小，直接填写参数。

④ 结束波长：泵浦光谱的结束波长，一般比设置的单一波长要大，直接填写参数。

⑤ 波长间隔：仿真设置的波长间隔。为了提高仿真速率，波长间隔越大越好；为了提高仿真精度，波长间隔越小越好，需要根据实际需求权衡，默认参数为 0.2nm。

注意：设置的波长间隔必须是导入文件的波长间隔的整数倍。

⑥ 点数：仿真中总的波长数目，由起始波长、结束波长和波长间隔决定，用户不用输入。

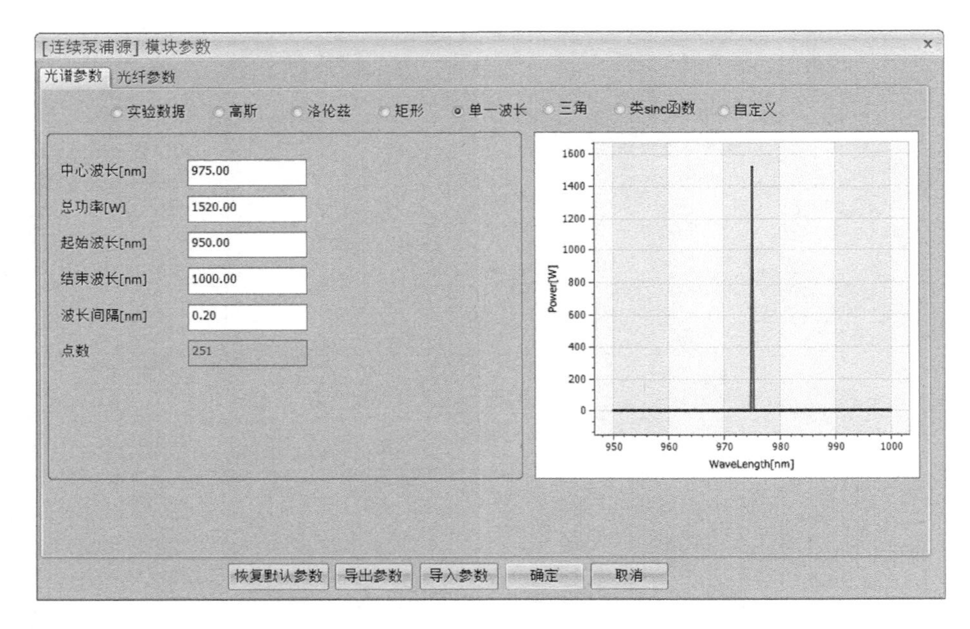

图 6-11　连续泵浦源的单一波长光谱参数设置对话框

(6) 三角光谱参数设置。

三角光谱参数设置对话框如图 6-12 所示，具体参数介绍如下。

① 中心波长：三角光谱的中心波长，直接填写参数。

② 底边宽度：三角光谱的底边宽度，直接填写参数。

③ 总功率：泵浦总功率，仿真中会将总功率根据光谱形态分布到各个谱线上。

④ 起始波长：泵浦光谱的起始波长，直接填写参数。

⑤ 结束波长：泵浦光谱的结束波长，直接填写参数。

⑥ 波长间隔：仿真设置的波长间隔。为了提高仿真速度，波长间隔越大越好；为了提高仿真精度，波长间隔越小越好，需要根据实际需求权衡，默认参数为 0.2nm。

注意：设置的波长间隔必须是导入文件的波长间隔的整数倍。

⑦ 点数：仿真中总的波长数目，由起始波长、结束波长和波长间隔决定，用户不用输入。

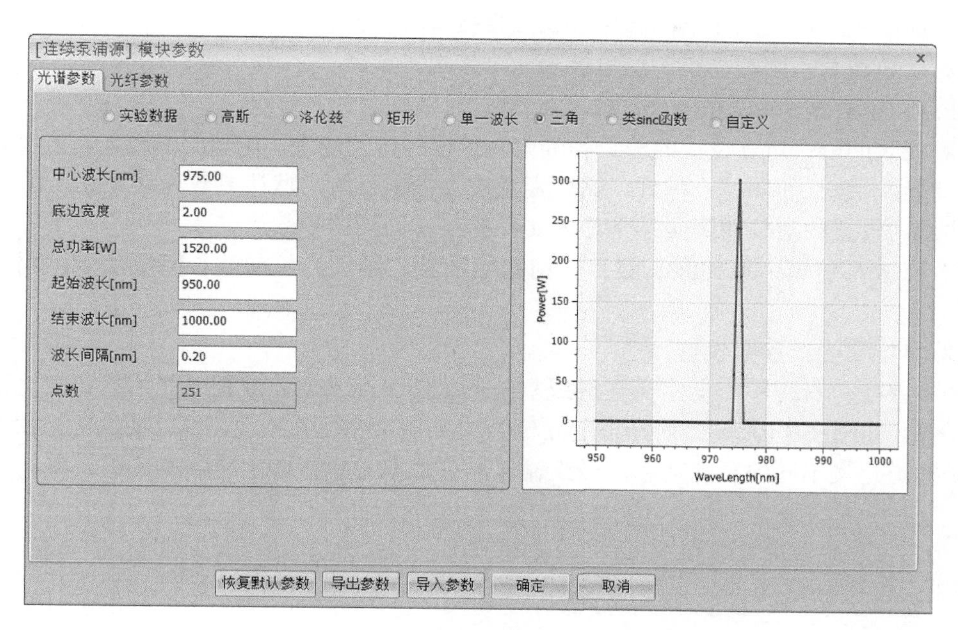

图 6-12　连续泵浦源的三角光谱参数设置对话框

(7) 类 sinc 函数光谱参数设置。

类 sinc 函数光谱参数设置对话框如图 6-13 所示，具体参数介绍如下。

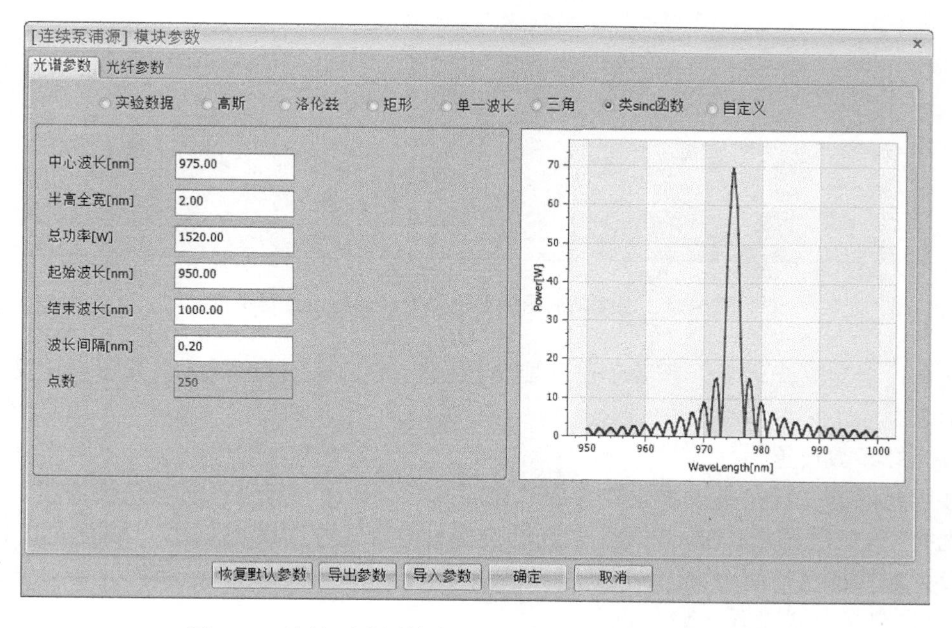

图 6-13　连续泵浦源的类 sinc 函数光谱参数设置对话框

① 中心波长：类 sinc 函数光谱的中心波长。

② 半高全宽：类 sinc 函数光谱的半高全宽。

③ 总功率：泵浦总功率，仿真中会将总功率根据光谱形态分布到各个谱线上。

④ 起始波长：泵浦光谱的起始波长，直接填写参数。

⑤ 结束波长：泵浦光谱的结束波长，直接填写参数。

注意：中心波长必须在起始波长与结束波长之间。

⑥ 波长间隔：仿真设置的波长间隔。为了提高仿真速度，波长间隔越大越好；为了提高仿真精度，波长间隔越小越好，需要根据实际需求权衡，默认参数为 0.2nm。

注意：设置的波长间隔必须是导入文件的波长间隔的整数倍。

⑦ 点数：仿真中总的波长数目，由起始波长、结束波长和波长间隔决定，用户不用输入。

(8) 自定义光谱参数设置。

如果要在仿真程序中自定义任意或复杂形状的泵浦光谱，就需要使用自定义光谱参数设置功能。如图 6-14 所示，对话框的左侧为一个自定义波长列表，可以根据实际情况为每个波长通道定义不同的泵浦功率，最终输入的总功率为所有自定义泵浦通道之和。

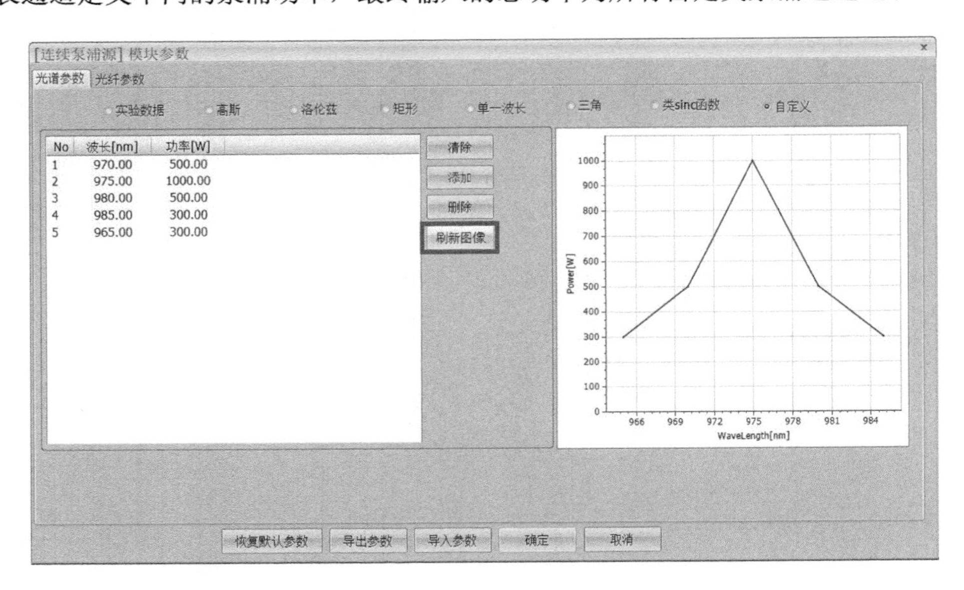

图 6-14　连续泵浦源的自定义光谱参数设置对话框

注意：自定义光谱后，需要单击“刷新图像”按钮，右侧区域才会显示自定义设置的光谱形态。

4) 光纤参数设置

连续泵浦源光纤参数设置主要考虑双包层光纤参数，一般外包层就是涂覆层，对于单包层光纤，内包层就是其唯一的包层。光纤类型目前有三种选择：自定义、Nufern 和 Liekki。三种设置方式都包括两个方面：一方面是基本参数；另一方面是直径和折射率。

(1) 自定义方式设置参数。

自定义方式设置参数包括基本参数、直径和折射率，如图 6-15 所示。

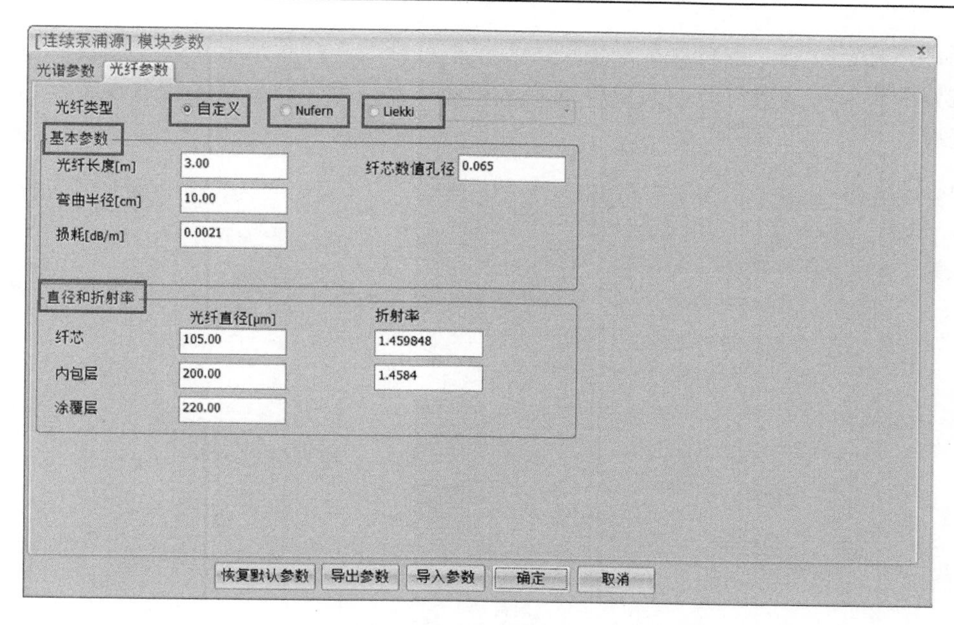

图 6-15　连续泵浦源的光纤参数自定义设置对话框

① 基本参数包括光纤长度、弯曲半径、损耗、纤芯数值孔径。

a) 光纤长度描述泵浦源输出尾纤长度，仿真中不考虑长度导致的非线性，但是要考虑与长度相关的损耗。

b) 弯曲半径描述泵浦源输出尾纤弯曲的半径，仿真中暂未考虑泵浦源不同弯曲导致的模式损耗，但是其他传输信号激光的器件要考虑弯曲导致的损耗。

c) 损耗描述泵浦光在光纤内部的传输损耗，单位为 dB/m。

d) 纤芯数值孔径描述泵浦光纤数值孔径，有两种设置方法：一是手动输入数值孔径，光纤纤芯折射率会自动改变；二是通过修改折射率来自动改变数值孔径。

② 直径和折射率包括纤芯直径和折射率、内包层直径和折射率、涂覆层直径和折射率。

a) 纤芯直径描述泵浦源输出尾纤纤芯直径，手动输入设置。

b) 纤芯折射率描述泵浦源输出尾纤纤芯折射率，有两种设置方式：一是手动输入折射率，会改变相应的数值孔径；二是固定包层折射率，修改数值孔径，纤芯折射率会相应地自动变化。

c) 内包层直径描述泵浦源输出尾纤内包层直径，手动输入设置。

d) 内包层折射率描述泵浦源输出尾纤内包层折射率。不同于纤芯折射率，内包层折射率只有一种设置方式，即手动输入设置。

e) 涂覆层直径描述泵浦源输出尾纤涂覆层直径，手动输入设置。

说明：连续泵浦源的直径和折射率等参数未纳入仿真计算中，给出参数仅为满足仿真系统匹配性需要。

(2) 选择内置光纤厂家参数并设置。

SeeFiberLaser 目前内置两个厂家的典型泵浦光纤，包括 Nufern 和 Liekki，选择对应厂家后，图 6-16 和图 6-17 中的下拉列表会变为可选状态，通过列表可以选择光纤类型。类型选择后，光纤纤芯、内包层和涂覆层的直径不可修改，纤芯数值孔径不能直接修改，只能通过修改折射率实现修改。其他参数意义和设置方法与光纤自定义参数设置方式一致，不再赘述。

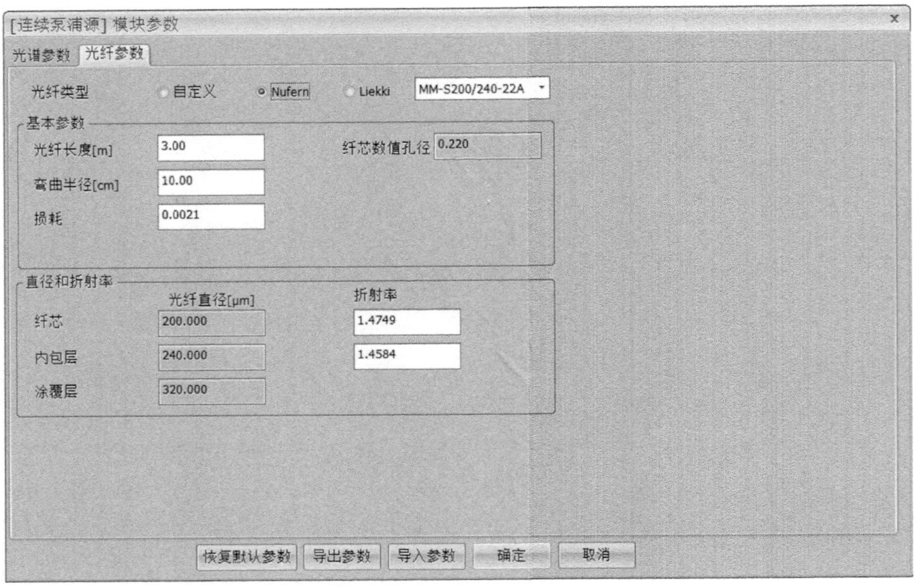

图 6-16　连续泵浦源的光纤参数设置——Nufern 光纤

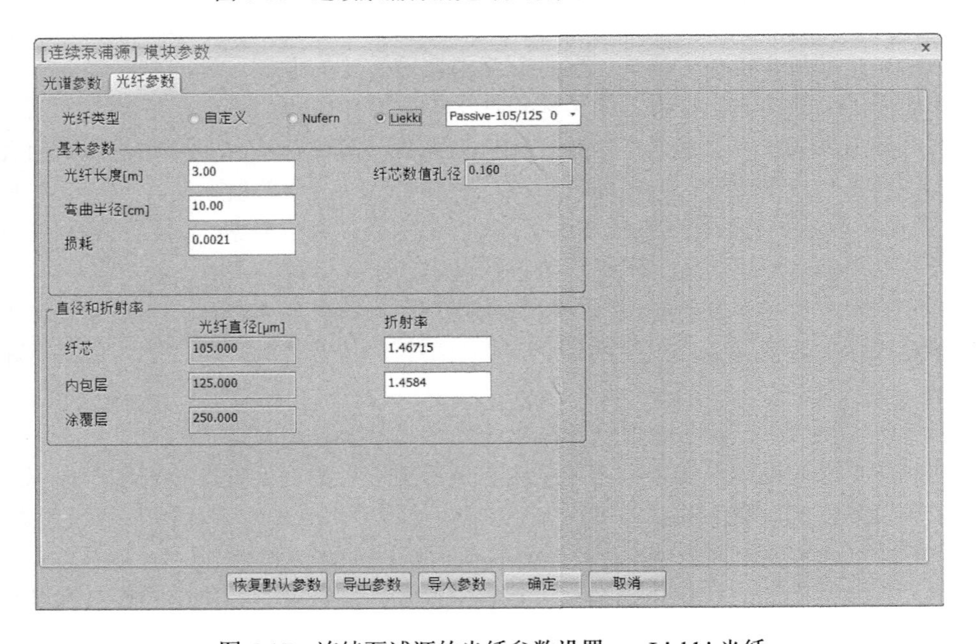

图 6-17　连续泵浦源的光纤参数设置——Liekki 光纤

6.2.2　连续种子源

1. 元器件名称

连续种子源，缩写为 CW Seed Laser。

2. 元器件图标

连续种子源图标见图 6-18。

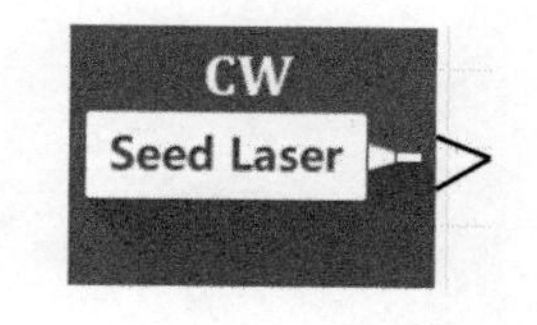

图 6-18　连续种子源图标

3. 元器件端口

一个端口，端口类型为输出端口。

4. 元器件数据流

包括功率、光谱、时域等数据流，不考虑模式和光束质量的影响。

5. 元器件参数设置

元器件参数类型包括光谱参数、光纤参数、偏振相关参数三大类，对应三个选项卡。其中，“光谱参数”选项卡中包含功率参数设置。

元器件参数设置方法包括以下三种：恢复默认参数、导入参数、直接在对话框中输入参数。

参数设置对话框可通过双击元器件图标弹出。连续种子源设置参数和定义光谱线型的方法与连续泵浦源完全一致，具体请参考 6.2.1 节的内容。

6.2.3　双包层掺镱光纤

1. 元器件名称

双包层掺镱光纤，缩写为 YDF。

图 6-19　双包层掺镱光纤图标

2. 元器件图标

双包层掺镱光纤图标见图 6-19。

3. 元器件端口

两个端口，均为输入输出端口。

4. 元器件数据流

包括功率、光谱、时域、横向模式分布等数据流。

5. 元器件参数设置

参数设置对话框可通过双击元器件图标弹出，如图 6-20 所示。

元器件参数设置方法包括以下三种：恢复默认参数、导入参数、直接在对话框中输入参数。

首先介绍前面两种设置方法，然后根据参数类型详细介绍直接在对话框中输入参数的方法。

1) 恢复默认参数

单击图 6-20 中的“恢复默认参数”按钮，可以将双包层掺镱光纤中的全部参数恢复为软件默认参数。

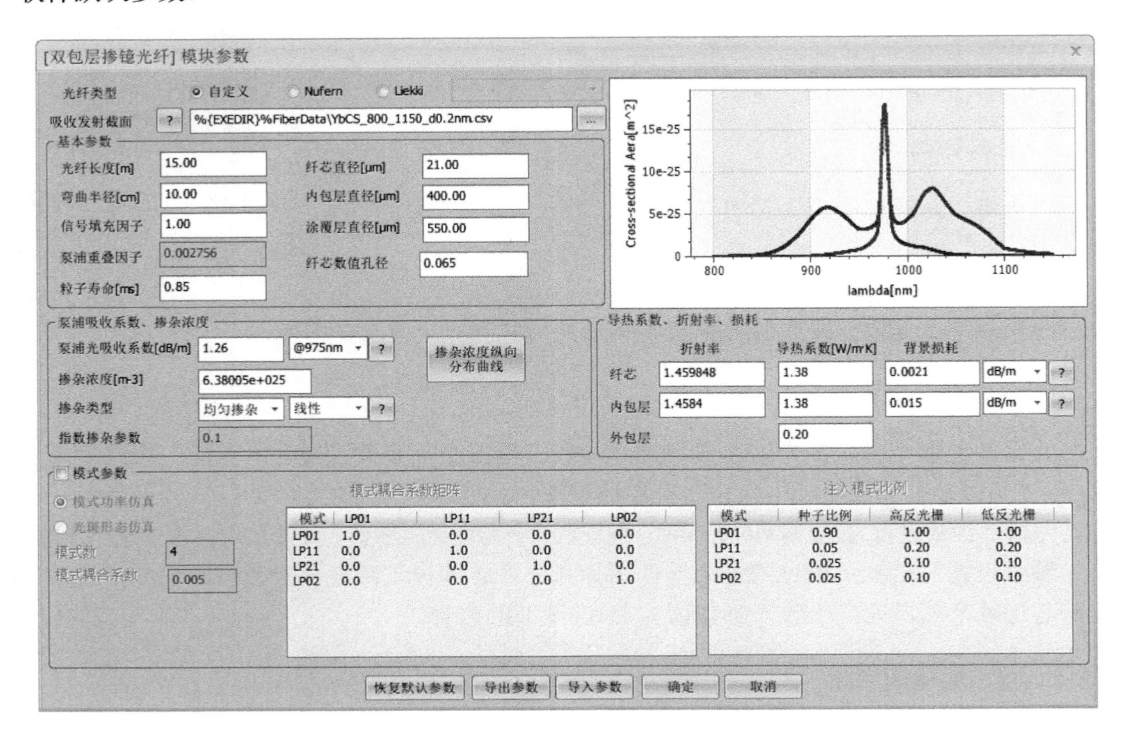

图 6-20　双包层掺镱光纤恢复默认参数设置方法

2) 导入参数

(1) 单击图 6-21 中“导入参数”按钮。

(2) 选择之前存储的参数设置文件，对于连续泵浦源，文件名后缀为 ydf_dc。

(3) 选择相应文件，单击“打开”按钮。

完成上述操作后，即可利用之前存储的参数覆盖当前的全部参数。

需要说明的是，一般需要先将导出参数存储后，才能有可导入的参数，如图 6-22 所示。单击“导出参数”按钮，可以将全部参数存储在自己命名的文件中。

下面对直接在对话框中输入参数的参数设置方法进行说明。双包层掺镱光纤参数设置对话框如图 6-20 所示，主要包括光纤类型、吸收发射截面、基本参数、泵浦吸收系数/掺杂浓度、导热系数/折射率/损耗、模式参数等。光纤类型目前有三种选择：自定义、Nufern 和 Liekki，其中，后两种是 Nufern 和 Liekki 公司常用的光纤参数，主要包括基本参数和泵浦吸收系数/掺杂浓度，其他可改参数都可以通过手动输入的方式进行设置。下面对具体的参数定义和设置方式进行说明。

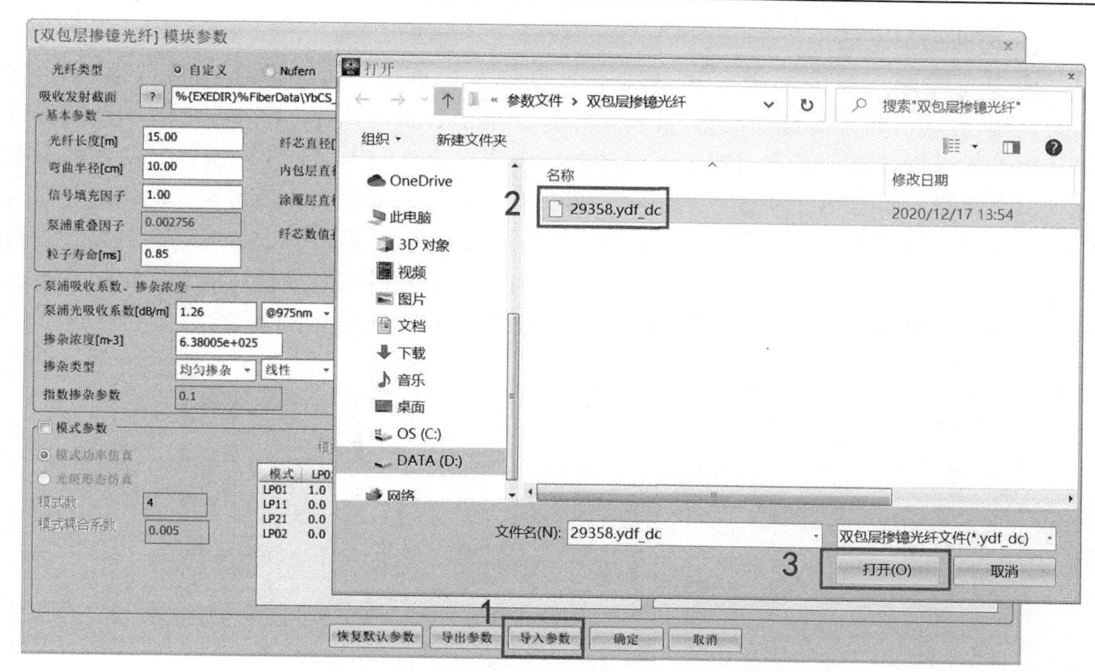

图 6-21　双包层掺镱光纤导入参数设置方法

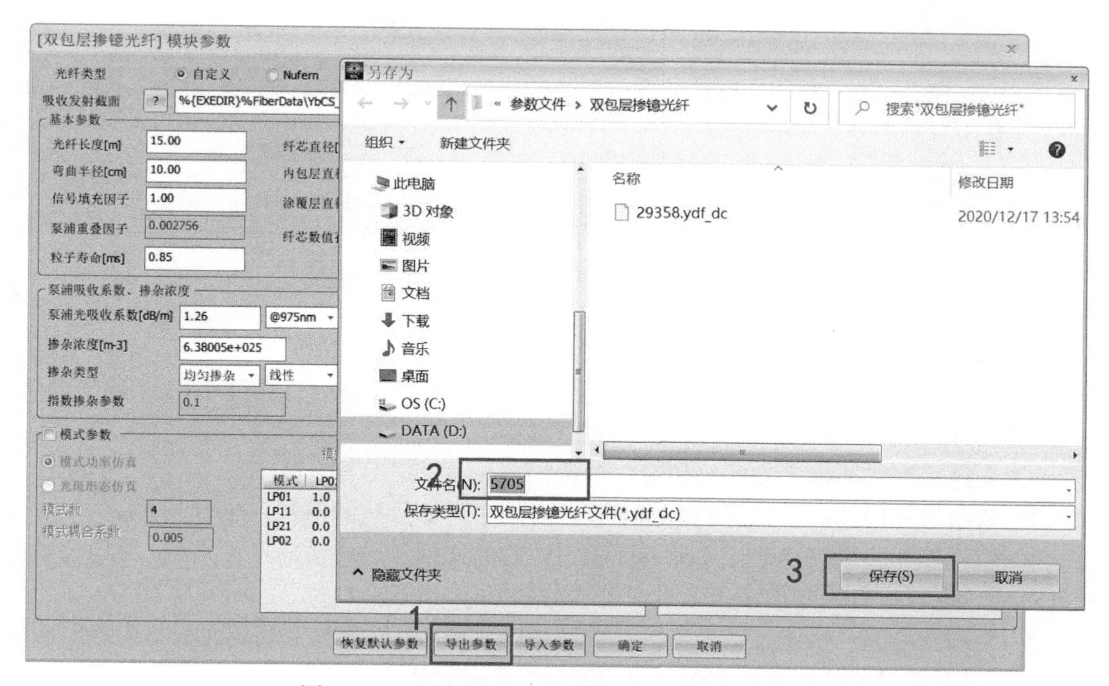

图 6-22　双包层掺镱光纤存储导出参数设置方法

3) 自定义方式设置参数

自定义方式设置参数包括吸收发射截面、基本参数、泵浦吸收系数/掺杂浓度、导热系数/折射率/损耗、模式参数等。

(1) 吸收发射截面。

掺杂光纤最重要的参数是掺杂离子的吸收发射截面，SeeFiberLaser 自带 Yb^{3+}在 800~1150nm 的吸收发射截面数据(波长间隔为 0.2nm)，所有光纤型号都基于导入的吸收发射截面参数进行计算，正常情况下无须改动。用户也可以导入自定义的吸收发射截面参数进行仿真计算。如图 6-23 所示，单击“吸收发射截面”后的扩展内容按钮，选择需要导入的吸收发射截面参数文件。文件为 csv 格式，第一列为波长(单位为 nm)、第二列为吸收截面(单位为 m^2)、第三列为发射截面(单位为 m^2)。吸收发射截面设置完成后，可以在对话框右上方的图形显示区内直观地观察到参数的曲线分布，如图 6-20 所示。

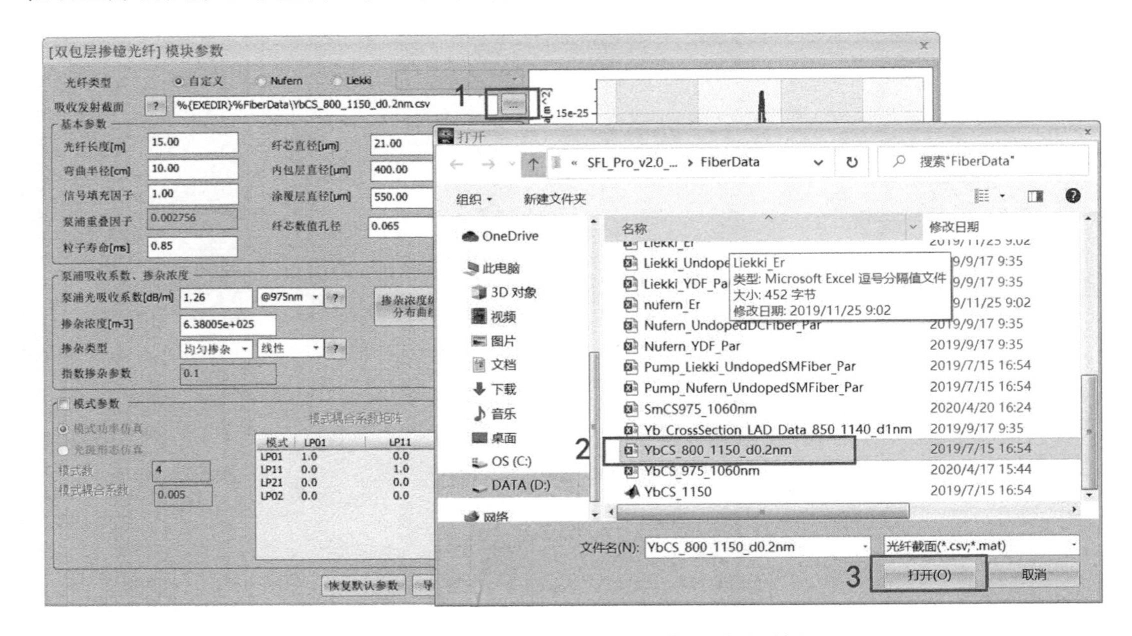

图 6-23　导入吸收发射截面参数设置对话框

(2) 基本参数。

基本参数包括光纤长度、弯曲半径、信号填充因子、泵浦填充(重叠)因子、粒子寿命、纤芯直径、内包层直径、涂覆层直径、纤芯数值孔径等。

① 光纤长度描述掺镱光纤的长度，单位为 m。

② 弯曲半径描述掺镱光纤的弯曲半径，考虑了弯曲导致的损耗，单位为 cm。

③ 信号填充因子描述信号光模场面积占纤芯的比例，通常情况下设为 1，即均匀填充在纤芯内，也可设置为其他小于 1 且大于 0 的数值。

④ 泵浦重叠因子描述泵浦光在纤芯中所占的比例，数值上等于纤芯面积与内包层面积之比，可以通过设置纤芯直径和内包层直径进行间接修改。

⑤ 粒子寿命描述上能级粒子数的寿命，单位为 ms。对掺镱光纤，粒子寿命通常取值为 0.85ms。

⑥ 纤芯直径描述掺镱光纤纤芯直径，手动输入设置，单位为 μm。

⑦ 内包层直径描述掺镱光纤内包层直径，手动输入设置，单位为 μm。

⑧ 涂覆层直径描述掺镱光纤涂覆层直径，手动输入设置，单位为 μm。

⑨ 纤芯数值孔径描述掺镱光纤数值孔径，有两种设置方法：一是手动输入设置，光纤纤芯折射率会自动改变；二是通过修改折射率来自动改变数值孔径。

(3) 泵浦吸收系数、掺杂浓度。

泵浦吸收系数、掺杂浓度包括泵浦光吸收系数、掺杂浓度、掺杂类型、指数掺杂参数等。

① 泵浦光吸收系数描述掺镱光纤对不同泵浦波长的包层吸收系数，单位为 dB/m。通常将泵浦光吸收系数折算到 915nm 或者 975nm 中心波长。

② 掺杂浓度描述掺镱光纤的 Yb^{3+} 掺杂浓度，单位为 m^{-3}，其数值也会影响泵浦光吸收系数，可以通过设置掺杂浓度来获得泵浦光吸收系数。

③ 掺杂类型描述掺镱光纤的纵向掺杂分布特性，目前包括均匀掺杂和非均匀掺杂两种类型，其中非均匀掺杂包括线性、余弦和指数三种掺杂类型。用户可以通过单击“掺杂浓度纵向分布曲线”按钮来直观显示具体的掺杂分布规律，如图 6-24 所示。

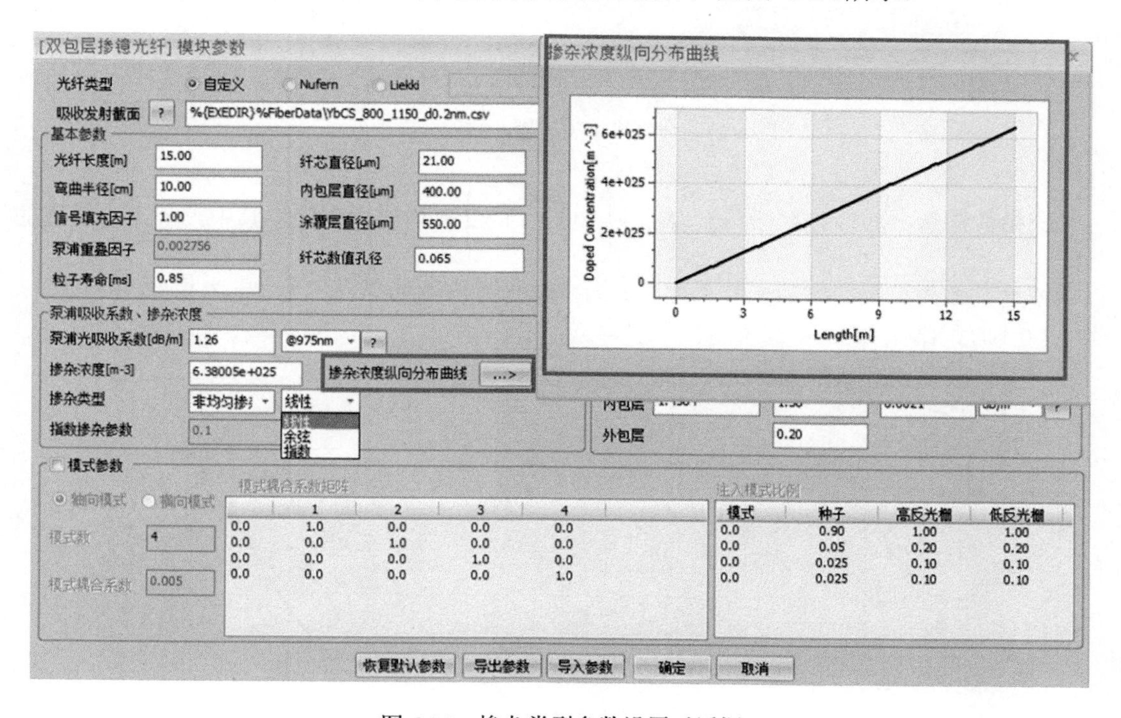

图 6-24 掺杂类型参数设置对话框

a) 线性掺杂分布。按照 $N(z)=(\frac{N_{\text{set}}}{L})\times z$ 的线性规律变化，其中，N_{set} 为设置的掺杂浓度，L 为设置的掺镱光纤长度，z 为掺镱光纤内部的纵向位置，如图 6-24 右上侧区域所示。

b) 余弦掺杂分布。按照 $N(z)=N_{\text{set}}\times\left[1-\cos\left(\frac{8\pi}{L}\times z\right)\right]$ 余弦规律变化，其中，N_{set} 为设置的掺杂浓度，L 为设置的掺镱光纤长度，z 为掺镱光纤内部的纵向位置，如图 6-25 所示。

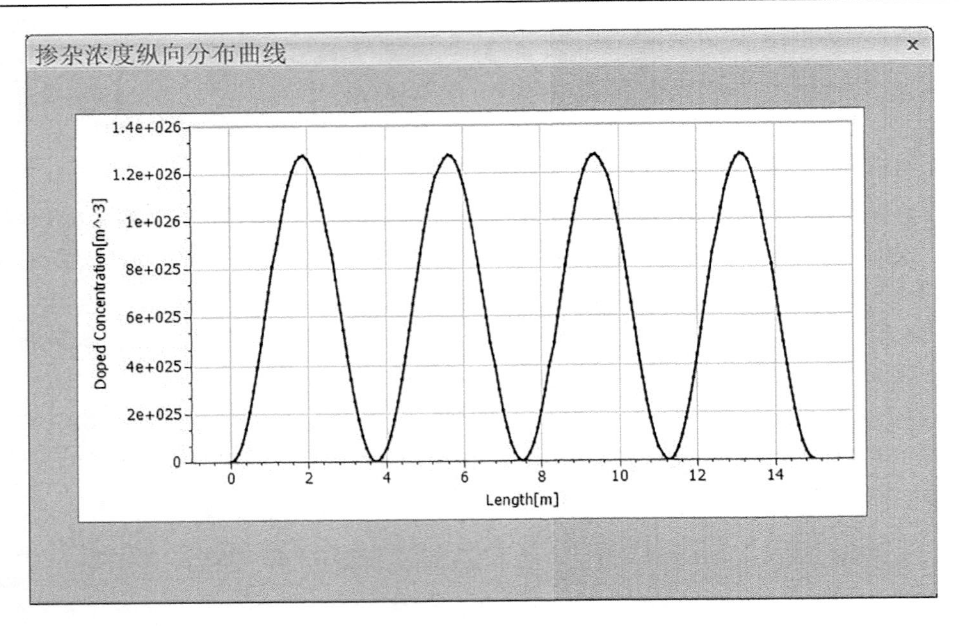

图 6-25 余弦掺杂类型掺杂浓度分布曲线

c) 指数掺杂分布。按照 $N(z)=N_{\text{set}}\times\left(100^{\frac{z-L}{z}}+x\right)$ 指数规律变化，其中，N_{set} 为设置的掺杂浓度，L 为设置的掺镱光纤长度，z 为掺镱光纤内部的纵向位置，x 为指数掺杂参数，当 $x=0.1$ 时，结果如图 6-26 所示。

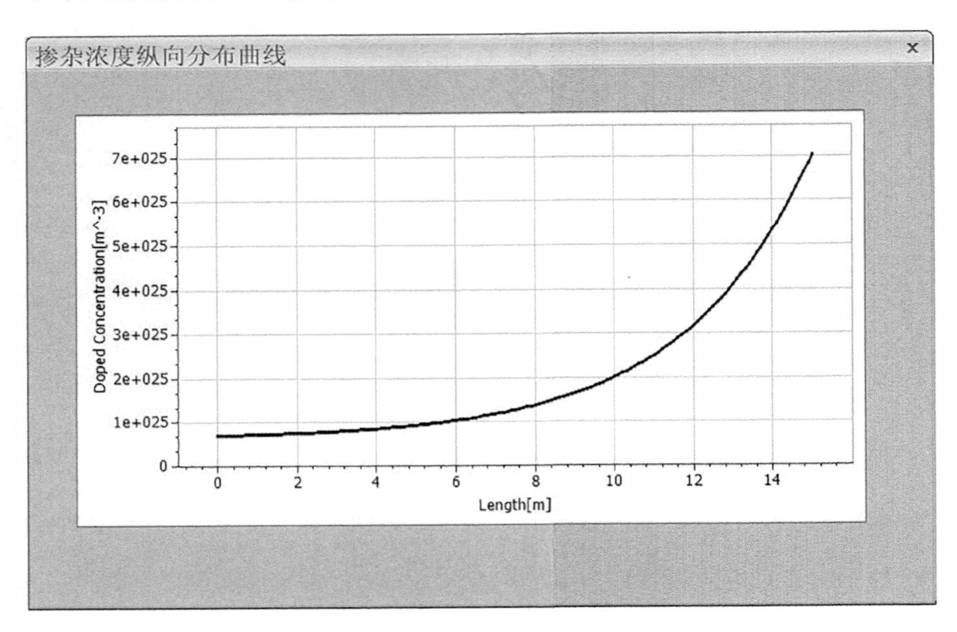

图 6-26 指数掺杂类型掺杂浓度分布曲线

(4) 导热系数、折射率、损耗。

导热系数、折射率、损耗包括纤芯、内包层、外包层(涂覆层)的折射率、导热系数以及背景损耗。

① 折射率描述掺镱光纤纤芯和内包层的折射率，有两种设置方式：一是手动输入折射率，会导致相应的数值孔径变化；二是固定包层折射率，修改数值孔径，纤芯折射率会相应地自动变化。

② 导热系数描述光纤纤芯、内包层和涂覆层的导热能力，单位为 W/(m·K)，计算热分布情况时使用，其他情况不影响计算结果，手动输入设置。

③ 背景损耗描述纤芯和内包层的背景损耗，单位为 dB/m，手动输入设置。

(5) 模式参数。

模式参数选项框是可选框，内容包括轴向模式和横向模式两大类。其中，轴向模式包括模式数、模式耦合系数、模式耦合系数矩阵、注入模式比例等，考虑光纤模式的轴向输出特性；横向模式包括模式数、径向分段数、角度分段数、包层纤芯计算比例、反射模式数，考虑光纤模式的横向输出特性，分别如图 6-27 和图 6-28 所示。当模式参数选项框被激活时，模式数显示当前设置的光纤参数所对应的可支持横向模式数目；模式耦合系数矩阵描述光纤支持的模式之间相互作用的耦合系数；注入模式比例包含两种情况，当掺镱光纤用于放大器时可以设置种子中不同模式的比例系数，当掺镱光纤用于振荡器时可以设置不同模式在光栅处的反射率，这样可以考虑模式增益竞争的效果。

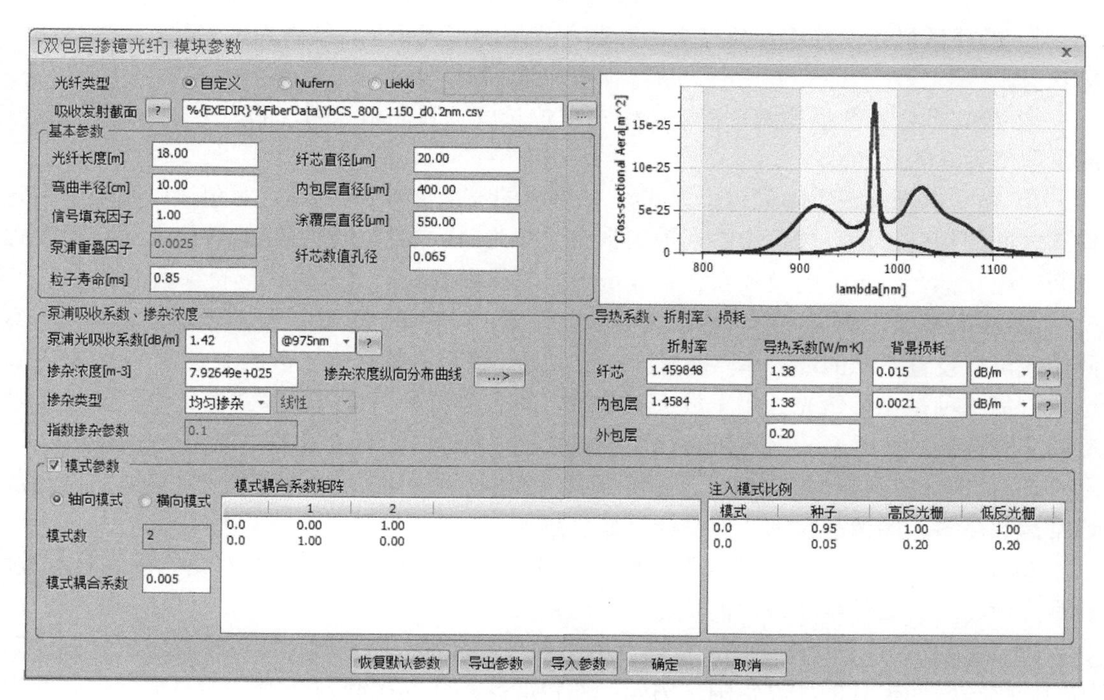

图 6-27　模式参数设置举例——轴向模式

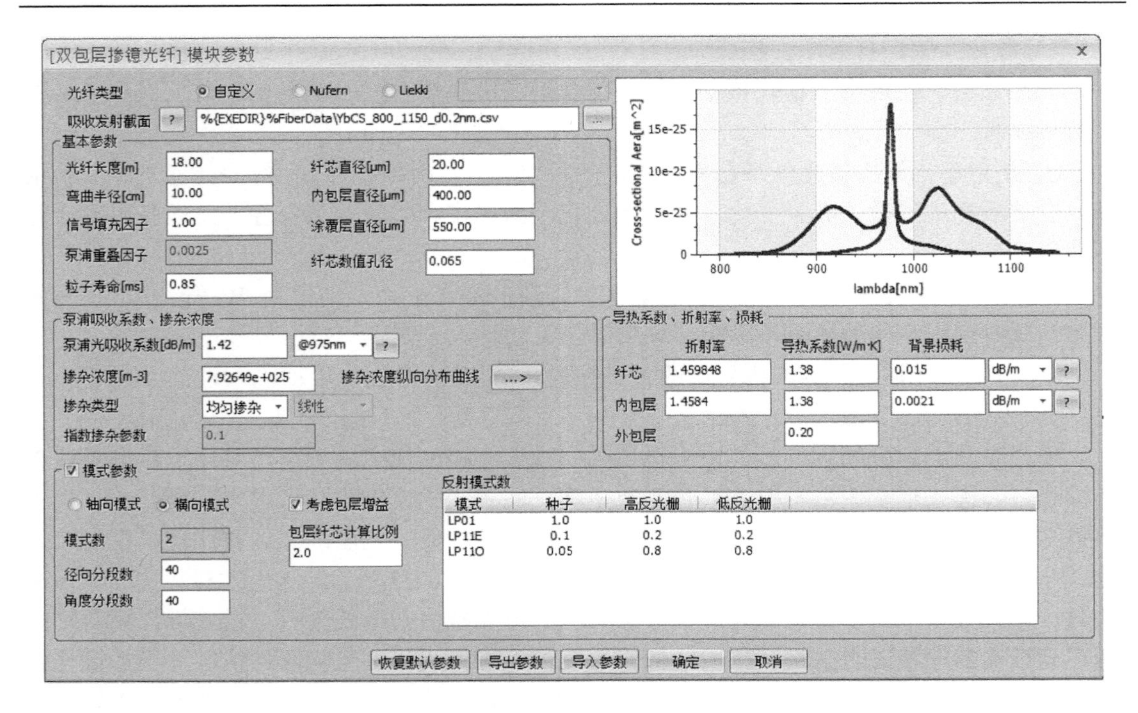

图 6-28　模式参数设置举例——横向模式

① 模式数描述由基本参数确定的纤芯可支持的模式数量，结果为正整数，软件自动计算获得。

② 模式耦合系数描述两个模式之间在单位长度上强度相互耦合的大小，单位为 m^{-1}，通常取值为 0.005～0.05。

③ 模式耦合系数矩阵描述由模式数 K 组成的一个 $K\times K$ 的矩阵，对角线单元表示相同模式之间的相互作用，软件中默认模式耦合系数为 1，非对角线单元的数值表示不同模式之间的相互耦合，实际的模式耦合系数是矩阵单元内的数值与“模式耦合系数”相乘。

④ 注入模式比例描述两种情况下的参数设置：一种是当掺镱光纤用于振荡器中时，不同模式可以设置不同的反射率，即对应高反光栅、低反光栅两列，数值上必须在 0～1 之间选取；另一种是当掺镱光纤用于放大器中时，可以设置种子里不同模式的比例，即种子对应的那列数值，此时必须保证所有注入模式比例之和为 1，否则计算结果将会出现错误。

⑤ 径向分段数在“横向模式”选项卡中，描述显示横向模式时网格在径向的划分点数，通常点数越多，图像越精细，但是计算量也越大。

⑥ 角度分段数在“横向模式”选项卡中，描述显示横向模式时网格在角向的划分点数，通常点数越多，图像越精细，但是计算量也越大。

⑦ 包层纤芯计算比例。当“考虑包层增益”可选框被激活时，可以设置包层纤芯计算比例，描述横向模式的计算范围，例如，当包层纤芯计算比例为 2 时，所有横向模式的光场计算范围将为纤芯直径的 2 倍。此时高阶模式的增益特性将更加符合实际情况。

4) 选择内置光纤厂家参数并设置

SeeFiberLaser 目前内置两个厂家的掺镱光纤，包括 Nufern 和 Liekki，选择对应厂家后，

图 6-29 和图 6-30 中的下拉列表会变为可选状态，通过列表可以选择光纤类型。类型选择后，光纤纤芯、内包层和涂覆层的直径不可修改，数值孔径不能直接修改，只能通过修改折射率实现修改。其他参数意义和设置方法与光纤参数自定义设置方式一致。

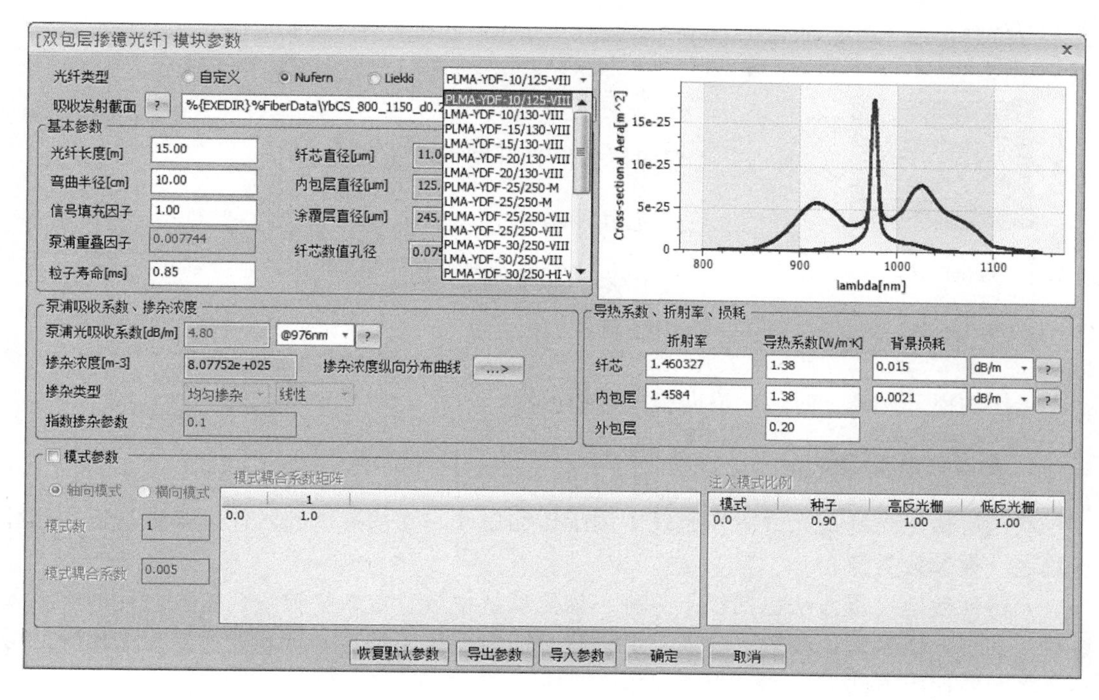

图 6-29　双包层掺镱光纤的光纤参数设置——Nufern 光纤

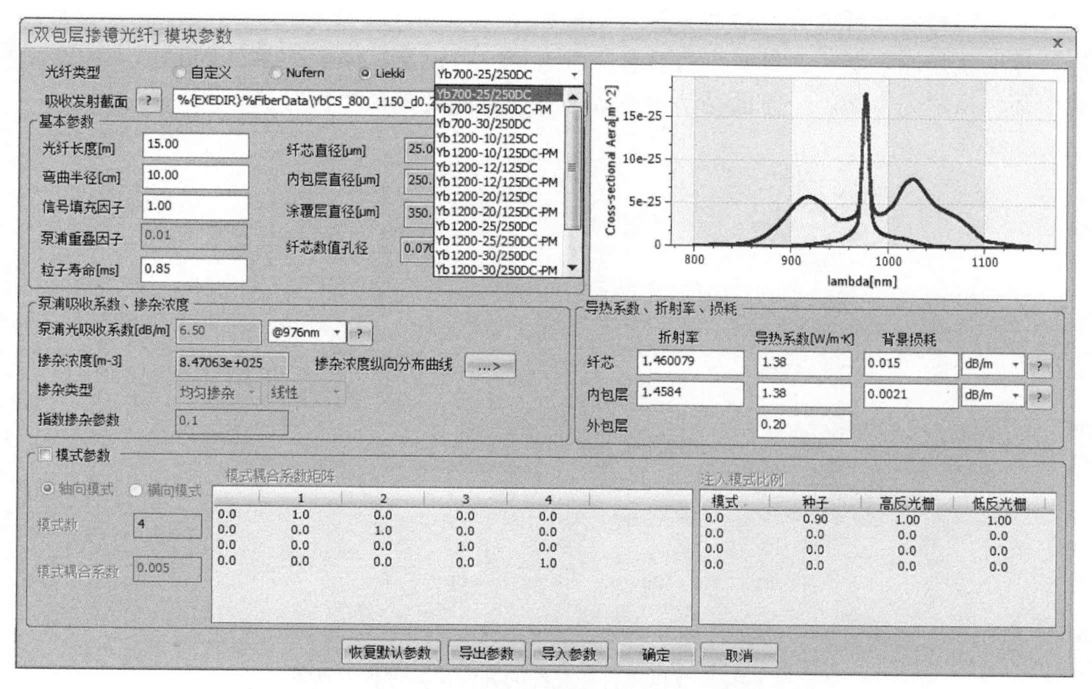

图 6-30　双包层掺镱光纤的光纤参数设置——Liekki 光纤

6.2.4　双包层传能光纤

1. 元器件名称

双包层传能光纤，缩写为 GDF。

图 6-31　双包层传能光纤图标

2. 元器件图标

双包层传能光纤图标见图 6-31。

3. 元器件端口

两个端口，均为输入输出端口。

4. 元器件数据流

包括功率、光谱、时域、横向模式等数据流。

5. 元器件参数设置

双包层传能光纤是光纤激光系统中用于传输激光、连接器件的元件，其中只包含光纤参数这一类参数类型。

元器件参数设置方法包括以下三种：恢复默认参数、导入参数、直接在对话框中输入参数。其中，恢复默认参数、导入参数设置方法与双包层掺镱光纤参数设置方法相同，可参考之前的使用方法。

下面对直接在对话框中输入参数的设置方法进行说明。

双包层传能光纤的光纤参数设置对话框如图 6-32 所示，主要考虑双包层光纤参数，一般外包层就是涂覆层。光纤类型目前有三种选择：自定义、Nufern 和 Liekki。三种设置方式中都包括两个方面：一方面是基本参数；另一方面是直径和折射率。

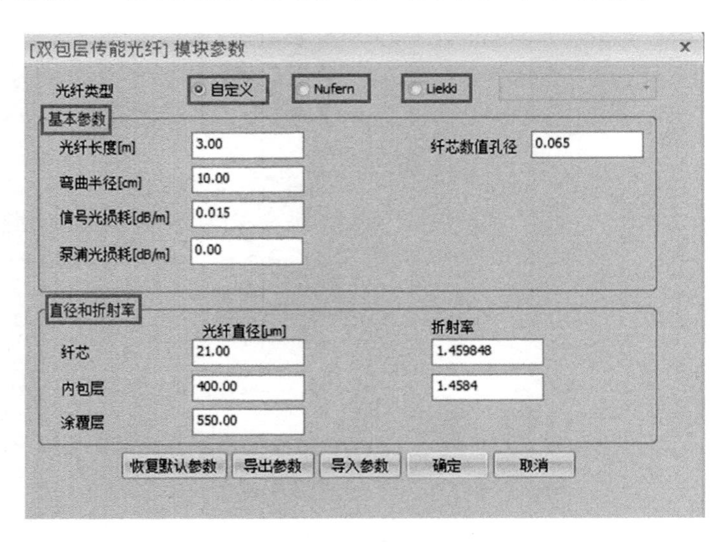

图 6-32　双包层传能光纤的光纤参数设置对话框

1) 自定义方式设置参数

自定义方式设置参数包括基本参数、直径和折射率等。

(1) 基本参数包括光纤长度、弯曲半径、信号光损耗、泵浦光损耗、纤芯数值孔径等。

①光纤长度描述双包层传能光纤的长度，仿真中会考虑长度导致的非线性效应和损耗。

②弯曲半径描述双包层传能光纤的弯曲程度，由此会改变纤芯中传输激光的损耗。

③信号光损耗描述信号光在光纤内部的传输背景损耗，单位为 dB/m。

④泵浦光损耗描述泵浦光在光纤内部的传输背景损耗，单位为 dB/m。

⑤纤芯数值孔径有两种设置方法：一是手动输入设置，光纤纤芯折射率会自动改变；二是通过修改折射率来自动改变数值孔径。

(2) 直径和折射率包括纤芯直径和折射率、内包层直径和折射率、涂覆层直径。

①纤芯直径描述双包层传能光纤纤芯直径，手动输入设置。

②纤芯折射率描述双包层传能光纤纤芯折射率，有两种设置方式：一是手动输入折射率，会导致相应的数值孔径变化；二是固定包层折射率，修改数值孔径，纤芯折射率会自动变化。

③内包层直径描述双包层传能光纤内包层直径，手动输入设置。

④内包层折射率描述双包层传能光纤内包层折射率。不同于纤芯折射率，内包层折射率只有一种设置方式，即手动输入设置。

⑤涂覆层直径描述双包层传能光纤涂覆层直径，手动输入设置。

2) 选择内置光纤厂家参数并设置

SeeFiberLaser 目前内置两个厂家的光纤，包括 Nufern 和 Liekki，选择对应厂家后，图 6-33 和图 6-34 中的下拉列表会变为可选状态，通过列表可以选择光纤类型。类型选择后，光纤纤芯、内包层和涂覆层的直径不可修改，数值孔径不能直接修改，只能通过修改折射率实现修改。其他参数意义和设置方法与光纤参数自定义设置方式一致。

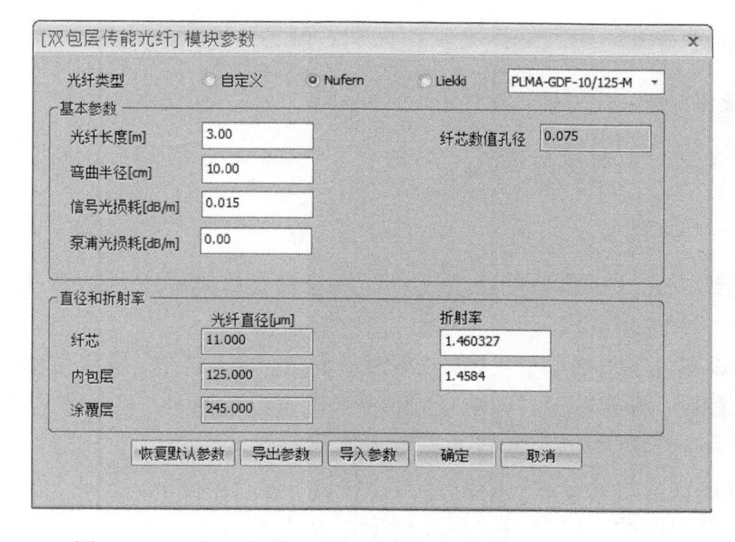

图 6-33　双包层传能光纤的光纤参数设置——Nufern 光纤

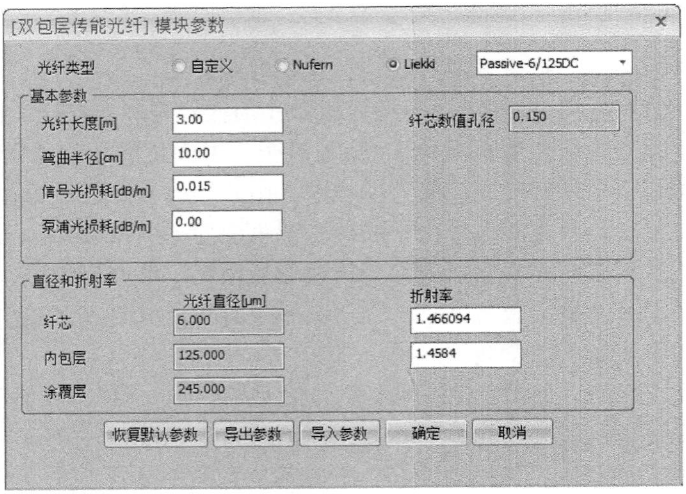

图 6-34　双包层传能光纤的光纤参数设置——Liekki 光纤

6.2.5　双包层光纤光栅

1. 元器件名称

双包层光纤光栅，缩写为 DCFBG。

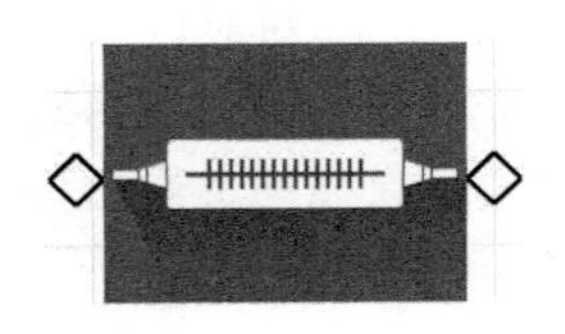

图 6-35　双包层光纤光栅图标

2. 元器件图标

双包层光纤光栅图标见图 6-35。

3. 元器件端口

两个端口，左右侧各一个，均为输入输出端口。

4. 元器件数据流

包括功率、光谱、时域等数据流。

5. 元器件参数设置

光纤光栅是组成光纤振荡器的必要元件。双包层光纤光栅中包括光谱参数、光纤参数两大类，集中在一个选项卡内。

元器件参数设置方法包括以下三种：恢复默认参数、导入参数、直接在对话框中输入参数。其中，恢复默认参数、导入参数与连续泵浦源参数设置方法相同，可参考之前的使用方法。

下面对直接在对话框中输入参数的设置方法进行说明。

1) 光谱参数设置

双包层光纤光栅中的光谱参数包括反射率以及光谱形态，如图 6-36 所示。

(1) 反射率描述光栅在中心波长处的反射率，单位为%。

(2) 光谱形态。软件为光栅反射谱提供了两种内置形态：一种为(超)高斯型光栅；另一种为平坦型光栅。对于(超)高斯型光谱，需要设置高斯函数的阶数和光谱的半高全宽，如图 6-36 所示；对于平坦型光谱，需要设置光谱的全宽度，如图 6-37 所示。

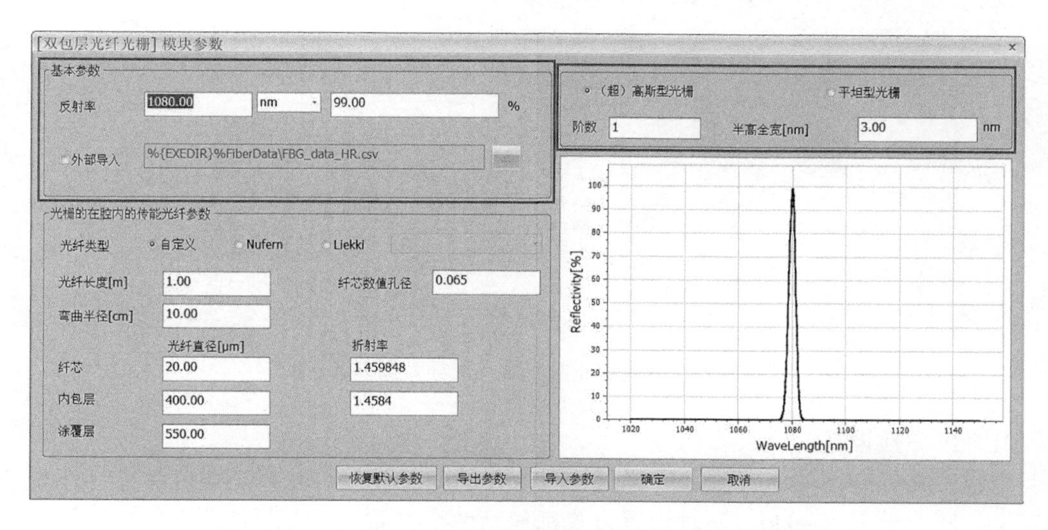

图 6-36　双包层光纤光栅光谱参数设置——(超)高斯型光栅

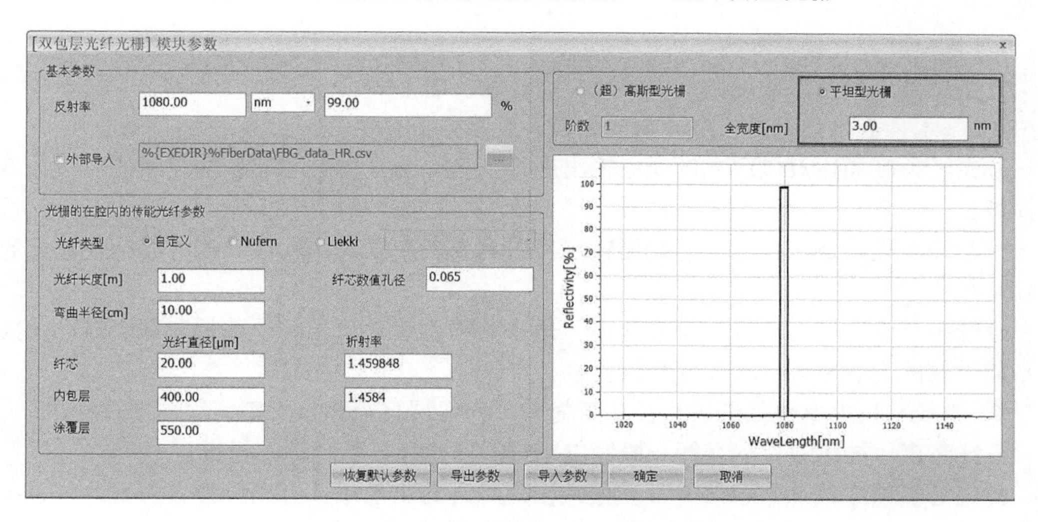

图 6-37　双包层光纤光栅光谱参数设置——平坦型光栅

(3)外部导入：软件也提供外部导入用户实际测量或者自定义的光谱，如图 6-38 所示，激活“外部导入”选项框，单击选项框后的扩展按钮，在弹出的“打开”对话框中选择需要导入的 EXCEL 文件，最后单击“打开”按钮。其中，EXCEL 文件的第一列定义为波长，单位为 nm；第二列定义为反射率，单位为%。

无论是外部导入光谱还是特殊函数定义光谱，其光谱形态都会实时地显示在双包层光纤光栅对话框的右侧，便于观察。

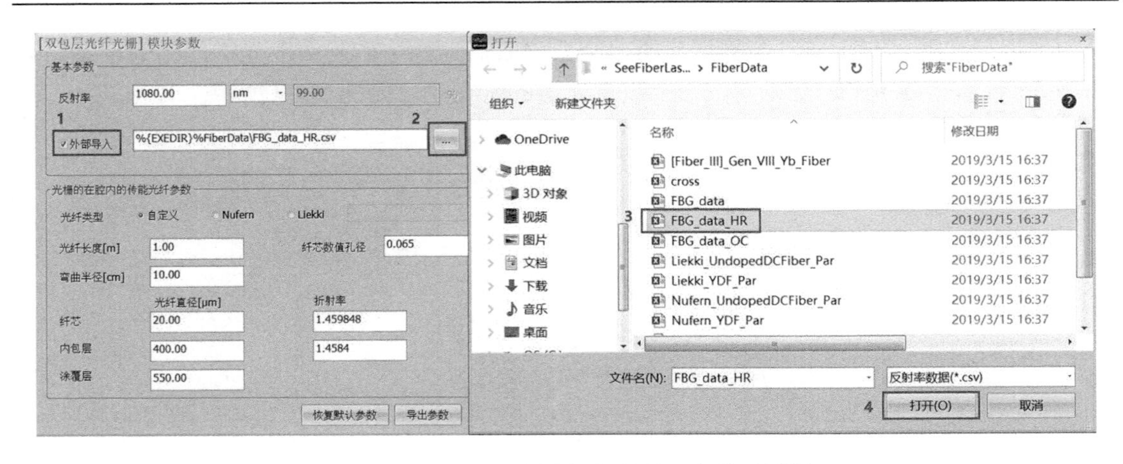

图 6-38　双包层光纤光栅外部导入光谱对话框

2) 光纤参数设置

双包层光纤光栅的光纤参数设置与双包层传能光纤类似，光纤类型目前有三种选择：自定义、Nufern 和 Liekki。三种设置方式都包括两个方面：一方面是基本参数，另一方面是直径和折射率。

(1) 自定义方式设置参数。

自定义方式设置参数包括基本参数、直径和折射率等。

① 基本参数包括光纤长度、弯曲半径、纤芯数值孔径等。

a) 光纤长度描述双包层光纤光栅输出尾纤长度，仿真中会考虑长度导致的非线性效应和损耗。

b) 弯曲半径描述双包层光纤光栅输出尾纤弯曲的半径，由此会导致纤芯中传输激光的损耗增加。

c) 纤芯数值孔径有两种设置方法：一是手动输入设置，光纤纤芯折射率会自动改变；二是通过修改折射率来自动改变数值孔径。

② 直径和折射率包括纤芯直径和折射率、内包层直径和折射率、涂覆层直径。

a) 纤芯直径描述双包层光纤光栅输出尾纤纤芯直径，手动输入设置。

b) 纤芯折射率描述双包层光纤光栅输出尾纤纤芯折射率，有两种设置方式：一是手动输入折射率，会导致相应的数值孔径变化；二是固定包层折射率，修改数值孔径，纤芯折射率会自动变化。

c) 内包层直径描述双包层光纤光栅输出尾纤内包层直径，手动输入设置。

d) 内包层折射率描述双包层光纤光栅输出尾纤内包层折射率。不同于纤芯折射率，内包层折射率只有一种设置方式，即手动输入设置。

e) 涂覆层直径描述双包层光纤光栅输出尾纤涂覆层直径，手动输入设置。

(2) 选择内置光纤厂家参数并设置。

SeeFiberLaser 目前内置两个厂家的光纤，包括 Nufern 和 Liekki，选择对应厂家后，图 6-39 和图 6-40 中的下拉列表会变为可选状态，通过列表可以选择光纤类型。类型选择后，光纤纤芯、内包层和涂覆层的直径不可修改，数值孔径不能直接修改，只能通过修改折射率实现修改。其他参数意义和设置方法与光纤参数自定义设置方法一致。

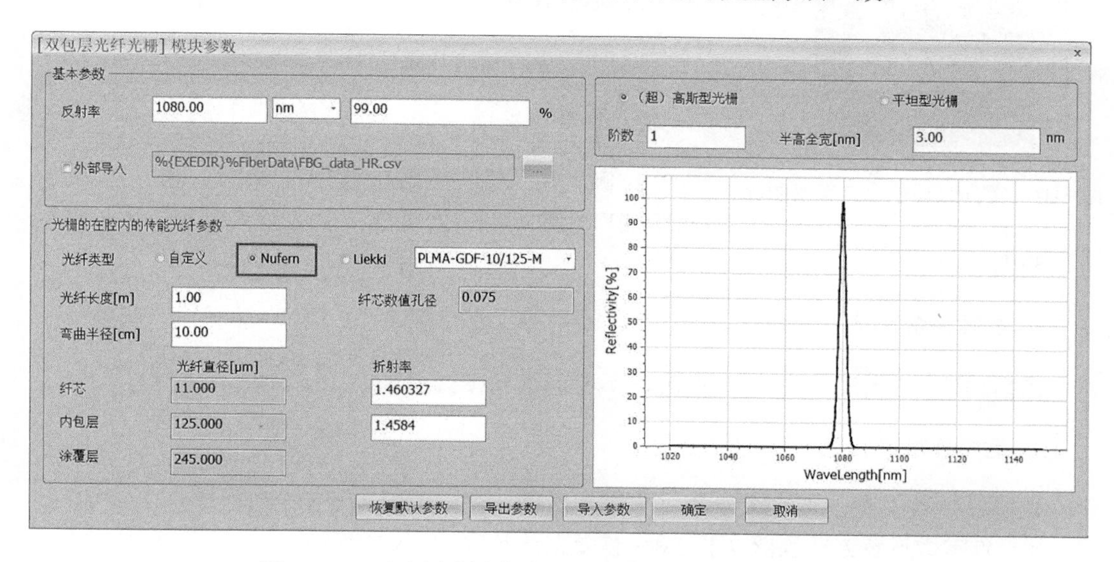

图 6-39　双包层光纤光栅的光纤参数设置——Nufern 光纤

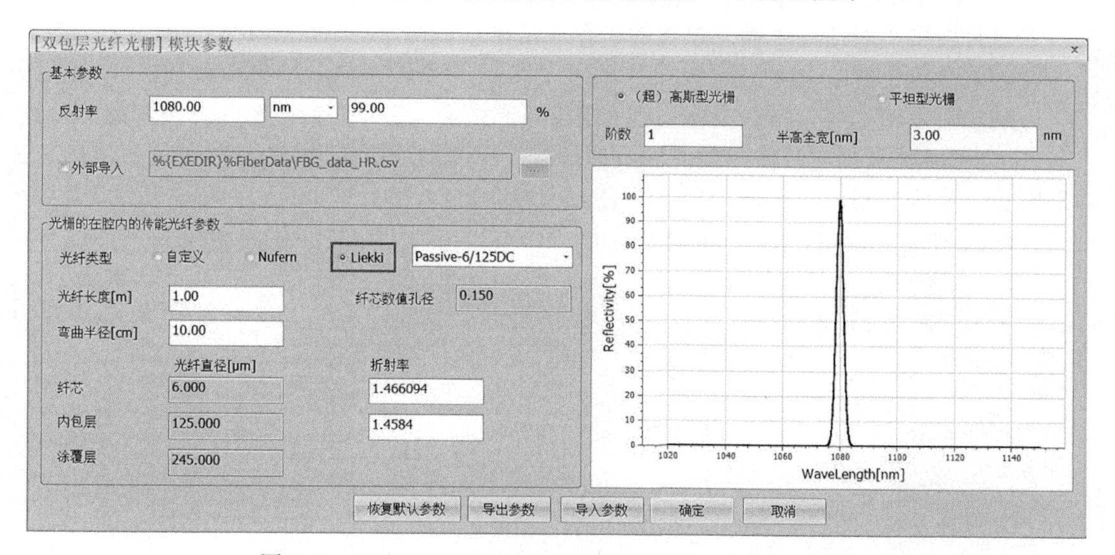

图 6-40　双包层光纤光栅的光纤参数设置——Liekki 光纤

6.2.6　前向泵浦信号合束器

泵浦信号合束器是光纤激光系统中重要的器件，其功能是将泵浦光、信号光注入增益光纤中，进而获得更高功率(亮度)的激光输出。按照与信号输出光的方向关系，又将泵浦信号合束器分为前向泵浦信号合束器与后向泵浦信号合束器。

1. 元器件名称

前向泵浦信号合束器，缩写为 PSC-F。

图 6-41　前向泵浦信号合束器图标

2. 元器件图标

前向泵浦信号合束器图标见图 6-41。

3. 元器件端口

左侧为输入端口，端口数目有 3、7、19 三种可选，左侧端口性质相同，均可连接泵浦源或者种子源，右侧有一个输出端口。

4. 元器件数据流

包括功率、光谱、时域等数据流，不考虑横向模式的影响。

5. 元器件参数设置

元器件参数类型包括合束参数、光纤参数两大类，对应两个选项卡。

元器件参数设置方法包括以下三种：恢复默认参数、导入参数、直接在对话框中输入参数。其中，恢复默认参数、导入参数与连续泵浦源参数设置方法相同，可参考之前的使用方法。

下面对直接在对话框中输入参数的设置方法进行说明。

1) 合束参数设置

合束参数设置主要包括合束器类别、平均泵浦效率、信号传输效率等三类合束器参数。

(1) 合束器类别描述所使用的前向泵浦信号合束器的端口特性，SeeFiberLaser 给出了三种常用的合束器类别，即 (2+1)×1、(6+1)×1、(18+1)×1，对应图标上左侧输入端口会显示 3、7、19 三种端口数目，如图 6-42 所示。

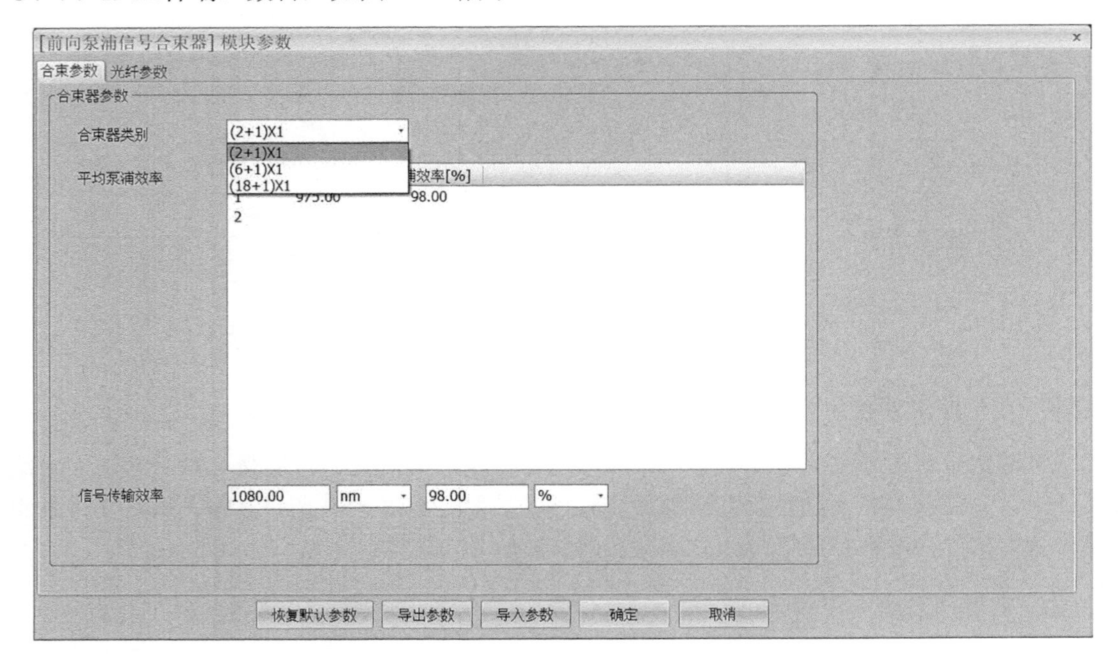

图 6-42　前向泵浦信号合束器类别选项

(2) 平均泵浦效率描述前向泵浦信号合束器对不同波长泵浦光的平均透过率，通常要求设置的泵浦波长与注入的泵浦波长一致，泵浦效率单位为%，如图 6-43 所示。

(3) 信号传输效率描述前向泵浦信号合束器对输入种子光的透过率，通常要求设置的信号波长与注入种子波长一致，效率单位为%，如图 6-43 所示。

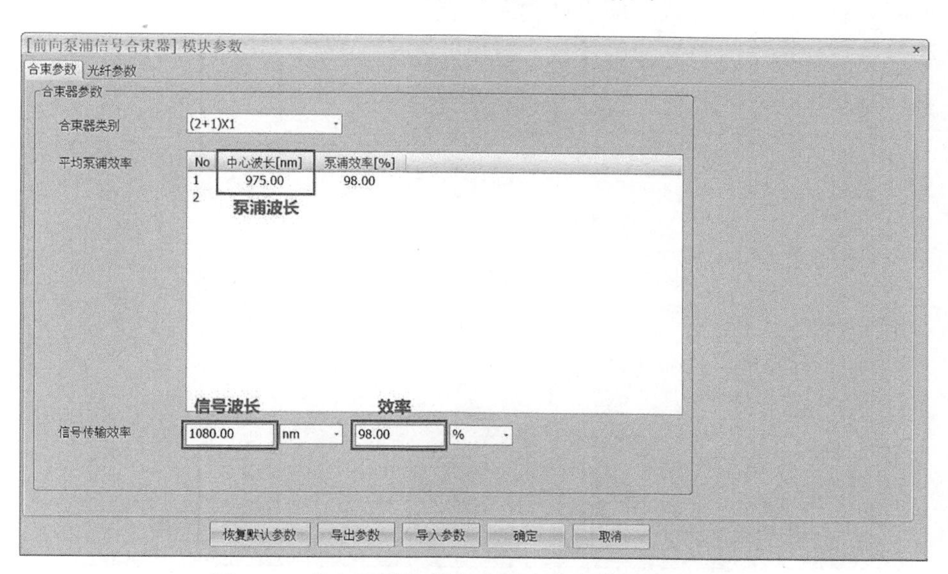

图 6-43　前向泵浦信号合束器合束参数设置对话框

2) 光纤参数设置

前向泵浦信号合束器的左右两侧均需要设置光纤参数，其中，左侧光纤参数是指信号传输光纤的参数。左右两侧的光纤参数内容相同，都包括两个方面：一方面是基本参数；另一方面是直径和折射率，但是可以设置为不同参数，光纤参数的具体设置与双包层传能光纤等元器件类似，光纤类型目前有三种选择：自定义、Nufern 和 Liekki。

(1) 自定义方式设置参数。

自定义方式设置参数包括基本参数、直径和折射率等，如图 6-44 所示。

① 基本参数包括光纤长度、弯曲半径、信号光损耗、泵浦光损耗、纤芯数值孔径等。

a) 光纤长度描述前向泵浦信号合束器尾纤长度，仿真中会考虑光纤长度导致的非线性效应和损耗。

b) 弯曲半径描述前向泵浦信号合束器尾纤弯曲的半径，由此会导致纤芯中传输激光的损耗增加。

c) 信号光损耗描述信号光在光纤内部的传输背景损耗，单位为 dB/m。

d) 泵浦光损耗描述泵浦光在光纤内部的传输背景损耗，单位为 dB/m。

e) 纤芯数值孔径有两种设置方法：一是手动输入设置，光纤纤芯折射率会自动改变；二是通过修改折射率来自动改变数值孔径。

② 直径和折射率参数包括纤芯直径和折射率、内包层直径和折射率、涂覆层直径。

a) 纤芯直径描述前向泵浦信号合束器尾纤纤芯直径，手动输入设置。

b) 纤芯折射率描述前向泵浦信号合束器尾纤纤芯折射率，有两种设置方式：一是手动输入折射率，会导致相应的数值孔径变化；二是固定包层折射率，修改数值孔径，纤芯折射率会自动变化。

c) 内包层直径描述前向泵浦信号合束器尾纤内包层直径，手动输入设置。

d) 内包层折射率描述前向泵浦信号合束器尾纤内包层折射率。不同于纤芯折射率，内包层折射率只有一种设置方式，即手动输入设置。

e) 涂覆层直径描述前向泵浦信号合束器尾纤涂覆层直径，手动输入设置。

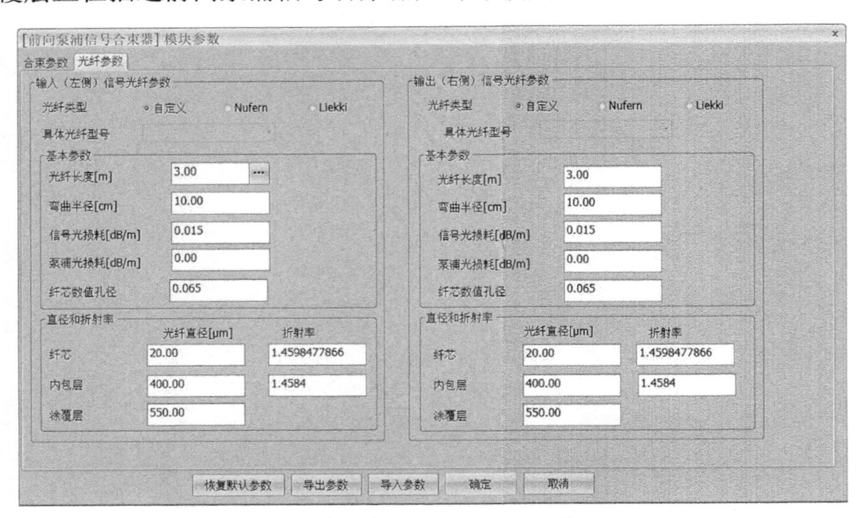

图 6-44　前向泵浦信号合束器光纤参数设置对话框

(2) 选择内置光纤厂家参数并设置。

SeeFiberLaser 目前内置两个厂家的光纤，包括 Nufern 和 Liekki，选择对应厂家后，图 6-45 和图 6-46 中的下拉列表会变为可选状态，通过列表可以选择光纤类型。类型选择后，光纤纤芯、内包层和涂覆层的直径不可修改，数值孔径不能直接修改，只能通过修改折射率实现修改。其他参数意义和设置方法与光纤参数自定义设置方法一致。

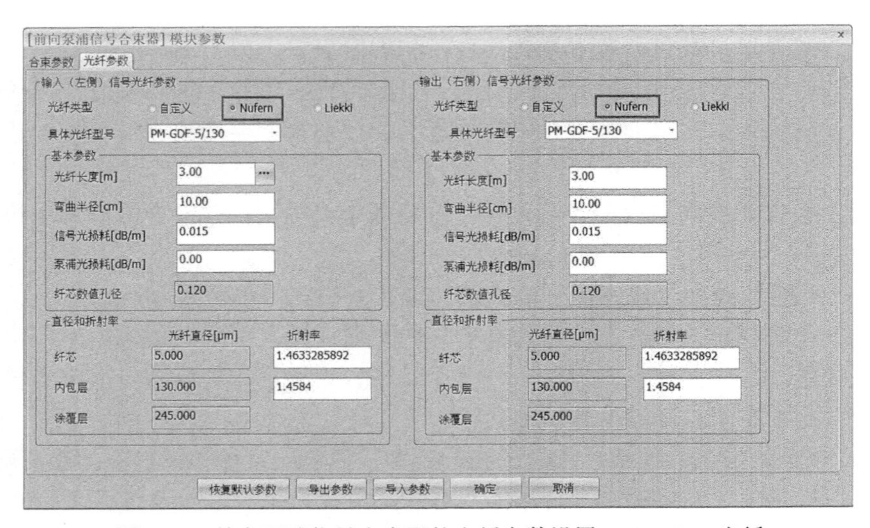

图 6-45　前向泵浦信号合束器的光纤参数设置——Nufern 光纤

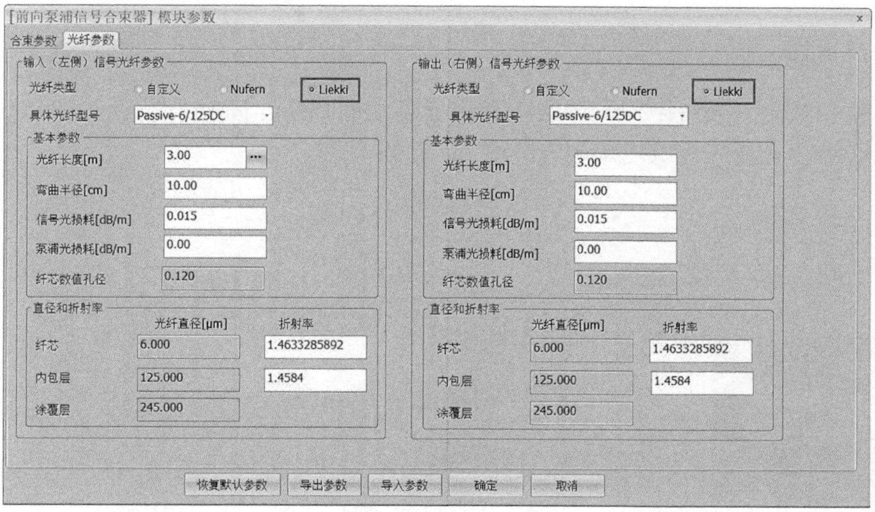

图 6-46　前向泵浦信号合束器的光纤参数设置——Liekki 光纤

6.2.7　后向泵浦信号合束器

后向泵浦信号合束器是将泵浦光从激光器系统的后向注入增益光纤中的器件，泵浦光的注入方向与信号光的传输方向相反。

1. 元器件名称

后向泵浦信号合束器，缩写为 PSC-B。

2. 元器件图标

后向泵浦信号合束器图标见图 6-47。

图 6-47　后向泵浦信号合束器图标

3. 元器件端口

左侧有一个端口，类型为输入输出端口，右侧端口数目有三种，即 3、7 和 19 个，其中，只有一个端口为输入输出端口，其余端口为输入端口，输入输出端口传输信号(种子)光，输入端口连接泵浦源。

4. 元器件数据流

包括功率、光谱、时域等数据流，未考虑横向模式的影响。

5. 元器件参数设置

后向泵浦信号合束器在元器件参数设置上与前向泵浦信号合束器完全相同。具体设置方法可参照 6.2.6 节的内容，这里不再赘述。

6.2.8　光纤端帽

在高能光纤激光系统中，为了防止输出光纤端面损伤，同时为了减少输出头的有害反馈，我们通常在光纤的输出端熔接光纤端帽。

1. 元器件名称

光纤端帽，缩写为 EndCap。

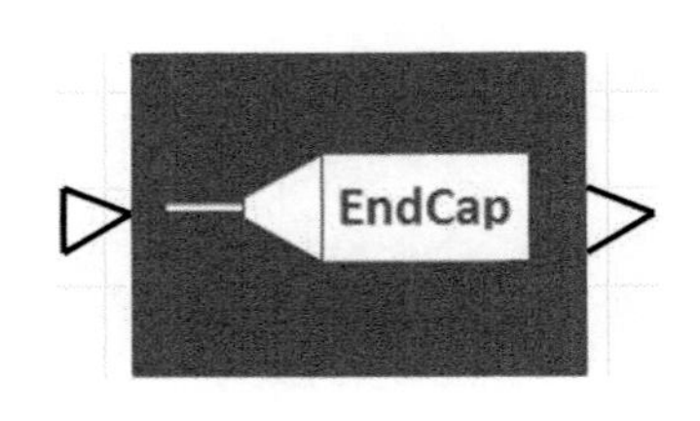

图 6-48　光纤端帽图标

2. 元器件图标

光纤端帽图标见图 6-48。

3. 元器件端口

两个端口，左右侧各一个，左侧端口类型为输入端口，右侧端口类型为输出端口。

4. 元器件数据流

包括功率、光谱、时域、横向模式等数据流。

5. 元器件参数设置

光纤端帽中包括光谱参数、光纤参数两大类，对应两个选项卡。

元器件参数设置方法包括以下三种：恢复默认参数、导入参数、直接在对话框中输入参数。其中，恢复默认参数、导入参数与连续泵浦源参数设置方法相同，可参考之前的使用方法。

下面对直接在对话框中输入参数的设置方法进行说明。

1) 光谱参数设置

光纤端帽中的光谱参数只有一个，即端帽反射率，单位为%，若输出端帽有反射率，表明会有回光进入激光系统中，这将影响系统的输出特性，如图 6-49 所示。

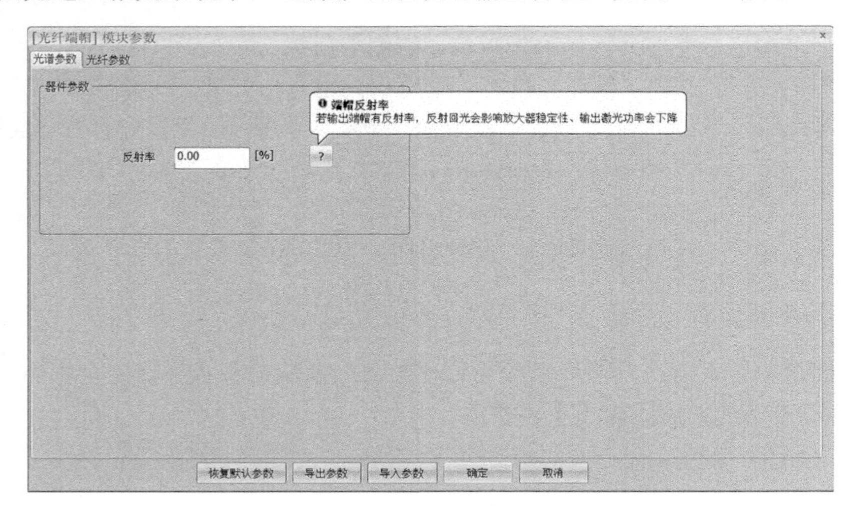

图 6-49　光纤端帽光谱参数设置对话框

2) 光纤参数设置

光纤端帽光纤参数设置对话框如图 6-50 所示，主要考虑双包层光纤参数，一般外包层就是涂覆层。光纤类型目前有三种选择：自定义、Nufern 和 Liekki。三种设置方式中都包括两个方面：一方面是基本参数；另一方面是直径和折射率。

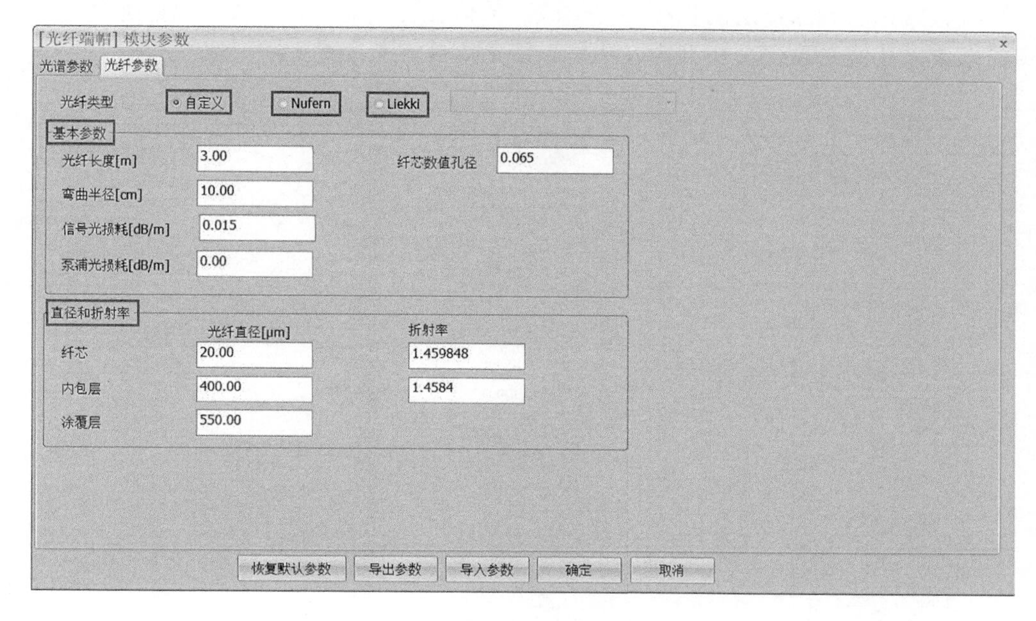

图 6-50　光纤端帽光纤参数设置对话框

(1) 自定义方式设置参数。

自定义方式设置参数包括基本参数、直径和折射率等。

① 基本参数包括光纤长度、弯曲半径、信号光损耗、泵浦光损耗、纤芯数值孔径等。

a) 光纤长度描述光纤端帽输出尾纤长度，仿真中会考虑长度导致的非线性效应和损耗。

b) 弯曲半径描述光纤端帽输出尾纤弯曲的半径，由此会导致纤芯中传输激光的损耗增加。

c) 信号光损耗描述信号光在光纤内部的传输背景损耗，单位为 dB/m。

d) 泵浦光损耗描述泵浦光在光纤内部的传输背景损耗，单位为 dB/m。

e) 纤芯数值孔径有两种设置方法：一是手动输入设置，光纤纤芯折射率会自动改变；二是通过修改折射率来自动改变数值孔径。

② 直径和折射率包括纤芯直径和折射率、内包层直径和折射率、涂覆层直径。

a) 纤芯直径描述光纤端帽输出尾纤纤芯直径，手动输入设置。

b) 纤芯折射率描述光纤端帽输出尾纤纤芯折射率，有两种设置方式：一是手动输入折射率，会导致相应的数值孔径变化；二是固定包层折射率，修改数值孔径，纤芯折射率会自动变化。

c) 内包层直径描述光纤端帽输出尾纤内包层直径，手动输入设置。

d) 内包层折射率描述光纤端帽输出尾纤内包层折射率。不同于纤芯折射率，内包层折射率只有一种设置方式，即手动输入设置。

e) 涂覆层直径描述光纤端帽输出尾纤涂覆层直径，手动输入设置。

(2) 选择内置光纤厂家参数并设置。

SeeFiberLaser 目前内置两个厂家的光纤，包括 Nufern 和 Liekki，选择对应厂家后，图 6-51 和图 6-52 中的下拉列表会变为可选状态，通过列表可以选择光纤类型。类型选择后，光纤纤芯、内包层和涂覆层的直径不可修改，数值孔径不能直接修改，只能通过修改折射率实现修改。其他参数意义和设置方法与光纤参数自定义设置方法一致。

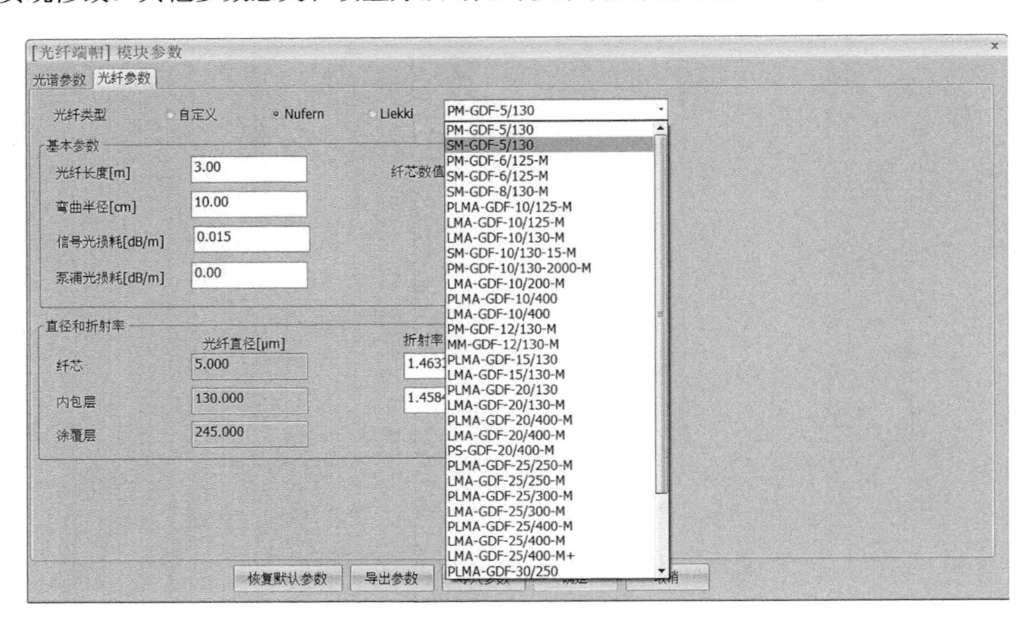

图 6-51　光纤端帽的光纤参数设置——Nufern 光纤

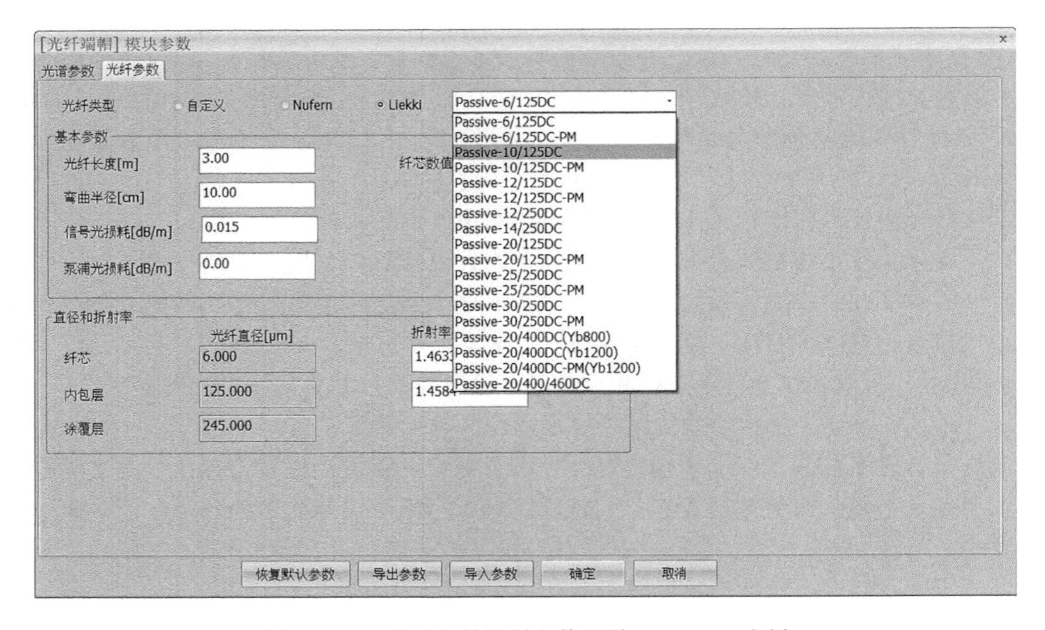

图 6-52　光纤端帽的光纤参数设置——Liekki 光纤

6.2.9　调 Q 开关

在激光系统中，为了产生脉冲激光信号，调 Q 和锁模是两种最常用的技术手段。其中，调 Q 技术中的关键元件就是调 Q 开关，用以对谐振腔内的品质因数 Q 进行周期性调制，从而实现高峰值功率的脉冲激光输出。

1. 元器件名称

调 Q 开关，缩写为 Q-switch。

2. 元器件图标

调 Q 开关图标见图 6-53。

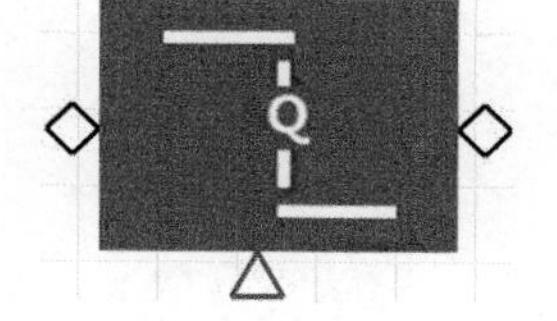

图 6-53　调 Q 开关图标

3. 元器件端口

两个光学端口，左右侧各一个，左侧端口和右侧端口均为输入输出端口。另有一个红色的电学端口，用于外加调制信号。

4. 元器件数据流

包括功率、光谱、时域、横向模式等数据流。

5. 元器件参数设置

调 Q 开关中包括器件参数、光纤参数两大类，对应两个选项卡。

元器件参数设置方法包括以下三种：恢复默认参数、导入参数、直接在对话框中输入参数。其中，恢复默认参数、导入参数与连续泵浦源参数设置方法相同，可参考之前的使用方法。

下面对直接在对话框中输入参数的设置方法进行说明。

1) 器件参数设置

调 Q 开关中的器件参数有两个：其一为功率效率，用以表示光信号在通过调 Q 开关时调 Q 开关本身的透过率；其二为声光调制器参数因子，表示调 Q 开关对信号的响应，由于物理因素的限制，调 Q 开关不可能对理想信号(方波)等完美响应，这个参数描述了调 Q 开关的上升下降沿的响应，参数越小，响应越快，如图 6-54 所示。

2) 光纤参数设置

调 Q 开关光纤参数设置对话框如图 6-55 所示，主要考虑双包层光纤参数，一般外包层就是涂覆层。光纤类型目前有三种选择：自定义、Nufern 和 Liekki。三种设置方式中都包括两个方面：一方面是基本参数；另一方面是直径和折射率。

(1) 自定义方式设置参数。

自定义方式设置参数包括基本参数、直径和折射率参数等。

① 基本参数包括光纤长度、弯曲半径、损耗、数值孔径等。

a) 光纤长度描述调 Q 开关输出尾纤长度，仿真中会考虑长度导致的非线性效应和损耗。

b) 弯曲半径描述调 Q 开关输出尾纤弯曲的半径，由此会导致纤芯中传输激光的损耗增加。

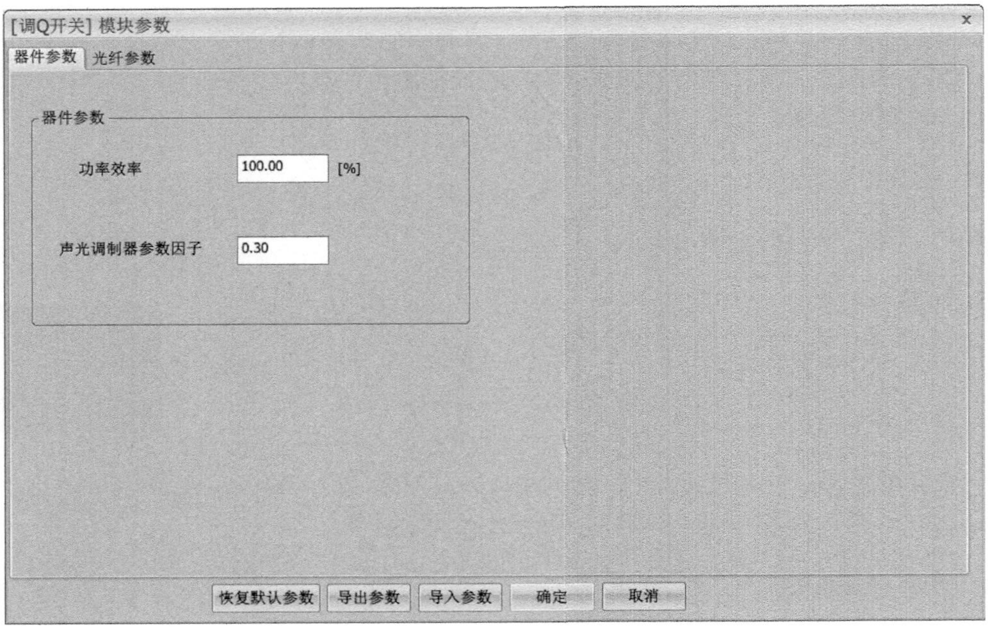

[调Q开关] 模块参数
器件参数 光纤参数
器件参数
功率效率 100.00 [%]
声光调制器参数因子 0.30
恢复默认参数 导出参数 导入参数 确定 取消

图 6-54　调 Q 开关器件参数设置对话框

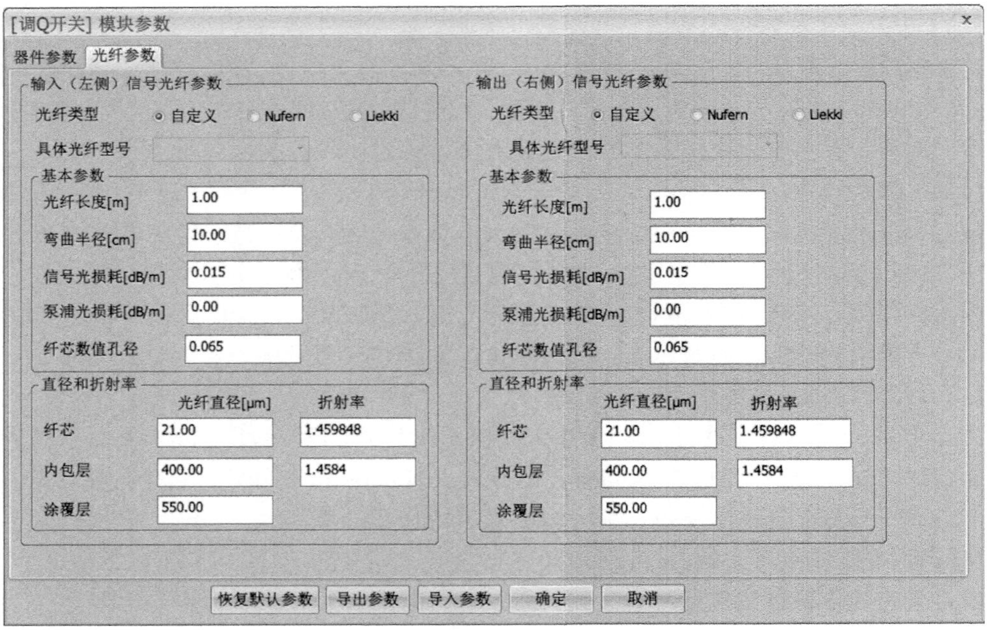

[调Q开关] 模块参数
器件参数 光纤参数
输入（左侧）信号光纤参数
光纤类型 自定义 Nufern Liekki
具体光纤型号
基本参数
光纤长度[m] 1.00
弯曲半径[cm] 10.00
信号光损耗[dB/m] 0.015
泵浦光损耗[dB/m] 0.00
纤芯数值孔径 0.065
直径和折射率
光纤直径[μm] 折射率
纤芯 21.00 1.459848
内包层 400.00 1.4584
涂覆层 550.00
输出（右侧）信号光纤参数
光纤类型 自定义 Nufern Liekki
具体光纤型号
基本参数
光纤长度[m] 1.00
弯曲半径[cm] 10.00
信号光损耗[dB/m] 0.015
泵浦光损耗[dB/m] 0.00
纤芯数值孔径 0.065
直径和折射率
光纤直径[μm] 折射率
纤芯 21.00 1.459848
内包层 400.00 1.4584
涂覆层 550.00
恢复默认参数 导出参数 导入参数 确定 取消

图 6-55　调 Q 开关光纤参数设置对话框

c)信号光损耗描述信号光在光纤内部的传输背景损耗，单位为 dB/m。

d)泵浦光损耗描述泵浦光在光纤内部的传输背景损耗，单位为 dB/m。

e)纤芯数值孔径有两种设置方法：一是可以手动输入设置，手动输入后，光纤纤芯折射率会自动改变；二是通过修改折射率来自动改变数值孔径。

② 直径和折射率包括纤芯直径和折射率、内包层直径和折射率、涂覆层直径。

a)纤芯直径描述调 Q 开关输出尾纤纤芯直径，手动输入设置。

b)纤芯折射率描述调 Q 开关输出尾纤纤芯折射率。有两种设置方式：一是手动输入折射率，会导致相应的数值孔径变化；二是固定包层折射率，修改数值孔径，纤芯折射率会自动变化。

c)内包层直径描述调 Q 开关输出尾纤内包层的直径，手动输入设置。

d)内包层折射率描述调 Q 开关输出尾纤内包层折射率，不同于纤芯折射率，只有一种设置方式即手动输入折射率。

e)涂覆层直径描述调 Q 开关输出尾纤涂覆层直径，手动输入设置。

(2)选择内置光纤厂家参数并设置。

SeeFiberLaser 目前内置两个厂家的光纤，包括 Nufern 和 Liekki，选择对应厂家后，图中的下拉列表会变为可选状态，通过列表可以选择光纤类型。类型选择后，光纤纤芯、内包层和涂覆层的直径不可修改，数值孔径不能直接修改，只能通过修改折射率实现修改。其他参数意义和设置方法与光纤参数自定义设置方法一致。

6.2.10　方波信号发生器

方波信号发生器属于电学器件信号发生器中的一种，用于产生各种占空比的方波信号，多配合各类调制器件进行使用。

1. 元器件名称

方波信号发生器，缩写为 RC Generator。

2. 元器件图标

方波信号发生器图标见图 6-56。

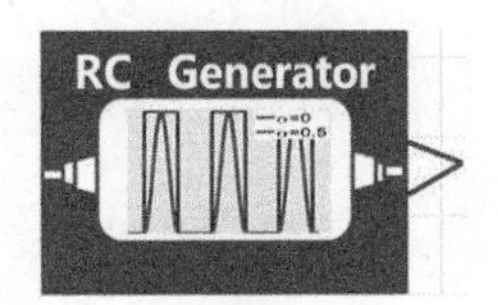

图 6-56　方波信号发生器图标

3. 元器件端口

一个红色的电学端口，用于输出电学调制信号。

4. 元器件数据流

时域信号数据流。

5. 元器件参数设置

方波信号发生器中包括三个参数：其一为频率，决定了方波信号的周期；其二为占空比，表示方波信号中高电平的占比；其三为周期数，表示信号的输出周期数量，如图 6-57 所示。

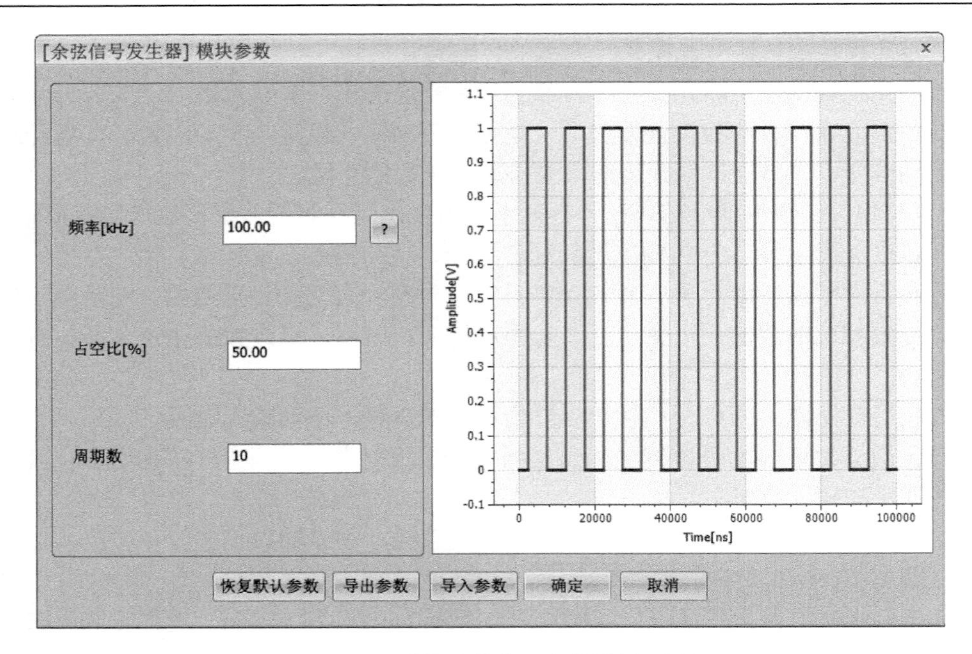

图 6-57　方波信号发生器参数设置对话框

6.3　仿真实例建模原则

6.3.1　元器件连接规则

SeeFiberLaser 中所有元器件图标的两侧均有预置的连接端口，但是端口之间的形状有所区别，分为菱形和三角形两种。在元器件按照默认方向放置时，端口分为如下三类。

(1) 三角形指向元器件内部，表示数据输入端口。

(2) 三角形指向元器件外部，表示数据输出端口。

(3) 菱形表示双向数据端口，数据可以输入和输出。

元器件端口连接规则(图 6-58)如下。

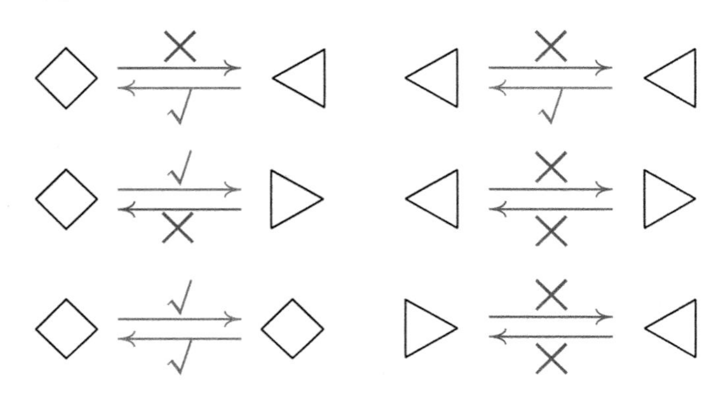

图 6-58　元器件端口连接规则

(1) 可以连接：菱形或三角形表示的方向相同，沿着数据流动方向可以连接。

(2) 禁止连接：菱形或三角形表示的方向相反，与数据流动反向不可连接。

6.3.2　系统参数选择的若干原则

通常在搭建系统的过程中，器件参数的选择是任意的，并无过多限制。然而为了与现实中仿真系统相符并保证计算结果的准确性，通常在搭建系统中建议遵循以下原则。

1. 关于增益光纤长度的设置

在软件中，增益光纤的类型为掺镱双包层光纤。对于增益光纤，若过长则会导致信号光发生较强背景损耗、容易激发出非线性效应；若过短则会导致泵浦光吸收不完全，残余泵浦光功率过高。因此，根据掺杂光纤对泵浦光波长的吸收系数，选择的光纤长度使掺杂光纤对泵浦光的总吸收在 15～25dB 比较合适。另外，由于模型中只考虑了一阶拉曼，当 SRS 效应非常严重时，计算结果可能存在偏差。

2. 关于仿真步长的设置

通常收敛精度这一项需要在计算速度和计算精度之间取得平衡。若步长设置过大，则容易导致计算结果不收敛，或者产生错误计算结果；若步长设置过小，则纵向分块过多，容易导致计算速度过慢。此处建议取步长使得掺杂光纤的总分块数为 500～1000 块。

3. 关于信号光起始与结束波长的设置

信号光起始和结束波长是指软件计算和输出的波长范围，它影响了软件计算速度，范围越宽，计算时间越长。如果搭建的激光系统 ASE 较弱，可以将信号光起始波长适当增大；如果 SRS 较弱，可以将信号光结束波长适当减小。当计算光谱范围较大时，也可以通过增加信号光波长间隔来提高计算速度。在含有种子源的情况下，信号光的起始与结束波长在种子源内设置。

通过元器件连接，可以搭建不同类型的激光器，但是不同激光器的拓扑结构不同，对于有的拓扑结构，软件可能不能判断，导致无法计算或者计算结果错误。

6.4　仿真结果存储与查看

6.4.1　仿真结果存储

1. 手动数据存储

在计算结束并显示结果后，可以手动存储数据，如图 6-59 所示。单击图中保存按钮，可以分别存储图片和 MATLAB 中 mat 格式的数据。

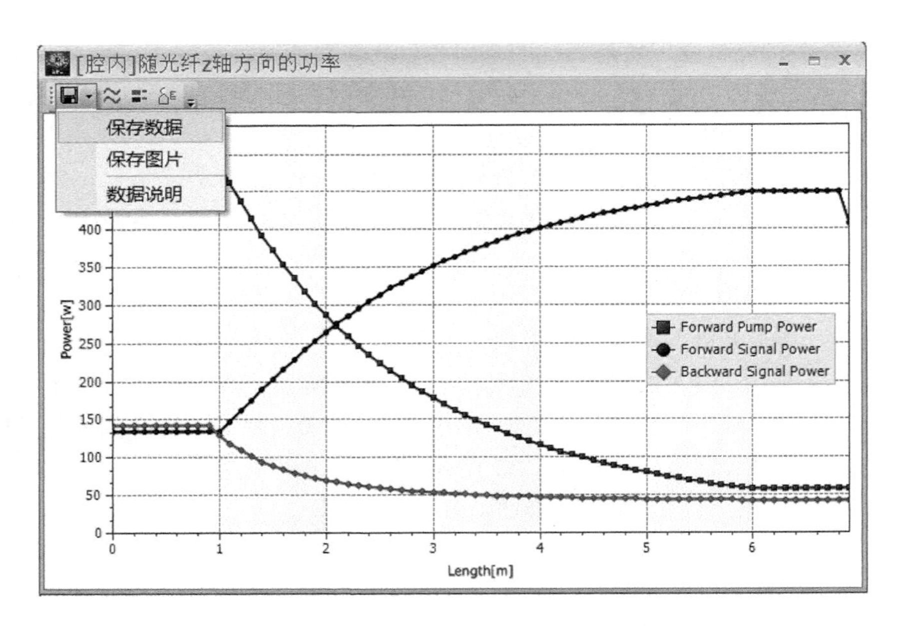

图 6-59　仿真结果数据存储

例如，选择“保存数据”选项，可以弹出如图 6-60 所示的数据存储对话框，输入数据文件名称，单击“保存”按钮即可。

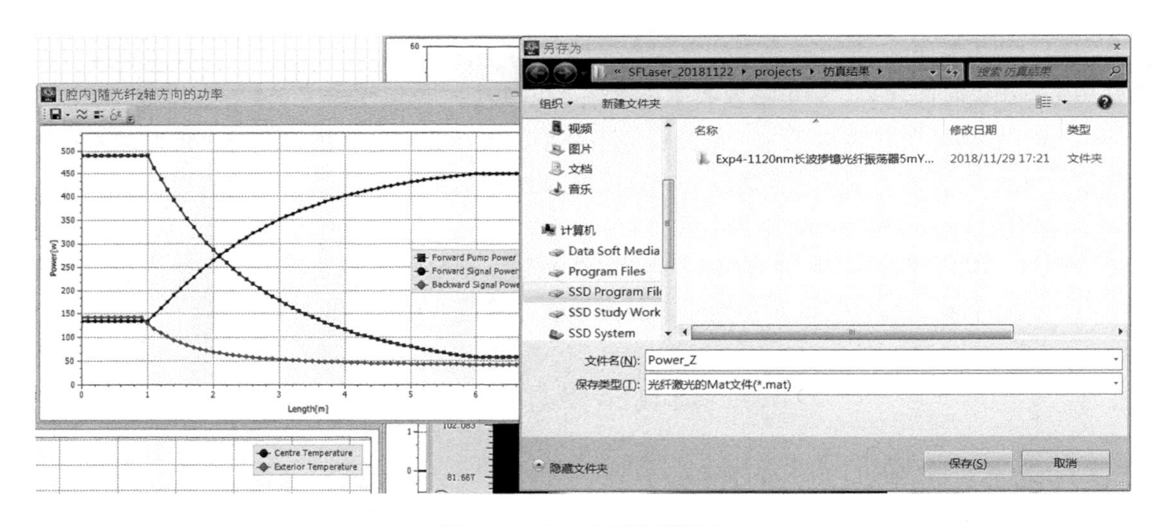

图 6-60　仿真结果数据保存

类似地，可以保存仿真的图片为 bmp 格式，如图 6-61 所示。

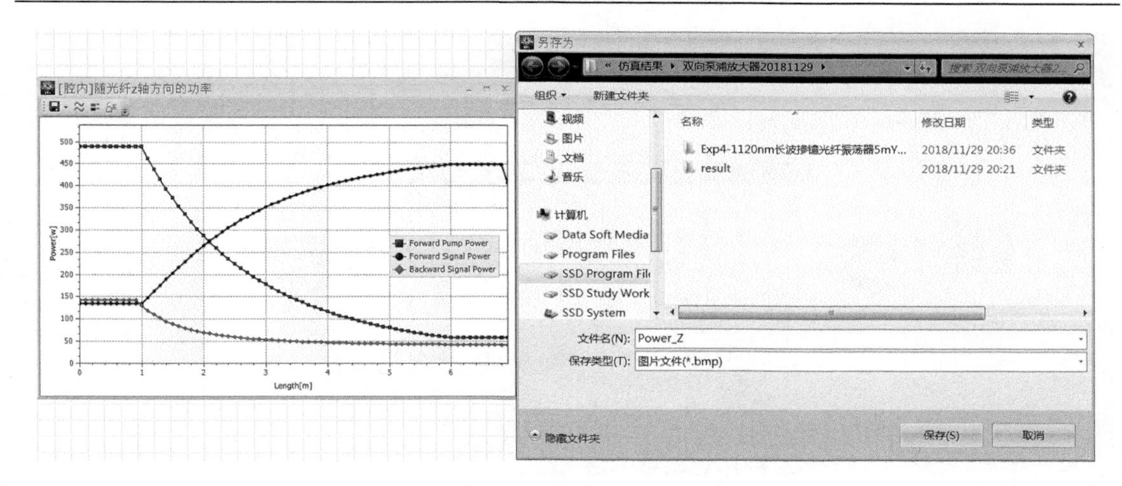

图 6-61　仿真结果图片保存

2. 全部数据自动存储

在专业版软件中，可以将数据全部存储为 SeeFiberLaser 指定格式，便于后续查看。如图 6-62 所示，仿真结束后，依次选择“仿真管理”→“结果另存为”选项，弹出如图 6-63 所示的对话框，输入文件名称即可存储全部数据。

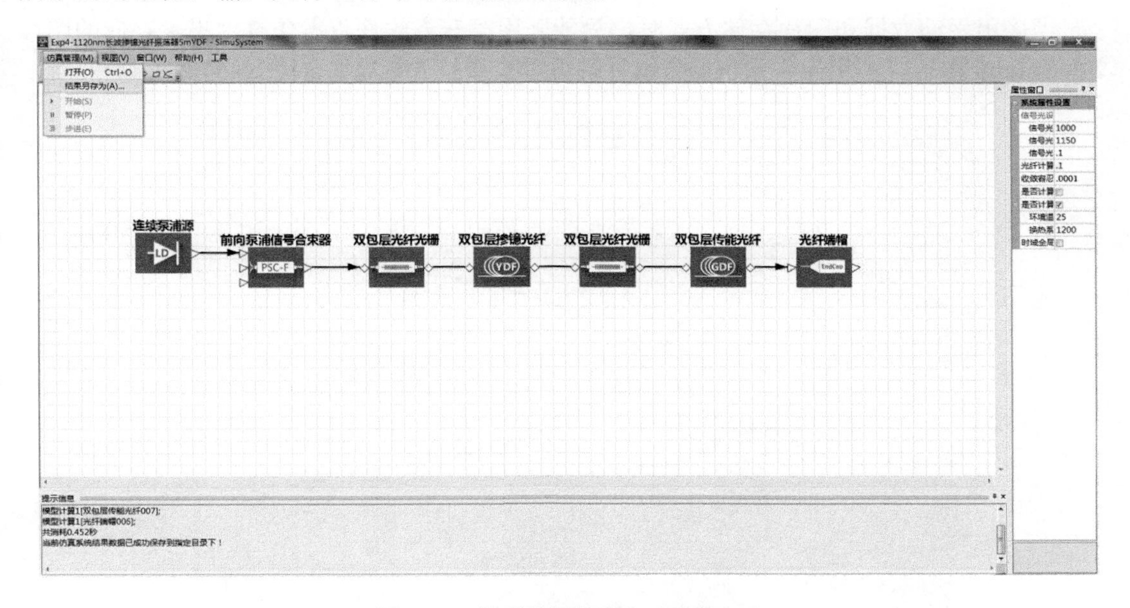

图 6-62　仿真结果数据自动存储(一)

6.4.2　仿真结果查看

仿真结果查看有两种方式：一是利用第三方软件查看；二是利用 SeeFiberLaser 查看。

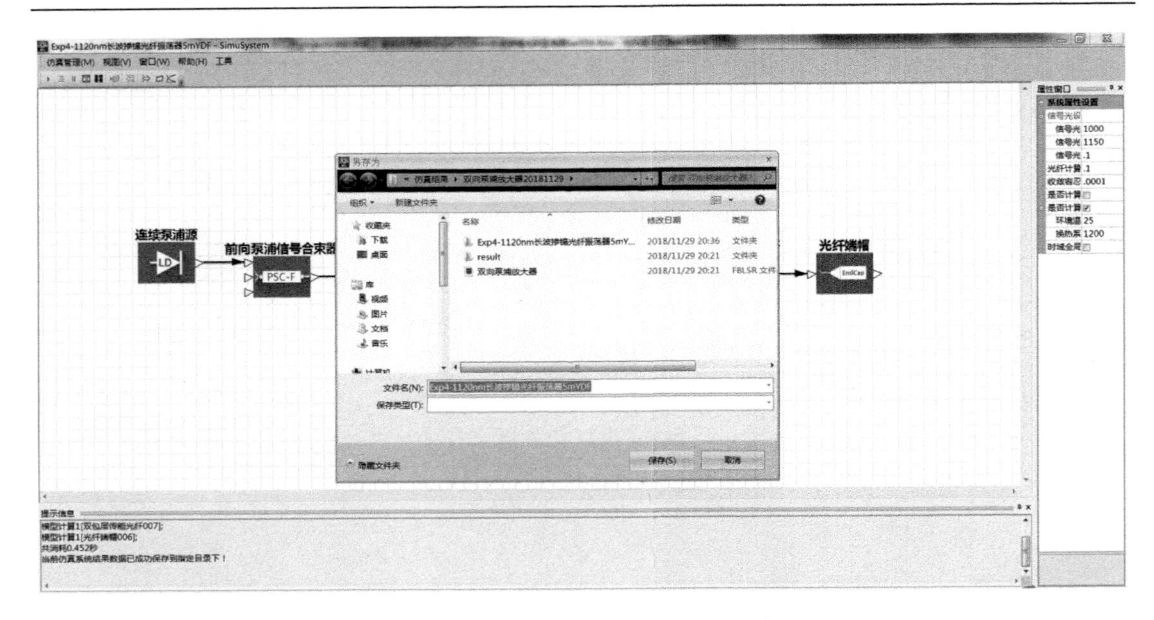

图 6-63　仿真结果数据自动存储(二)

1. 利用第三方软件查看数据

当采用手动数据和图片存储方式时，只能采用第三方软件查看仿真结果。存储的图片文件为 bmp 格式，利用操作系统自带软件等可以直接打开查看，如图 6-64 所示。

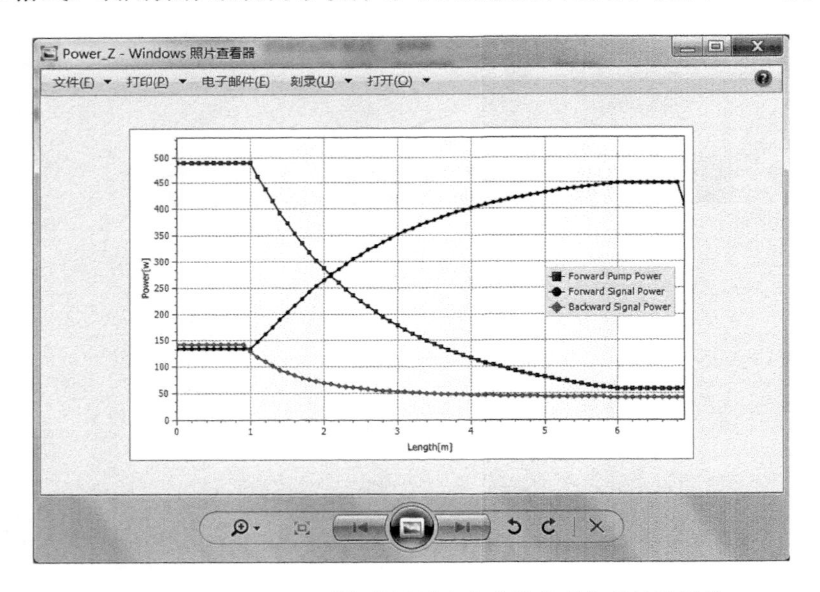

图 6-64　Windows 7 系统利用照片查看器查看仿真结果图片

存储的数据文件为 mat 格式，需要利用 MATLAB 打开，如图 6-65 所示，将数据拖到 MATLAB 工作区即可打开仿真数据。

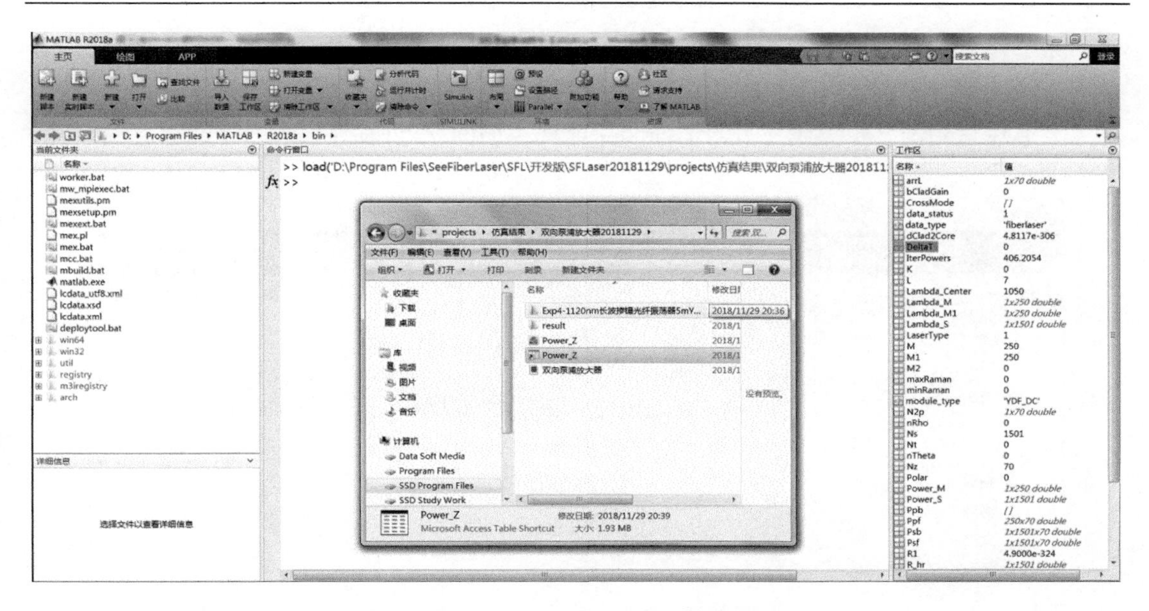

图 6-65　利用 MATLAB 查看仿真结果数据

2. 利用 SeeFiberLaser 打开并查看结果

专业版 SeeFiberLaser 提供了对之前存储结果打开的功能，通过该功能，可以查看仿真结果的全部数据，还可以对数据进行二次手动存储等操作。在专业版 SeeFiberLaser 中有两种打开仿真结果的方式。

第一种方法是在编辑界面打开之前的仿真结果，选择“打开系统”选项，如图 6-66 所示。如图 6-67 所示，打开浏览文件夹，选择之前存储的仿真结果，即可在仿真结果界面显示相关仿真实例。

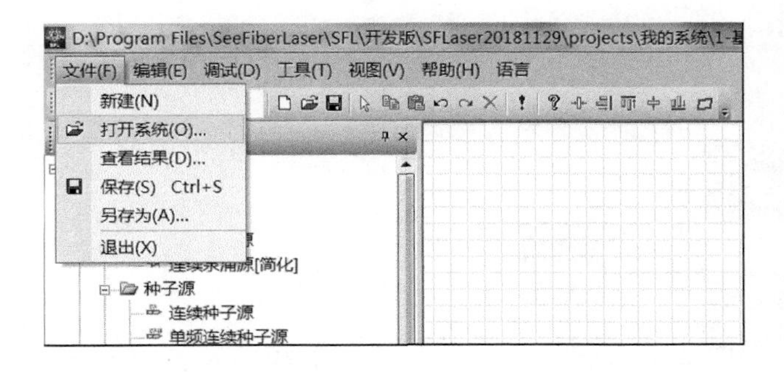

图 6-66　在编辑界面打开仿真结果(一)

第二种方法是在仿真结果界面依次选择“仿真管理”“打开”选项，然后浏览文件夹，选择之前存储的仿真结果，单击“打开”按钮，如图 6-68 所示。

在上述两种方式打开仿真结果实例后，默认只显示实例的结构图，不会显示各个元器件相关的功率、光谱等结果，如图 6-69 所示。

若要显示相关结果，需要双击关注的元器件，如图 6-70 所示。

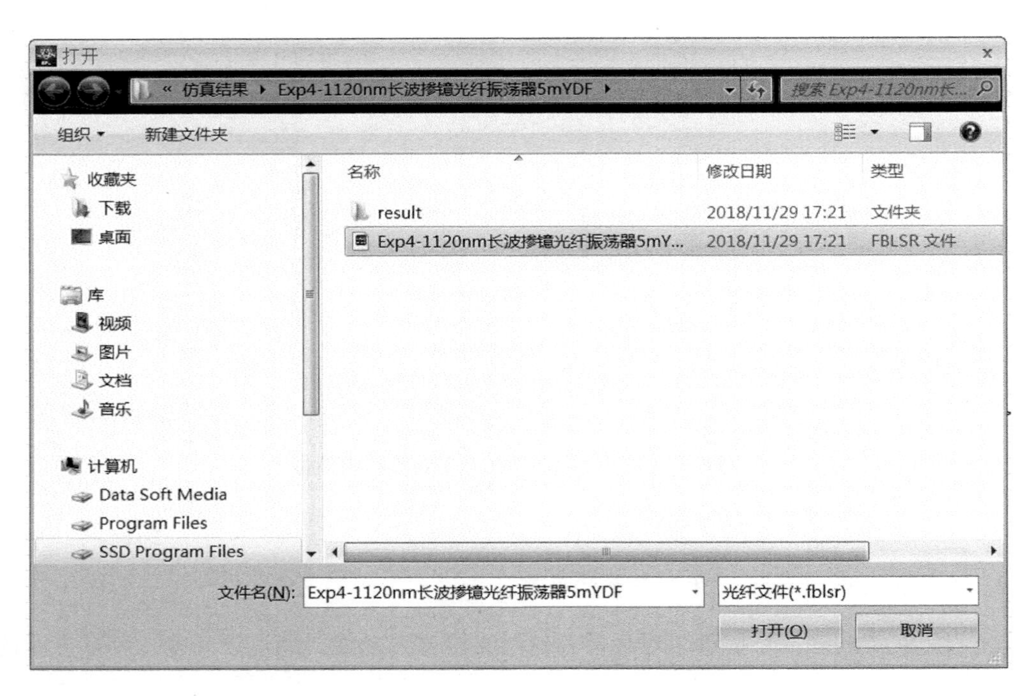

图 6-67　在编辑界面打开仿真结果(二)

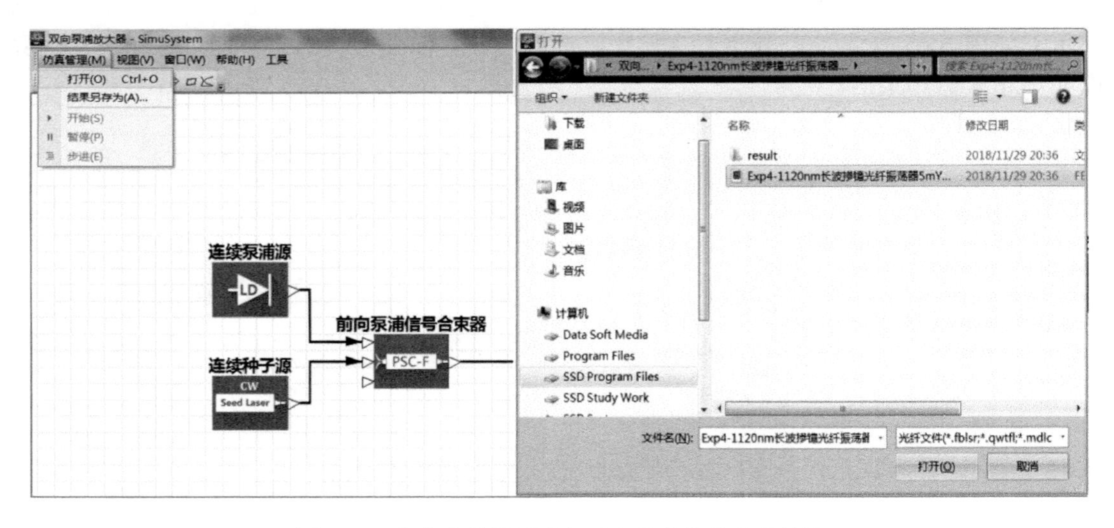

图 6-68　在仿真结果界面打开之前存储的仿真结果

图 6-69　打开之前存储的仿真结果后的界面

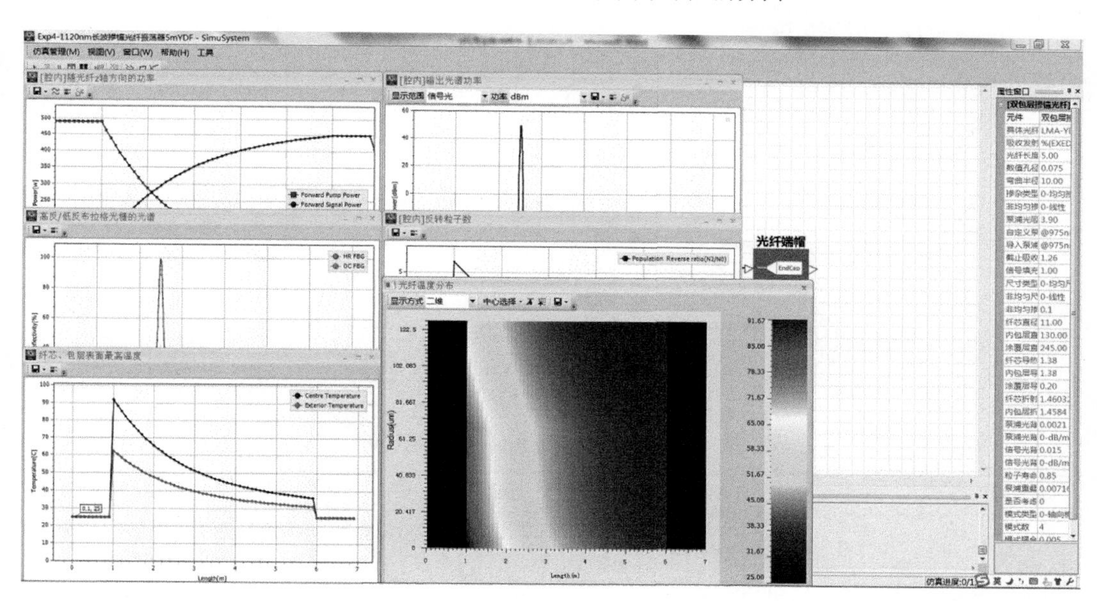

图 6-70　双击元器件显示之前存储的结果

6.5　仿真数据说明

6.5.1　功率数据及物理意义

在 SeeFiberLaser 运行显示结果图中保存数据后存储的是光纤输出类的所有数据，该类中包含信号光和泵浦光的功率、波长等多种数据。用户若想在其他软件中重新绘图，只需找到相应变量(变量名存储规范以网站公布的最新专业版说明中所列变量名称为准)，再导入相应软件后绘制图形即可。下面以仿真中光纤输出数据存储为 mat 文件作为例子进行解释。

以仿真案例中前向泵浦振荡器的掺镱光纤运行后保存数据结果为例，如图 6-71 所示。SeeFiberLaser 保存数据说明见表 6-4。

工作区

名称	值
arrL	1x200 double
CrossMode	[]
dClad2Core	0
DeltaT	0
IterPowers	804.3792
K	4
L	20
Lambda_Center	1075
Lambda_M	1x250 double
Lambda_M1	1x250 double
Lambda_S	1x1501 double
LaserType	1
M	250
M1	250
M2	0
maxRaman	0
minRaman	0
module_type	'YDF_DC'
N2p	1x200 double
Ns	1501
Nt	0
Nz	200
Power_M	1x250 double
Power_S	1x1501 double
Ppb	[]
Ppf	250x200 double
Psb	4x1501x200 d...
Psf	4x1501x200 d...
R1	0
R_hr	4x1501 double
R_oc	4x1501 double
T	[]
T3bYAxis	0
Theta	0
TNumber	0
V	3.9894
vecTimePower	[]

图 6-71　导入 MATLAB 工作区变量

表 6-4　SeeFiberLaser 保存数据说明

变量名称	维度说明	数据类型	物理意义	备注
L	1×1	double	腔内光纤总长度，包括腔内的掺杂光纤长度和无源光纤长度	本案例中 L 为 20m，包括掺杂光纤长度 18m、两个光纤光栅各长 1m
Nz	1×1	int	腔内光纤长度划分数目	依据光纤长度 L 和界面系统属性设置中光纤计算步进值 dz 求得 Nz=L/dz，取整数
arrL	1×Nz	double	腔内光纤所有分段点的长度	
R_1	1×1	double	纤芯半径	单位为 μm
M	1×1	int	泵浦光波长数目	由种子光模块决定，泵浦波长数组个数
M_1	1×1	int	前向泵浦光波长数目	
M_2	1×1	int	后向泵浦光波长数目	
Lambda_M	1×M	double	泵浦光波长数组	所有的泵浦光波长

续表

变量名称	维度说明	数据类型	物理意义	备注
Power_M	1×*M*	double	泵浦光功率数组	与 Lambda_M 中所有波长对应的功率
Ns	1×1	double	信号光波长个数，对于放大器由种子光模块决定	对于振荡器由系统属性设置中信号光开始结束波长和波长间隔决定
Lambda_S	1×Ns	double	信号光波长数组，对于放大器由种子光决定，对于振荡器由系统属性设置中信号光开始结束波长和波长间隔决定	所有的信号光波长
Power_S	1×Ns	double	信号光功率数组	与 Lambda_S 中所有波长对应的功率
Lambda_Center	1×1	double	信号光中心波长，对于振荡器由光栅中心波长决定，对于放大器由种子源中心波长决定	单位为 nm，可用于计算拉曼中心波长
RamanSpectrum	1×Ns	double	对于不同信号光的拉曼增益系数	单位为 m/W
K	1×1	int	掺杂光纤中传输光的模式个数	
Psf	*K*×Ns×Nz 或 Ns×Nz	double	正(前)向信号光功率，代表光纤上不同的模式、波长、位置下对应的功率	*K*、Ns、Nz 为模式数、信号光波长数、光纤分段数，当模式数 *K* 为 0 时，Psf 为二维数组，维度为 Ns×Nz
Psb	*K*×Ns×Nz 或 Ns×Nz	double	反(后)向信号光功率	*K*、Ns、Nz 为模式数、信号光波长数、光纤分段数，当模式数 *K* 为 0 时，Psf 为二维数组，维度为 Ns×Nz
Ppf	M_1×Nz	double	正向泵浦光功率，代表不同的泵浦光波长在不同光纤位置上的功率	M_1、Nz 代表前向泵浦波长个数和光纤分段数
Ppb	M_2×Nz	double	反向泵浦光功率	单位为 W
R_hr	*K*×Ns(考虑模式) 1×Ns(不考虑模式)	double	考虑模式时，代表不同模式、不同信号光波长对应的高反光栅反射率； 不考虑模式时，代表不同信号光波长对应的高反光栅反射率	对放大器系统 R_hr 为空，对振荡器系统 R_hr 为高反光栅各波长的反射率
R_oc		double	考虑模式时，代表不同模式、不同信号光波长对应的低反光栅反射率； 不考虑模式时，代表不同信号光波长对应的低反光栅反射率	对放大器系统 R_oc 为空，对振荡器系统 R_oc 为低反光栅各波长的反射率
N2p	1×Nz	double	腔内不同光纤长度处的反转粒子数，以小数表示	若 N2p 中某长度处反转粒子数为 0.017，则绘制腔内粒子数图时，对应值为 1.7%
maxRaman	1×1	int	在所有信号光中拉曼光结束序数	不考虑拉曼增益时，为 0
minRaman	1×1	int	在所有信号光中拉曼光起始序数	用于计算拉曼功率，不考虑拉曼增益时，为 0

续表

变量名称	维度说明	数据类型	物理意义	备注
T	Nz×(Nr1+Nr2+Nr3)(考虑温度) 空(不考虑温度)		不同光纤长度、不同径向位置处的温度	Nr1、Nr2、Nr3 分别代表纤芯、内包层和外包层半径沿径向的分段数，利用 T 可画出光纤(包括纤芯和内外包层)温度分布
Tcore	1×Nz	double	光纤不同长度的纤芯最高温度	单位为℃
T3b	1×Nz	double	光纤不同长度的包层最高温度	单位为℃
T3bYAxis	1×1	double	外包层半径，也就是温度分布对应的 Y 轴的最大刻度	单位为 m
Nt	1×1	int	时间轴上的网格点个数	对于连续激光器数值为 0。调 Q 激光器中为时间采样点和功率采样点个数
cordT	1×Nt	double	时间点向量	时间窗内取得各个时间点的数值形成的向量，单位为 s
PulseForOut	1×Nt	double	不同时间下前向脉冲功率向量	单位为 W
PulseBackOut	1× Nt	double	不同时间下后向脉冲功率向量	单位为 W
SpectrumForOut	1×Ns	double	归一化后的前向光功率数组	单位为 W
SpectrumBackOut	1×Ns	double	归一化后的后向光功率数组	单位为 W
tao0	1×Nt	double	SBS 时域图的时间向量	单位为 s
Ps01_0	1×Nt	double	不同时间下掺杂光纤 z=0 处注入信号功率	单位为 W
Ps01_L	1×Nt	double	不同时间下输出信号功率	单位为 W
Pp_fL	1×Nt	double	不同时间下输出泵浦功率	单位为 W
PB01_0	1×Nt	double	不同时间下 SBS 产生的斯托克斯功率输出	单位为 W
PRb01_0	1×Nt	double	不同时间下 SRS 产生的后向斯托克斯功率在掺杂光纤 z=0 处输出	单位为 W
PRf01_L	1×Nt	double	不同时间下 SRS 产生的前向斯托克斯功率在掺杂光纤 z=L 处输出	单位为 W
Polar	1×1	Bool	是否考虑偏振	0 表示未考虑，1 表示考虑
Theta	1×1	double	方位角	单位为°
Sigma	1×1	double	椭率角	单位为°
nRho	1×1	int	径向网格数	
nTheta	1×1	int	角度网格数	
bCladGain	1×1	Bool	是否计算内包层增益	
dClad2Core	1×1	double	包层纤芯计算比例	
CrossMode	nTheta×nRho	double* double	横向模式在不同位置处的模场幅度值	

6.5.2 部分变量含义说明

1. *功率数据参数*

对于连续光纤激光器的前向泵浦振荡器模型，绘制随光纤 z 轴的功率分布，如图 6-72 所示。

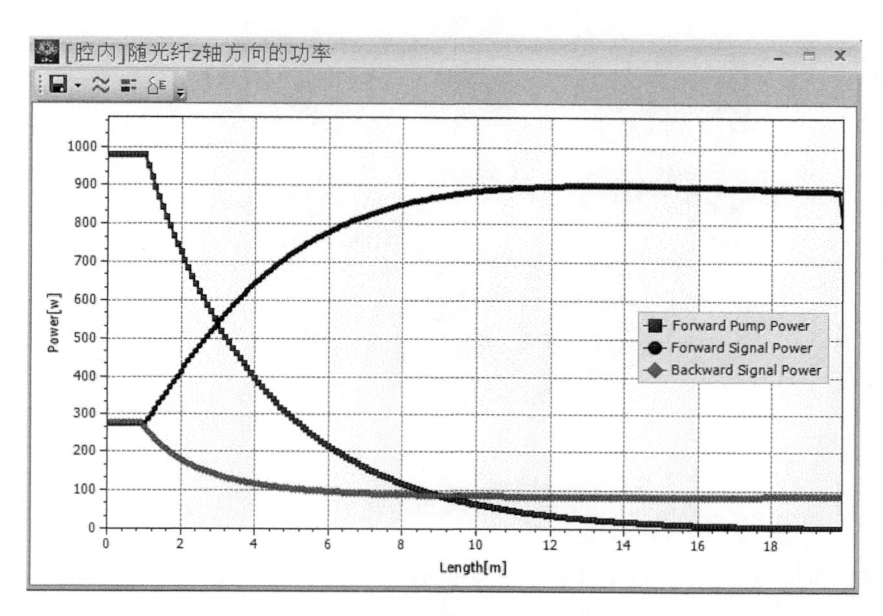

图 6-72　腔内随光纤 z 轴的功率分布

其中，Forward Pump Power 即前向泵浦功率，得到所有波长前向泵浦光总功率沿光纤 z 轴分布；Forward Signal Power 即前向信号功率，得到所有波长前向信号光总功率沿光纤 z 轴分布；Backward Signal Power 即后向信号功率，得到所有波长后向信号光总功率沿光纤 z 轴分布。

2. *模式数据参数*

运行考虑横向模式的连续光纤激光器系统，双击掺杂光纤图标，得到输出光束类型图形，如图 6-73 所示，可以选择“保存显示数据”和“保存原始数据”选项，保存原始数据即保存所有的输出数据，而保存显示数据保存的是 CrossMode，即横向模式在不同位置处的模场幅度值。由纤芯半径乘以包层纤芯计算比例决定输出光束类型图形的横纵坐标最大尺度(图 6-73 中的纤芯半径和包层纤芯计算比例分别为 10μm 和 2，所以最大尺寸为 10μm×2=20μm)。

3. *温度数据参数*

不考虑温度时，T、T3bYAxis 变量取值没有任何意义，而 Tcore、T3b 变量不在保存的数据中显示。

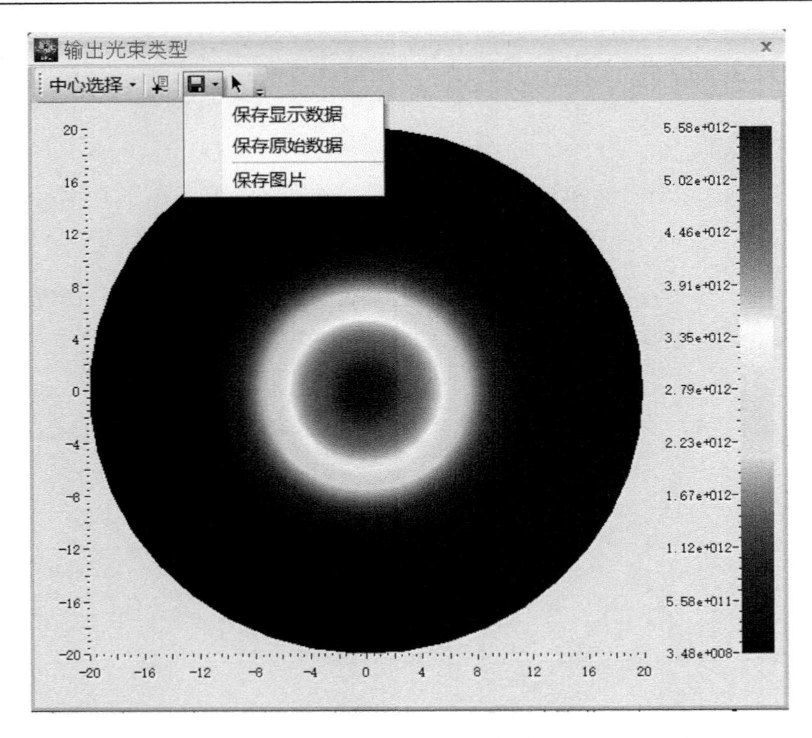

图 6-73　输出光束类型

考虑温度时，T 代表不同光纤长度、不同径向位置处的温度，T3bYAxis 代表外包层半径，Tcore、T3b 代表光纤不同长度处纤芯、包层最高温度，以 arrL 为横坐标，Tcore、T3b 为纵坐标绘制纤芯、包层(表面)最高温度图，如图 6-74 所示。

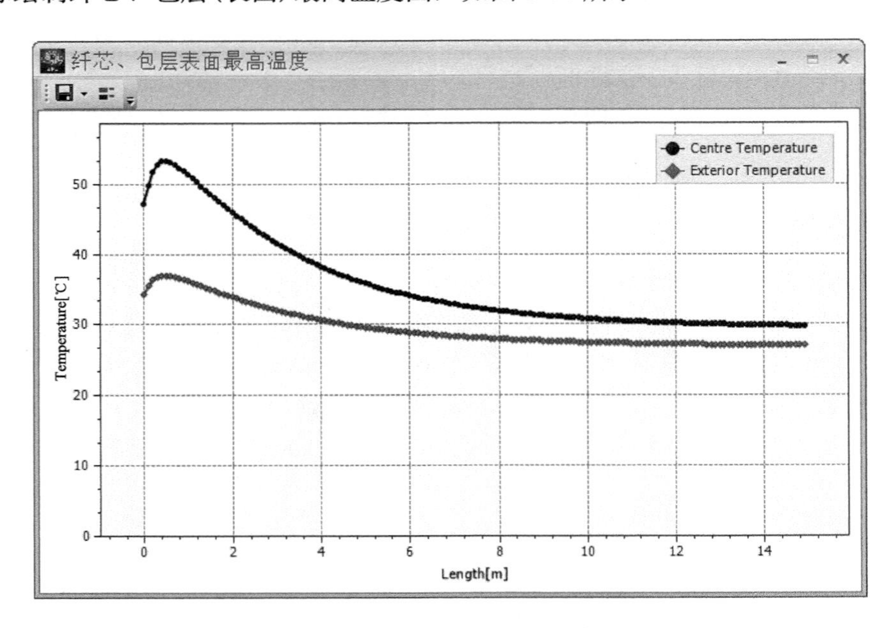

图 6-74　纤芯、包层最高温度图

4. 单频激光时域数据参数

对于考虑受激布里渊散射连续激光器模型，只考虑单横模情况，即不考虑增益的横向局部特性，以 tao0 为横坐标(实际上，式 tao0×1e9 将单位由 s 转换为 ns)，Ps01_L、Pp_fL、PB01_1 为纵坐标绘制含 SBS 的单频放大器的时间功率图，如图 6-75 所示。

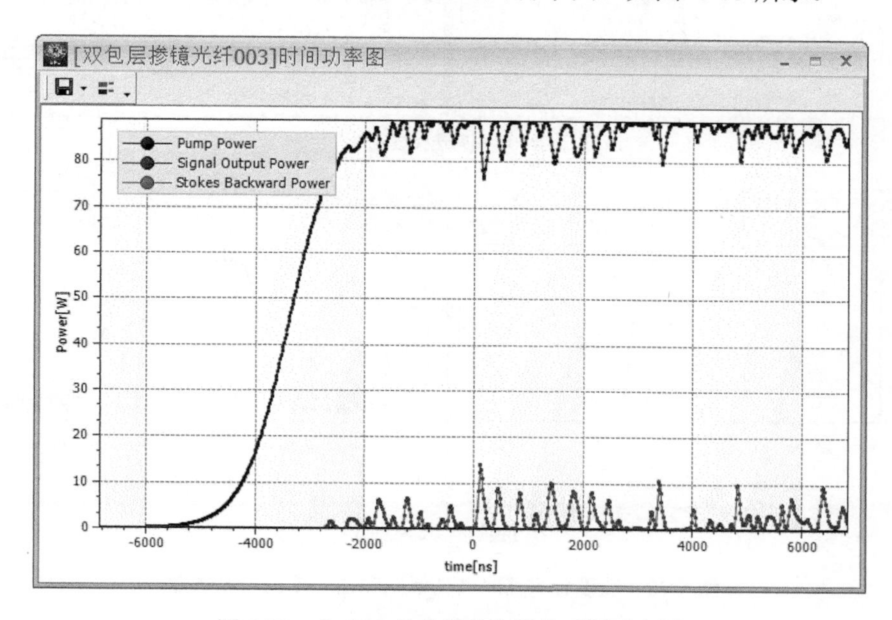

图 6-75　含 SBS 的单频放大器的时间功率图

5. 锁模脉冲激光光谱数据参数

对于锁模光纤激光器，运行后得到的时间功率图是变化的，图 6-76 中三个子图由选取时间功率图某三个时刻得到。其中，图 6-76(c)表示已经实现锁模的时间功率图。利用 cordT、PulseOut 可以绘制模式锁定后的时间功率图，如图 6-77 所示；利用 Lambda_S 和 SpectrumForOut 绘制归一化输出光谱图，如图 6-78 所示。

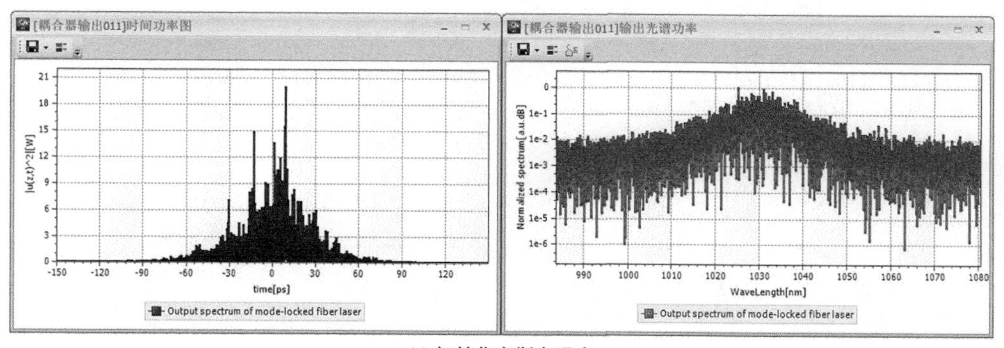

(a) 初始化高斯白噪声

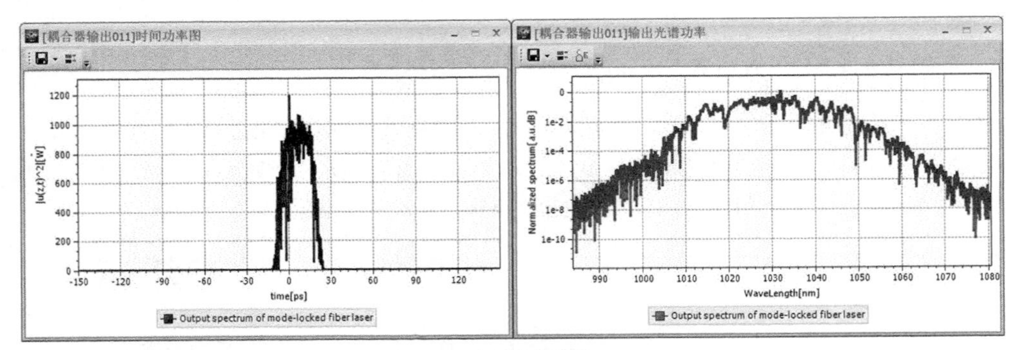

(b) 中间迭代过程

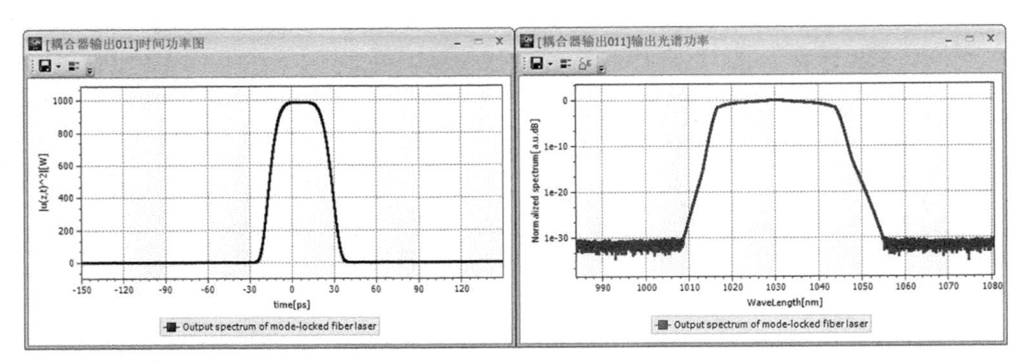

(c) 锁模成功迭代完成

图 6-76　锁模激光器时间功率图和归一化输出光谱图

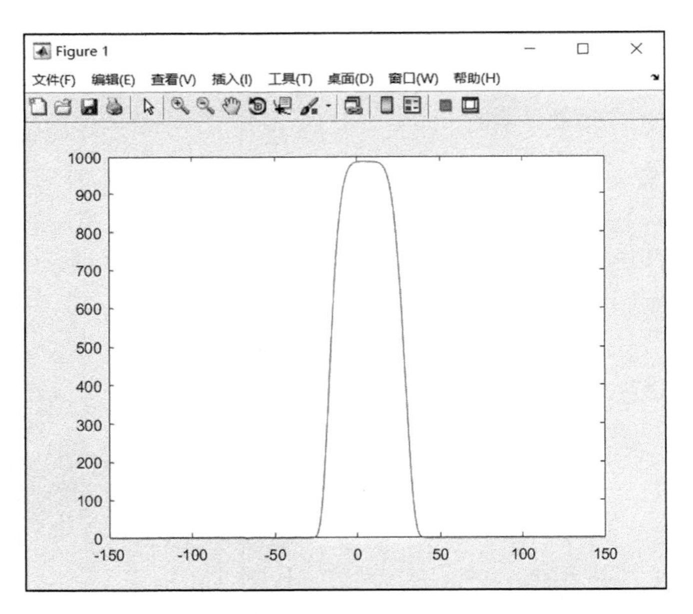

图 6-77　MATLAB 中绘制锁模激光器时间功率图

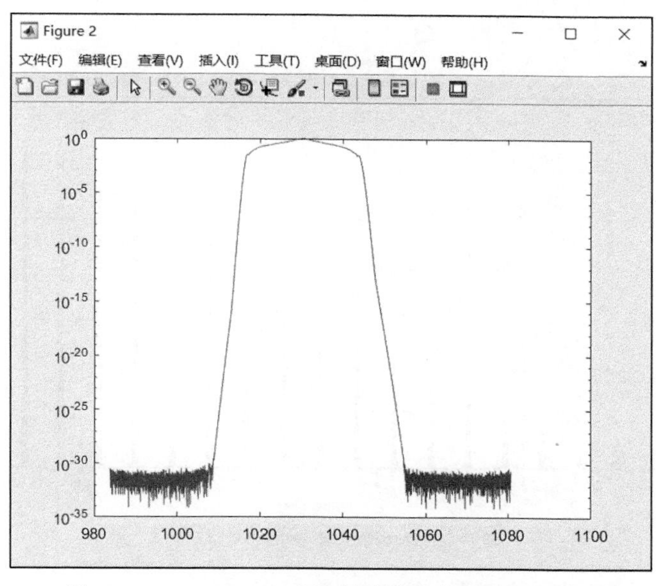

图 6-78　MATLAB 中绘制锁模激光器输出光谱图

6. 脉冲激光时域参数

对于连续光，Nt 为 0，所以 cordT、PulseForOut、PulseBackOut 不在保存的数据中显示；对于调Q振荡器和脉冲放大器，Nt不为0，所以以cordT为横坐标，PulseForOut、PulseBackOut为纵坐标可以绘制调 Q 振荡器单波长信号源案例的时间功率图(前后向信号光功率随时间变化图)，如图 6-79 所示，以 cordT 为横坐标，PulseForOut、PulseBackOut 为纵坐标也可以绘制调 Q 脉冲放大器的时间功率图(前后向信号光功率随时间变化图)，如图 6-80 所示。

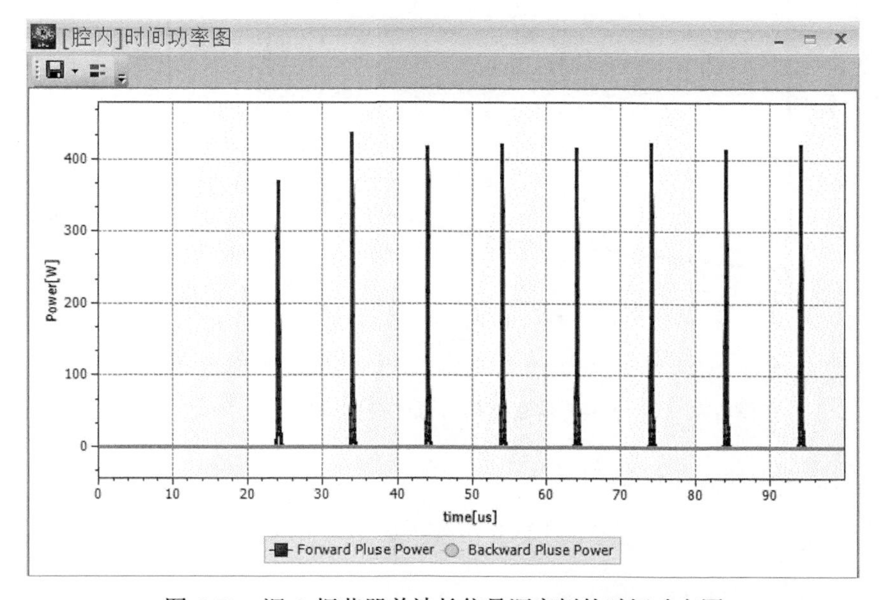

图 6-79　调 Q 振荡器单波长信号源案例的时间功率图

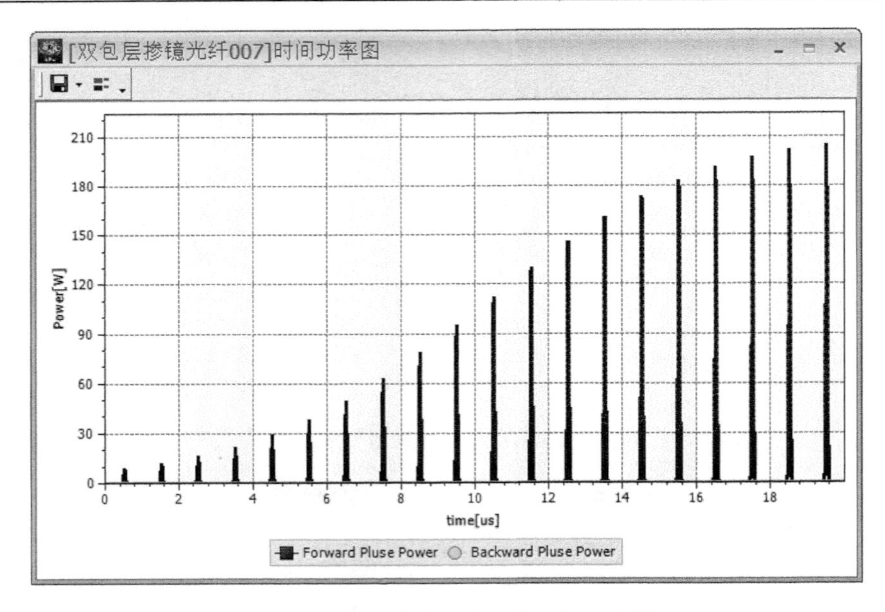

图 6-80 调 Q 脉冲放大器的时间功率图

以 Lambda_S 为横坐标，SpectrumForOut、SpectrumBackOut 为纵坐标绘制调 Q 振荡器宽谱信号源的腔内输出光谱功率图，如图 6-81 所示。

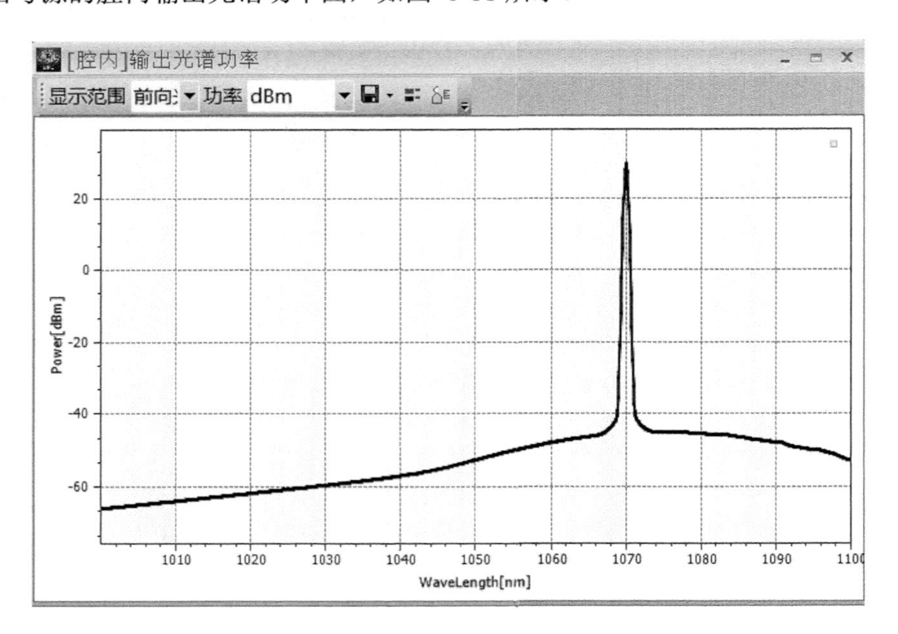

图 6-81 调 Q 振荡器宽谱信号源的腔内输出光谱功率图(一)

在 MATLAB 中输入下面语句：

```
plot(Lambda_S*1e9,10*log10(SpectrumForOut*1e3));
xlabel('波长(nm)');
ylabel('功率(dBm)');
```

将横坐标单位由 m 转换为 nm，纵坐标由 W 转换为 dBm，得到如图 6-82 所示的结果。

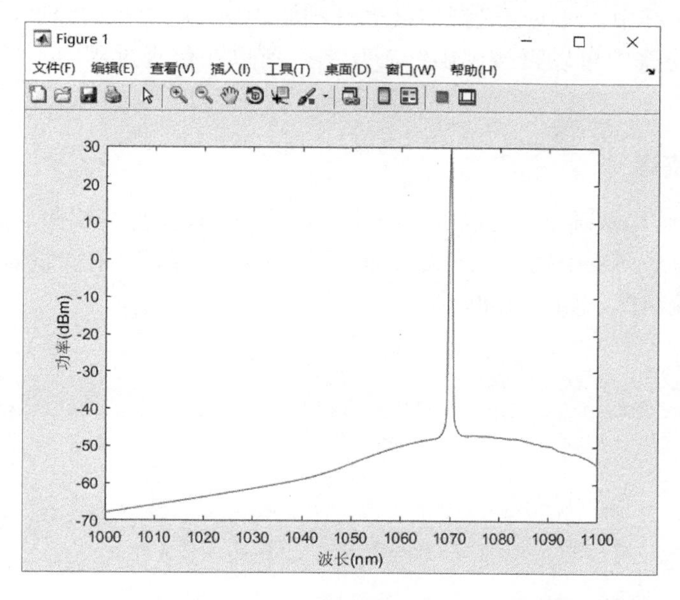

图 6-82　调 Q 振荡器宽谱信号源的腔内输出光谱功率图(二)

6.6　仿真实例搭建

以前向泵浦放大器为例，对系统搭建、仿真、结果处理进行示例性说明。

6.6.1　放大器基本结构

在介绍软件界面和内置基本元器件的基础上，本节将通过构建一个仿真实例的过程来简要说明 SeeFiberLaser 的使用方法。为了简单起见，本节将一步一步构建软件内置的前向泵浦放大器实例。

在构建系统之前，要明确需要仿真的系统结构图，采用简单的一级放大结构，可以得到如图 6-83 所示的结构示意图。

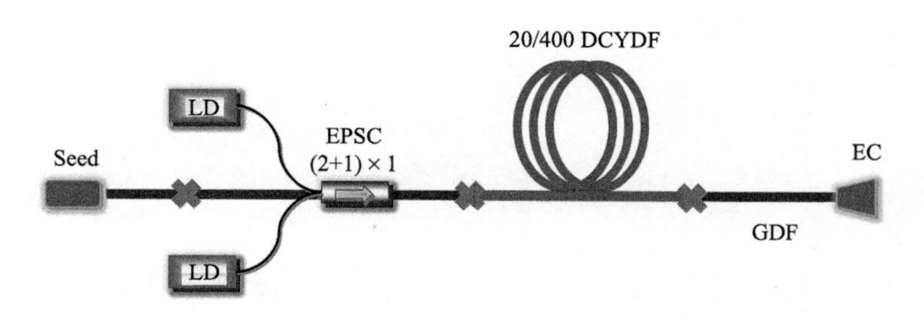

图 6-83　前向泵浦放大器实验结构图

如图 6-83 所示，种子光和泵浦光通过一个(2+1)×1 的前向泵浦信号合束器耦合到20/400 的双包层光纤中，双包层光纤后接光纤端帽输出。通常在实验过程中需要进行包层光滤除，但是在仿真中可以直接读出纤芯功率，所以在仿真过程中不考虑包层光滤除的问题。

6.6.2　仿真系统搭建

在图 6-83 的结构基础上，可以着手搭建仿真系统。首先打开软件，此时工作区域是空白的，在左侧的树形列表中找到“连续泵浦源”“连续种子源”“前向泵浦信号合束器”，并将其拖放至系统编辑区，如图 6-84 所示。

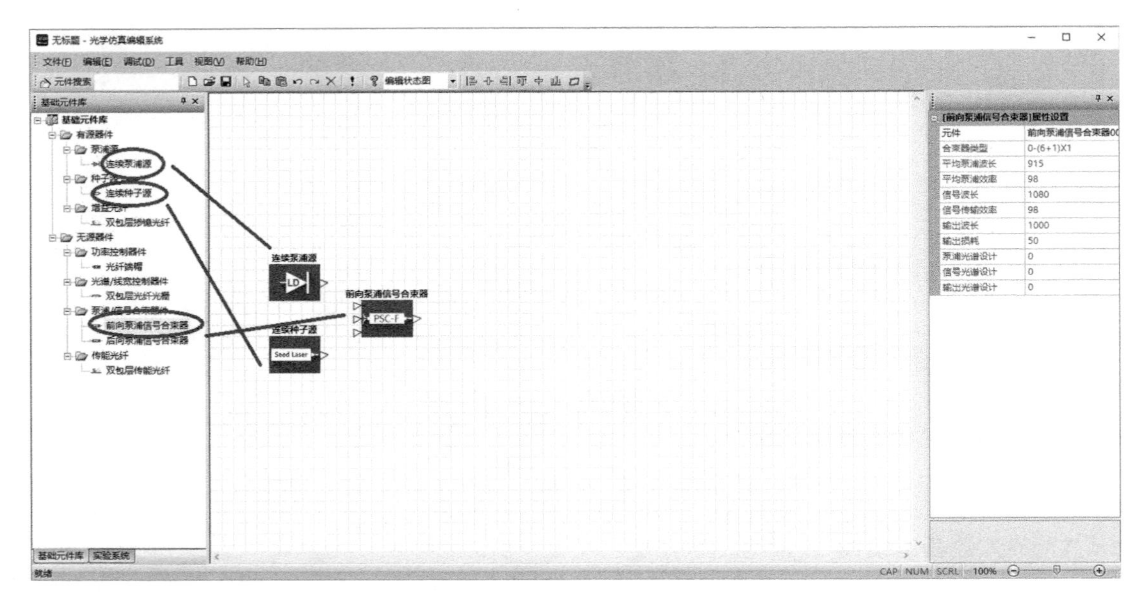

图 6-84　系统元器件拖放示意图

将元器件摆放好后便可以进行元器件之间的连接，元器件的连接需要采用拖曳的方法，在连出端口上按下鼠标左键不要放开，然后将光标拖动至连入端口后松开鼠标左键，若连接规则错误则连接失败，若连接规则正确则会弹出设置熔接点(连接点)参数对话框，如图 6-85 所示，表示连接成功。

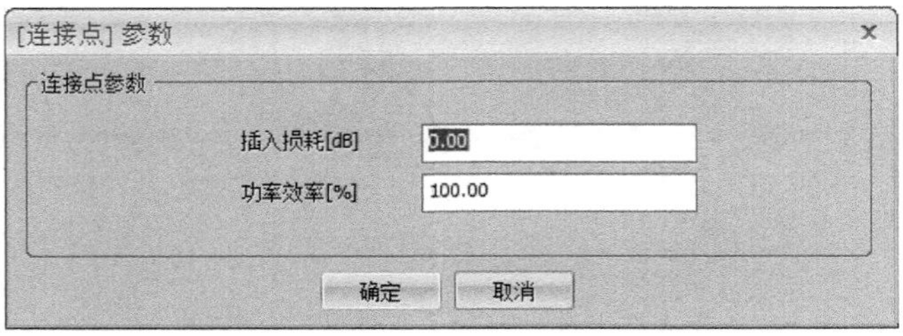

[连接点] 参数
连接点参数
插入损耗[dB]　0.00
功率效率[%]　100.00
确定　取消

图 6-85　连接点参数设置对话框

元器件连接成功效果如图 6-86 所示。

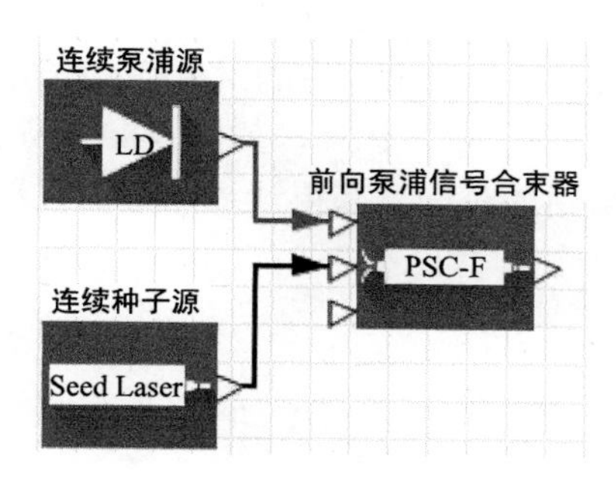

图 6-86　元器件连接成功示意图

根据图 6-83 中的结构，将所有元器件拖入并按照规则进行连接，最终效果如图 6-87 所示。

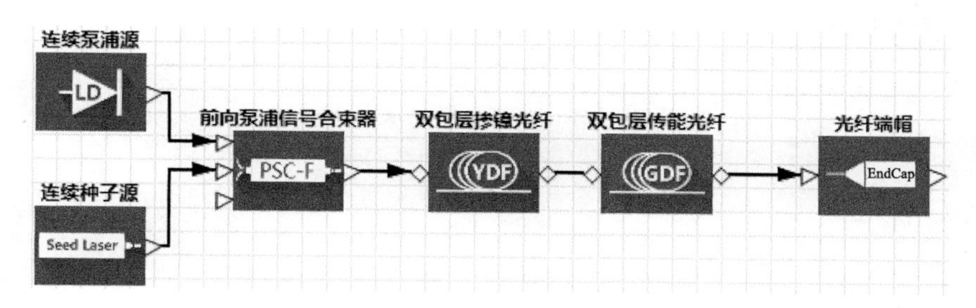

图 6-87　前向泵浦放大器元器件连接图

双击摆放好的元器件即可弹出参数设置对话框。本例使用种子源默认的光谱文件，注入功率设置为 10W；泵浦源采用软件自带的 975nm 泵源光谱，注入功率设置为 200W，光

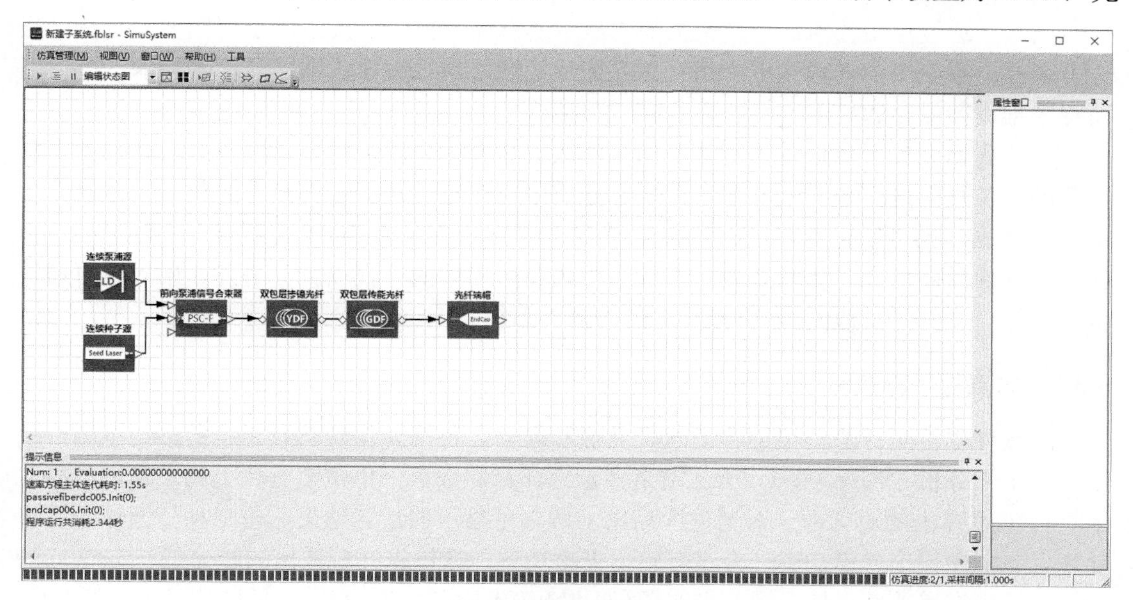

图 6-88　软件计算窗口

谱通道为 10；掺镱光纤使用 Nufern LMA-YDF-20/400-Ⅷ光纤，长度设置为 14m；传能光纤使用 Nufern LMA-GDF-20/400-M，长度设置为 2m；光纤端帽的反射率设置为 0%。其他参数不变。设置好所有的参数之后，单击工具栏的“执行”按钮(或者选择“调试”菜单中的“执行”选项)便会弹出计算窗口，执行计算，如图 6-88 所示。

计算完成后会提示计算所用的时间。获得计算结果的方法有两种。其一，通过双击元器件图标来获得与元器件相关的计算结果，如双击双包层掺镱光纤，则会弹出如图 6-89 所示结果。

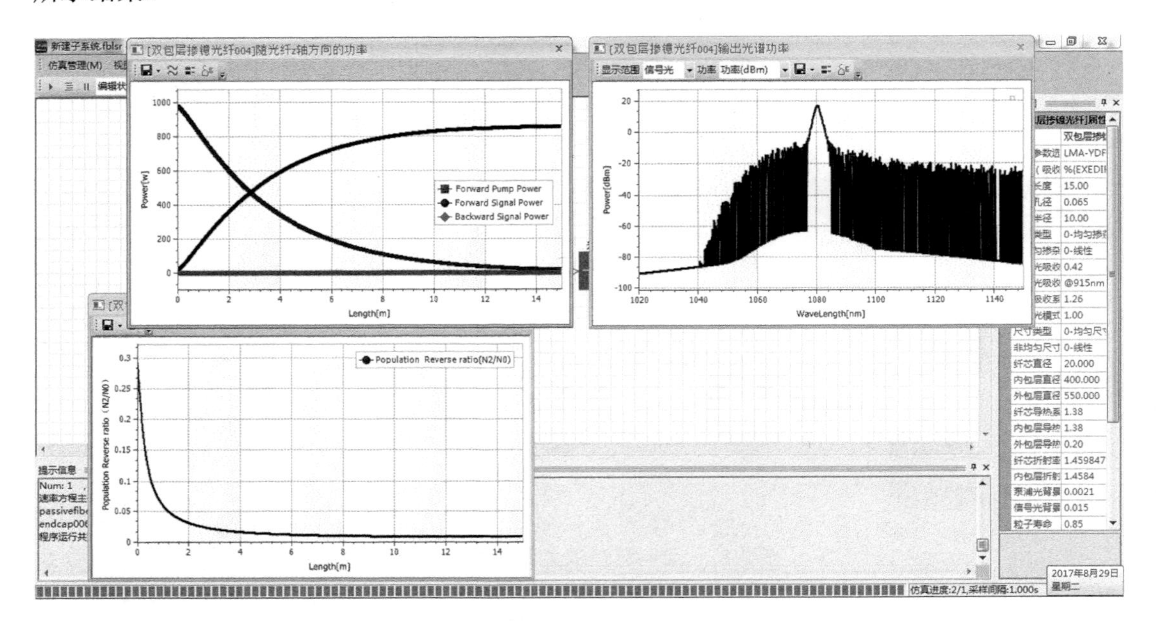

图 6-89　双击元器件图标显示计算结果示意图

其二，通过单击该窗口工具栏上的“显示所有显示窗口”按钮来对需要显示的结果进行选择。每一个图形对话框中都有保存图片、图片属性编辑、数据显示等功能，方便对所得数据进行保存和处理，具体见 6.6.3 节介绍。

至此我们完成了对自带示例“前向泵浦放大器”的复现，更多示例请打开软件主窗口左侧的“仿真系统”选项卡并参考，实际操作中可以直接基于已搭建好的仿真系统修改参数进行计算，也可以保存自己的仿真系统至“软件目录\projects\仿真系统”文件夹中，再次打开软件后即可在“仿真系统”选项卡中选择所搭建的工程项目。另外，用户也可通过依次执行“文件”“打开”命令打开之前的仿真系统。

6.6.3　数据显示与存储

本软件支持对计算结果进行显示、处理和存储。每个元器件都有相应的结果以图形输出，可用于分析。图 6-90 为 6.4.2 节搭建示例计算完成后，单击工具栏上的“输出结果显示”按钮弹出的对话框。对话框中列出了所有可显示的计算结果，包括种子源输出光谱功率、泵浦源输出光谱功率、合束器输出光谱功率、掺镱光纤后输出的随光纤 z 轴方向的功率、输出光谱功率、拉曼增益光谱图(如果计算考虑了拉曼增益)、反转粒子数、纤芯/包层表面最高温度、光纤温度分布。若后续还有其他元器件，也会显示其输出光谱和功率沿 z 轴方向的分布。在对话框中勾选相应选项，单击“确定”按钮后即可显示该结果。

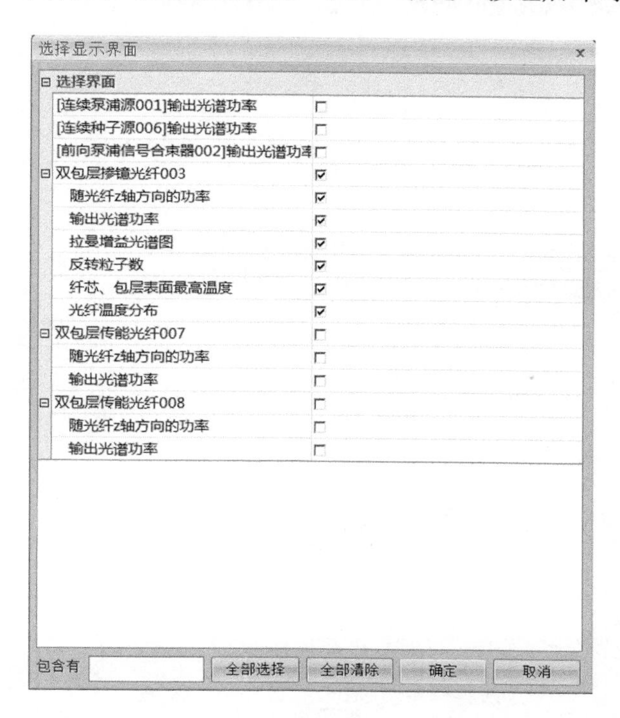

图 6-90　单击“输出结果显示”按钮弹出的对话框

用户可以对每个显示的图形进行编辑和存储。图 6-91 显示图形编辑工具栏，主要功能有保存、波长选择以及属性设置。用户可以将结果保存为图片格式或 MATLAB 数据格式。

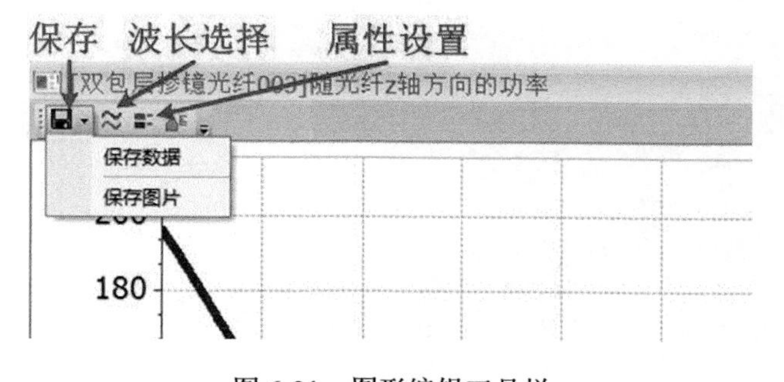

图 6-91　图形编辑工具栏

波长选择对话框如图 6-92 所示。可以在对话框中选择某一波长范围内的光作为信号光进行显示，并且可以添加多个波长范围的光一起显示。

属性设置对话框如图 6-93 所示。用户可以在对话框内对显示的曲线、坐标、图例等进行格式上的设置。

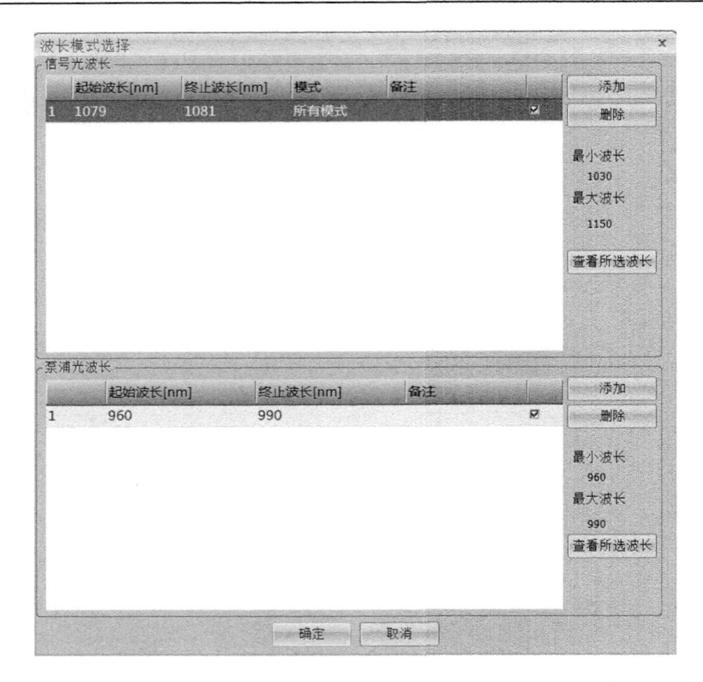

图 6-92　波长选择对话框

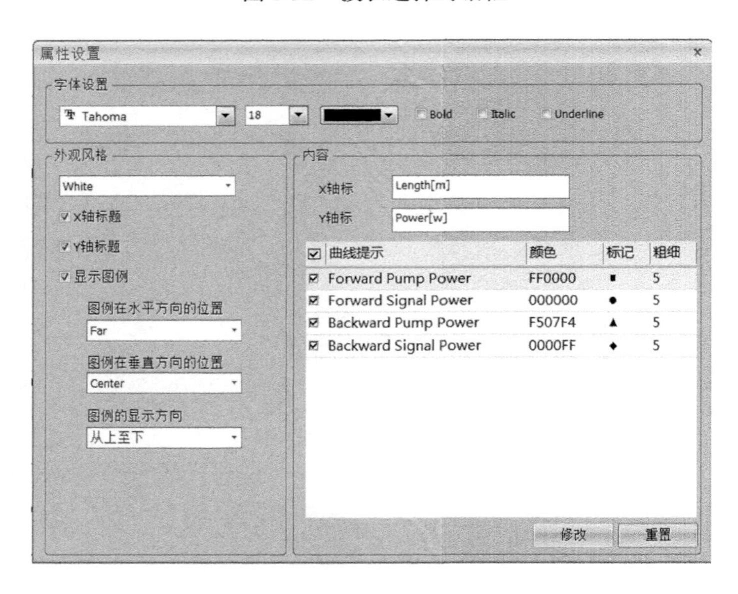

图 6-93　属性设置对话框

第 7 章　基于 SeeFiberLaser 的光纤激光器仿真与优化

第 1～5 章介绍了各类光纤激光器的理论模型与求解方法，本章针对前面各章的理论模型，基于 SeeFiberLaser 对典型的光纤激光器进行仿真和优化，相关结果和结论可以为光纤激光器的设计提供指导。

7.1　掺镱光纤激光振荡器仿真与优化

掺镱光纤激光振荡器(简称光纤振荡器)是当前工业领域应用较多的一类连续激光器，单模光纤振荡器可以直接用于材料切割，多个单模光纤振荡器通过功率合束得到更高功率的多模光纤振荡器，在激光切割、熔覆等领域得到了广泛应用。当前工业上常用的光纤振荡器的中心波长一般为 1070nm 或者 1080nm，高反射光纤光栅反射率约为 99%，低反射光纤光栅反射率约为 10%。这是经过多年理论和实践而得到的激光器设计参数。下面，我们将对工业常用的光纤振荡器主要参数进行仿真，根据仿真结果，可以对激光器进行优化设计。

在 SeeFiberLaser 中拖曳元器件、连接各个元器件、设置默认熔接点损耗为 0，最终搭建如图 7-1 所示的双端泵浦连续光纤振荡器。表 7-1 给出了该激光器仿真中的主要参数。为了对激光器进行优化，表 7-1 中的光纤光栅中心波长、低反射光纤光栅反射率、掺镱光纤长度、泵浦光中心波长等参数都是需要根据仿真进行优化的数值，其他参数则固定不变。

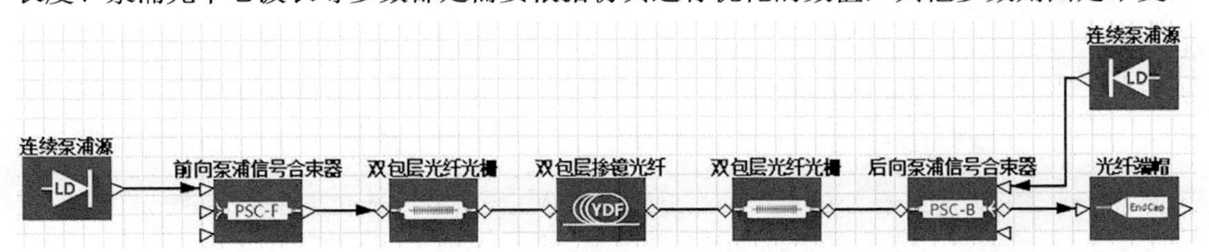

图 7-1　连续光纤振荡器 SeeFiberLaser 模型

表 7-1　光纤振荡器仿真主要参数设置

参数名称	参数值	参数名称	参数值
泵浦光谱形态	高斯	掺镱光纤型号	自定义 20/400
泵浦光中心波长	915～975nm	掺镱光纤长度	15～30m
泵浦光 3dB 宽度	3nm	掺镱光纤纤芯直径	20μm
前向泵浦功率	1000W	掺镱光纤内包层直径	400μm
后向泵浦功率	1000W	掺镱光纤吸收系数	1.26dB/m@975nm
高反射光纤光栅光谱形态	高斯	低反射光纤光栅光谱形态	高斯
高反射光纤光栅中心波长	1050～1090nm	低反射光纤光栅中心波长	1050～1090nm
高反射光纤光栅反射率	99%	低反射光纤光栅反射率	5%～30%
光纤端帽光纤长度	3m	其他器件尾纤长度	1m

续表

参数名称	参数值	参数名称	参数值
仿真中是否考虑拉曼	是	仿真中是否计算温度	是
延迟拉曼响应	0.18	拉曼噪声	1×10^{-12}W
拉曼系数	1.22×10^{-14}s	振动阻尼时间	3.2×10^{-14}s
非线性折射率系数	2.6×10^{-20}m^2/W		

根据光纤激光器的三要素(增益介质、谐振腔和泵浦源)，我们分别从掺镱光纤长度、光栅光纤对中心波长(简称中心波长)、低反射光纤光栅反射率、泵浦源中心波长(简称泵浦波长)等四个方面进行仿真和优化，以获得相应参数的最优值。

7.1.1　掺镱光纤长度对输出特性影响的仿真与优化

在激光器设计中，掺镱光纤长度是需要优化的对象。给定泵浦波长为 975nm，中心波长为 1080nm，低反射光纤光栅反射率为 10%。选择不同掺镱光纤长度(10m、15m、20m)，仿真不同掺镱光纤长度时激光器输出特性。

图 7-2 给出了激光器使用三种长度掺镱光纤时输出激光的光谱特性，光谱范围覆盖信号激光和拉曼光谱。结合输出功率，将三种情况下激光输出特性参数(SRS 抑制比(信号光峰值与 SRS 激发的拉曼斯托克斯光峰值之差)、残留泵浦功率以及输出功率)汇总如表 7-2 所示。

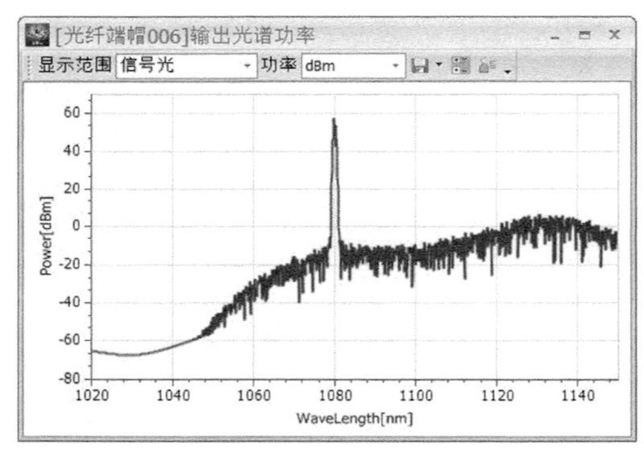

(a) 掺镱光纤长度为10m输出光谱

(b) 掺镱光纤长度为15m输出光谱

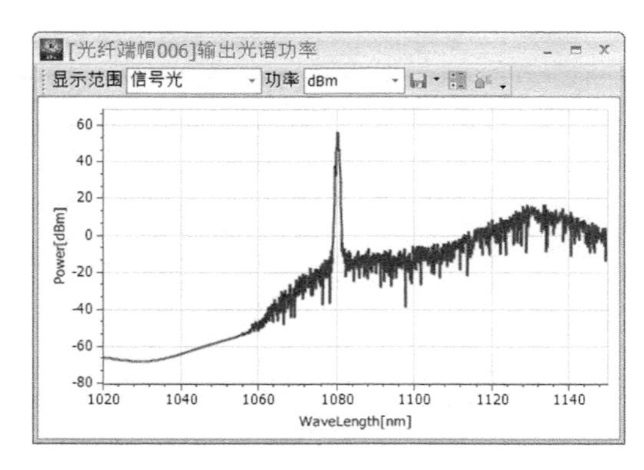

(c) 掺镱光纤长度为20m输出光谱

图 7-2　不同掺镱光纤长度时 1080nm 光纤振荡器输出光谱

根据表 7-2 可以看出，随着掺镱光纤长度增加，SRS 抑制比越来越小，残留泵浦功率也越来越小，但是输出功率先增加后减少。综合包层光滤除器的承受功率、激光器输出功率和 SRS 抑制效果，对于设定的参数，选择掺镱光纤长度为 15m 左右激光器的各项输出特性最佳。当然，读者还可以继续仿真，进一步细化和优化掺镱光纤长度。

表 7-2　不同掺镱光纤长度时光纤振荡器仿真输出参数

掺镱光纤长度/m	SRS 抑制比/dB	残留泵浦功率/W	输出功率/W
10	51.4	160	1512.8
15	43.3	46	1572.5
20	39.6	16	1572.2

7.1.2　中心波长对输出特性影响的仿真与优化

在光纤振荡器设计中，中心波长也是一个需要重点考虑的因素。本节在给定泵浦波长为 975nm，掺镱光纤长度为 15m，低反射光纤光栅反射率为 10%时，从 1050nm 到 1090nm 间隔 10nm 改变中心波长，仿真不同中心波长时激光器的输出特性。由于中心波长主要影响量子效率和 ASE 特性，仿真中首先给出了激光输出光谱，如图 7-3 所示。结果表明，随着中心波长增加，输出激光的 ASE 会逐渐减弱。

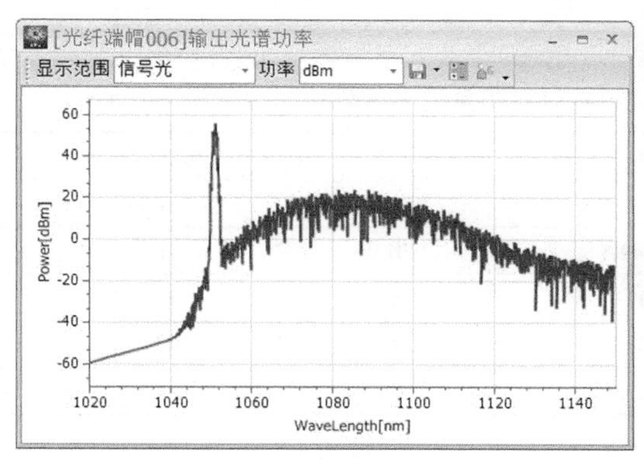

(a) 中心波长为1050nm时输出光谱

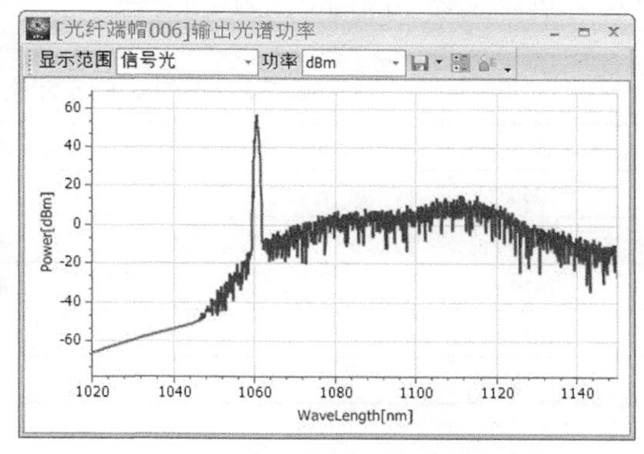

(b) 中心波长为1060nm时输出光谱

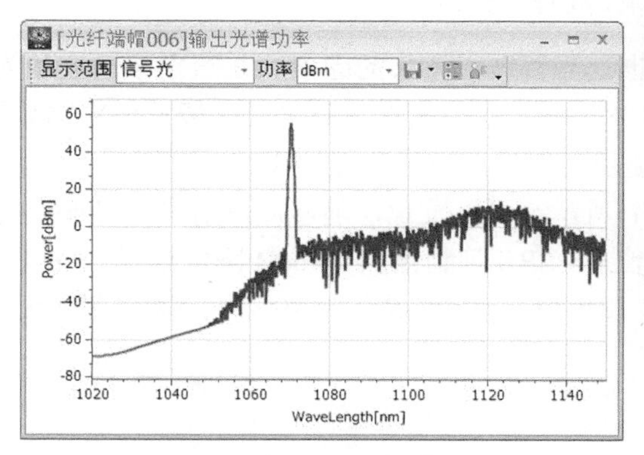

(c) 中心波长为1070nm时输出光谱

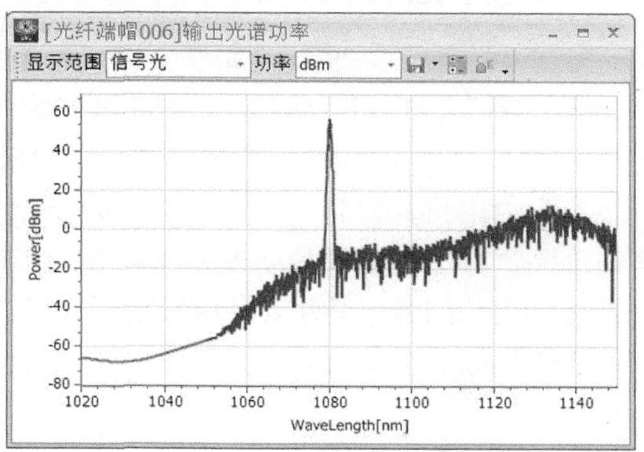

(d) 中心波长为1080nm时输出光谱

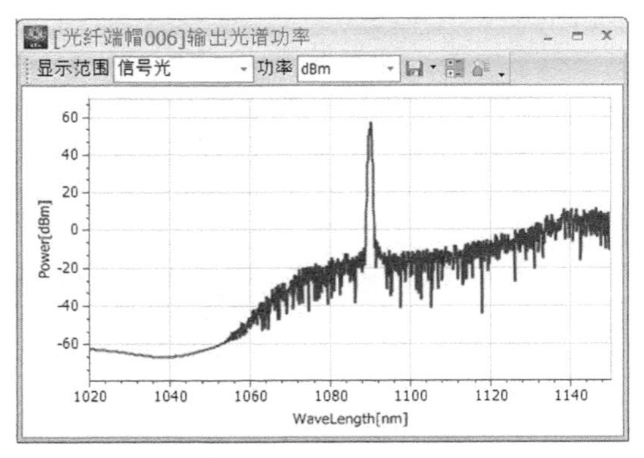

(e) 中心波长为1090nm时输出光谱

图 7-3　不同中心波长时光纤振荡器输出光谱

根据仿真结果，获取并计算 ASE 抑制比、SRS 抑制比、量子效率和输出功率，相关数据汇总于表 7-3 中。从表 7-3 可知，随着中心波长的增加，激光的 ASE 和 SRS 抑制能力有增强的趋势，但输出功率先增加后减少，在中心波长为 1070nm 时有最大的输出功率。尽管 1090nm 时的 SRS 抑制比较好，但是由于量子效率偏低，输出功率偏低，在实际激光器研制中，优先选择 1070nm 和 1080nm 作为中心波长。值得注意的是，由于掺镱光纤发射截面随着中心波长的增加而减少，1080nm 的 SRS 抑制能力比 1070nm 好。如果对 SRS 要求严格，可以选择 1080nm 作为中心波长。

表 7-3　不同中心波长时光纤振荡器仿真输出参数

中心波长/nm	ASE 抑制比/dB	SRS 抑制比/dB	量子效率	输出功率/W
1050	32.5	>32.5	0.9231	1480
1060	43.5	>43.5	0.9128	1558
1070	>43	42.7	0.9026	1572.7
1080	>45	44.3	0.8923	1572.4
1090	>46	45.9	0.8821	1560

7.1.3　低反射光纤光栅反射率对输出特性影响的仿真与优化

除了中心波长，低反射光纤光栅反射率也是需要重点考虑的因素。在给定泵浦波长为 975nm，掺镱光纤长度为 15m，中心波长为 1080nm 时，改变低反射光纤光栅反射率(5%、10%、15%、30%)，仿真不同低反射光纤光栅反射率情况下激光器输出特性。

首先给出仿真得到的光谱特性，如图 7-4 所示。可以发现，随着低反射光纤光栅反射率的提高，输出光谱的拉曼斯托克斯光功率增加。SRS 抑制比从 45.6dB 降低到了 27.8dB。查看仿真得到的输出功率，发现低反射光纤光栅反射率从 5%提高到 30%时，输出功率也从 1593.3W 降低到 1487.1W。

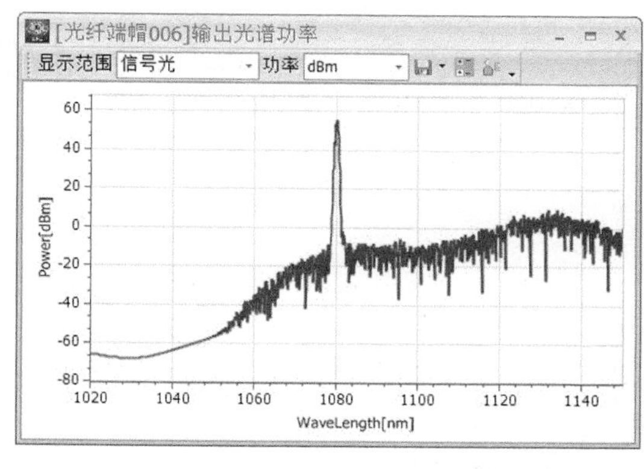

(a) 低反射光纤光栅反射率为5%时输出光谱

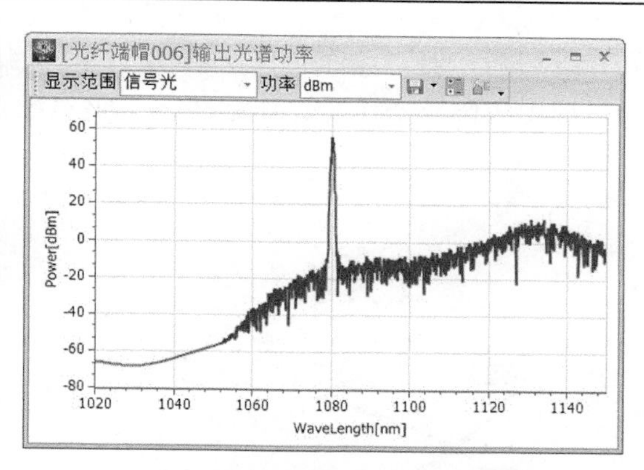

(b) 低反射光纤光栅反射率为10%时输出光谱

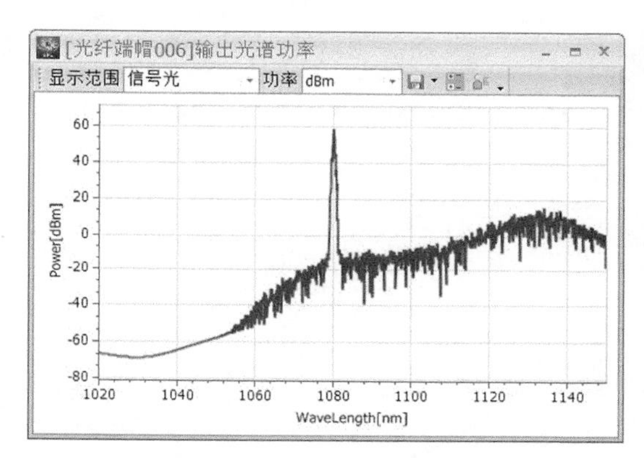

(c) 低反射光纤光栅反射率为15%时输出光谱

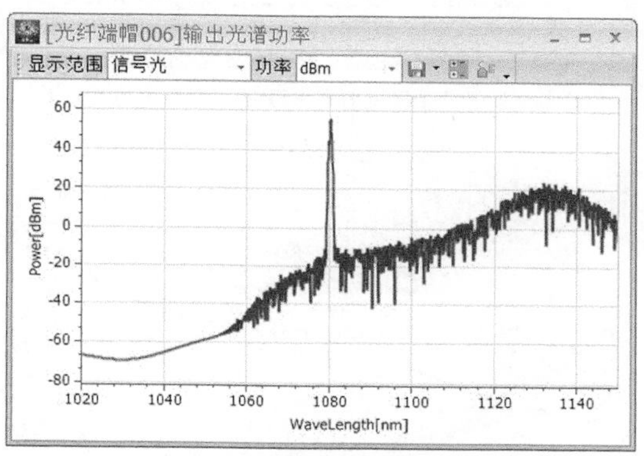

(d) 低反射光纤光栅反射率为30%时输出光谱

图 7-4　不同低反射光纤光栅反射率时 1080nm 光纤振荡器输出光谱

这里输出光谱和输出功率的结果与一般的激光器结果似乎有些矛盾。一般激光器中，输出功率越高，拉曼斯托克斯光成分才会越强。然而这里输出功率越低，拉曼斯托克斯光成分越强，这是什么原因呢？为了回答这个问题，给出了如图 7-5 所示的谐振腔内功率分布，包括前后向泵浦功率(Forward Pump Power，Backward Pump Power)、前后向信号功率(Forward Singal Power，Backward Singal Power)、前后向拉曼功率(Forward Raman Power，Backward Raman Power)。从图 7-5 可知，当低反射光纤光栅反射率较低时，反馈回谐振腔内的激光功率较低。在低反射光纤光栅反射率为 5%时，腔内最高功率为 1593W，当低反射光纤光栅反射率为 30%时，腔内最高功率达到了 2206W，这个功率也高于激光器从最终光纤端帽输出的功率。较高的腔内功率会产生较强的 SRS，因此，低反射光纤光栅反射率越高，激光器输出功率反而越低，拉曼斯托克斯光反而越强。

将不同低反射光纤光栅反射率对应的 SRS 抑制比、腔内最高功率、输出功率汇总于表 7-4 中，可以直观看出低反射光纤光栅反射率与 SRS 抑制比和输出功率的关系。从表 7-4 可知，为了提升激光器输出功率，我们一般选择反射率较低的低反射光纤光栅。但是这并不意味着反射率越低越好，因为在激光器中，还需要避免其他波段反馈导致的自激，尤其当光纤切割 0°时，端面会有 4%的反射率。因此，一般低反射光纤光栅反射率要大于 5%，实际应用中选择光纤反射率为 6%～12%对激光器输出的影响不是太大。

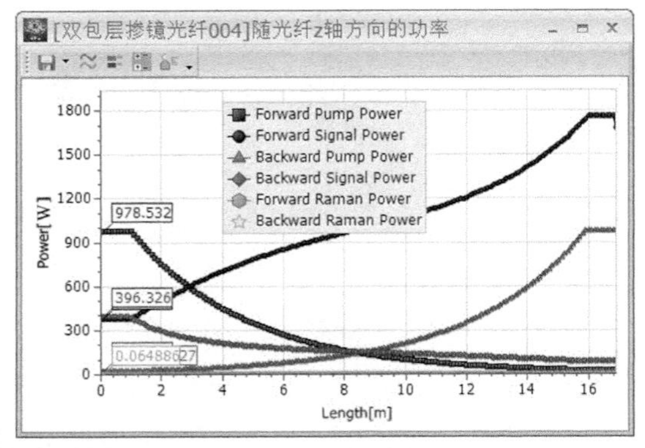

(a) 低反射光纤光栅反射率为5%时谐振腔内功率分布

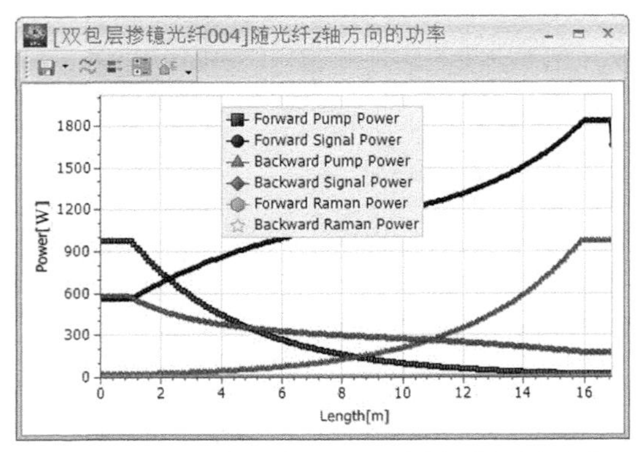

(b) 低反射光纤光栅反射率为10%时谐振腔内功率分布

图 7-5 彩图

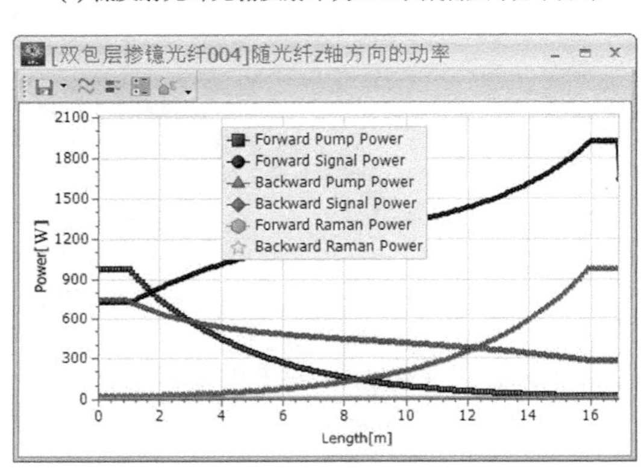

(c) 低反射光纤光栅反射率为15%时谐振腔内功率分布

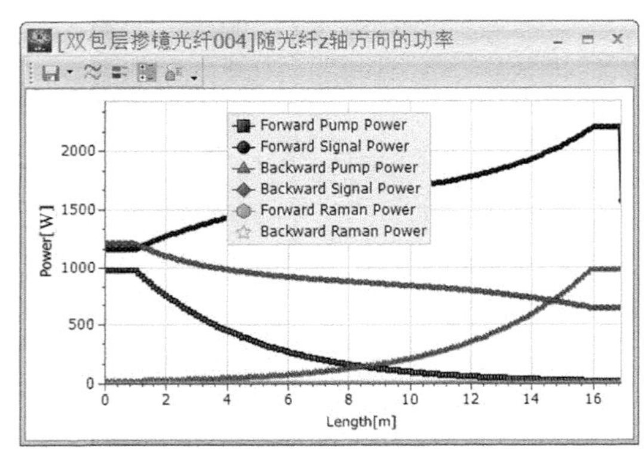

(d) 低反射光纤光栅反射率为30%时谐振腔内功率分布

图 7-5　不同低反射光纤光栅反射率时 1080nm 光纤振荡器谐振腔内功率分布

表 7-4　不同低反射光纤光栅反射率时光纤振荡器仿真输出参数

低反射光纤光栅反射率/%	SRS 抑制比/dB	腔内最高功率/W	输出功率/W
5	45.6	1763	1593.3
10	43.3	1837	1572.5
15	41.5	1924	1558.3
30	27.8	2206	1487.1

7.1.4　泵浦波长对输出特性影响的仿真与优化

根据光纤振荡器的吸收发射截面特性，在工业激光器中，一般选择产品较为成熟、泵浦吸收系数相对较高的 915nm 和 975nm 波段 LD 作为泵浦源。一般地，掺镱光纤在 975nm 处吸收系数是在 915nm 处吸收系数的 3 倍左右。为了达到相同的总吸收系数，采用 915nm 泵浦时掺镱光纤长度是采用 975nm 泵浦时的 3 倍。这里，固定中心波长为

1080nm，低反射光纤光栅反射率为 10%，仿真 975nm 泵浦 15m 掺镱光纤和 915nm 泵浦 30m、38.5m 和 45m 掺镱光纤的情况，得到激光器输出光谱和谐振腔内功率分布结果，如图 7-6 所示。

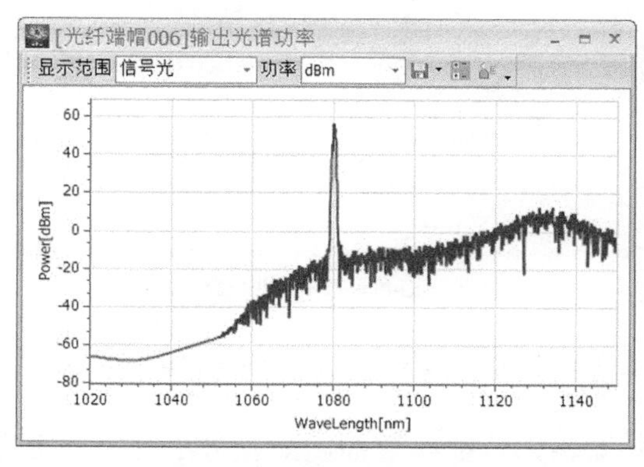

(a) 975nm泵浦15m YDF时输出光谱

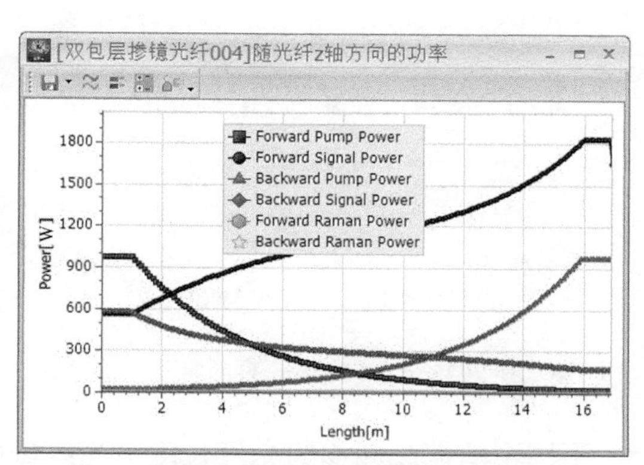

(b) 975nm泵浦15m YDF时谐振腔功率分布

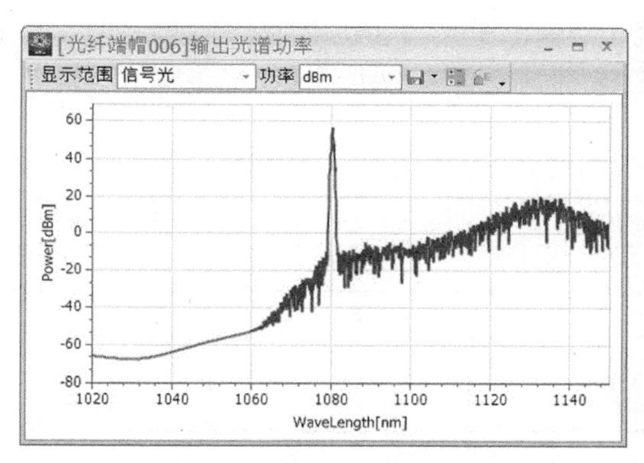

(c) 915nm泵浦30m YDF时输出光谱

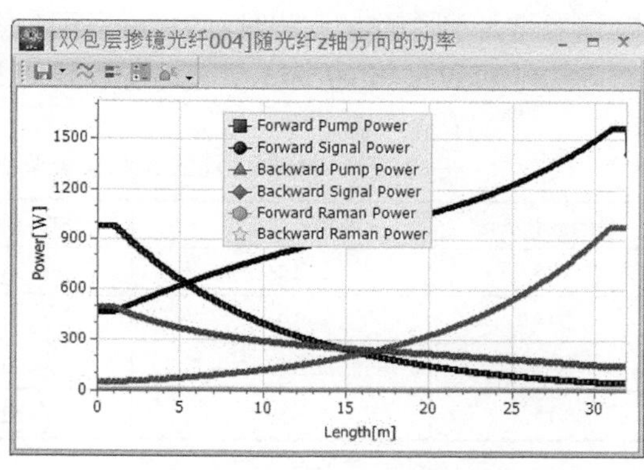

(d) 915nm泵浦30m YDF时谐振腔功率分布

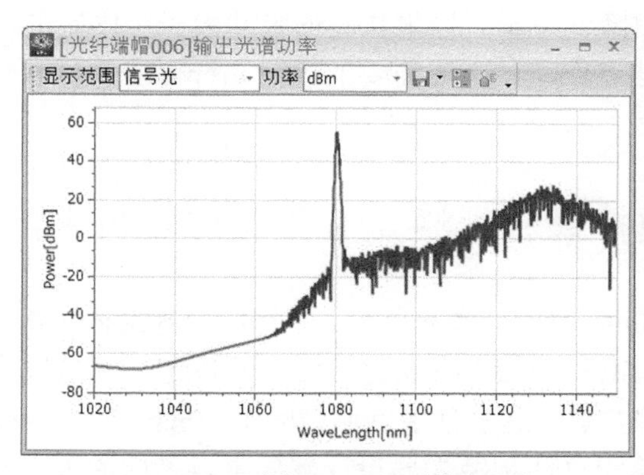

(e) 915nm泵浦38.5m YDF时输出光谱

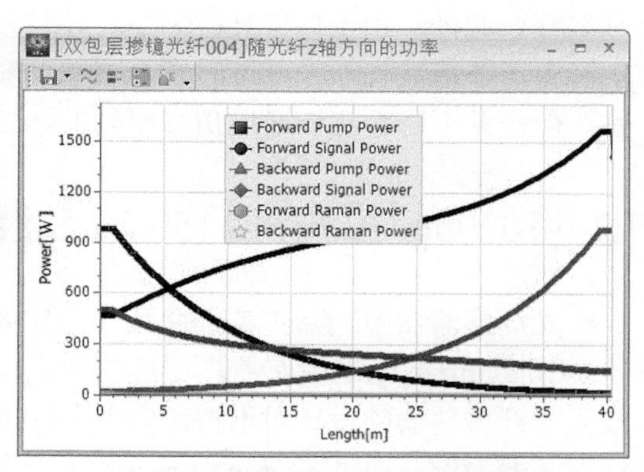

(f) 915nm泵浦38.5m YDF时谐振腔功率分布

图 7-6 彩图

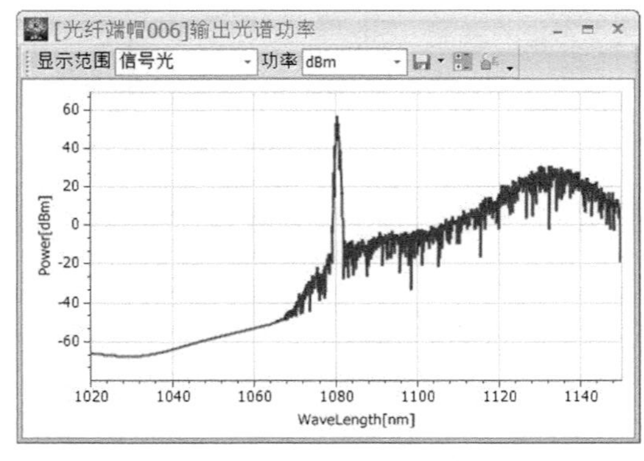

(g) 915nm泵浦45m YDF时输出光谱

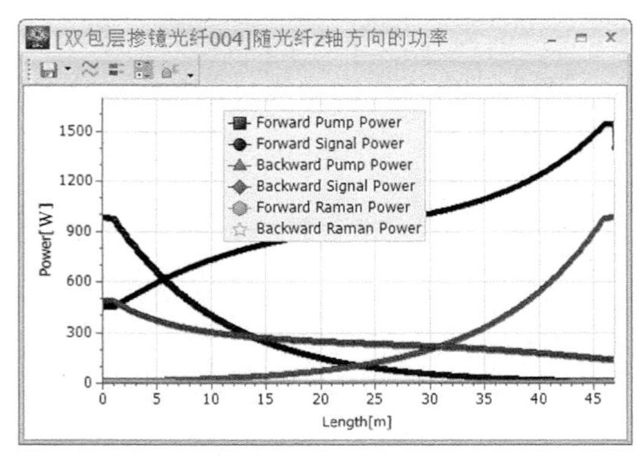

(h) 915nm泵浦45m YDF时谐振腔功率分布

图 7-6　975nm 和 915nm 泵浦时不同掺镱光纤长度下光纤振荡器输出光谱与谐振腔功率分布

不同泵浦波长和掺镱光纤长度下光纤振荡器输出特征参数描述如表 7-5 所示。根据表 7-5 可知，为了使得 915nm 泵浦时的残余泵浦功率降低到 975nm 泵浦的水平，掺镱光纤长度需要增加到 38.5m。此时，915nm 泵浦激光器输出激光的 SRS 抑制比为 27.6dB，输出功率为 1351.1W，与 975nm 泵浦情况相比，SRS 抑制比和输出功率都明显下降。

表 7-5　不同泵浦波长和掺镱光纤长度时光纤振荡器仿真输出参数

泵浦波长/nm	掺镱光纤长度/m	SRS 抑制比/dB	残留泵浦功率/W	输出功率/W
975	15m	43.3	46	1572.5
915	30m	35	80	1346.2
915	38.5m	27.6	45	1351.1
915	45m	26.7	22	1332.9

根据仿真结果可知，采用 975nm 波段泵浦比 915nm 波段泵浦的输出功率和 SRS 抑制比都要好。此外，由于掺镱光纤缩短，还可以降低成本。这里仿真的泵浦波长是固定的，在实际中，非稳波长 975nm LD 中心波长可能有偏移，实际需要的掺镱光纤可能要稍微长一些，但是并不影响我们通过仿真得到的结论。

7.2　1020nm 短波和 1150nm 长波掺镱光纤激光振荡器仿真与优化

在光纤振荡器中，除了常规的 1050～1090nm 波段的激光器外，短波段(<1050nm)和长波段(>1090nm)激光器也有着广泛的应用。但镱离子的吸收发射截面特性决定了短波段和长波段光纤振荡器的设计对谐振腔有着不同的要求。这里分别以典型的 1020nm 和 1150nm 光纤振荡器为例，通过 SeeFiberLaser 仿真，给出这两种激光器设计需要重点考虑的因素和应遵循的规则。

7.2.1　1020nm 短波光纤激光振荡器仿真与优化

1020nm 附近的光纤激光是级联泵浦源常用的波段，根据仿真优化该波段激光的谐振腔参数，对于短波段光纤激光振荡器研发有重要的指导意义。仿真中，首先拖曳元器件，连接各个元器件，设置默认熔接点损耗为 0，设置各个元器件参数，最终搭建如图 7-7 所示的 1020nm 光纤激光振荡器。光纤激光振荡器的主要参数设置如表 7-6 所示，反射光纤光栅中心波长为 1020nm，泵浦光中心波长为 975nm，泵浦功率为 500W，掺镱光纤采用 Nufern 公司的 LMA-YDF- 10/130 光纤，其他元器件的传能光纤几何参数与掺镱光纤匹配。由于短波段激光容易出现 ASE，仿真中重点关注激光器采用不同掺镱光纤长度、不同低反射光纤光栅反射率时的输出光谱特性。

图 7-7　1020nm 短波光纤激光振荡器仿真实例

表 7-6　1020nm 短波光纤激光振荡器仿真主要参数设置

参数名称	参数值	参数名称	参数值
泵浦光谱形态	高斯	掺镱光纤型号	LMA-YDF-10/130
泵浦光中心波长	975nm	掺镱光纤长度	3～7m
泵浦光 3dB 宽度	3nm	掺镱光纤纤芯直径	11μm
泵浦功率	500W	掺镱光纤吸收系数	3.9dB/m@976nm
高反射光纤光栅光谱形态	高斯	低反射光纤光栅光谱形态	高斯
高反射光纤光栅中心波长	1020nm	低反射光纤光栅中心波长	1020nm
高反射光纤光栅反射率	99.9%	低反射光纤光栅反射率	10%～30%
光纤端帽光纤长度	3m	其他元器件尾纤长度	1m
仿真中是否考虑拉曼	否	仿真中是否计算温度	否

首先，固定低反射光纤光栅反射率为 10%，改变掺镱光纤长度(3m、5m 和 7m)，仿真得到不同掺镱光纤长度时光纤振荡器的输出光谱，如图 7-8 所示。在掺镱光纤长度为 3m 时，ASE 抑制比为 58dB。在掺镱光纤长度为 5m 时，ASE 抑制比为 34.5dB。当掺镱光纤长度进一步增加到 7m 时，输出激光光谱中的信号光被 ASE 完全覆盖。这说明 ASE 随着掺镱光纤长度的增加而增强。

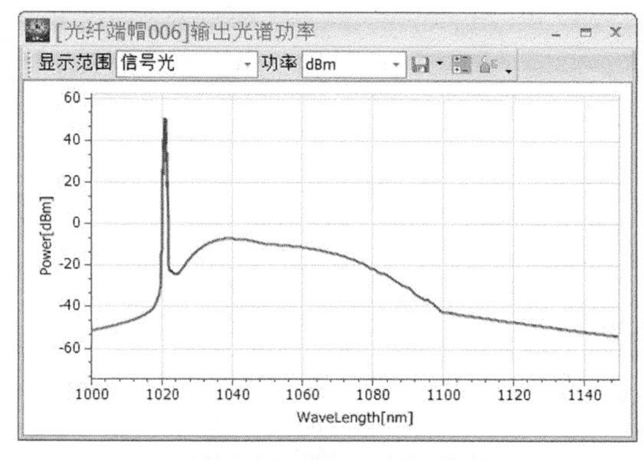

(a) 掺镱光纤长度为3m时输出光谱

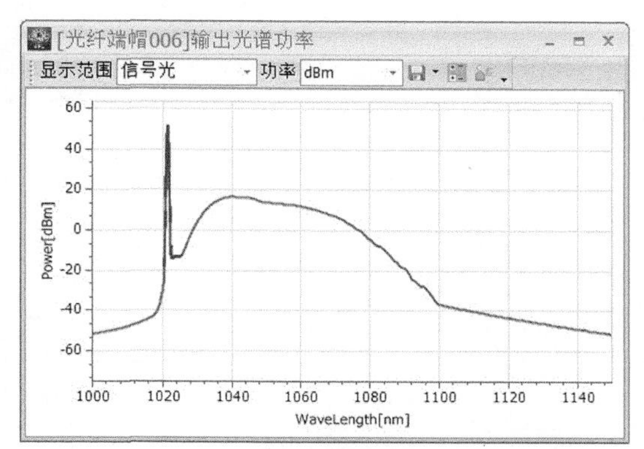

(b) 掺镱光纤长度为 5m时输出光谱

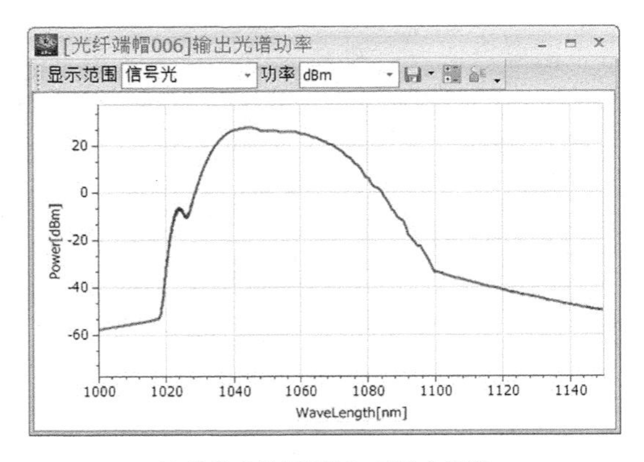

(c) 掺镱光纤长度为7m时输出光谱

图 7-8　不同掺镱光纤长度时 1120nm 光纤振荡器输出光谱

其次，固定掺镱光纤长度为 5m，低反射光纤光栅反射率从 10%、30%增加到 50%，仿真得到不同低反射光纤光栅反射率情况下光纤振荡器的输出光谱，如图 7-9 所示。结果表明，尽管低反射光纤光栅反射率不同，但是输出光谱差异不大，在 3 种低反射光纤光栅反射率时，ASE 抑制比分别为 34.5dB、35.6dB 和 24.7dB。

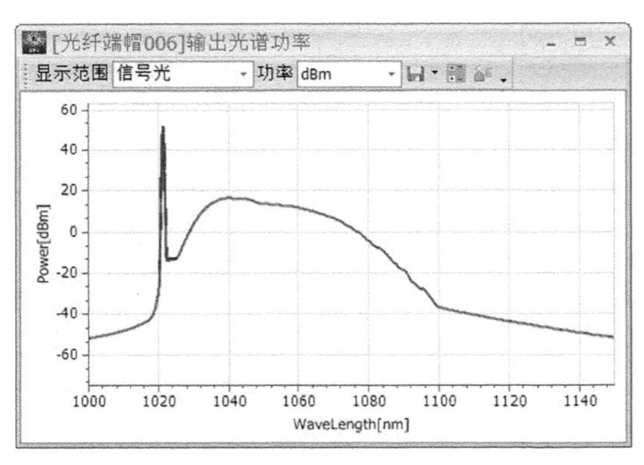

(a) 低反射光栅光纤反射率为10%时输出光谱

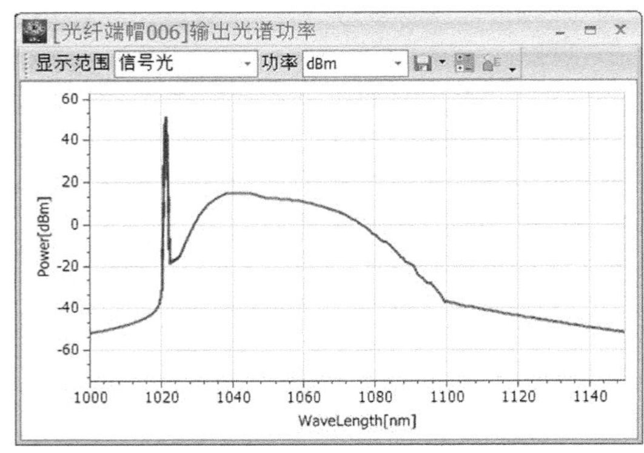

(b) 低反射光纤光栅反射率为30%时输出光谱

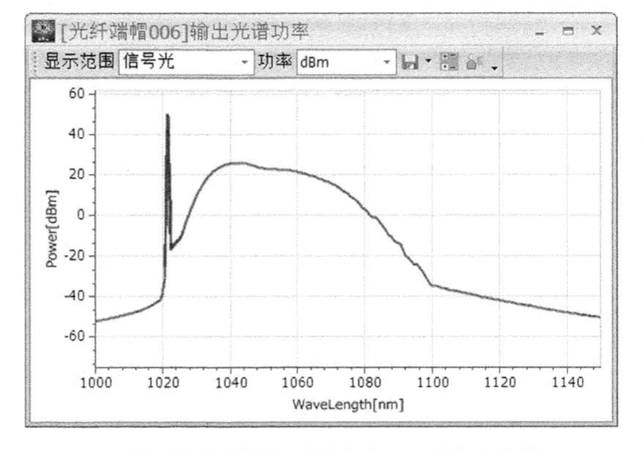

(c) 低反射光纤光栅反射率为50%时输出光谱

图 7-9　不同低反射光纤光栅反射率时 1120nm 光纤振荡器输出光谱

根据仿真结果，我们可以得到如下结论：对于光纤振荡器，要在 1020nm 等短波段实现高功率输出，需要缩短掺镱光纤；优化光纤光栅反射率也能一定程度提升激光的信噪比，但是不如缩短掺镱光纤影响那么大。对于短波长光纤放大器，也存在类似的结论。因此，在实际的短波长激光器设计中，根据掺镱光纤的参数对掺镱光纤长度进行优化仿真，可以在降低研制成本的同时，避免 ASE 给激光谐振腔带来的危害。

7.2.2　1150nm 长波光纤激光振荡器仿真与优化

1150nm 长波光纤激光振荡器在非线性频率变换等领域有着广泛的应用。与 1020nm 短波光纤激光振荡器仿真类似，下面也从掺镱光纤长度和低反射光纤光栅反射率方面进行仿真与优化。光纤振荡器结构与图 7-7 类似，只是掺镱光纤长度和光纤光栅中心波长不同。长波段光纤振荡器的主要参数设置如表 7-7 所示。反射光纤光栅中心波长为 1150nm，泵浦光中心波长为 975nm，泵浦功率为 500W，掺镱光纤采用 Nufern 公司的 LMA-YDF-10/130 光纤，其他元器件的传能光纤几何参数与掺镱光纤匹配。类似地，由于长波段激光容易出现 ASE，仿真中主要关注激光器的输出光谱特性。

表 7-7　1150nm 长波光纤激光振荡器仿真主要参数设置

参数名称	参数值	参数名称	参数值
泵浦光谱形态	高斯	掺镱光纤型号	LMA-YDF-10/130
泵浦光中心波长	975nm	掺镱光纤长度	5～20m
泵浦光 3dB 宽度	3nm	掺镱光纤纤芯直径	11μm
泵浦功率	500W	掺镱光纤吸收系数	3.9dB/m@976nm
高反射光纤光栅光谱形态	高斯	低反射光纤光栅光谱形态	高斯
高反射光纤光栅中心波长	1150nm	低反射光纤光栅中心波长	1150nm
高反射光纤光栅反射率	99.9%	低反射光纤光栅反射率	10%～40%
光纤端帽光纤长度	3m	其他元器件尾纤长度	1m
仿真中是否考虑拉曼	否	仿真中是否计算温度	否

首先，固定低反射光纤光栅反射率为 20%，掺镱光纤长度从 5m、10m、15m 增加到 20m，仿真得到不同掺镱光纤长度情况下光纤振荡器的输出光谱，如图 7-10 所示。在掺镱光纤长度为 5m 时，ASE 的功率远远大于信号光功率；在掺镱光纤长度分别为 10m、15m、20m 时，ASE 与信号光峰值差别分别为 33.4dB、42.5dB、46.8dB。结果表明，随着掺镱光纤长度增加，输出光谱的信噪比增强。

其次，固定掺镱光纤长度为 5m，低反射光纤光栅反射率从 20%、30%、40%增加到 50%，仿真得到不同低反射光纤光栅反射率情况下光纤振荡器的输出光谱，如图 7-11 所示。在低反射光纤光栅反射率为 20%时，输出光谱中基本看不到信号光。但是随着低反射光纤光栅反射率的增加，输出光谱中信号光的比例越来越大，在低反射光纤光栅反射率为 30%、40%、50%时，对应输出光谱中 ASE 与信号光峰值的差别分别为 46.6dB、61.6dB、74.7dB。结果表明，低反射光纤光栅反射率越高，输出光谱的信噪比越强。

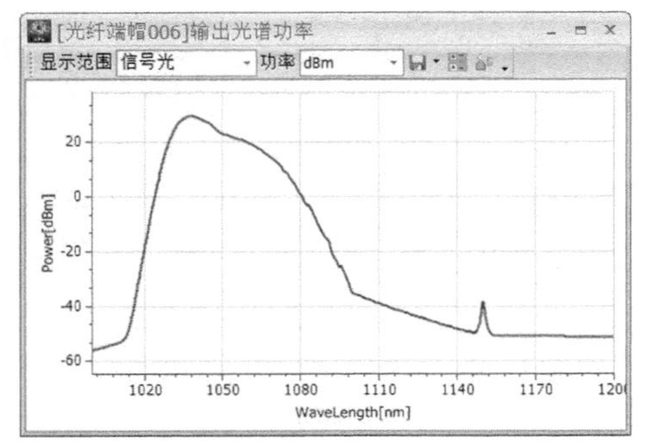

(a) 掺镱光纤长度为5m时输出光谱

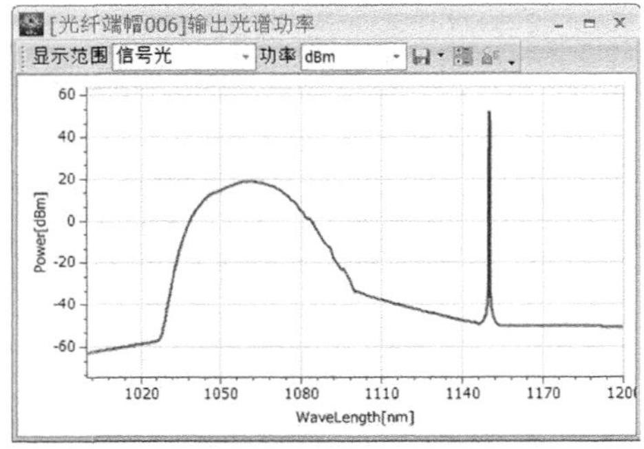

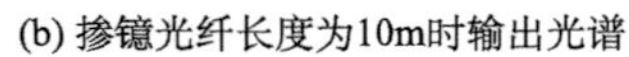
(b) 掺镱光纤长度为10m时输出光谱

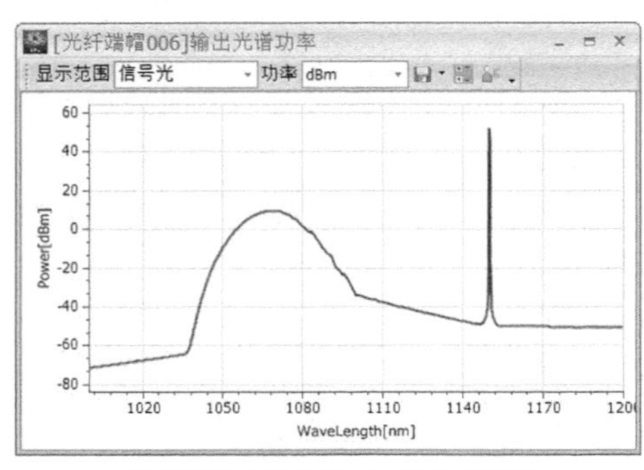

(c) 掺镱光纤长度为15m时输出光谱

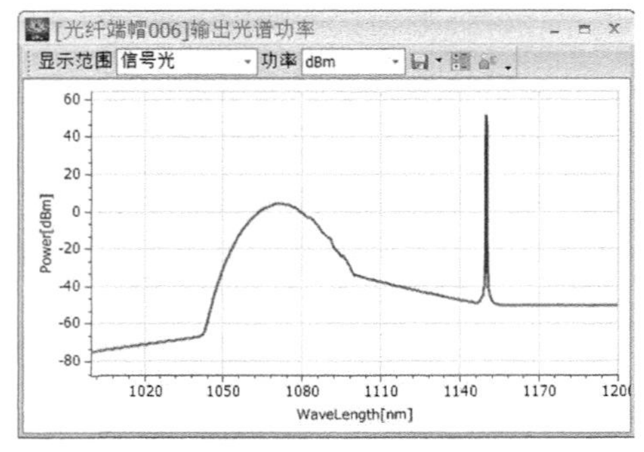

(d) 掺镱光纤长度为20m时输出光谱

图 7-10　不同掺镱光纤长度时 1150nm 光纤振荡器输出光谱

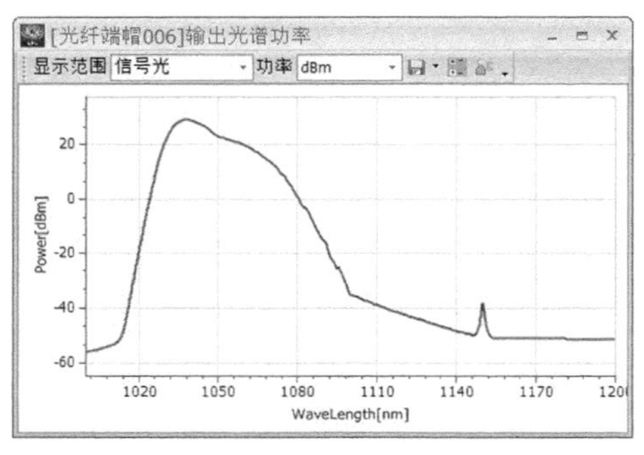

(a) 低反射光纤光栅反射率为20%时输出光谱

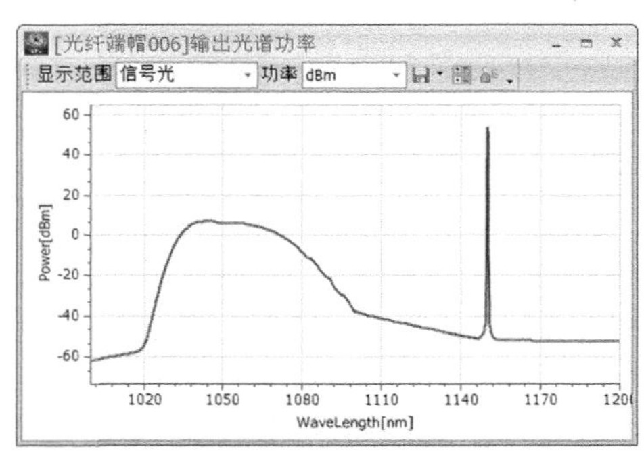

(b) 低反射光纤光栅反射率为30%时输出光谱

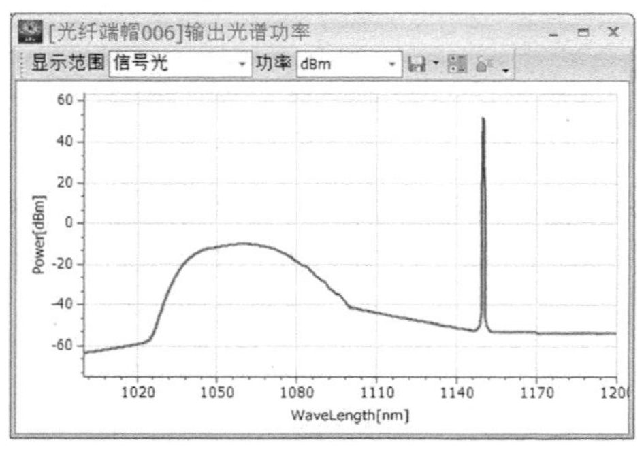

(c) 低反射光纤光栅反射率为40%时输出光谱

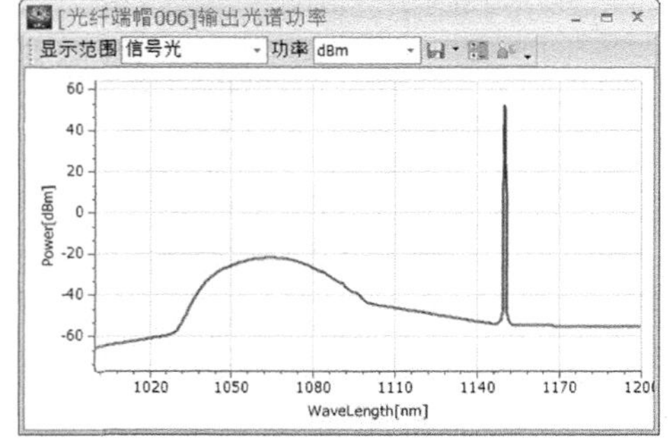

(d) 低反射光纤光栅反射率为50%时输出光谱

图 7-11　不同低反射光纤光栅反射率时 1150nm 光纤振荡器输出光谱

类似地，根据仿真结果可以得到如下结论：对于 1150nm 波段的光纤振荡器，要实现高功率输出，一方面，在选择合适低反射光纤光栅反射率的情况下，可以通过增加掺镱光纤长度来获得较高的信噪比；另一方面，在保证掺镱光纤长度不变的情况下，可以通过提高低反射光纤光栅反射率获得较高的功率输出。从仿真得到的输出光谱来看，通过增加低反射光纤光栅反射率的方式更有效。

7.3　ASE 光源仿真与中心波长优化设计

在 ASE 光源中由于没有波长选择器件，要获得特定中心波长 ASE 输出，需要对掺镱光纤长度进行优化。建立如图 7-12 所示的双向输出 ASE 光源仿真模型。仿真中，以掺镱光纤为例，选择掺镱光纤型号为 LMA-YDF-15/130-Ⅷ，各个无源元器件光纤几何尺寸与掺镱光纤匹配；设置隔离器损耗在 1000～1100nm 内与波长无关，仅存在一个固定的损耗。其他相关参数设置如表 7-8 所示。

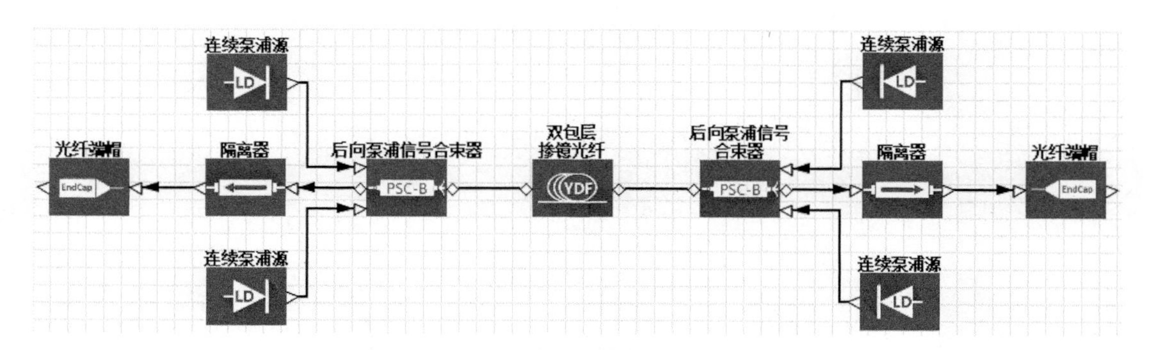

图 7-12　双向输出 ASE 光源仿真模型

表 7-8　ASE 光源仿真主要参数设置

参数名称	参数值	参数名称	参数值
泵浦光谱形态	高斯	掺镱光纤型号	LMA-YDF-15/130-Ⅷ
泵浦光中心波长	975nm	掺镱光纤长度	5m、15m、30m
泵浦光 3dB 宽度	3nm	掺镱光纤纤芯直径	15μm
前向总泵浦功率	50W	掺镱光纤吸收系数	5.4dB/m@976nm
后向总泵浦功率	50W	前后向隔离器损耗	0.3dB
光纤端帽光纤长度	3m	其他元器件尾纤长度	1m
仿真中是否考虑拉曼	否	仿真中是否计算温度	否

仿真过程中，掺镱光纤长度从 5m、15m 增加到 30m，得到不同掺镱光纤长度时 ASE 光源的输出光谱，如图 7-13 所示。在掺镱光纤长度为 5m 时，ASE 光源中心波长为 1033nm，前向输出功率为 39.5W；在掺镱光纤长度为 15m 和 30m 时，ASE 光源中心波长分别为 1060nm 和 1070nm，前向输出功率为 39.0W 和 38.5W。结果表明，随着掺镱光纤长度增加，ASE 光源的中心波长向长波方向移动，这为实际波长优化提供了指导。

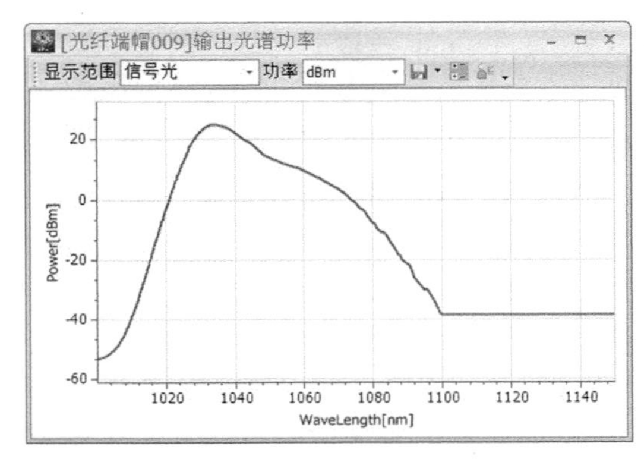

(a) 5m 掺镱光纤，中心波长为1033nm

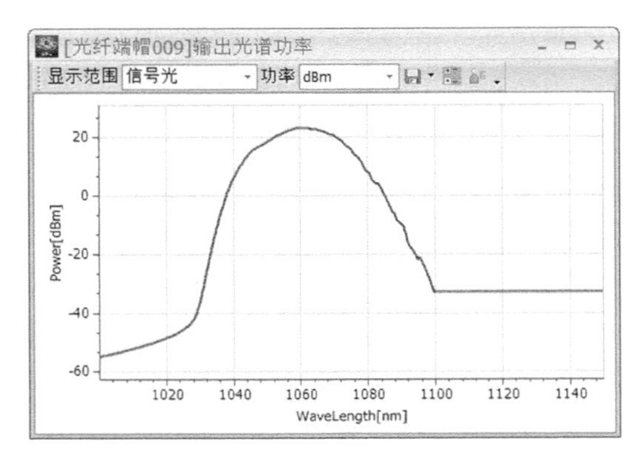

(b) 15m 掺镱光纤，中心波长为1060nm

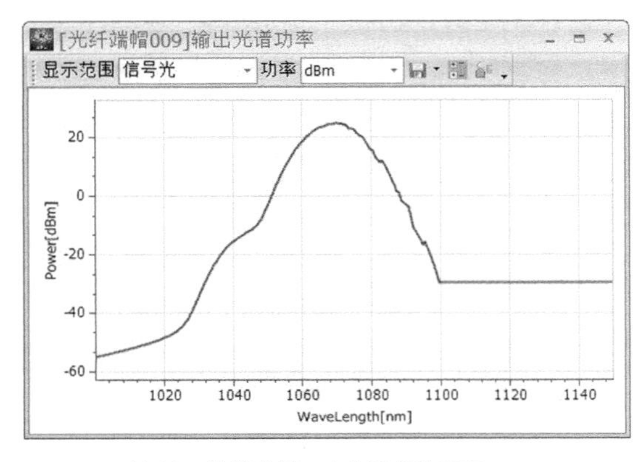

(c) 30m 掺镱光纤，中心波长为1070nm

图 7-13　不同掺镱光纤长度时 ASE 光源输出光谱

7.4　级联泵浦光纤放大器仿真与优化

级联泵浦光纤放大器是指利用高亮度的短波长光纤激光器作为泵浦源的一类光纤放大器。2009 年美国 IPG 公司利用该方案实现了 10kW 单模激光输出。此后国内诸多单位也开始了相关研究。该方案是在 LD 的亮度不太高时，替代 LD 泵浦实现高功率光纤激光输出的一类技术方案。在级联泵浦光纤放大器中，一般利用 1018nm 的光纤激光器作为泵浦源，由于掺镱光纤在 1018nm 波段的吸收系数较低，该类放大器一般需要使用较长的掺镱光纤。较长的掺镱光纤则会导致较强的非线性效应。因此，在该类放大器设计中，需要平衡吸收系数与非线性效应之间的矛盾。下面，对级联泵浦光纤放大器分别从掺镱光纤长度、种子功率、泵浦方式等方面进行仿真和优化，为相关研究提供参考。

首先，给出如图 7-14 所示的双端级联泵浦光纤放大器仿真模型，前后向各采用 (2+1)×1 泵浦信号合束器注入泵浦功率，通过设置各个泵浦源的泵浦功率，可以实现前向泵浦、后向泵浦和双向泵浦。该放大器中，各个元器件主要参数设置如表 7-9 所示。通过改变掺镱光纤长度、种子功率、泵浦方式得到相应的仿真结果，实现对级联泵浦光纤放大器的优化。

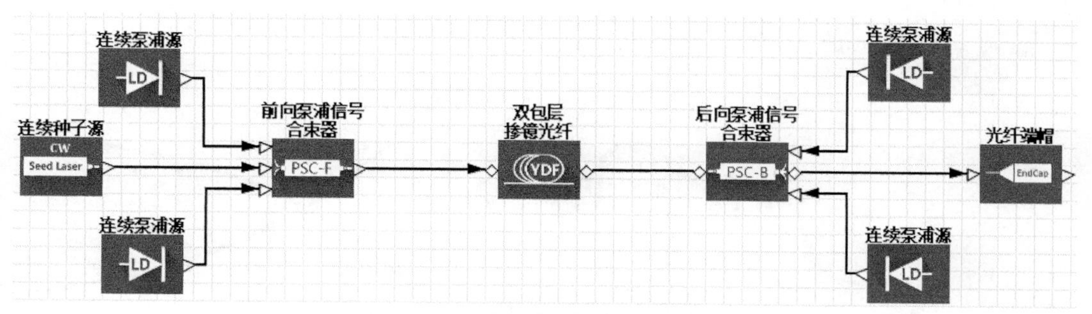

图 7-14　双端级联泵浦光纤放大器仿真模型

表 7-9　级联泵浦光纤放大器仿真主要参数设置

参数名称	参数值	参数名称	参数值
泵浦光谱形态	高斯	掺镱光纤型号	LMA-YDF-30/250-HI-Ⅷ
泵浦光中心波长	1018nm	掺镱光纤长度	30～45m
泵浦光 3dB 宽度	1nm	掺镱光纤纤芯直径	30μm
前向泵浦功率	0～6000W	掺镱光纤内包层直径	250μm
后向泵浦功率	0～6000W	掺镱光纤吸收系数	6.3dB/m@975nm
种子激光中心波长	1070nm	掺镱光纤数值孔径	0.06
种子功率	100～500W	光纤合束泵浦效率	98%
其他器件尾纤长度	1m	光纤端帽光纤长度	3m
仿真中是否考虑拉曼	是	仿真中是否计算温度	是
非线性折射率系数	$2.6\times10^{-20}m^2/W$	拉曼噪声	$1\times10^{-12}W$
延迟拉曼响应	0.18	振动阻尼时间	$3.2\times10^{-14}s$
拉曼系数	$1.22\times10^{-14}s$		

7.4.1　掺镱光纤长度对输出功率和 SRS 影响的仿真

首先，在前向泵浦情况下，设定种子功率为 200W，仿真了掺镱光纤长度从 30m、35 米、40m 增加到 45m 时级联泵浦光纤放大器的输出特性。图 7-15 给出了经过 3m 长光纤端帽后输出激光的光谱特性和掺镱光纤内部泵浦功率、信号功率和拉曼斯托克斯功率的分布。从光谱特性可知，随着掺镱光纤长度的增加，输出激光中拉曼斯托克斯光成分逐渐增加；从掺镱光纤内部功率分布来看，随着掺镱光纤长度增加，残留泵浦功率逐渐减少。

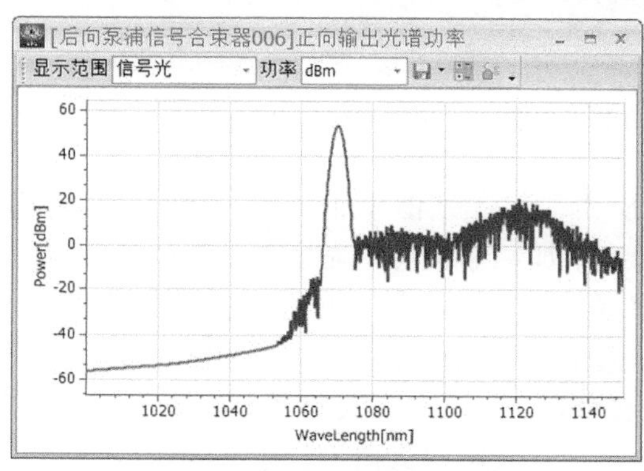

(a) 掺镱光纤长度为30m时输出光谱

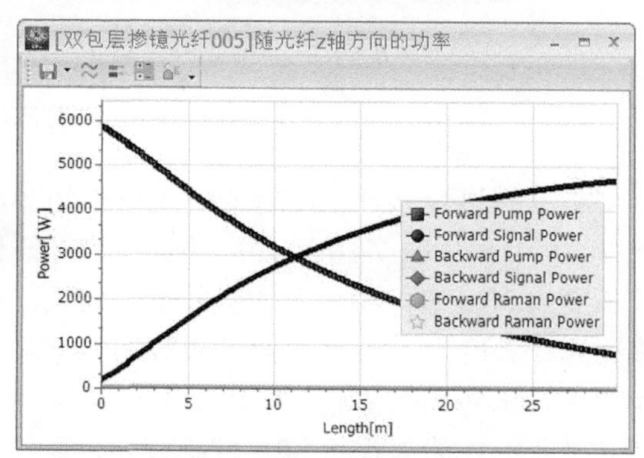

(b) 掺镱光纤长度为30m时掺镱光纤功率分布

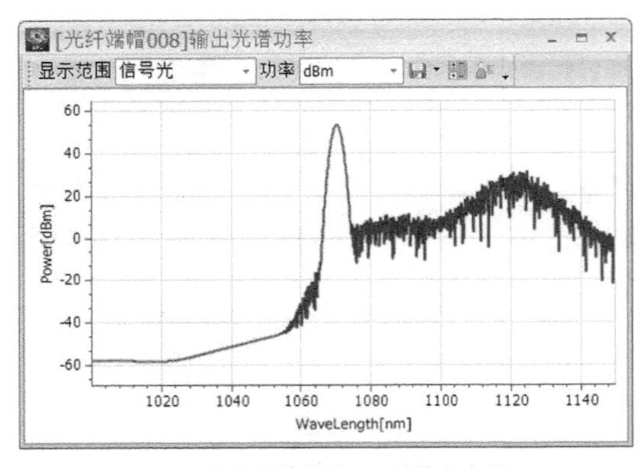

(c) 掺镱光纤长度为35m时输出光谱

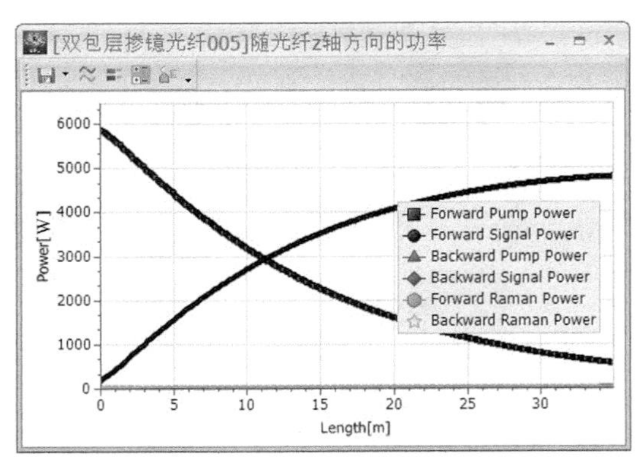

(d) 掺镱光纤长度为35m时掺镱光纤功率分布

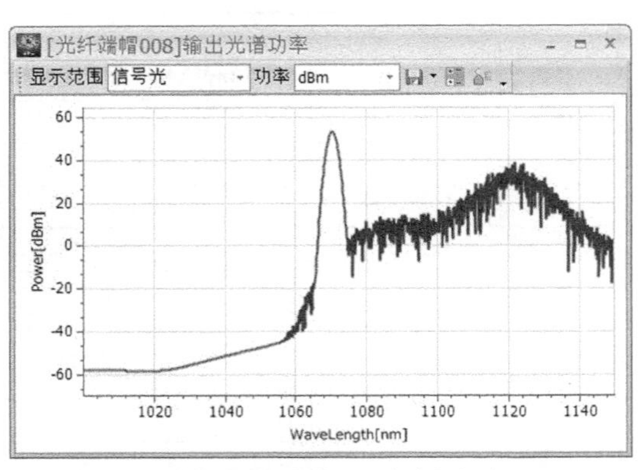

(e) 掺镱光纤长度为40m时输出光谱

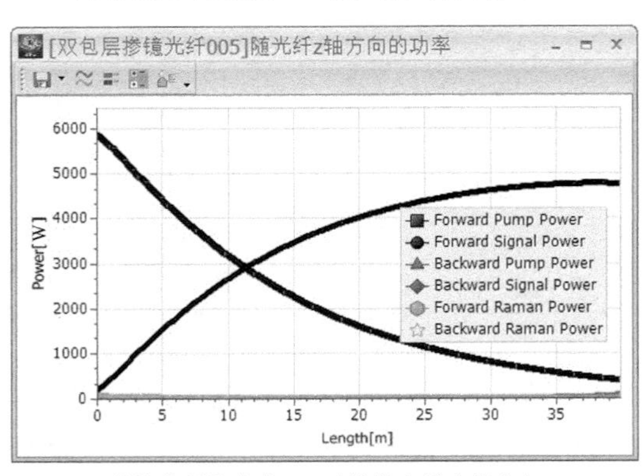

(f) 掺镱光纤长度为40m时掺镱光纤功率分布

图 7-15 彩图

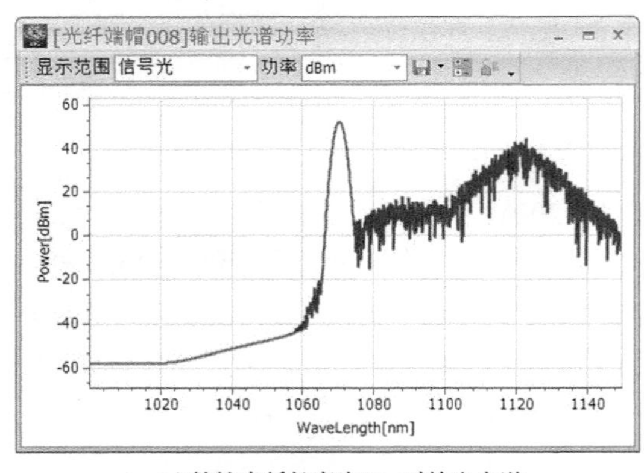

(g) 掺镱光纤长度为45m时输出光谱

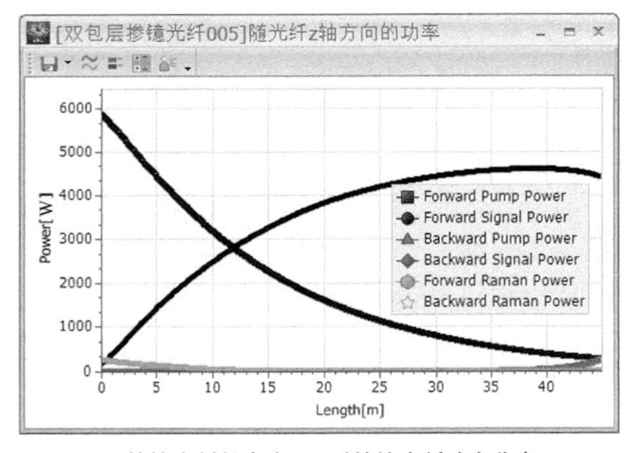

(h) 掺镱光纤长度为45m时掺镱光纤功率分布

图 7-15　不同掺镱光纤长度时级联泵浦光纤放大器输出光谱与功率分布

将不同掺镱光纤长度时输出光谱中的 SRS 抑制比、残留泵浦功率、输出功率汇总于表 7-10 中。从表 7-10 可知，随着掺镱光纤长度增加，输出功率先增加后减少。在掺镱光纤长度为 30m 时，由于总的吸收系数较低，残留泵浦功率较多，激光器输出功率偏低；在掺镱光纤长度为 40m 时，泵浦吸收明显增强，但是由于光纤过长，SRS 被激发后，部分激光功率转化到 SRS 波段，输出功率也减少。综合分析，在仿真选取的几个掺镱光纤长度中，35m 是兼顾泵浦吸收和 SRS 抑制较为合适的长度。在实际放大器设计中，还可以进一步对掺镱光纤长度进行精细的优化。

表 7-10　不同掺镱光纤长度时级联泵浦光纤放大器仿真输出结果

掺镱光纤长度/m	SRS 抑制比/dB	残留泵浦功率/W	输出功率/W
30	33.1	809.0	4541.0
35	21.9	566.7	4661.0
40	14.3	408.1	4669.5
45	7.8	282.1	4488.9

7.4.2　种子功率对 SRS 影响的仿真

通过上面的仿真可以看到，在级联泵浦光纤放大器中，SRS 是一个必须要考虑的功率限制因素。根据 1.3.4 节的介绍，结合 SRS 的阈值公式，降低种子功率，可以有效降低级联泵浦光纤放大器中的 SRS。仿真模型中，固定掺镱光纤长度为 35m，在前向泵浦情况下，仿真不同种子功率时级联泵浦光纤放大器的输出特性。仿真结果给出了级联泵浦光纤放大器最终输出光谱和掺镱光纤内部的泵浦功率、信号功率和拉曼斯托克斯功率分布，如图 7-16 所示。

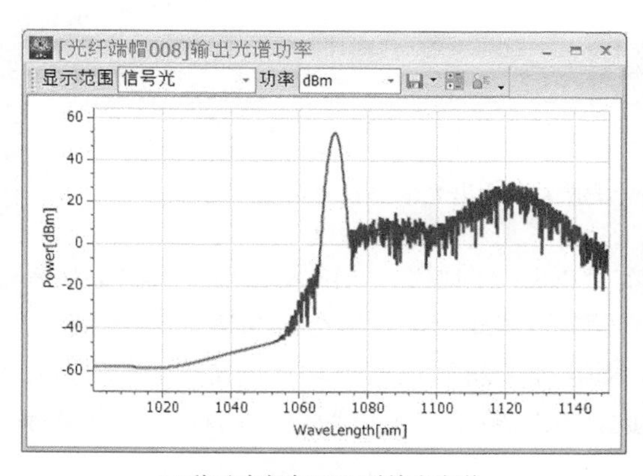

(a) 种子功率为100W时输出光谱

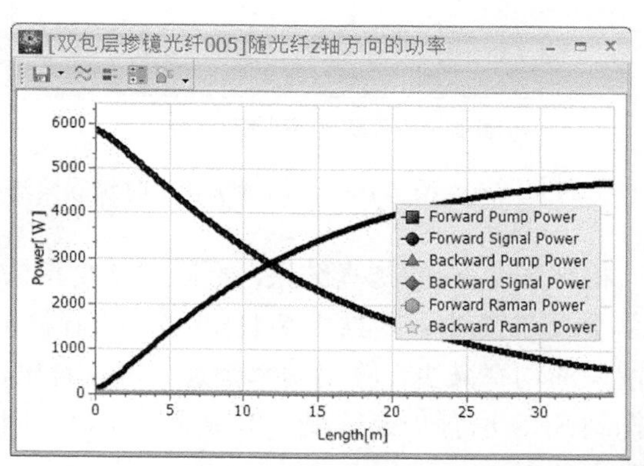

(b) 种子功率为100W时掺镱光纤功率分布

图 7-16 彩图

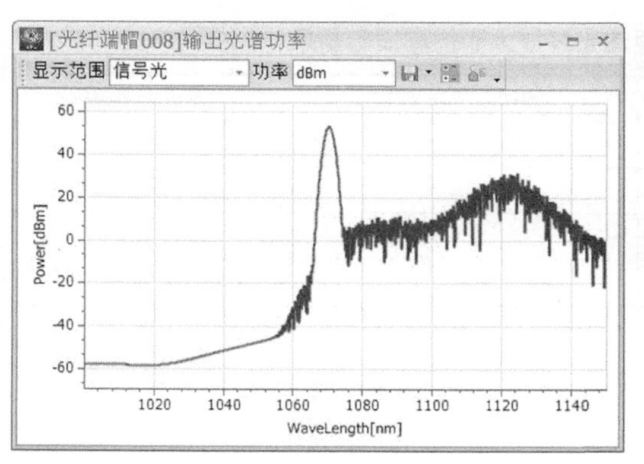

(c) 种子功率为200W时输出光谱

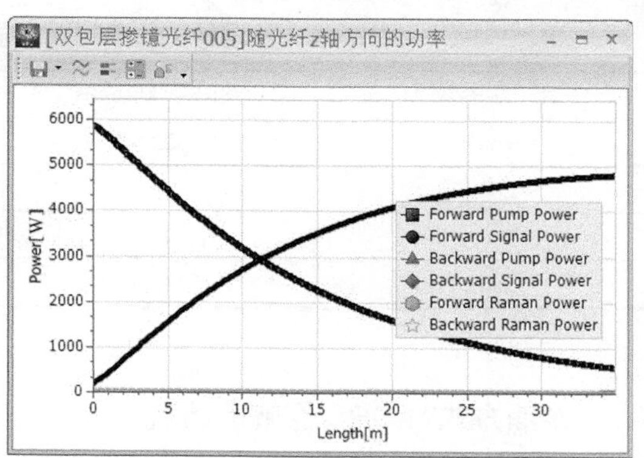

(d) 种子功率为200W时掺镱光纤功率分布

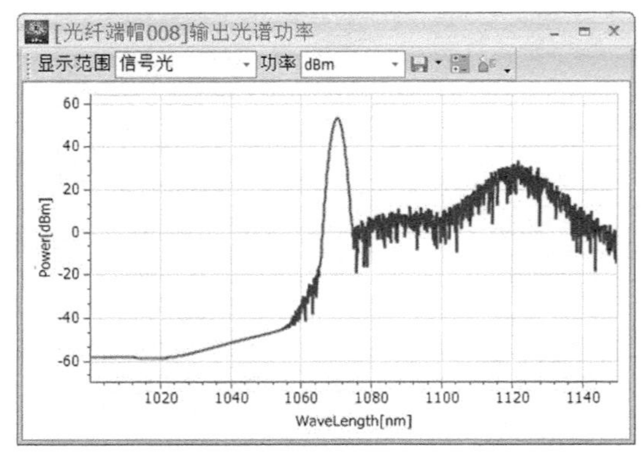

(e) 种子功率为300W时输出光谱

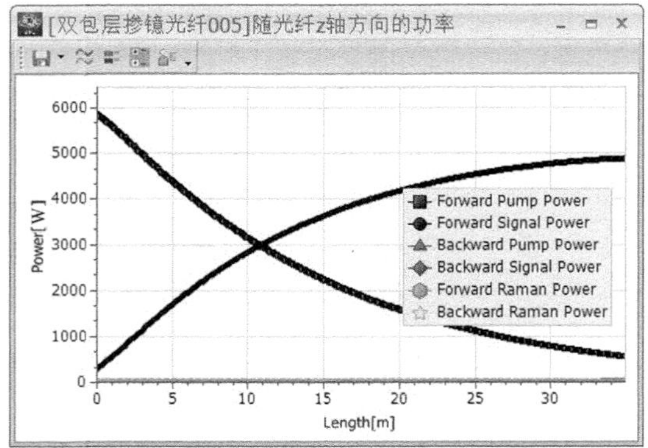

(f) 种子功率为300W时掺镱光纤功率分布

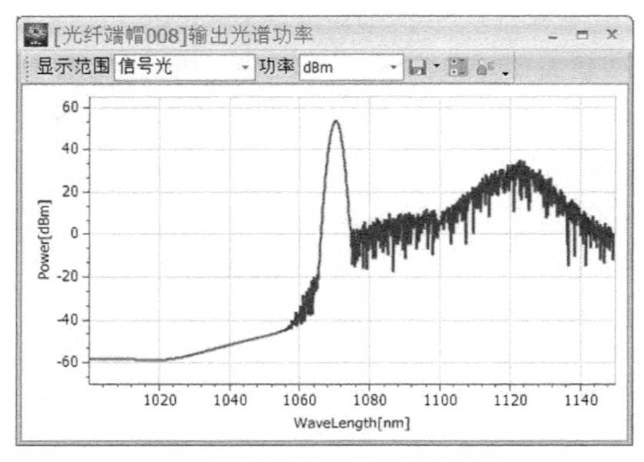

(g) 种子功率为500W时输出光谱

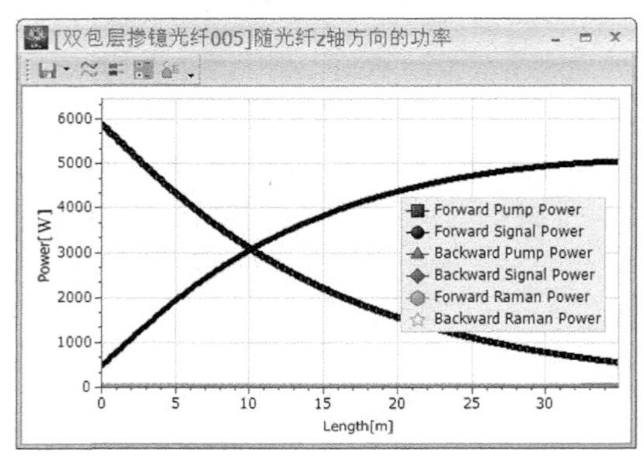

(h) 种子功率为500W时掺镱光纤功率分布

图 7-16 不同种子功率时级联泵浦光纤放大器输出光谱与功率分布

根据图 7-16 的仿真结果，不同种子功率情况下 SRS 抑制比、残留泵浦功率、输出功率汇总于表 7-11 中。根据表 7-11 可知，随着种子功率的增加，输出激光的 SRS 抑制比减小，残留泵浦功率减少，输出功率增加。可以看出，降低种子功率对输出功率的提升比较明显，对抑制 SRS 也有一定效果，但效果不明显。因此，在实验中，可以通过提高种子功率来提高输出功率。

表 7-11 不同种子功率时级联泵浦光纤放大器仿真输出结果

种子功率/W	SRS 抑制比/dB	残留泵浦功率/W	输出功率/W
100	22.9	591.3	4577.9
200	21.9	566.7	4661.0
300	20.1	559.6	4741.0
500	18.6	551.0	4898.5

7.4.3 泵浦方式对 SRS 影响的仿真

本节考虑泵浦方式对级联泵浦光纤放大器中 SRS 的影响。固定种子功率为 200W，掺镱光纤长度为 35m，改变泵浦方式，分别仿真前向、后向和双向泵浦情况下级联泵浦光纤放大器的输出情况，得到仿真结果，如图 7-17 所示。从结果可知，在不同泵浦方式时，输出光谱中的拉曼斯托克斯光比例不同。其中，前向泵浦的拉曼斯托克斯光最强，后向泵浦的拉曼斯托克斯光最弱。另外，不同泵浦方式掺镱光纤内部激光功率分布特性明显不同，前向泵浦时掺镱光纤内部激光功率分布类似对数形态；后向泵浦时掺镱光纤内部激光功率分布类似指数形态；双向泵浦时掺镱光纤内部激光功率分布则接近线性形态。

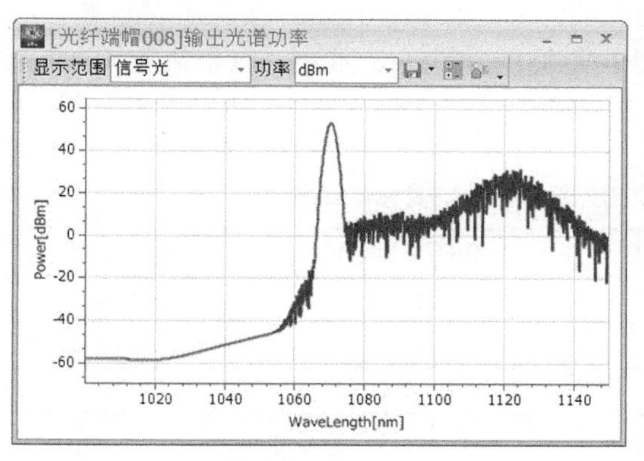

(a) 前向泵浦时输出光谱

(b) 前向泵浦时掺镱光纤功率分布

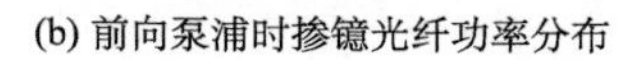

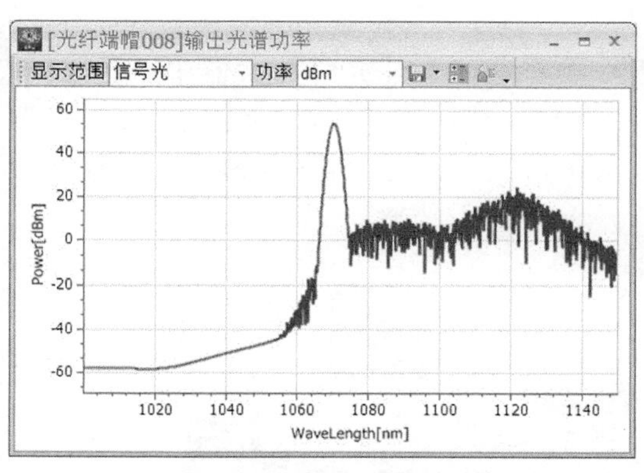

(c) 双向泵浦时输出光谱

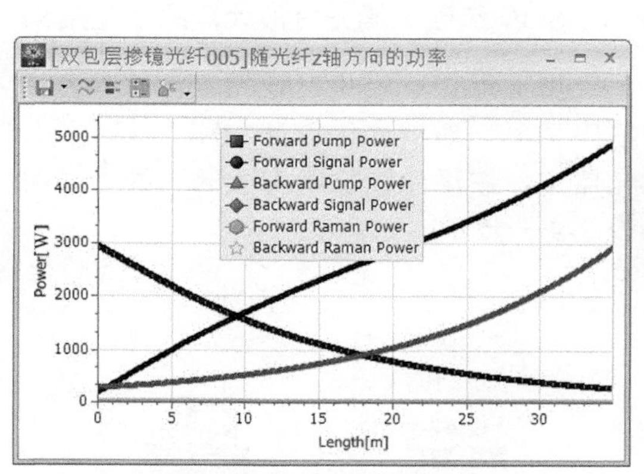

(d) 双向泵浦时掺镱光纤功率分布

图 7-17 彩图

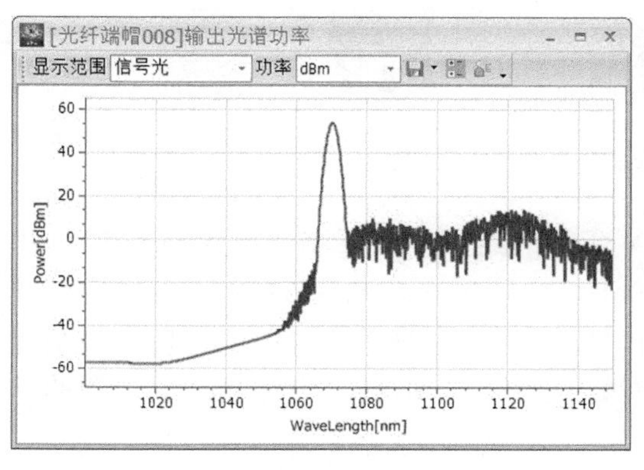

(e) 后向泵浦时输出光谱

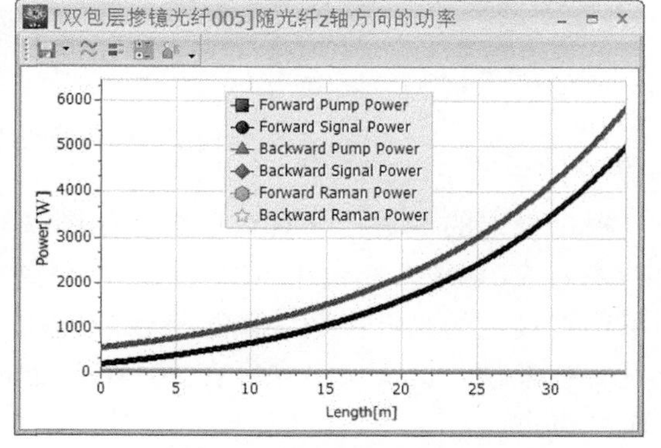

(f) 后向泵浦时掺镱光纤功率分布

图 7-17　不同泵浦方式时级联泵浦光纤放大器输出光谱与功率分布

为了进行定量的描述，图 7-17 中不同泵浦方式情况下的 SRS 抑制比、残留泵浦功率、输出功率汇总于表 7-12 中。根据表 7-12 可知，在同等泵浦功率情况下，后向泵浦的 SRS 抑制比为 39.9dB，比前向泵浦的情况提高了 18dB。因此，利用后向泵浦可以极大地提升 SRS 抑制能力。此外，后向泵浦时激光器输出功率也比前向泵浦时提升了 164.8W。需要说明的是，目前采用后向泵浦的级联泵浦光纤放大器技术还不成熟。因为实际采用后向泵浦时，1070nm 信号光极有可能会进入 1018nm 的泵浦源中，使得 1018nm 激光出现自激。但如果在 1018 泵浦源输出端利用倾斜光纤光栅滤除返回的 1070nm 激光，有望避免 1018nm 激光自激，实现较为稳定的级联后向泵浦光纤放大器。

表 7-12　不同泵浦方式时级联泵浦光纤放大器仿真输出结果

泵浦方式	SRS 抑制比/dB	残留泵浦功率/W	输出功率/W
前向泵浦 6000W	21.9	566.7	4661.0
双向泵浦 3000W+3000W	28.8	541.5	4746.3
后向泵浦 6000W	39.9	567.1	4825.8

7.4.4　5kW 级联泵浦光纤放大器的优化结构

根据上述仿真结果，在给定的光纤参数下，要在级联泵浦光纤放大器中获得 5kW 的输出功率，通过优化设计如图 7-18 所示的后向泵浦结构级联泵浦光纤放大器。在该激光器中，掺镱光纤长度为 35m，种子功率为 400W，后向泵浦功率为 6kW，其他参数与表 7-9 一致。

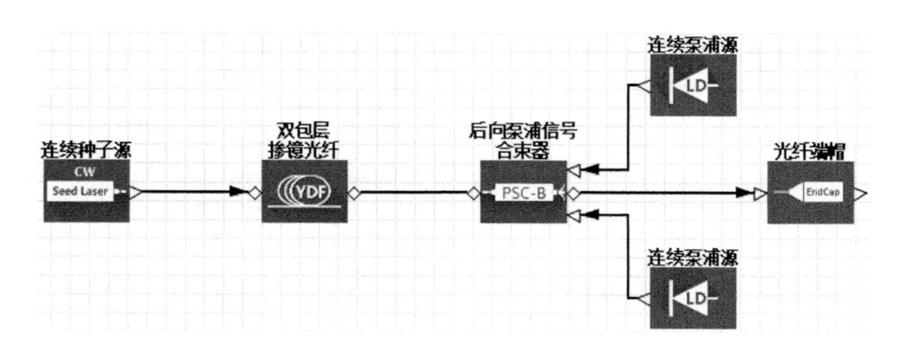

图 7-18　后向泵浦结构的级联泵浦光纤放大器仿真模型

根据设定的参数，仿真可以得到如图 7-19 所示的结果：在泵浦功率为 6kW 时，输出功率为 5.01kW，光谱中 SRS 抑制比为 37.3dB，残留泵浦功率为 559W。可以看到，利用仿真设定的光纤参数，由于掺镱光纤在 1018nm 处的吸收系数较小，有较多的泵浦光没有被吸收。提高掺镱光纤在 1018nm 处的吸收系数是当前级联泵浦光纤放大器的一个研究重点。

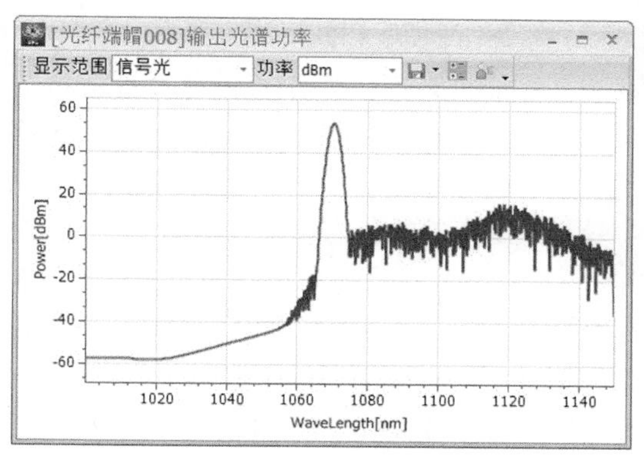

(a) 5kW时输出光谱，SRS抑制比为37.3dB

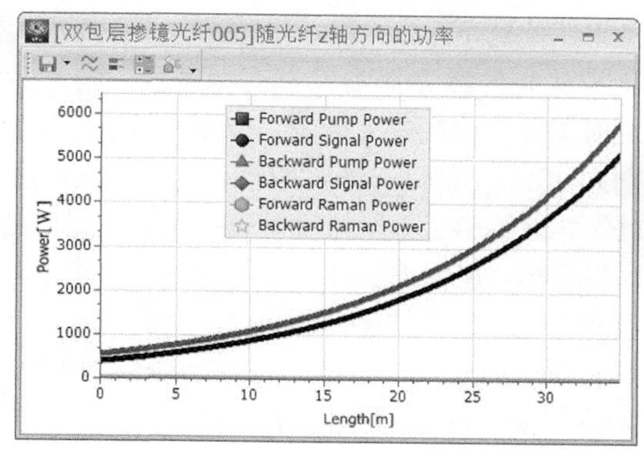

(b) 5kW时掺镱光纤功率分布

图 7-19 彩图

图 7-19　优化后的级联泵浦光纤放大器输出光谱与功率分布

7.5　拉曼光纤激光器和随机光纤激光器仿真与优化

7.5.1　拉曼光纤激光器的仿真与优化

拉曼光纤激光器的功率特性可以用速率方程进行模拟，本节的仿真优化基于 5.2 节的模型展开，并在确定的泵浦功率下，以最大的效率为优化目标。首先，在 SeeFiberLaser 中搭建如图 7-20 所示的前向泵浦拉曼光纤激光器。表 7-13 给出了仿真中用到的参数，本节主要优化的参数有两个：低反射光纤光栅反射率和拉曼光纤长度，其他参数则是表 7-13 中固定或默认的。

图 7-20　拉曼光纤激光器仿真模型

表 7-13　拉曼光纤激光器仿真主要参数设置

参数名称	参数值	参数名称	参数值
泵浦光光谱	单一波长	拉曼光纤型号	自定义
泵浦光中心波长	1090nm	拉曼光纤长度	10～100m
泵浦光起始波长	1090nm	拉曼光纤纤芯直径	9μm
泵浦光结束波长	1090nm	拉曼光纤内包层直径	125μm
一阶斯托克斯光中心波长	1150nm	拉曼光纤损耗系数	$1.2\times10^{-3}m^{-1}$
高反射光纤光栅光谱形态	单一波长	低反射光纤光栅光谱形态	单一波长
高反射光纤光栅反射率	99%	低反射光纤光栅反射率	10%～80%
瑞利后向散射系数	$0.7\times10^{-6}m^{-1}$	泵浦光拉曼增益系数	$5\times10^{-14}m/W$
是否采用含时随机拉曼模型	是	一阶拉曼增益系数	$4.8\times10^{-14}m/W$
二阶斯托克斯光中心波长	1203nm	二阶拉曼增益系数	$4.8\times10^{-14}m/W$
一阶斯托克斯光线宽	$2.2\times10^{11}Hz$	二阶斯托克斯光线宽	$2.2\times10^{11}Hz$

设计拉曼光纤激光器，首先要确认的激光器参数是拉曼光纤长度和低反射光纤光栅反射率。由于拉曼光纤激光器增益具有特殊性，对于特定的光纤长度，有一个最优的低反射光纤光栅反射率可以使其效率最大。首先，假定拉曼光纤长度为 100m，改变低反射光纤光栅反射率分别为 10%、30%、50%、80%，仿真不同低反射光纤光栅反射率时拉曼光纤激光器的输出功率。图 7-21 给出了不同低反射光纤光栅反射率时拉曼光纤激光器的腔内功率分布图。从图 7-21 中可以看出，反射率越高，腔内的功率就越高，当低反射光纤光栅反射率达到 50%时，腔内能观察到出现了二阶拉曼光，此时，由于该波长没有光栅的反馈，在前后向都有一阶和二阶斯托克斯光(Forward First Stokes, Backward First Stokes, Forward Second Stokes, Backward Second Stokes)产生。表 7-14 列出了不同低反射光纤光栅反射率时前向输出的一阶拉曼和二阶拉曼功率。从表 7-14 中可以看出，对于上述仿真参数，适当取较小的反射率有助于获得较高的一阶斯托克斯光效率，并有效防止高阶拉曼的出现。

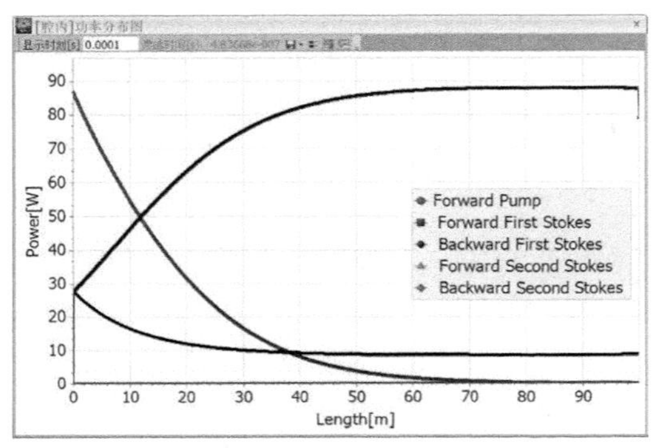

(a) 低反射光纤光栅反射率为10%时的功率分布

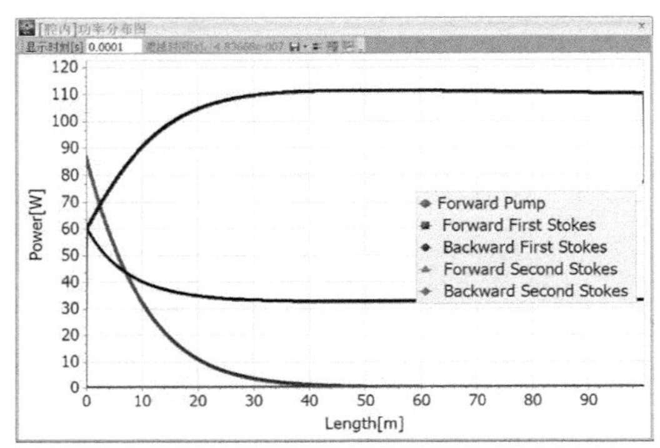

(b) 低反射光纤光栅反射率为30%时的功率分布

图 7-21 彩图

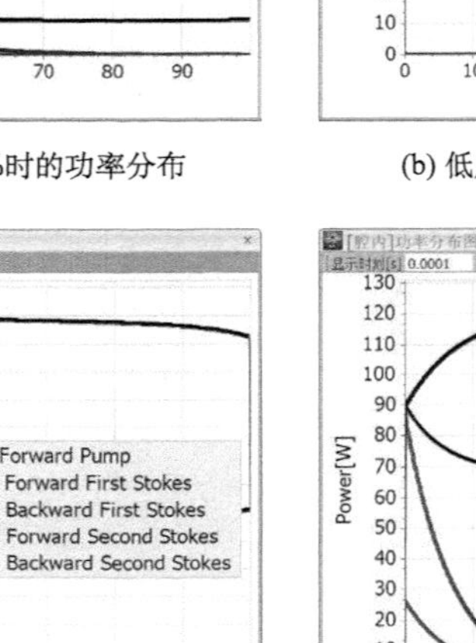

(c) 低反射光纤光栅反射率为50%时的功率分布

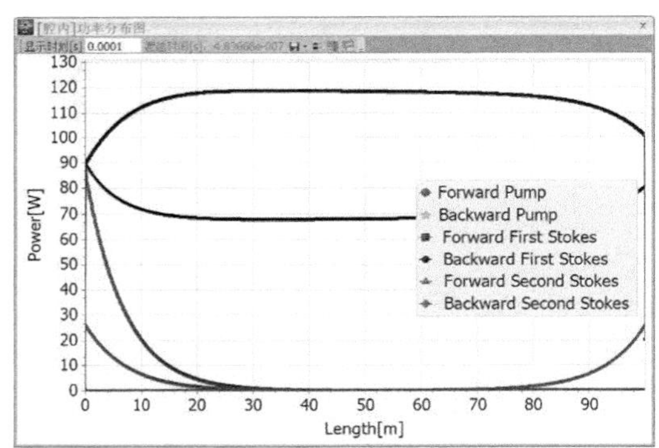

(d) 低反射光纤光栅反射率为80%时的功率分布

图 7-21　不同低反射光纤光栅反射率对应的拉曼光纤激光器功率分布

表 7-14　拉曼光纤激光器的输出功率与反射率关系

低反射光纤光栅反射率/%	前向一阶拉曼功率/W	前向二阶拉曼功率/W
10	78.8	2.6×10^{-5}
30	77.1	1.5×10^{-3}
50	60.9	7.1
80	19.7	26.6

从图 7-21 的功率分布可以看出，当低反射光纤光栅反射率大于 30%时，泵浦光在 40m 左右就基本被消耗完，因此，此时设定的拉曼光纤长度(100m)对于大于 30%的反射率的情况不是最优的。

然后，仿真固定低反射光纤光栅反射率时不同拉曼光纤长度的拉曼光纤激光器的功率特性。将低反射光纤光栅反射率设置为 30%，拉曼光纤长度分别设置为 10m、30m、50m 和 70m，仿真不同拉曼光纤长度的拉曼光纤激光器输出功率情况，结果如图 7-22 所示。根据图 7-22 中不同拉曼光纤长度拉曼光纤激光器的腔内功率分布，当拉曼光纤较短时，泵浦光未充分转化，激光器输出功率较低；当拉曼光纤较长时，信号光经历的光纤损耗较大，效率也会降低。表 7-15 给出了拉曼光纤激光器前向输出一阶拉曼以及残留泵浦功率，从表中可以看到输出功率和残留泵浦功率随着拉曼光纤长度的变化。因此，在本节设置的参数中，拉曼光纤长度在 50m 左右时，拉曼光纤激光器能保持较高的转换效率。

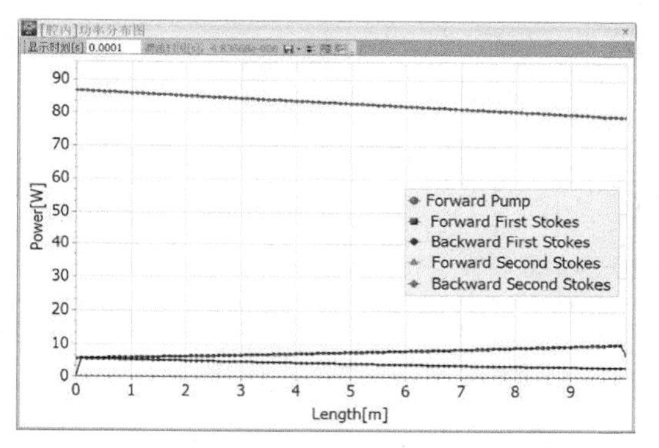

(a) 拉曼光纤长度为10m时的功率分布

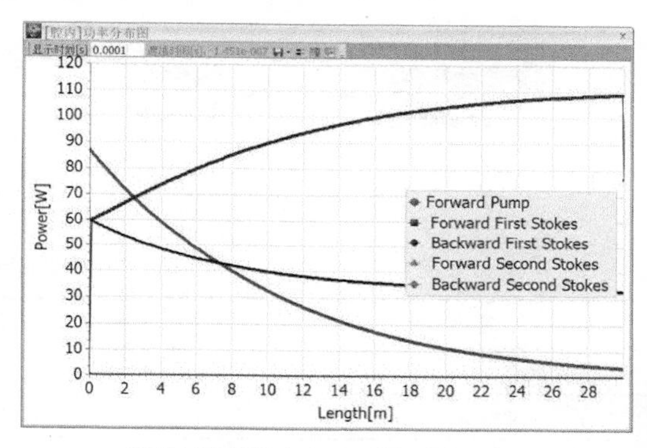

(b) 拉曼光纤长度为30m时的功率分布

图 7-22 彩图

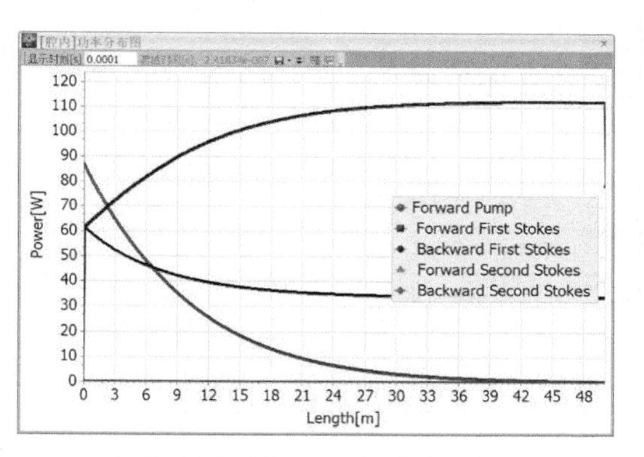

(c) 拉曼光纤长度为50m时的功率分布

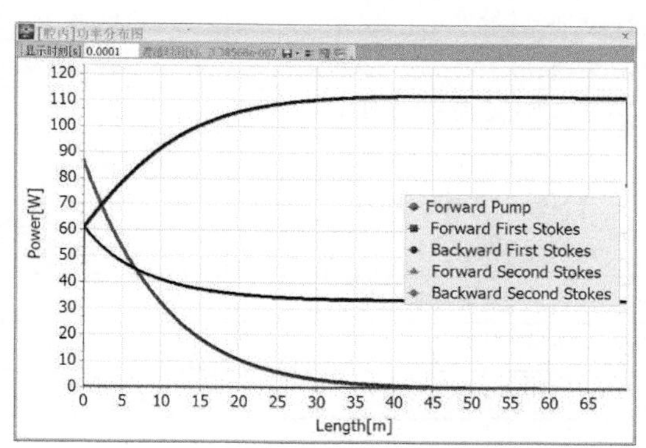

(d) 拉曼光纤长度为70m时的功率分布

图 7-22　不同拉曼光纤长度时拉曼光纤激光器的功率分布

表 7-15　拉曼光纤激光器的输出功率与拉曼光纤长度的关系

拉曼光纤长度/m	前向一阶拉曼功率/W	残留泵浦功率/W
10	7.3	78.6
30	76.6	3.6
50	78.7	0.33
70	78.2	0.03

7.5.2 随机光纤激光器的仿真与优化

随机光纤激光器是基于拉曼增益的分布式随机反馈光纤激光器，包括全开放腔和半开放腔两种结构，通常认为这两种结构在无光栅端的端面反馈为零，然而实际上即使处理很好的光纤端面也可能存在微弱的反馈，而很小的反馈也会给随机光纤激光器带来较大的影响，特别是会改变激光器的阈值特性。本节首先利用 SeeFiberLaser 仿真不同反馈对随机光纤激光器的性能影响，然后针对 100W 泵浦功率的随机光纤激光器进行优化。

图 7-23 给出了随机光纤激光器的仿真模型，它与拉曼光纤激光器的结构类似，差异主要在光栅的参数设置。需要说明的是，实际上随机光纤激光器不需要设置两个光纤光栅，但是模型中加入光栅的目的是便于设置不同的反射率，此时的光栅类似反射元件。按照表 7-16 中的参数在 SeeFiberLaser 中进行设置，其他未给出的参数选择为默认值。

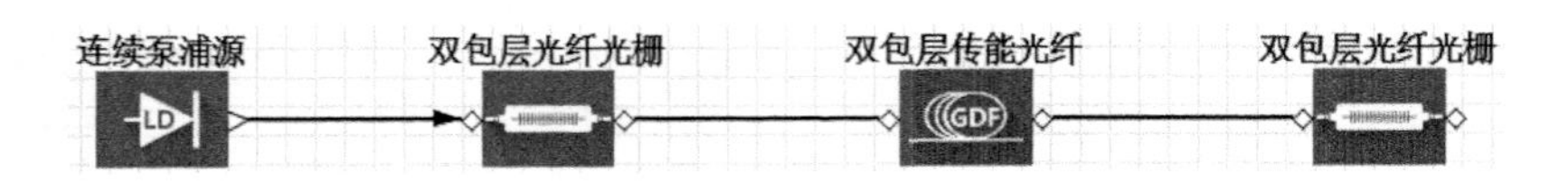

图 7-23　随机光纤激光器仿真模型

表 7-16　随机光纤激光器参数设置

参数名称	参数值	参数名称	参数值
泵浦光谱	单一波长	拉曼光纤型号	自定义
泵浦中心波长	1090nm	拉曼光纤长度	100～500m
泵浦起始波长	1090nm	拉曼光纤纤芯直径	10μm
泵浦结束波长	1090nm	拉曼光纤内包层直径	125μm
泵浦功率	50W	拉曼光纤损耗系数	$1.2\times10^{-3}m^{-1}$
一阶斯托克斯光中心波长	1150nm	二阶斯托克斯光中心波长	1203nm
高反射光纤光栅光谱形态	单一波长	低反射光纤光栅光谱形态	单一波长
高反射光纤光栅反射率	99%	低反射光纤光栅反射率	$0\sim1\times10^{-3}$
瑞利后向散射系数	$0.7\times10^{-6}m^{-1}$	泵浦光拉曼增益系数	$5\times10^{-14}m/W$
是否采用含时随机拉曼模型	是	一阶拉曼增益系数	$4.8\times10^{-14}m/W$
二阶拉曼增益系数	$4.8\times10^{-14}m/W$	二阶斯托克斯光线宽	$2.2\times10^{11}Hz$
一阶斯托克斯光线宽	$2.2\times10^{11}Hz$		

图 7-24 给出了不同端面反馈时随机光纤激光器的功率分布。可以看出随着反馈的增加，泵浦光发生快速消耗的位置会更靠近高反射光纤光栅。因此，可以通过 SeeFiberLaser 对比仿真不同反射率对随机光纤激光器性能的影响。

利用 SeeFiberLaser 可以进一步对随机光纤激光器进行优化，考虑泵浦功率为 100W，端面反馈为 1×10^{-5}，拉曼光纤长度为 100～500m，其他参数与表 7-16 中相同。计算随机光纤激光器输出的一阶斯托克斯光的功率，如表 7-17 所示。通过优化得到上述结构的随机光纤激光器最优的拉曼光纤长度为 200m 左右，此时激光器输出功率为 89W。利用 SeeFiberLaser 的仿真功能可以方便地确定随机光纤激光器的优化参数，高效地指导实验研究。

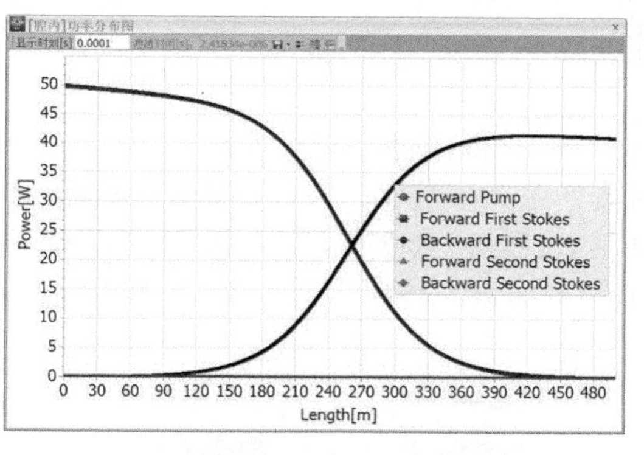

(a) 端面反馈为0时的功率分布

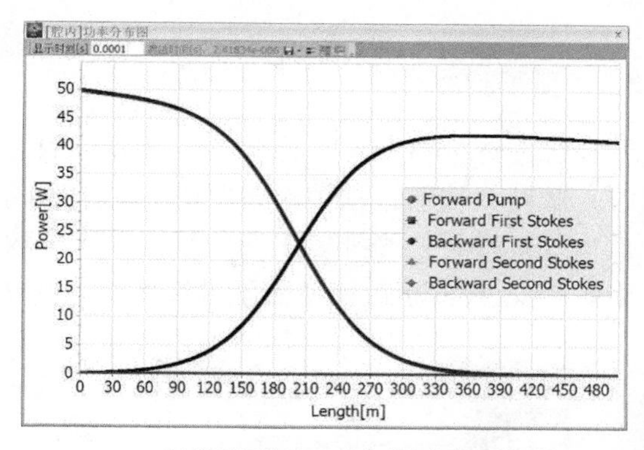

(b)端面反馈为1×10^{-5}时的功率分布

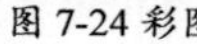

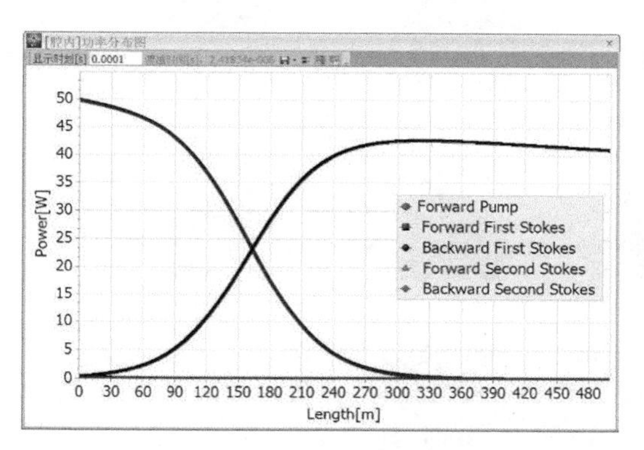

(c) 端面反馈为1×10^{-4}时的功率分布

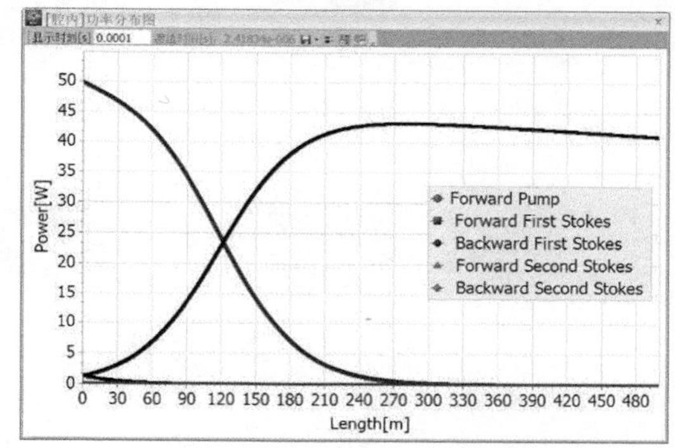

(d) 端面反馈为1×10^{-3}时的功率分布

图 7-24　不同端面反馈时随机光纤激光器的功率特性

表 7-17　不同拉曼光纤长度时随机光纤激光器一阶斯托克斯光输出功率

拉曼光纤长度/m	一阶斯托克斯光功率/W	拉曼光纤长度/m	一阶斯托克斯光功率/W
100	11.8	350	80.8
150	86.2	400	66.1
200	89	450	53.7
250	88	500	13.5
300	86.8		

7.6　锁模脉冲光纤激光器仿真与不同脉冲优化

锁模光纤激光器是一类研究较多的激光器。同一类型的锁模光纤激光器中，改变激光器结构，优化不同的参数，可以得到不同的锁模光纤激光脉冲：孤子脉冲、耗散孤子共振、耗散孤子脉冲分裂等。本节以基于可饱和吸收体的锁模掺铒光纤激光器为例，对不同形态的锁模光纤激光器进行仿真。

7.6.1　孤子脉冲

在脉冲光纤激光中，当脉冲色散导致的脉冲展宽与自相位调制导致的脉冲压缩相互抵消时，脉冲在传输过程中形态保持不变，形成光孤子。在如图 3-5 所示的锁模光纤激光器中，增加色散补偿光纤以平衡非线性效应导致的脉冲压缩，可以产生孤子脉冲输出。本节利用 SeeFiberLaser 对锁模孤子进行仿真，其仿真模型如图 7-25 所示。

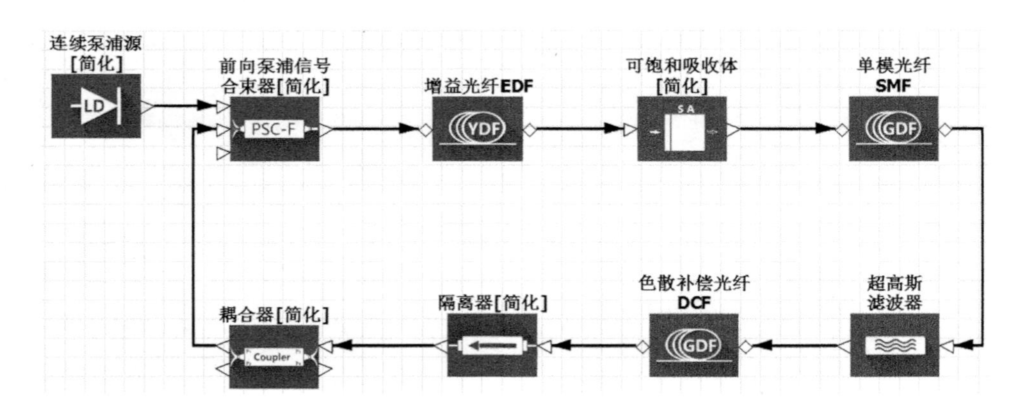

图 7-25　基于可饱和吸收体锁模的孤子脉冲激光器仿真模型

在仿真中，利用掺铒光纤激光器产生 1550nm 波段的脉冲，主要仿真参数设置如表 7-18 所示。

表 7-18　基于可饱和吸收体锁模的孤子脉冲激光器的主要仿真参数设置

参数名称	参数值	参数名称	参数值
采样点数	2^{10}	真空中的光速	2.998×10^8m/s
时间窗口宽度	100ps	初始脉冲半高全宽	10ps
脉冲中心波长	1550nm	初始脉冲单脉冲能量	5×10^{-5} pJ
增益光纤长度	3m	初始脉冲峰值功率	5×10^{-6}W
增益光纤纤芯折射率	1.5	增益光纤二阶色散系数	-0.13ps^2/km
增益光纤三阶色散系数	0.135ps^3/km	增益光纤增益饱和能量	8pJ
增益光纤非线性系数	0.00369W$^{-1}\cdot$m^{-1}	增益光纤增益带宽	20nm
增益光纤损耗系数	0dB/m	增益光纤小信号增益	10.0m^{-1}
可饱和吸收体调制深度	0.8	可饱和吸收体基础透过率	0.2
可饱和吸收体饱和功率	600W	超高斯滤波器中心波长	1550nm
超高斯滤波器阶数	2	超高斯滤波器带宽	50nm
超高斯滤波器峰值透过率	0.99	耦合器耦合系数	0.7
隔离器透过率	0.99	色散补偿光纤长度	0.1m
单模光纤长度	10m		

图 7-25 中的增益光纤、单模光纤、超高斯滤波器、色散补偿光纤等器件是实现孤子锁模的重要器件，相关器件的详细参数设置如图 7-26 所示。在仿真中，为了提高计算速度，忽略除增益光纤、单模光纤和色散补偿光纤以外其他传能光纤的长度。

(a) 增益光纤参数设置

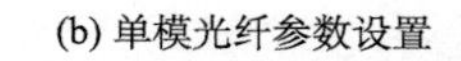

(b) 单模光纤参数设置

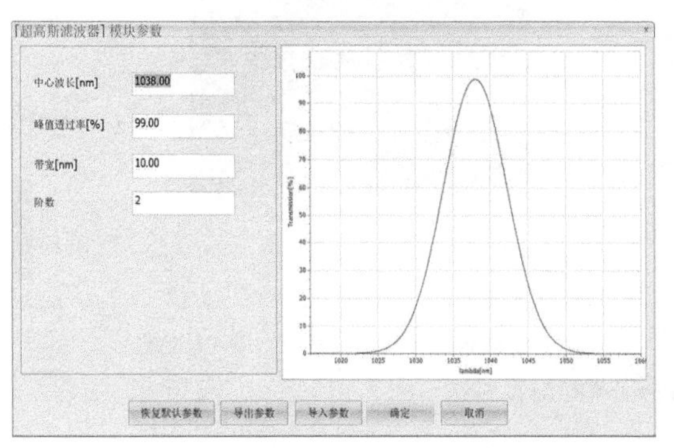

(c) 超高斯滤波器参数设置

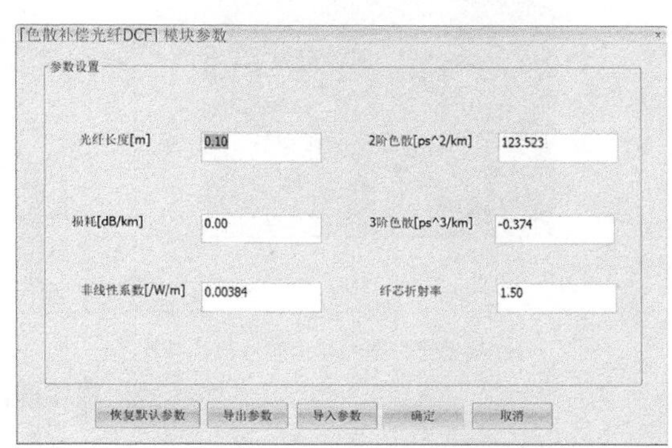

(d) 色散补偿光纤参数设置

图 7-26　孤子脉冲激光器仿真中主要器件参数设置

根据上述实验结构和参数设置，得到仿真结果，如图 7-27 所示。图 7-27(a)为输出脉冲形态，可以看到脉宽为 0.7ps 左右。图 7-27(b)为输出光孤子的光谱形态，为典型光孤子的光谱形态。图 7-27(c)为锁模光纤激光器内脉冲演化特性。图 7-27(d)为锁模光纤激光器内光谱演化特性。可以看出脉冲在非线性效应和负色散的作用下平衡，其脉冲形态和光谱形态在传输时基本保持不变。脉冲运转于锁模光纤激光器中时，会经历增益、损耗、色散等参数的周期性变化，因而会产生色散波，其在光谱中的表现即 Kelly 边带。

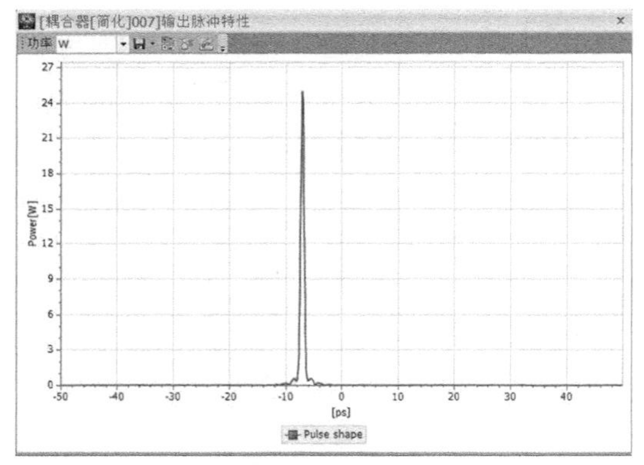

(a) 输出脉冲形态

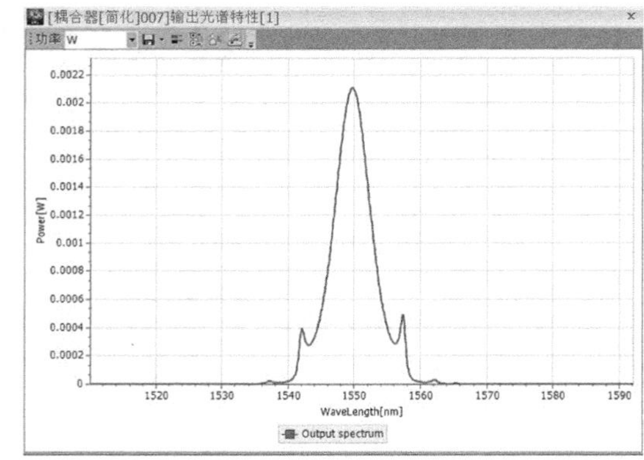

(b) 输出光谱形态

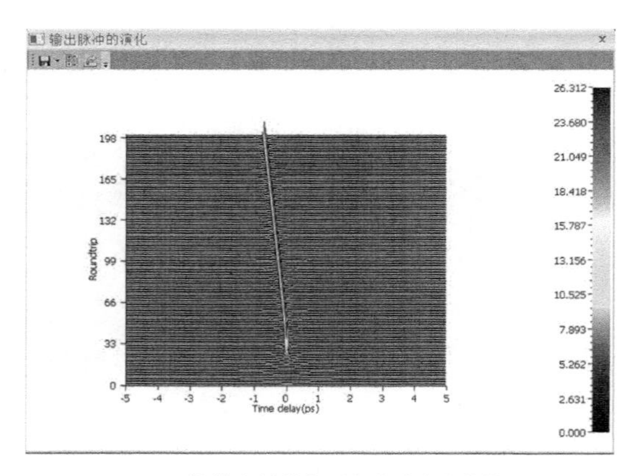

(c) 锁模光纤激光器内脉冲演化特性

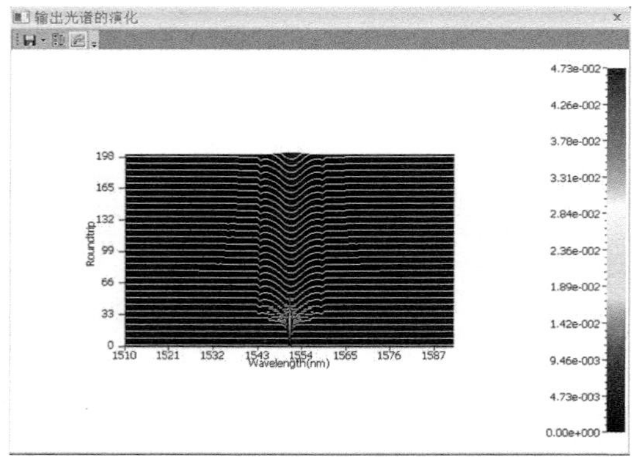

(d) 锁模光纤激光器内光谱演化特性

图 7-27　孤子脉冲激光器仿真结果

7.6.2　耗散孤子共振

耗散孤子共振是另一类可以产生特殊波形脉冲的方式，与孤子脉冲类似，在图 7-25 的激光器结构中增加 4 段单模光纤，将中心波长设置在掺镱波段，构成如图 7-28 所示的耗散孤子共振激光器。仿真中耗散孤子共振激光器主要参数设置如表 7-19 所示。

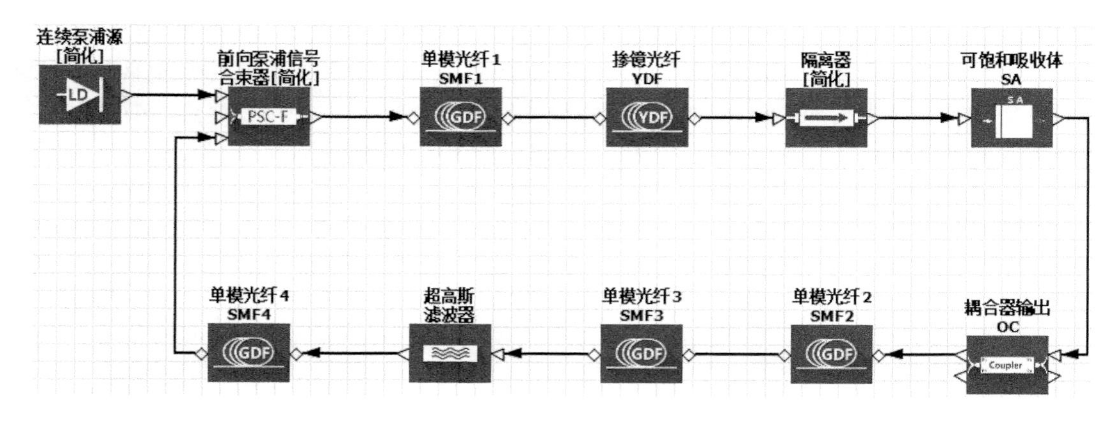

图 7-28　基于可饱和吸收体锁模的耗散孤子共振激光器仿真模型

表 7-19　基于可饱和吸收体锁模的耗散孤子共振激光器的主要仿真参数设置

参数名称	参数值	参数名称	参数值
采样点数	2^{10}	真空中的光速	2.998×10^8m/s
时间窗口宽度	100ps	初始脉冲半高全宽	10ps
脉冲中心波长	1038nm	初始脉冲单脉冲能量	5×10^{-5}pJ
增益光纤长度	0.5m	初始脉冲峰值功率	5×10^{-6}W
增益光纤纤芯折射率	1.5	增益光纤二阶色散系数	18ps^2/km
增益光纤三阶色散系数	0ps^3/km	增益光纤增益饱和功率	0.1W
增益光纤非线性系数	0.0026W$^{-1}\cdot$m^{-1}	增益光纤增益带宽	20nm
增益光纤损耗系数	0dB/m	增益光纤小信号增益	10.0m^{-1}
可饱和吸收体调制深度	0.4	可饱和吸收体基础透过率	0.2
可饱和吸收体饱和功率	80W	超高斯滤波器中心波长	1038nm
超高斯滤波器阶数	2	超高斯滤波器带宽	20nm
超高斯滤波器峰值透过率	0.99	耦合器耦合系数	0.2
隔离器透过率	0.99	单模光纤纤芯折射率	1.5
单模光纤二阶色散	18ps^2/m	单模光纤三阶色散	0ps^3/m
单模光纤非线性系数	0.0026W$^{-1}\cdot$m^{-1}	单模光纤损耗系数	0dB/m
单模光纤 1 长度	0.5m	单模光纤 2 长度	4m
单模光纤 3 长度	1m	单模光纤 4 长度	0.3m
色散补偿光纤长度	0.1m		

其中，增益光纤、单模光纤等重要器件的详细参数设置如图 7-29 所示。

(a) 增益光纤参数设置

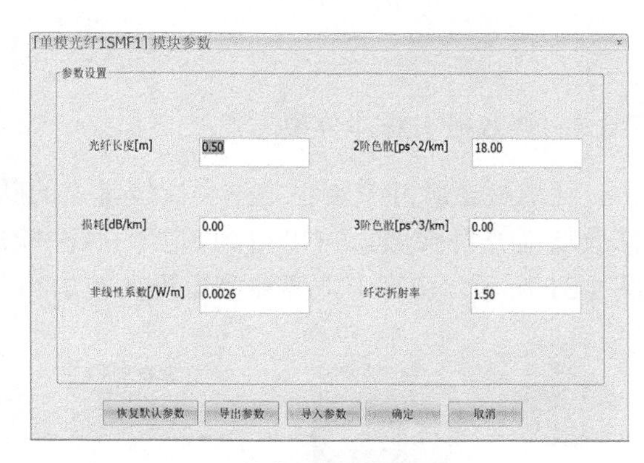

(b) 单模光纤1参数设置

图 7-29　耗散孤子共振激光器仿真模型中主要器件参数设置

根据上述实验结构和参数设置，利用 SeeFiberLaser 仿真得到结果，如图 7-30 所示。图 7-30 (a) 为输出脉冲形态，呈现典型耗散孤子脉冲的方波形态，脉宽为 45ps 左右。图 7-30 (b) 为输出光谱形态。图 7-30 (c) 描述了仿真过程中脉冲在谐振腔内演化特性，可以看到矩形脉冲随时间推移逐步形成，之后基本不能压缩。图 7-30 (d) 为脉冲光谱在谐振腔内的演化特性，光谱宽度逐步被压缩。

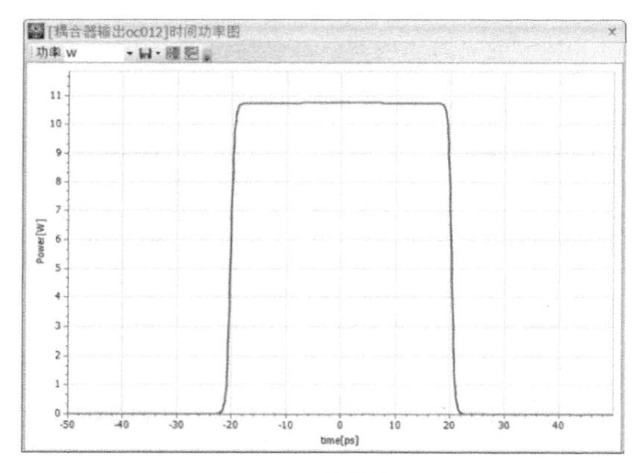

(a) 输出脉冲形态

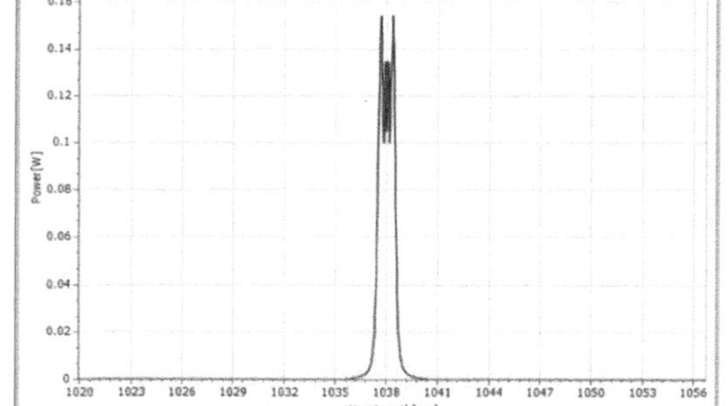

(b) 输出光谱形态

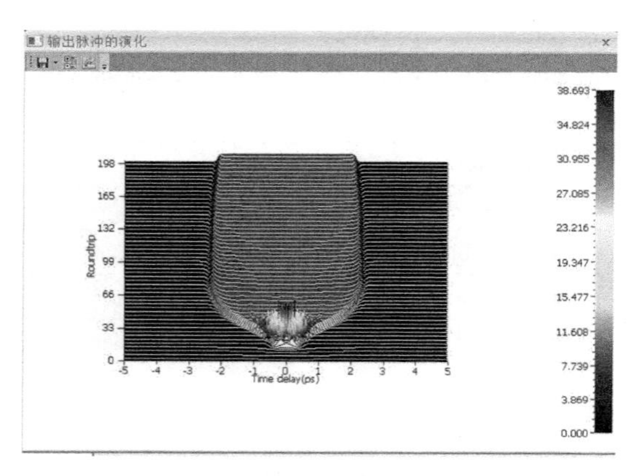

(c) 脉冲演化过程

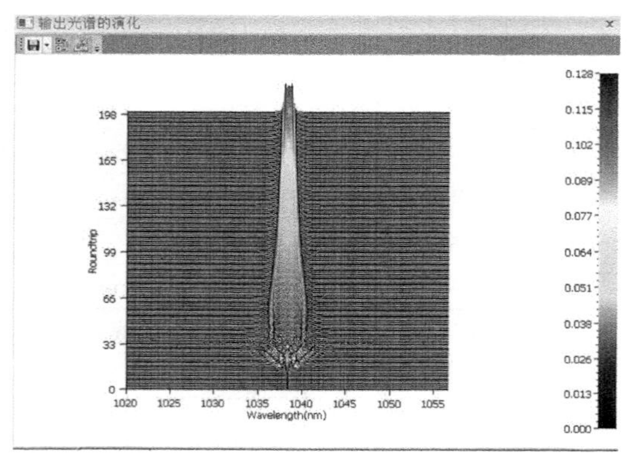

(d) 光谱演化过程

图 7-30　耗散孤子共振激光器仿真结果

7.6.3　耗散孤子脉冲分裂

耗散孤子脉冲分裂也是一类比较常见的脉冲形态。在耗散孤子共振激光器的基础上，修改增益光纤参数，可以得到需要的脉冲输出。耗散孤子脉冲分裂激光器的仿真模型如图 7-31 所示，仿真中主要参数设置如表 7-20 所示。

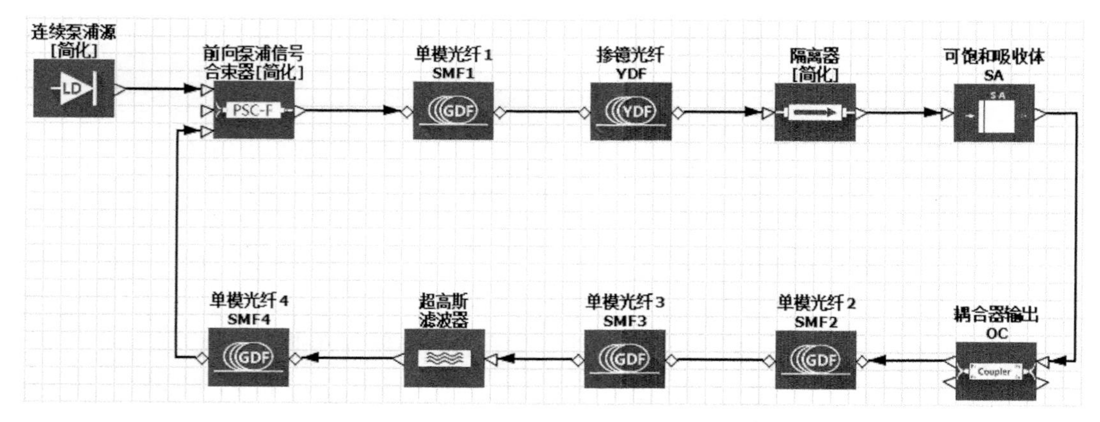

图 7-31　耗散孤子脉冲分裂激光器仿真模型

表 7-20　耗散孤子脉冲分裂激光器的主要仿真参数设置

参数名称	参数值	参数名称	参数值
采样点数	2^{10}	初始脉冲半高全宽	10ps
时间窗口宽度	100ps	初始脉冲单脉冲能量	5×10^{-5}pJ
脉冲中心波长	1038nm	初始脉冲峰值功率	5×10^{-6}W
增益光纤长度	0.5m	增益光纤二阶色散系数	18ps^2/km
增益光纤纤芯折射率	1.5	增益光纤增益饱和功率	2W
增益光纤三阶色散系数	0ps^3/km	增益光纤增益带宽	20nm
增益光纤非线性系数	0.0026W$^{-1}\cdot$m^{-1}	增益光纤小信号增益	10.0m^{-1}
增益光纤损耗系数	0dB/m	可饱和吸收体基础透过率	0.2
可饱和吸收体调制深度	0.4	超高斯滤波器中心波长	1038nm
可饱和吸收体饱和功率	500W	超高斯滤波器带宽	20nm
超高斯滤波器阶数	2	耦合器耦合系数	0.2
超高斯滤波器峰值透过率	0.99	单模光纤纤芯折射率	1.5
隔离器透过率	0.99	单模光纤三阶色散	0ps^3/m
单模光纤二阶色散	18ps^2/m	单模光纤损耗系数	0dB/m
单模光纤非线性系数	0.0026W$^{-1}\cdot$m^{-1}	单模光纤 2 长度	4m
单模光纤 1 长度	0.5m	单模光纤 4 长度	0.3m
单模光纤 3 长度	1m	色散补偿光纤长度	0.1m
真空中的光速	2.998×10^8m/s		

其中，增益光纤、单模光纤等重要器件的详细参数设置如图 7-32 所示，与 7.6.2 节不同，本节主要修改了增益光纤的饱和功率。

(a) 增益光纤参数设置

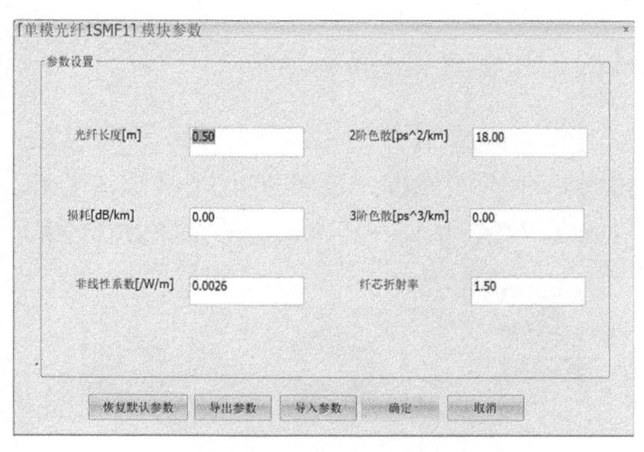

(b) 单模光纤1参数设置

图 7-32　耗散孤子脉冲分裂激光器仿真模型中主要器件参数设置

根据上述实验结构和参数设置，仿真得到结果，如图 7-33 所示。图 7-33 (a)为输出脉冲形态，脉冲由原来的方波分裂为 3 个幅度基本相当的窄脉冲，单个脉冲宽度为 3ps 左右。图 7-33(b)为输出光谱形态，光谱为典型的耗散孤子脉冲分裂对应的谱线特性。图 7-33(c)描述了仿真过程中脉冲在谐振腔内演化特性，可以看到，脉冲逐步开始分裂，稳定后已经完全分裂为 3 个脉冲。图 7-33(d)为脉冲光谱在谐振腔内的演化特性。

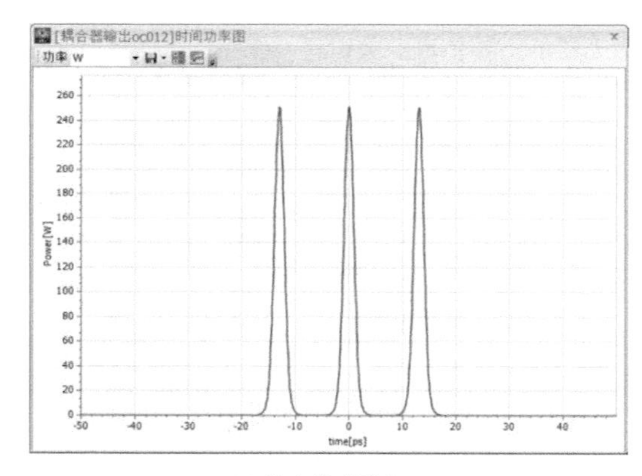

(a) 输出脉冲形态

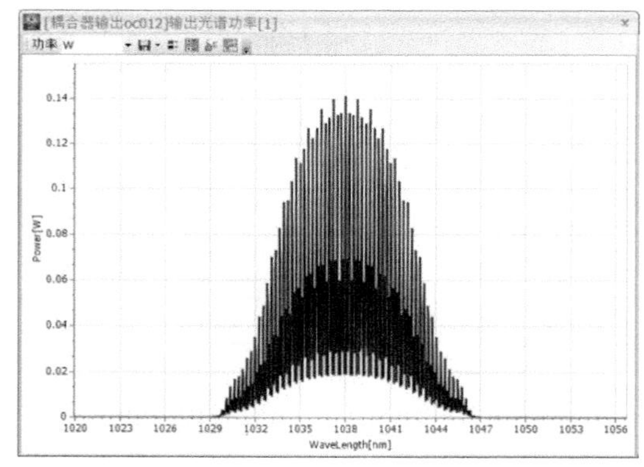

(b) 输出光谱形态

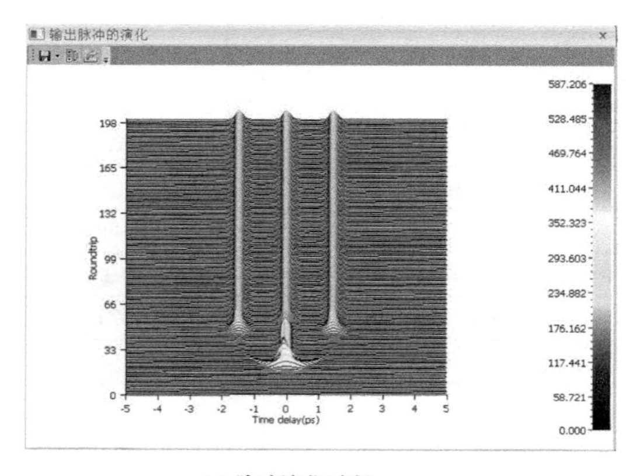

(c) 脉冲演化过程

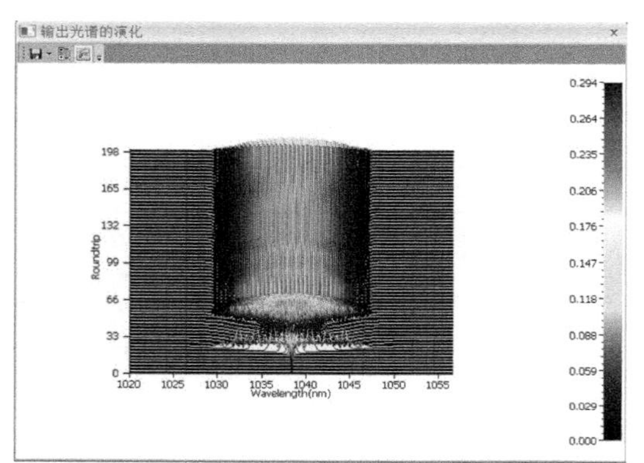

(d) 光谱演化过程

图 7-33　耗散孤子脉冲分裂激光器仿真结果

7.6.4　飞秒脉冲激光产生

在实际应用中，超快飞秒(fs)脉冲也是一个研究的重点。在锁模光纤激光器的基础上，利用脉冲压缩光栅，能够实现飞秒脉冲输出。基于 SeeFiberLaser 的飞秒脉冲激光器仿真模型如图 7-34 所示，其本质是在锁模光纤激光器输出后增加一个光栅压缩器。

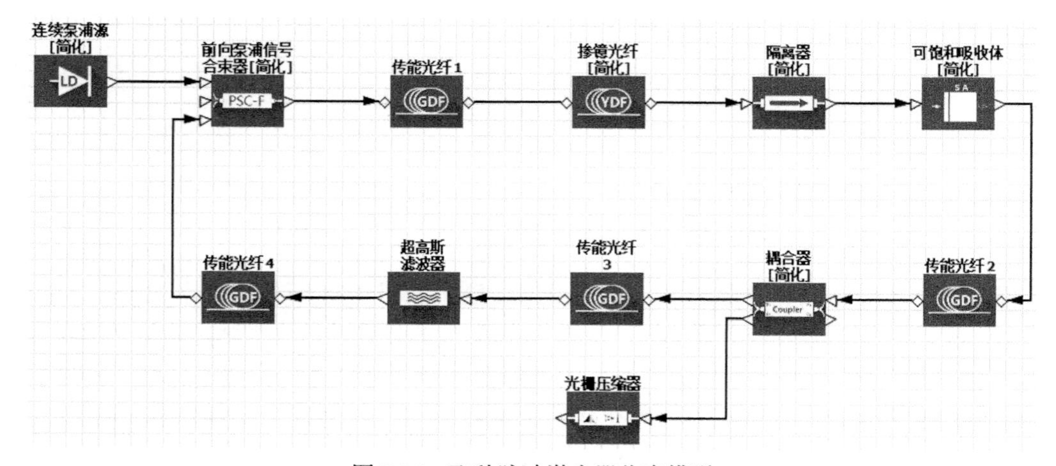

图 7-34　飞秒脉冲激光器仿真模型

仿真中，飞秒脉冲激光器主要参数设置如表 7-21 所示。

表 7-21　飞秒脉冲激光器的主要仿真参数设置

参数名称	参数值	参数名称	参数值
采样点数	2^{10}	真空中的光速	2.998×10^{8}m/s
时间窗口宽度	100ps	初始脉冲半高全宽	10ps
脉冲中心波长	1038nm	初始脉冲单脉冲能量	5×10^{-5}pJ
增益光纤长度	0.5m	初始脉冲峰值功率	5×10^{-6}W
增益光纤纤芯折射率	1.5	增益光纤二阶色散系数	18ps^{2}/km
增益光纤三阶色散系数	0ps^{3}/km	增益光纤增益饱和功率	2W
增益光纤非线性系数	$0.0026\text{W}^{-1}\cdot\text{m}^{-1}$	增益光纤增益带宽	20nm
增益光纤损耗系数	0dB/m	增益光纤小信号增益	10.0m^{-1}
可饱和吸收体调制深度	0.4	可饱和吸收体基础透过率	0.2
可饱和吸收体饱和功率	500W	超高斯滤波器中心波长	1038nm
超高斯滤波器阶数	2	超高斯滤波器带宽	20nm
超高斯滤波器峰值透过率	0.99	耦合器耦合系数	0.2
隔离器透过率	0.99	单模光纤纤芯折射率	1.5
光栅压缩器垂直间距	118mm	单模光纤三阶色散	0ps^{3}/m
光栅压缩器二阶色散	–4ps^{2}/m	单模光纤损耗系数	0dB/m
单模光纤二阶色散	18ps^{2}/m	单模光纤 2 长度	4m
单模光纤非线性系数	$0.0026\text{W}^{-1}\cdot\text{m}^{-1}$	单模光纤 4 长度	0.3m
单模光纤 1 长度	0.5m	色散补偿光纤长度	0.1m
单模光纤 3 长度	1m		

其中，掺镱光纤和光栅压缩器参数设置如图 7-35 所示。

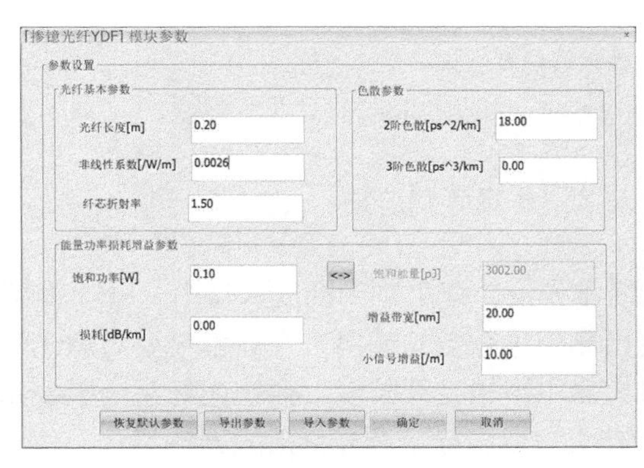

(a) 掺镱光纤参数设置

(b) 光栅压缩器参数设置

图 7-35　飞秒脉冲激光器仿真模型中主要器件参数设置

仿真结果如图 7-36 所示。图 7-36(a)为脉冲形态，对应的脉宽约为 200fs。图 7-36(b)为光谱形态。图 7-36(c)和(d)分别为脉冲和光谱演化过程。通过光栅压缩，脉冲被逐渐窄化，峰值功率提高。通过调整光栅垂直间距或负色散系数进行补偿，脉冲中心已无啁啾，已达到最小脉宽。

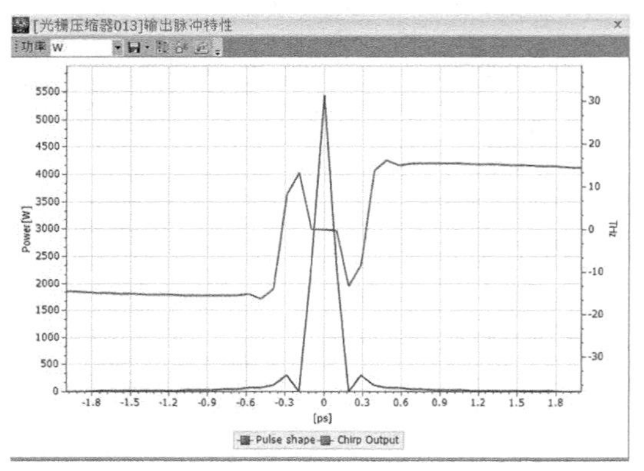

(a) 输出脉冲形态

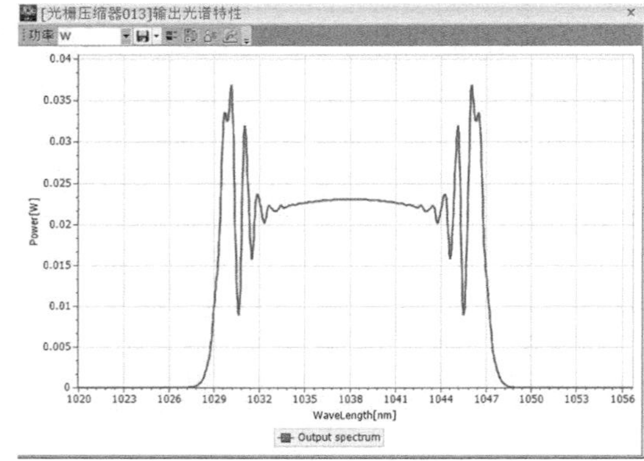

(b) 输出光谱形态

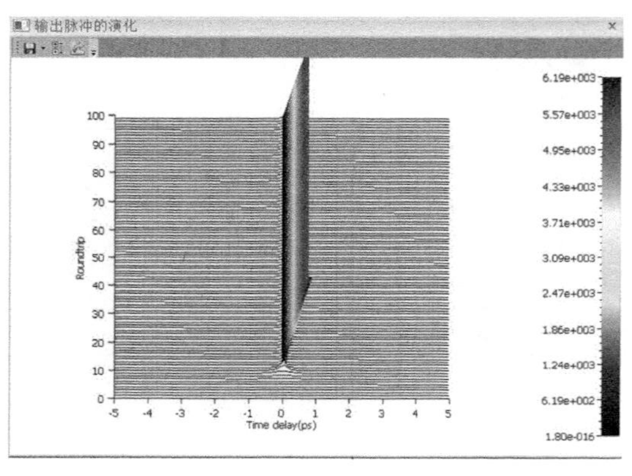

(c) 脉冲演化过程

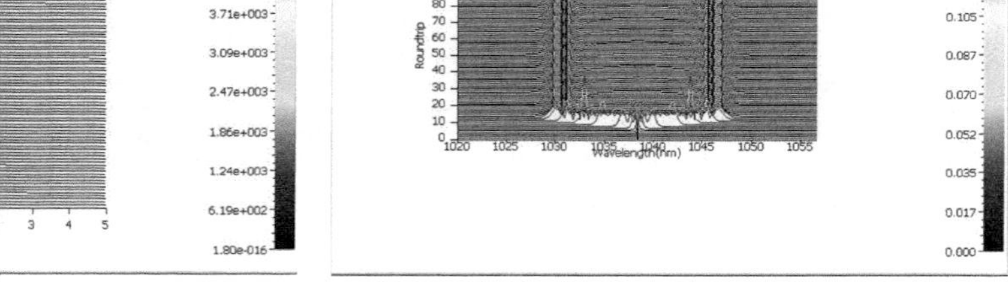

(d) 光谱演化过程

图 7-36　飞秒脉冲激光器仿真结果

7.7　单频光纤放大器仿真与优化

单频光纤放大器是实际应用较多的一类光纤激光器。在单频光纤放大器中，SBS 是激光器输出功率的首要限制因素。为了获得稳定可靠的单频激光输出，一般都需要对激光器进行完善的优化设计。本节对掺镱单频光纤放大器中掺镱光纤长度、掺镱光纤泵浦吸收系数(简称掺镱光纤吸收系数)对 SBS 的影响进行仿真，以指导单频光纤放大器的设计。仿真使用的激光器结构如图 7-37 所示。

仿真模型中，单频光纤放大器主要参数设置如表 7-22 所示。

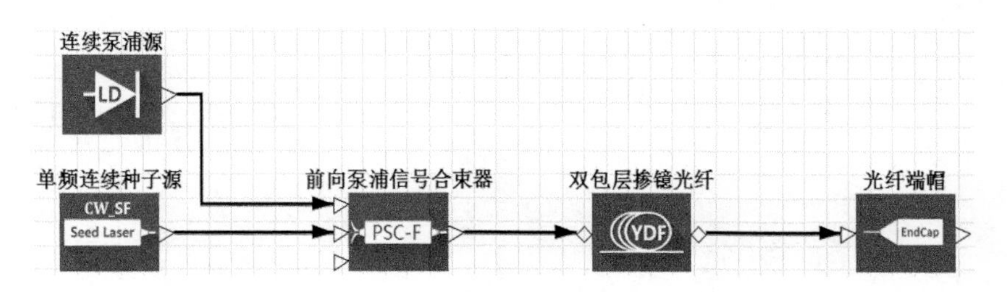

图 7-37　单频光纤放大器仿真模型

表 7-22　单频光纤放大器仿真主要参数设置

参数名称	参数值	参数名称	参数值
泵浦光谱形态	单一波长	掺镱光纤型号	自定义
泵浦中心波长	976nm	掺镱光纤纤芯直径	10μm
总泵浦功率	100W	掺镱光纤内包层直径	125μm
种子源中心波长	1064nm	掺镱光纤长度	7～9m
种子功率	1.4W	掺镱光纤吸收系数	1.5～4dB/m@975nm
光纤端帽光纤长度	2m	其他元器件尾纤长度	1m

7.7.1　掺镱光纤长度对 SBS 影响的仿真与优化

在单频光纤放大器其他参数确定后，为了避免 SBS 的影响，要首先优化掺镱光纤长度。设定掺镱光纤吸收系数为 1.5dB/m@975nm，仿真不同掺镱光纤长度情况下输出激光的时域特性。在掺镱光纤长度为 7.5m、8m、8.5m 和 9m 时，单频光纤放大器输出信号光、后向 SBS 光和泵浦光的时域如图 7-38 所示。从结果可知，在掺镱光纤长度为 7.5m 时，输出信号光和后向 SBS 光的时域都非常稳定，说明没有 SBS 产生。随着掺镱光纤长度增加，时域出现不稳定，并逐渐增强：在掺镱光纤长度为 8m 时，有微弱的时域不稳定出现；在掺镱光纤长度为 8.5m 时，信号光和 SBS 光都有较为明显的时域起伏；在掺镱光纤长度为 9m 时，输出功率明显下降，这种情况下单频光纤放大器的前级器件极有可能会烧毁。因此，从图 7-38 仿真结果可知，掺镱光纤长度需要小于 7.5m，同时，为了充分吸收泵浦光，掺镱光纤总的

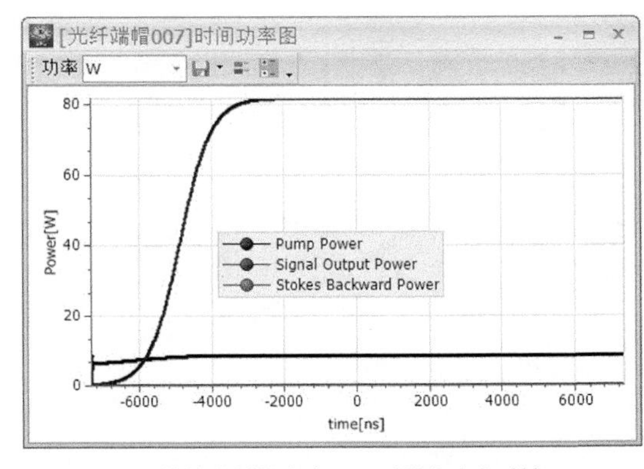

(a) 掺镱光纤长度为7.5m时输出功率时域

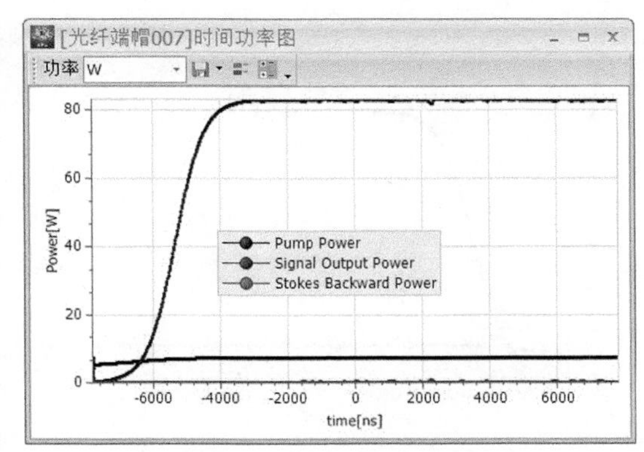

(b) 掺镱光纤长度为8m时输出功率时域

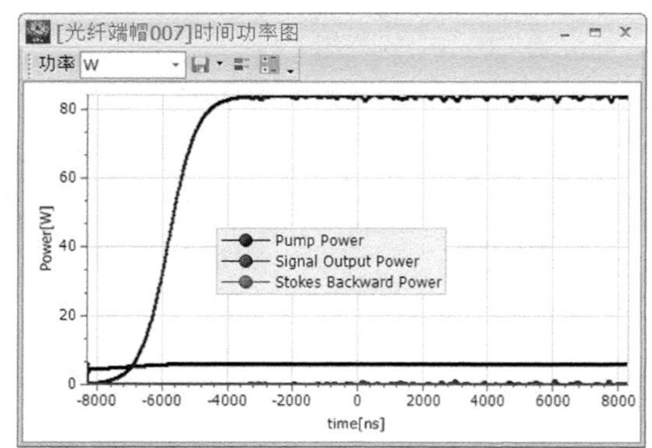

(c) 掺镱光纤长度为8.5m时输出功率时域

图 7-38 彩图

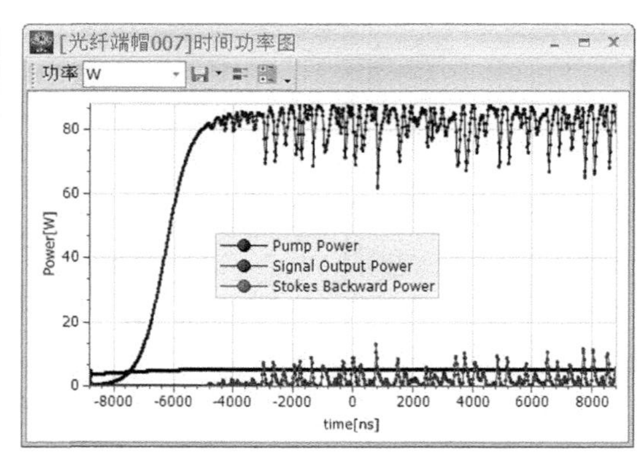

(d) 掺镱光纤长度为9m时输出功率时域

图 7-38　不同掺镱光纤长度时单频光纤放大器不同信号的输出时域

吸收系数应该在 10dB 以上，考虑掺镱光纤吸收系数为 1.5dB/m，那么对应光纤长度需要不小于 6.7m。实际上，在出现 SBS 以前，原则上掺镱光纤越长，泵浦吸收越充分，输出功率越高。

7.7.2　掺镱光纤泵浦吸收系数对 SBS 影响的仿真与优化

如果将 7.7.1 节仿真结果与一些论文实验结果进行对比，读者会发现，这里仿真得到的 SBS 阈值功率比实验高了许多。究其原因，本质上是仿真中设置的掺镱光纤吸收系数为 1.5dB/m@975nm，而实际的 LMA-YDF-10/130-M 光纤中对应的吸收系数为 4.10dB/m@975nm。这说明掺镱光纤吸收系数对 SBS 有较为明显的影响。

所以，接下来固定掺镱光纤长度为 7m，仿真不同掺镱光纤吸收系数情况下单频光纤放大器的输出功率特性，仿真得到时域特性，如图 7-39 所示。从图 7-39 的时域特性可知，随着掺镱光纤吸收系数从 1.5dB/m 逐渐增加到 4dB/m，输出激光中 SBS 成分越来越多。为了分析内在原因，在图 7-39 (b)、(d)、(f) 中给出了对应掺镱光纤吸收系数下掺镱光纤中激光功率随着掺镱光纤长度的分布。根据图 7-39 (b)、(d)、(f) 可以发现，首先，掺镱光纤吸收系数越大，激光功率放大得越快，单频光纤放大器在单位长度上的增益系数越大，对应的

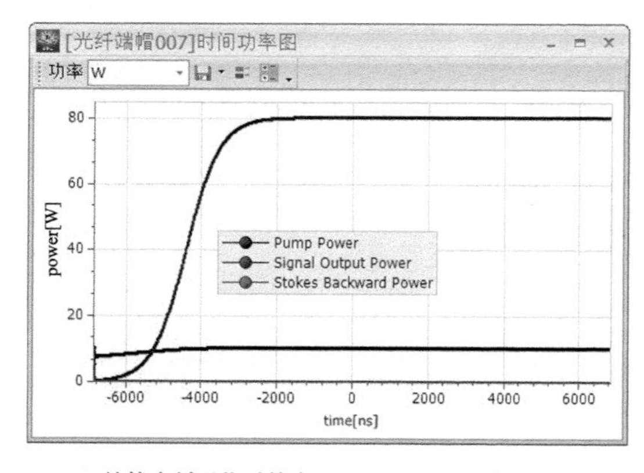

(a) 掺镱光纤吸收系数为1.5dB/m@975nm时输出时域

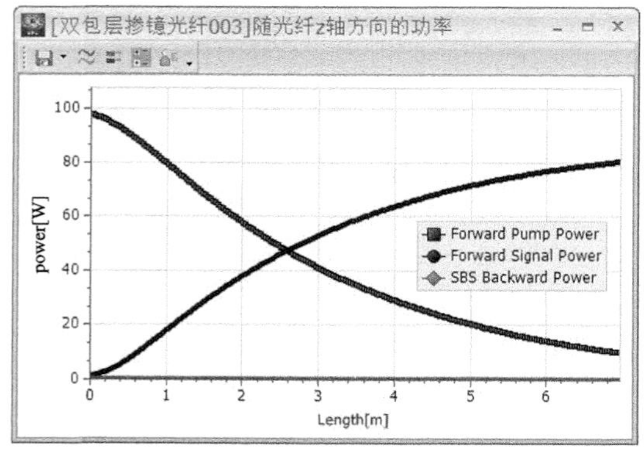

(b) 掺镱光纤吸收系数为1.5dB/m@975nm时功率分布

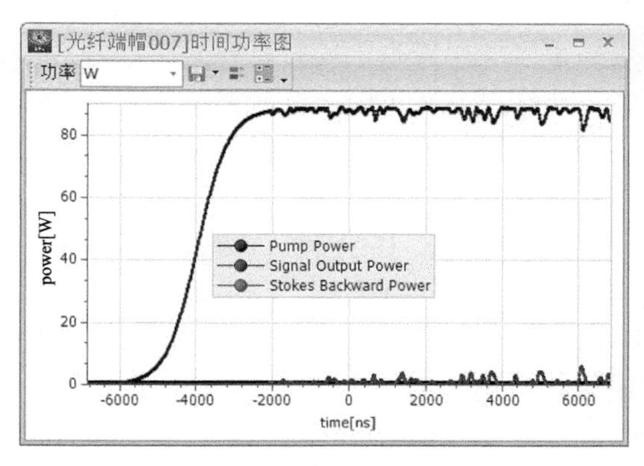

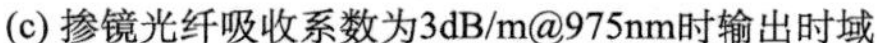
(c) 掺镱光纤吸收系数为3dB/m@975nm时输出时域

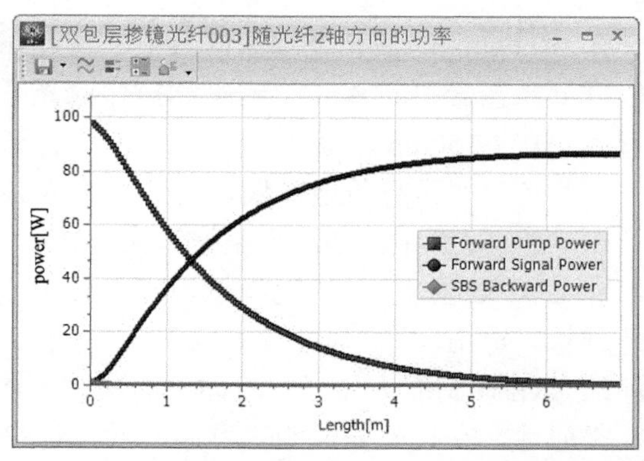

(d) 掺镱光纤吸收系数为3dB/m@975nm时功率分布

图 7-39 彩图

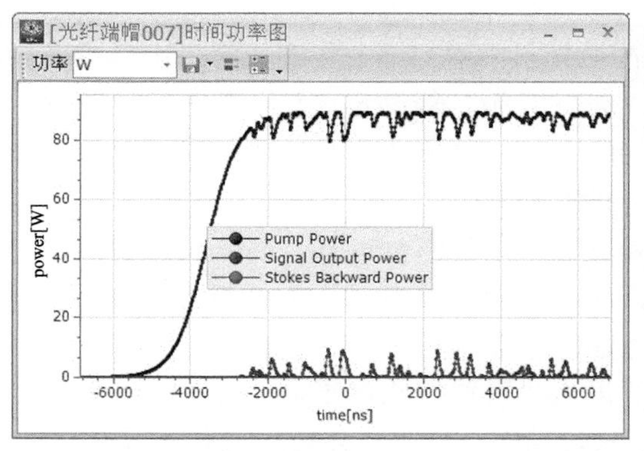

(e) 掺镱光纤吸收系数为4dB/m@975nm时输出时域

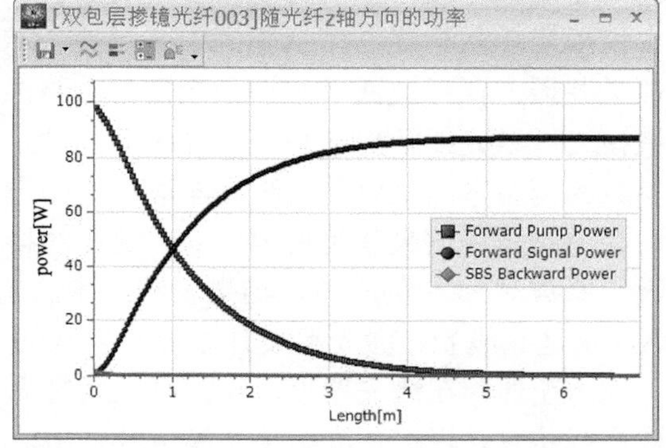

(f) 掺镱光纤吸收系数为4dB/m@975nm时功率分布

图 7-39　不同掺镱光纤吸收系数时单频光纤放大器输出时域和功率分布

有效相互作用越长；其次，掺镱光纤吸收系数越大，在掺镱光纤中高功率传输的光纤越长，本质上是高功率对应的有效相互作用更长。这样，就可以较好地理解掺镱光纤吸收系数增加，单频光纤放大器 SBS 阈值反而减少的物理原因。

7.8　本 章 小 结

本章基于 SeeFiberLaser 对典型的光纤激光器进行仿真和优化，根据仿真结果可以指导激光器的设计。

在普通工业级光纤振荡器仿真中，掺镱光纤长度会影响输出激光的 SRS 功率比例，掺镱光纤越长，SRS 越强；中心波长会影响输出激光的 ASE 强度，在 1050～1090nm 波段，中心波长越短，ASE 越强；低反射光纤光栅反射率会影响输出激光的功率和 SRS 功率比例，低反射光纤光栅反射率越高，激光器输出功率反而越低，SRS 越强；泵浦波长会影响输出功率和 SRS 功率比例，采用 976nm 波段泵浦比 915nm 波段泵浦具有更高的输出功率和更好的 SRS 抑制特性。因此，在常规波段光纤振荡器设计中，采用 976nm 泵浦，选择低反射光纤光栅反射率约为 10%，中心波长为 1070～1080nm，可以兼顾激光器功率、效率和成本的平衡。

在 1020nm 短波长光纤振荡器中，通过缩短掺镱光纤和提高低反射光纤光栅反射率都可以降低激光器中的 ASE，但是缩短掺镱光纤的方法比提高低反射光纤光栅反射率的方法更有效；在 1150nm 长波长光纤振荡器中，通过增加掺镱光纤长度和提高低反射光纤光栅反射率都可以非常有效地降低激光器中的 ASE。

在 ASE 光源中，通过调整掺镱光纤长度，可以调控 ASE 中心波长，掺镱光纤越短，ASE 中心波长越短，掺镱光纤越长，ASE 中心波长越长。在级联泵浦光纤放大器中，掺镱光纤越长，输出功率越高，SRS 越强；种子功率越高，输出功率也越高，SRS 越强；后向泵浦的 SRS 抑制能力最强，双向泵浦次之，前向泵浦最差。

类似地，在拉曼光纤激光器中，通过优化拉曼光纤长度和低反射光纤光栅反射率，可以实现最优的泵浦吸收和最高的效率输出。对于随机光纤激光器，在给定泵浦的情况下，也需要通过长度优化来实现最优的转换效率。

锁模光纤激光器的仿真案例中，在孤子脉冲激光器中增加部分传能光纤，可以实现耗散孤子共振；在耗散孤子共振激光器中调整激光器的参数，能够实现耗散孤子脉冲分裂；在锁模光纤激光器输出增加一对光栅对脉冲进行压缩，可以获得飞秒脉冲输出。这些器件和参数的调整本质上就是对激光器进行优化设计的过程。

在单频光纤放大器仿真中，除了前述的掺镱光纤长度会影响 SBS，特别仿真了掺镱光纤吸收系数对 SBS 的影响，结果表明，掺镱光纤长度不变，增加掺镱光纤吸收系数会增强 SBS，这是一般光纤激光器设计中容易忽略的地方。

综上所述，在激光器设计中，可以通过光纤激光仿真软件 SeeFiberLaser 对激光器各个参数进行仿真，根据仿真结果平衡 ASE、SRS、输出功率、效率与激光器成本之间的关系，实现高功率、高效率、低成品的激光器优化设计。

参 考 文 献

AGRAWAL G P, 2010. 非线性光纤光学原理及应用[M]. 2版. 贾东方, 余震虹, 等译. 北京: 电子工业出版社.

范滇元, 2017. 我国高功率激光的进展概述[C]. 上海: 第十二届全国激光技术与光电子学学术会议.

吕海斌, 2015. 光纤激光受激布里渊散射的动力学特性研究[D]. 长沙: 国防科技大学.

欧攀, 戴一堂, 王爱民, 等, 2014. 高等光学仿真(MATLAB版)——光波导, 激光[M]. 2版. 北京: 北京航空航天大学出版社.

冉阳, 2015. 基于相位/强度调制的窄线宽保偏光纤放大器受激布里渊散射抑制技术研究[D]. 长沙: 国防科技大学.

阮双琛, 闫培光, 郭春雨, 等, 2011. 光子晶体光纤超连续谱光源[J]. 深圳大学学报理工版, 28(4): 295-301.

张汉伟, 2016. 大功率混合增益光纤激光器[D]. 长沙: 国防科技大学.

张晓, 2016. Matlab 微分方程高效解法: 谱方法原理与实现[M]. 北京: 机械工业出版社.

周旋风, 2016. 大功率光纤端帽和光纤功率合束器研究[D]. 长沙: 国防科技大学.

AGRAWAL G P, 2013. Nonlinear fiber optics[M]. 5th ed. Amsterdam: Elsevier.

HOLLENBECK D, CANTRELL C D, 2002. Multiple-vibrational-mode model for fiber-optic Raman gain spectrum and response function[J]. Journal of the Optical Society of America B-Optical Physics, 19(12): 2886-2892.

JAUREGUI C, LIMPERT J, TÜNNERMANN A, 2013. High-power fibre lasers[J]. Nature Photonics, 7(11): 861-867.

JEON J J L, LEE J H, 2015. Numerical study on the minimum modulation depth of a saturable absorber for stable fiber laser mode locking[J]. Journal of the Optical Society of America B-Optical Physics, 32(1): 31-37.

KARTNER F X, JUNG I D, KELLER U, 1996. Soliton mode-locking with saturable absorbers[J]. IEEE Journal of Selected Topics in Quantum Electronics, 2(3): 540-556.

LIN Q, AGRAWAL G P, 2006. Raman response function for silica fibers[J]. Optics Letters, 31(21): 3086-3088.

MARCUSE D, 1993. Bend loss of slab and fiber modes computed with diffraction theory[J]. IEEE Journal of Quantum Electronics, 29(12): 2957-2961.

RICHARDSON D J, NILSSON J, CLARKSON W A, 2010. High power fiber lasers: current status and future perspectives[J]. Journal of the Optical Society of America B, 27(11): B63-B92.

ZERVAS M N, CODEMARD C A, 2014. High power fiber lasers: a review[J]. IEEE Journal of Selected Topics in Quantum Electronics, 20(5): 1-23.

ZHAN H, LIU Q, WANG Y, et al, 2016. 5kW GTWave fiber amplifier directly pumped by commercial 976nm laser diodes[J]. Optics Express, 24(24): 27087-27095.